河流生境修复的生态水力调控理论与技术

槐文信　杨中华　陈　端等　著

科学出版社

北　京

内 容 简 介

本书围绕河流生境修复中的水动力学问题，以水生植被、漂浮植被和典型鱼类等水生生物为研究对象，系统阐述水生植被影响下的水流结构和物质输运规律、缓滞河段藻类繁殖与暴发的水动力机制、典型流场中的鱼类游泳行为特性及水动力-水质-水生物耦合数值模拟技术等的基础理论研究成果。在此基础上，介绍这些理论在生态修复工程中的应用，包括洲滩植被化守护、鱼类生境保护与修复、生态调节坝“调度控藻”等。本书旨在推动生态水力学研究的发展，使读者可以了解并掌握生态水力学领域的相关理论和方法，也可以让他们学习到一些实用的生境修复技术。

本书可供水利、环保等部门的工作人员及水动力学、环境水力学和生态学等相关专业的科研人员、研究生参考阅读。

图书在版编目（CIP）数据

河流生境修复的生态水力调控理论与技术/槐文信等著. —北京：科学出版社，2024.3

ISBN 978-7-03-078323- 3

Ⅰ.①河… Ⅱ.①槐… Ⅲ.①河流-水环境-生态恢复-水动力学-研究 Ⅳ.①X522.06

中国国家版本馆 CIP 数据核字（2024）第 064696 号

责任编辑：何 念 张 湾/责任校对：高 嵘
责任印制：彭 超/封面设计：无极书装

科学出版社 出版
北京东黄城根北街 16 号
邮政编码：100717
http://www.sciencep.com
北京九州迅驰传媒文化有限公司印刷
科学出版社发行 各地新华书店经销
*
开本：787×1092 1/16
2024 年 3 月第 一 版 印张：16 3/4
2025 年 3 月第二次印刷 字数：397 000

定价：228.00 元

（如有印装质量问题，我社负责调换）

前言

我国政府已经把生态文明建设作为国家发展的大政方针，提倡尊重自然、顺应自然、保护自然的生态文明理念，颁布了水生态系统保护与修复方针政策，要求正确处理开发与保护的关系，大力推进生态脆弱地区的生态修复工程。

河流生态系统为人类提供淡水、食物等资源，是人类生存与现代文明的基础。河流生态系统由生物和生境两部分组成，生物是河流的生命系统，生境是河流生物的生命支持系统。河流的生态修复包括生境修复和生物物种的恢复，其中生境修复既是生态修复的主要内容，又是进行生物物种恢复的前提和基础。在实际应用方面，河流生境修复已经发展成为一项新兴产业，大量新技术、新成果不断涌现，与此同时也面临着一些新的问题，主要表现在缺乏必要的理论支撑、对技术的使用范围和有效性缺乏认识等。不少生境修复工程的设计更多地依赖于设计者的经验，导致在规划、设计、施工和管理过程中出现了不少难题。在学科发展方面，生态水利已经成为水利学科一个重要的研究分支，涉及生态学、水文学、水力学、环境学等多个学科的交叉，生境修复的相关理论和技术研究一直是生态水利领域的研究热点。

河流系统中，影响鱼类、底栖动物等生物的主要生境要素包括河道、洲滩、水流、水质、水温、底质等，其中水流（即水动力条件）是影响河流系统生物因子的主导因素之一。天然河道、湖泊和湿地中广泛存在的水生植被不仅能为水生动物提供营养来源和栖息场所，还存在阻水作用，影响河流的水流结构和紊动特性，以及水体中的物质输运规律。水动力条件的变化也影响着水生生物的生存和迁移，如藻类的生长、鱼类的洄游等。因此，水动力条件的改善是河流生境修复的重要内容。

近年来，作者以河流生境修复为研究对象，采用理论分析、原型观测、室内外试验及数值模拟等技术手段，系统研究了河流水动力、污染物和水生物之间的相互作用机理。在此基础上，研发了河滨带植被生境修复技术、水动力-水质-水生物耦合数值模拟技术、鱼类生境保护与修复技术及生态调节坝调度技术，并将其应用于三峡水库富营养化治理、南水北调东线水质水量调度、长江生态固滩工程及中小河流的生境修复工程设计中。本书将归纳、概括相关经验及成果，对河流生境修复的生态水力调控基础理论及关键技术进行系统性的介绍。

全书共 5 章。第 1 章为河流生境修复的生态水力学基础理论，包括水生植被影响下的河流水动力特性和物质输运规律、缓滞河段藻类繁殖与暴发的水动力机制、典型流场中的鱼类游泳行为特性等。第 2 章介绍基于河滨带开发的水动力-水质-水生物耦合数值模拟技术。针对河滨带随河流季节性的水位和流量变化而呈现出不同的水力特性及干湿交替的特点，开发出多种维度和模拟精度的能够综合模拟河道水流、水环境、水生态过程的水动力学与生态动力学模型，该模型可用于河滨带生境修复的相关规划、设计和评价中。第 3 章介绍一种河流洲滩的植被化守护技术，其能够在确保滩体结构稳定性和安全性的同时，兼顾工程的生态效应。以长江倒口窑心滩守护工程为例，全面介绍生态固滩工程的技术要领。第 4 章介绍河流系统鱼类生境的保护与修复技术，主要包括仿自然鱼道结构、中华鲟产卵场水力调控优化技术、鱼类物理栖息地模拟技术三个方面。首先，针对不同鱼类对水流条件的需求，模仿自然鱼道形式，构建平面分区、垂向分层的“水流空间多样化”的能适宜多目标鱼类种群上溯的鱼道结构形式；然后，通过对三峡水库-葛洲坝水库运行对中华鲟产卵场水流条件影响规律的研究，创新性提出在中华鲟产卵期加大三峡水库-葛洲坝水库梯级下泄流量，优化小流量条件下葛洲坝水库电厂机组运行方式，为中华鲟的生存、繁衍提供更好的生境要素；最后，基于 Mamdani 型模糊推理和自适应神经模糊系统，结合水生生物的水动力需求，在栖息地水流模型的基础上，提出克服已有物理栖息地模拟模型依赖较完善监测资料局限性的鱼类物理栖息地模拟技术。第 5 章介绍生态调节坝调度技术。通过对三峡水库蓄水以来小江回水区水华形成机制及对应的“调度控藻”对策的分析，建立小江水动力学与藻类生长动力学模型，并将其应用于小江流域水体富营养化过程的模拟中。另外，依托小江水位调节坝工程，研究藻类对上下游水动力的需求，通过合理改变现有的水动力条件，营造不利于藻类大量繁殖、生长的水流条件和营养盐分布，分析水质水量“调度控藻”技术方案。

本书汇集了作者及其团队成员的集体智慧。参与完成本书的主要成员包括槐文信、杨中华、陈端、李明、郭辉、黄明海、白凤朋、范玉洁、李硕林、杨帆、史浩然、傅学成、唐雪、李成光、罗婧、王慧琳等。

本书的出版得到了国家自然科学基金（52020105006、12272281）的资助，在本书撰写过程中，作者参考并引用了国内外多位专家和学者的数据与研究成果，在此表示衷心的感谢。

限于作者水平，疏漏之处在所难免，谨请读者批评指正。

作　者

2023 年 3 月 9 日于武汉大学水利水电学院

目录

第1章 河流生境修复的生态水力学基础理论

水生植被广泛存在于天然和河道湖泊湿地中。其一方面可以抵御水流对浅滩、边坡及床面的冲刷，另一方面可以通过物理和生化作用将水体中的污染物吸附、降解、吸收。此外，水生植被还可以为鱼类、两栖类、爬行类动物提供营养来源和栖息场所，维持河流生态系统的生物多样性。但水生植被也对水流的运动产生了额外的阻力，改变了河道水动力特性。而河道中的水动力特性及河道的基质形态也会反过来影响河岸植被的生长繁衍和水生生物的栖息。植被、水流、物质三者相互耦合，共同决定河流生境修复的过程与效果。因此，本章将在前人研究的基础上，对水生植被影响下的河流水动力特性和物质输运规律、缓滞河段藻类繁殖与暴发的水动力机制、典型流场中的鱼类游泳行为特性四个方面的内容展开研究与讨论。

1.1 水生植被影响下的河流水动力特性

河流水动力特性一般体现为阻力特性、水流流速分布、紊动特性、二次流分布等。植被与水流之间存在着复杂的相互作用，使得植被化河道中的水流结构和紊动特性显著不同于无植被的明渠。这些水动力特性与植被生长形态、分布形式密切相关。因此，相关研究首先对水生植被做了分类。根据自然界中植被在水流作用下是否发生弯曲，水生植被可分为刚性植被和柔性植被两种。根据水深与植被高度的关系，又可以将刚性植被分为非淹没植被（挺水）与淹没植被（沉水）两种。此外，还有以浮萍、水葫芦为代表的非根植于床面基质中的漂浮植被。除根据植被可否弯曲及植被生长位置和高度外，还可以根据植被的生长习性，将水生植被在河道中的分布分为全断面均匀覆盖、部分覆盖、斑块覆盖三种。

为了保证河道的行洪能力和生境修复作用，需要在维持河道内植被生长的同时，根据植被对河流水动力特性的影响，适当调整河道的形态与植被群落分布。因此，全面刻画水生植被影响下的河流水动力特性不仅是河流安全、调控和维护的主要方面，而且是河流生境修复的基础问题。

本节将对不同情况下水生植被河道水流的水动力特性展开研究与讨论。

1.1.1 水生植被的阻水特性

1. 淹没植被作用下的流速分布

刚性植被的存在会减小河道的过水断面面积，也会在水流流经植被时产生绕流阻力。这种阻力一方面减弱了水流对河床与河岸的冲刷，另一方面增大了洪水风险。同时，其也被认为是水生植被改变水流结构的根本原因。

含植被河道的水流阻力一般通过两类参数描述。一类是将单株植被看成一个个体，并用拖曳力系数来表征其对水流的阻碍作用，而植被群落对水流的阻碍则被看作若干单株植被个体阻水作用的简单叠加。另一类表征水流阻力的方法则是以植被群落为研究单元，直接考虑整个植被群落对水流的影响，这类方法常用曼宁粗糙系数、谢才系数、达西-魏斯巴赫（Darcy-Weisbach）阻力系数、总体拖曳力系数等来描述水流阻力。

Li 等（2015）从水生植被与水流相互作用形成的阻力特性出发，提出了“辅助河床”的概念，将淹没植被河道分为悬浮层和基流层（图 1.1）。

定义 h_s 为上层水流厚度，h_v 为植被高度，H 为水深，λ为（以植被茎秆固体体积分数定义的）植被密度，单位体积渠道中的植被前缘面积 $a=4\lambda/(\pi d)$，d 为植被茎秆直径，C_D 为植被拖曳力系数。悬浮层包括植被顶部以上水流及植被内部明显被开尔文-亥姆霍兹（Kelvin-Helmholtz）涡影响的部分，该部分高度通过改进 Nepf 等（2007）提出的入侵深度（δ_e）计算公式得到：

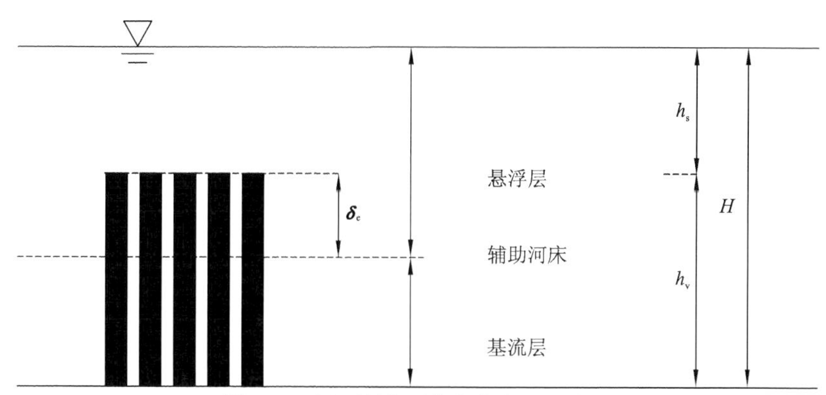

图 1.1　淹没植被河道水流分层示意图

$$\delta_e = \beta \times \begin{cases} \dfrac{0.21 \pm 0.03}{C_D a}, & C_D a h_v > 0.25 \\ (0.85 \sim 1) h_v, & 0.1 < C_D a h_v < 0.25 \end{cases} \tag{1.1}$$

$$\beta = \begin{cases} 1, & H > 2h_v \\ H/h_v - 1, & H \leqslant 2h_v \end{cases} \tag{1.2}$$

基流层则是植被内部几乎仅受重力与植被拖曳力影响的流层。下滑力与植被阻力平衡（河床阻力远小于植被阻力，因而可以忽略），因此

$$U_{bv} = \sqrt{\frac{2gJ(1-\lambda)}{C_{Dv} a}} \tag{1.3}$$

式中：U_{bv} 为基流层水流平均流速；g 为重力加速度；J 为河床底坡；C_{Dv} 为 Cheng 和 Nguyen（2011）改进的植被拖曳力系数，

$$C_{Dv} = \frac{130}{[\pi(1-\lambda)d/(4\lambda)(gJ/\upsilon^2)^{1/3}]^{0.85}} + 0.8\left\{1 - \exp\left[-\frac{\pi(1-\lambda)d/(4\lambda)(gJ/\upsilon^2)^{1/3}}{400}\right]\right\} \tag{1.4}$$

其中，υ 为动力黏度。

对于悬浮层水流，Yang 等（2020）对以往研究得到的试验数据应用遗传规划（genetic programming，GP）算法得到了具有稀疏和密集植被的悬浮层水流平均流速的计算公式：

$$U_s = \begin{cases} \sqrt{g(h_s + \delta_e)J}\left(4.42 + 0.0105\dfrac{h_s + \delta_e}{d}\right), & C_D a h_v > 0.1 \\ \sqrt{gHJ}\left(6.26 + 0.0195\dfrac{H/h_v}{a h_v}\right), & C_D a h_v < 0.1 \end{cases} \tag{1.5}$$

Nikora 等（2001）曾推导了流速分布与水流阻力之间的关系，并由此提出了达西-魏斯巴赫阻力系数与入侵深度、水深的关系：

$$f = \frac{8u_*^2}{\langle \overline{u} \rangle^2} = \frac{8}{C^2 m^2}\left(\frac{\delta}{H}\right)^2 \tag{1.6}$$

式中：f 为达西-魏斯巴赫阻力系数；u_* 为摩阻流速；$\langle \overline{u} \rangle$ 为时均流速；C 和 m 为与床面粗糙程度有关的常数；δ 为混合层厚度。

当 $C_D a h_v > 0.1$ 时，辅助河床的摩阻流速为 $u_* = \sqrt{g(h_s + \delta_e)J}$，$U_s$ 即式（1.6）中的 $\langle \overline{u} \rangle$，将密集植被条件下悬浮层的平均流速 U_s[式（1.5）]代入式（1.6）可得密集植被条件下的达西-魏斯巴赫阻力系数：

$$f = \frac{1}{\left(4.42 + 0.0105\frac{h_s + \delta_e}{d}\right)^2}, \quad C_D a h_v > 0.1 \tag{1.7}$$

当 $C_D a h_v < 0.1$ 时，辅助河床与真实河床重合，可得稀疏植被条件下的达西-魏斯巴赫阻力系数：

$$f = \frac{1}{\left(6.26 + 0.0195\frac{H / h_v}{a h_v}\right)^2}, \quad C_D a h_v < 0.1 \tag{1.8}$$

将基流层水流流速公式与悬浮层水流流速公式加权平均，进而可以预测淹没植被水流断面平均流速：

$$U = \begin{cases} \sqrt{gHJ}\left[\sqrt{\frac{2(1-\lambda)^3}{C_{Dv} a}}\frac{h_v - \delta_e}{H^{3/2}} + \left(4.42 + 0.0105\frac{h_s + \delta_e}{d}\right)\left(\frac{h_s + \delta_e}{H}\right)^{3/2}\right], & C_D a h_v > 0.1 \\ \sqrt{gHJ}\left(6.26 + 0.0195\frac{H / h_v}{a h_v}\right), & C_D a h_v < 0.1 \end{cases} \tag{1.9}$$

因此，断面过流流量 $Q=UBH$，B 和 H 为 GP 算法所用试验资料中的水槽宽度及水深数据。图 1.2 展示了两种植被条件下断面过流流量的预测值 Q_c 与实测值 Q_m 的比较。可以看出，利用该模型预测含稀疏和密集植被的断面过流流量都有很高的精度，同时也更加符合物理机制。首先，基于 GP 算法的公式能够有效地预测带有刚性淹没冠层的植被水流的流量。其次，新的动态边界可以为含稀疏和密集植被的水流提供统一的依据，有助于反映植被水流的内部紊流特性。

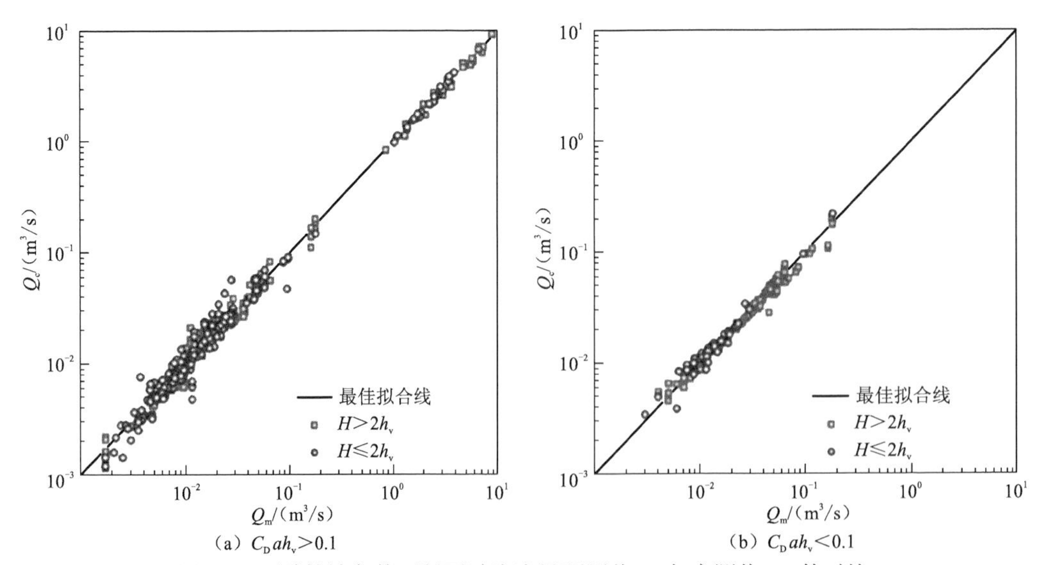

（a）$C_D a h_v>0.1$　　（b）$C_D a h_v<0.1$

图 1.2　两种植被条件下断面过流流量预测值 Q_c 与实测值 Q_m 的对比

2. 非淹没刚性植被的阻力系数

针对有淹没植被覆盖的渠道，将植被对水流的作用视为河床的附加阻力，可推导出植被作用下河床等效曼宁粗糙系数的计算公式，具体步骤如下。

明渠床面切应力为

$$\boldsymbol{\tau}_{\mathrm{b}}=\rho(1-\lambda)C_f\,|\overline{\boldsymbol{U}}|\boldsymbol{U}=\rho(1-\lambda)|\overline{\boldsymbol{U}}|\boldsymbol{U}gn^2/H^{\frac{1}{3}} \tag{1.10}$$

式中：ρ 为水的密度；g 为重力加速度；n 为河床的曼宁粗糙系数；λ 为植被密度，$\lambda=\lambda_{\mathrm{v}}\times\min\{H,h_{\mathrm{v}}\}/H$，$h_{\mathrm{v}}$ 为植被的高度，H 为水深，λ_{v} 为植被层植被体积与水体积之比，即植被层的植被密度；$\boldsymbol{U}$ 为水深平均的流速矢量；$|\overline{\boldsymbol{U}}|=\sqrt{u^2+v^2}$，$u$、$v$ 为水深平均的沿流流速分量；C_f 为床面摩擦系数，$C_f=gn^2/H^{\frac{1}{3}}$。

作用在单位体积上的拖曳力为

$$\boldsymbol{f}_{\mathrm{v}}=C_{\mathrm{D}}\rho\alpha_{\mathrm{v}}\frac{2\lambda}{\pi d}|\overline{\boldsymbol{U}_{\mathrm{v}}}|\boldsymbol{U}_{\mathrm{v}} \tag{1.11}$$

式中：$\boldsymbol{U}_{\mathrm{v}}$ 为植被层的表观流速；α_{v} 为形状系数，对于圆柱形植被，一般取为 1；$\overline{\boldsymbol{U}_{\mathrm{v}}}$ 为植被层的水深平均流速，在非淹没状态下，$\overline{\boldsymbol{U}_{\mathrm{v}}}$ 为水深平均的合速度 $\overline{\boldsymbol{U}}$，即 $\boldsymbol{U}_{\mathrm{v}}=\boldsymbol{U}$，淹没状态下 Stone 和 Shen（2002）给出 $\overline{\boldsymbol{U}_{\mathrm{v}}}=\eta_{\mathrm{v}}\overline{\boldsymbol{U}}(h_{\mathrm{v}}/H)^{1/2}$（$\eta_{\mathrm{v}}$ 为接近于 1 的系数），本小节效其做法，设在淹没状态下 $\boldsymbol{U}_{\mathrm{v}}=\eta_{\mathrm{v}}\boldsymbol{U}(h_{\mathrm{v}}/H)^{1/2}$，则可得

$$\boldsymbol{f}_{\mathrm{v}}=C_{\mathrm{D}}\rho\alpha_{\mathrm{v}}\frac{2\lambda}{\pi d}|\overline{\boldsymbol{U}_{\mathrm{v}}}|\boldsymbol{U}_{\mathrm{v}}=C_{\mathrm{D}}\rho\alpha_{\mathrm{v}}\frac{2\lambda}{\pi d}|\overline{\boldsymbol{U}}|\boldsymbol{U}\frac{\min\{H,h_{\mathrm{v}}\}}{H} \tag{1.12}$$

所以单位长度、单位宽度上的植被对水流的阻力为

$$\boldsymbol{F}_{\mathrm{v}}=\boldsymbol{f}_{\mathrm{v}}H=C_{\mathrm{D}}\rho\alpha_{\mathrm{v}}\frac{2\lambda}{\pi d}|\overline{\boldsymbol{U}}|\boldsymbol{U}\frac{\min\{H,h_{\mathrm{v}}\}}{H}H \tag{1.13}$$

采用唐洪武等（2007）推导出的摩擦阻力一般表达式可得植被区的等效阻力为

$$\boldsymbol{\tau}_{\mathrm{bv}}=\rho gn_{\mathrm{v}}^2|\overline{\boldsymbol{U}}|\boldsymbol{U}/H^{\frac{1}{3}} \tag{1.14}$$

则由力的等效原理得

$$\boldsymbol{\tau}_{\mathrm{bv}}=\boldsymbol{\tau}_{\mathrm{b}}+\boldsymbol{F}_{\mathrm{v}} \tag{1.15}$$

即

$$\rho gn_{\mathrm{v}}^2|\overline{\boldsymbol{U}}|\boldsymbol{U}/H^{\frac{1}{3}}=\rho(1-\lambda)|\overline{\boldsymbol{U}}|\boldsymbol{U}gn^2/H^{\frac{1}{3}}+C_{\mathrm{D}}\rho\alpha_{\mathrm{v}}\frac{2\lambda}{\pi d}|\overline{\boldsymbol{U}}|\boldsymbol{U}\frac{\min\{H,h_{\mathrm{v}}\}}{H}H \tag{1.16}$$

可得

$$n_{\mathrm{v}}^2=(1-\lambda)n^2+\frac{C_{\mathrm{D}}\alpha_{\mathrm{v}}2\lambda\eta_{\mathrm{v}}^2\min\{h_{\mathrm{v}},H\}H^{\frac{1}{3}}}{g\pi d} \tag{1.17}$$

$$n_{\mathrm{v}}=\sqrt{(1-\lambda)n^2+\frac{C_{\mathrm{D}}\alpha_{\mathrm{v}}2\lambda\eta_{\mathrm{v}}^2\min\{h_{\mathrm{v}},H\}H^{\frac{1}{3}}}{g\pi d}} \tag{1.18}$$

式中：n_{v} 为非淹没刚性植被作用下的河床等效曼宁粗糙系数。

式（1.10）～式（1.18）的推导基于渠道完全被植被覆盖的情况。如果只有部分植被覆盖河道断面，则在有植被的近岸区与无植被的主槽区之间的交界处附近，会产生巨大的流速梯度（近岸区受植被影响，流速小；主槽区无植被阻碍，流速大），同时，植被的存在造成了交界处水流的强烈紊动，形成了混合层，在这一区域内，水流紊动十分强烈，其物质及动量交换也十分快速。这种横向动量交换使得其水流结构比完全被植被覆盖时复杂得多。这种水流结构的复杂性会对植被区水流受到的阻力产生影响，其影响主要体现在植被拖曳力系数 C_D 的变化上，现有的计算 C_D 的经验公式多数未考虑横向动量交换的影响。Tominaga 等（1989）认为，植被区与无植被区交界处形成的二次流，使得其周围的水体流速增加，是影响床面切应力的重要因素。因此，接下来将二次流对植被区等效阻力的影响单独作为一项来考虑，引入二次流附加阻力影响系数 k：

$$n_v=(1+k)\sqrt{(1-\lambda)n^2+\frac{C_D\alpha_v 2\lambda\min\{h_v,H\}H^{\frac{1}{3}}}{g\pi d}} \tag{1.19}$$

此处的二次流附加阻力影响系数 k 应与二次流系数 K 有所区别，K 表征的是水深积分方程中二次流项与水深平均流速之间的联系，k 表征的是二次流引起的等效附加阻力的影响系数，但是由于它们均与渠道断面形状、河床（漫滩和主槽）粗糙系数等因素相关，故它们之间又存在着直接的联系。对二次流系数 K 的诸多研究表明，对于不同断面形状、尺寸的渠道，K 不同，且有正有负，故由此推知 k 也是一个在一定范围内变化的值。在此给出经验取值：对于植被部分覆盖的矩形渠道，k 取 0～0.3；对于植被部分覆盖的复式断面渠道，k 取-0.4～0。式（1.19）适用于淹没、非淹没情况下无叶刚性植被覆盖的渠道植被区等效曼宁粗糙系数的计算。

水深平均模型作为复杂水流计算的一种简化模型，易操作，经过适当修正也能满足各种工程需求，故其在植被水流的计算中得到了较为广泛的应用。修正后的等效曼宁粗糙系数可以用于水深平均模型，来准确模拟局部有植被渠道的水流流速分布特征。

3. 明渠水流新的统一阻力系数公式

河床阻力是影响河道行洪能力的重要因素，达西-魏斯巴赫阻力系数 f 也常被用于反映河床的阻力。对于明渠水流，当水流为层流时，f 与雷诺数 Re 成反比，即

$$fRe=24 \tag{1.20}$$

当水流为紊流时，受到水流紊动的影响，达西-魏斯巴赫阻力系数的预测变得更加困难。对于明渠紊流，流动可以划分为水力光滑区、水力过渡区与水力粗糙区。在水力光滑区，达西-魏斯巴赫阻力系数与雷诺数的四分之一次方成反比，而在水力粗糙区，达西-魏斯巴赫阻力系数与相对粗糙度的三分之一次方成正比，其中 r/R 为相对粗糙度。

$$\begin{cases} f\sim\dfrac{1}{Re^{1/4}}, & r/R\to 0 \\ f\sim\left(\dfrac{r}{R}\right)^{1/3}, & Re\to\infty \end{cases} \tag{1.21}$$

然而，目前还没有可以预测所有水流情况下达西-魏斯巴赫阻力系数的统一公式，图 1.3 为 Dou(1996)给出的不同相对粗糙度下达西-魏斯巴赫阻力系数随雷诺数的变化图。

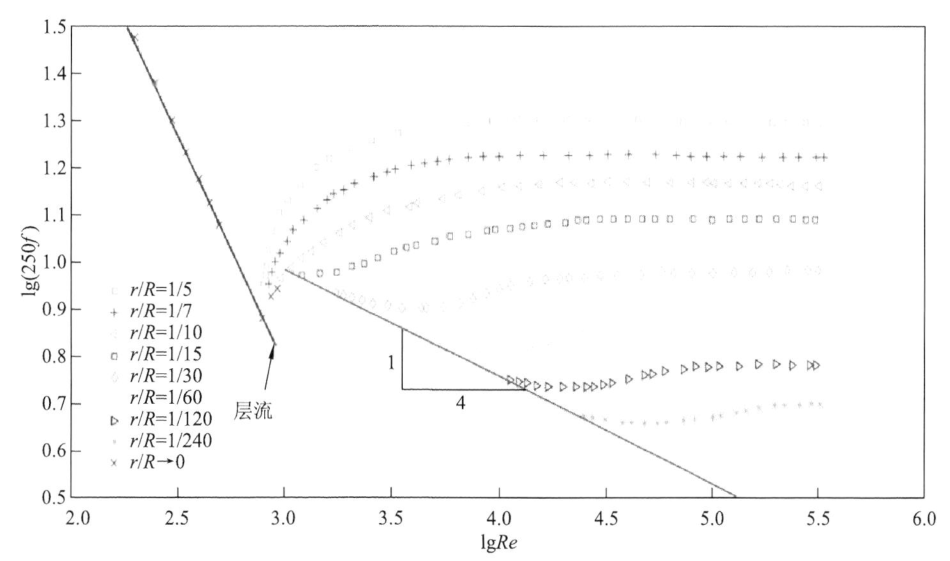

图 1.3 不同相对粗糙度下达西-魏斯巴赫阻力系数随雷诺数的变化图

参考 Tao（2009）的相关理论分析，可以假设

$$fRe = F\left[Re^{3/4} + C_S Re^{\alpha}\left(\frac{r}{R}\right)^{\alpha/3}\right] \tag{1.22}$$

其中，α、C_S 均为常系数。利用试验数据进行率定后，得到$\alpha = 4$，$C_S = 2\times10^{-9}$，随后可以得到 fRe 与新的组合参数之间的关系图（图 1.4）。

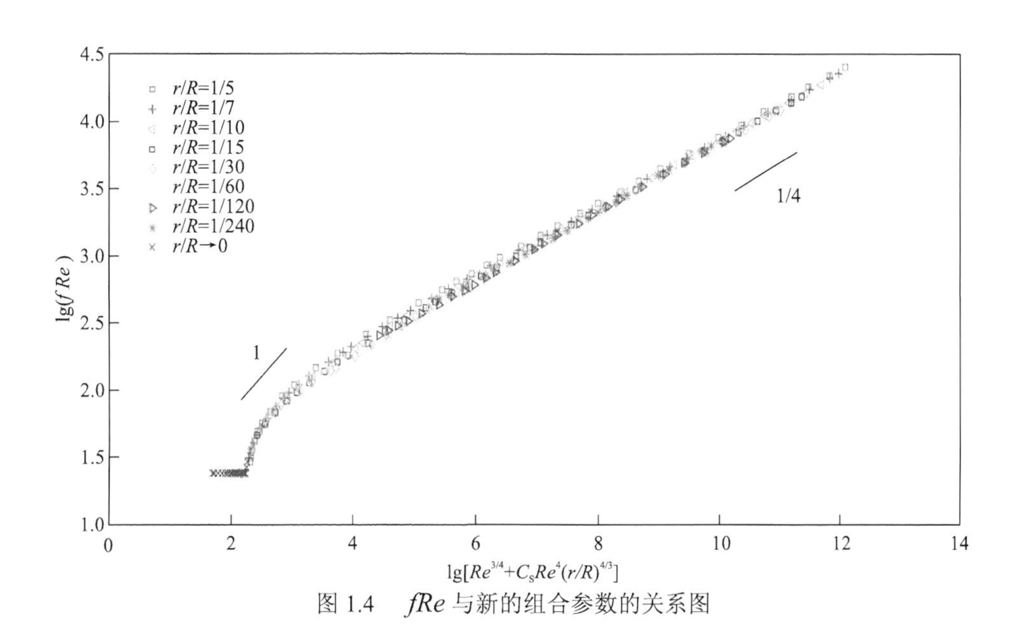

图 1.4 fRe 与新的组合参数的关系图

当雷诺数较小时，fRe 与组合参数的一次方成正比，当雷诺数较大时，fRe 与组合参数的四分之一次方成正比，故可以利用 Guo（2002）提出的对数匹配法，得到反映 fRe 与组合参数关系的经验公式：

$$\lg(fRe) = \lg X - 0.6\lg\left[1+\left(\frac{X}{421}\right)^{5/4}\right] - 0.644 \tag{1.23}$$

其中，$X = Re^{3/4} + C_S Re^4 (r/R)^{4/3}$。

将式（1.23）与试验数据及以往的研究成果对比发现，新的经验公式的适用范围更广，精度也更高（图 1.5）。

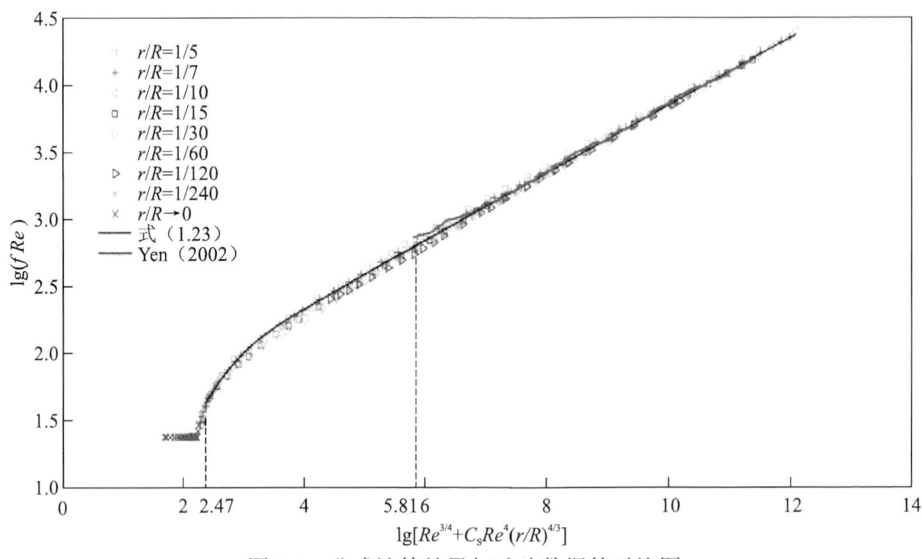

图 1.5　公式计算结果与试验数据的对比图

1.1.2　漂浮植被作用下的明渠紊流特征

漂浮植被（如浮萍科的多种植物）广泛分布于湖泊、湿地、沼泽和近海水域中，除了突出的美学价值外，其还具有提高水体含氧量、吸附水体污染物、保护物种多样性、为野生动物提供栖息地等多种生态功能。因此，由漂浮植被和浮床组成的人工生态浮岛被广泛引入渠道、河流及湖泊中，服务于富营养化水体净化、河流生境修复及城市生态景观建设。但生态浮岛浸入水中的植被茎秆或根系也会阻碍水体流动，产生与淹没植被河道类似的混合层，改变河道的水动力条件。但与淹没植被河道不同的是，在漂浮植被作用下明渠水流受植被拖曳力和河床摩擦阻力的共同影响，混合层与底部边界层会在水流发展过程中相互作用，垂向流速分布、紊动特性、动量交换及物质传输机理都更加复杂。而试验研究含漂浮植被河道的水流特性是揭示该条件下水体物质输运机理的基本途径，将为模拟、预测水生生物、泥沙和污染物的输移扩散规律提供理论基础。因此，本章聚焦于生态浮岛作用下河道水流特性在垂向上的具体表现，基于实验室水槽试验，对含漂浮植被河道水流的流速分布、紊动强度和雷诺应力等特性进行了详细研究，并结合象限分析和频谱分析等方法，进一步探究漂浮植被对紊流流态、动量交换的影响，为河流、湖泊、人工湿地等生态型水体的净化、环境污染治理和修复提供参考。

试验在武汉大学水力学实验室长 20 m、宽 $B=1$ m 的玻璃水槽中进行，水槽底坡 $S_0=0.01\%$。试验布置示意图见图 1.6。通过阀门和电磁流量计控制水槽中的流量恒定在 0.042 m^3/s，水深 $H=0.43$ m，进入植被区前的均匀流阶段断面平均流速为 $U_m=0.097$ m/s，雷诺数 $Re=U_mH/\upsilon=1.15\times10^4$。刚性植被用正交排列的有机玻璃棒替代，相邻玻璃棒的间距 $s=0.05$ m，玻璃棒直径 $d=0.006$ m，高度 $h_r=0.25$ m，植被区总长 $L_{veg}=5$ m，宽度 $b=0.6$ m，横向上布置于水槽中心。流速由声学多普勒测速仪（acoustic Doppler velocimeter，ADV）进行测量，ADV 的采样频率为 50 Hz，采样时间为 160 s。在植被斑[即图 1.6（a）中的 PVC 板]中间纵向布置 14 条测量垂线。每条垂线有 17～22 个测量点，相邻测量点的垂直距离为 0.02～0.06 m。

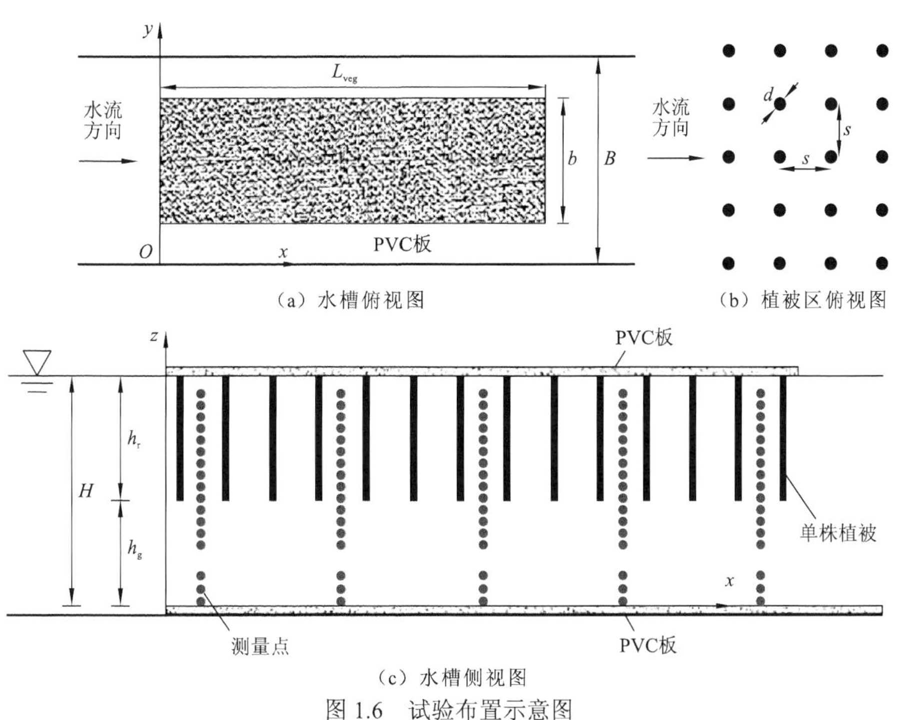

（a）水槽俯视图　（b）植被区俯视图

（c）水槽侧视图

图 1.6　试验布置示意图

h_g 为间隙区高度；PVC 板指聚氯乙烯板

首先，分析时均流场和紊流特性。图 1.7 展示了充分发展区域的归一化纵向时均流速 (U/U_m) 垂向分布、归一化紊动能（TKE/u_{*b}^2）垂向分布、归一化雷诺应力（$\tau_{zx}/u_{*b}^2=-\overline{u'w'}/u_{*b}^2$）垂向分布，其中，$u_{*b}=\sqrt{gR_HS_0}$，$R_H=BH/(B+b+2H)$。可以发现，在植被区上部，流速具有相对稳定值 U_{d1}。在植被区下部和间隙区上部，流速增加至最大值 U_{d2}，然后向床面减小，最大流速约为 $1.22U_m$。在植被区与间隙区交界面附近一定范围内出现了强流速剪切。紊动能 $\mathrm{TKE}=(u'^2+v'^2+w'^2)/2$，其中 u'^2、v'^2、w'^2 分别为 x、y、z 方向的紊动强度。在植被区和间隙区的交界面处 TKE 达到最大值，向植被区顶部和床面减小，说明交界面处发生了强烈的垂向动量交换。这表明 TKE 主要来自植被底部的紊流剪切。另外，流速的最大值位置与雷诺应力为零的位置一致。在该位置以上，雷诺应力的绝对值自床面沿垂线向上呈现先增加至最大值而后减小至相对稳定值的趋势，与紊动能的垂向变化趋势基本一致。图 1.7（c）中虚线表示混合层上边界（$z=H_p$）。

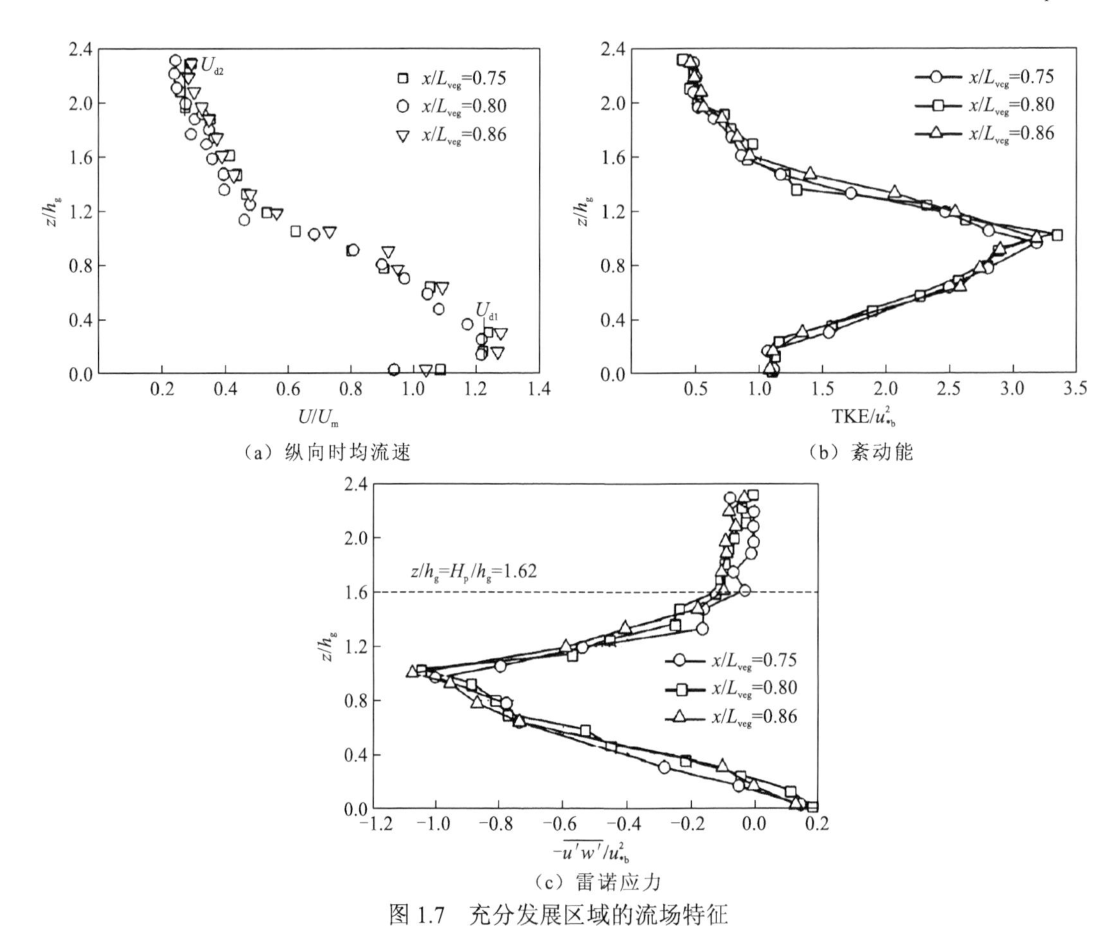

（a）纵向时均流速　　（b）紊动能

（c）雷诺应力

图 1.7　充分发展区域的流场特征

其次，分析流场的纵向发展，如图 1.8 所示。在沿程发展过程中，各垂线上的纵向时均流速最大值从靠近植被区与间隙区交界面的位置开始不断下移，直至靠近床面，最后稳定在一个固定高度。将从床面到这一位置的距离定义为底部边界层，其高度为 z_{BBL}。将植被区内雷诺应力 τ_{zx} 下降到 τ_{zx} 最大值 10%时的位置 $z=z_1$ 定义为交界面混合层的上边界，则从 $z=z_{BBL}$ 到这一位置的垂直高度为混合层厚度 δ。$\delta_c=z_1-h_g$ 为混合层入侵到植被区的深度，$\delta_g=h_g-z_{BBL}$ 为混合层入侵到间隙区的深度。从图 1.8 可以看出，混合层厚度 δ、植被区入侵深度 δ_c 和间隙区入侵深度 δ_g 随着水流的发展均先增加后稳定。

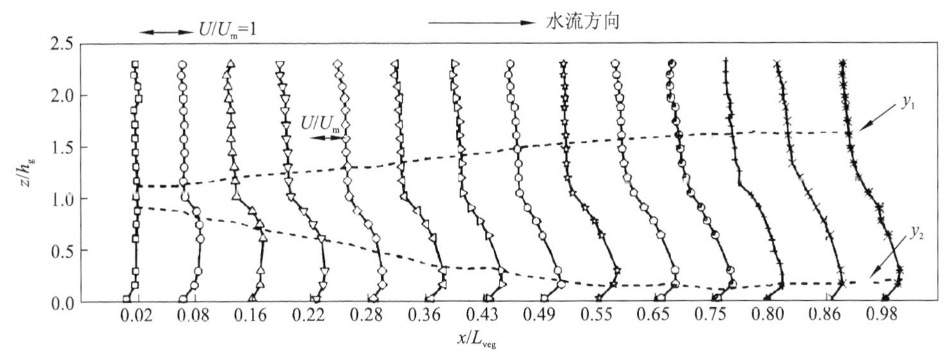

图 1.8　纵向时均流速的纵向发展过程（横坐标未按实际比例绘制）

y_1、y_2表示混合层上、下边界位置变化轨迹

因此，如图 1.8 所示，根据纵向时均流速的沿程变化特征，本书将漂浮植被影响下流场的发展过程划分为三个阶段：初始调整阶段、过渡发展阶段、充分发展阶段。初始调整阶段从植被前缘开始，到垂向时均流速[图 1.9（a）]接近于零的位置结束（$x/L_{veg}=0.3$），是水流刚进入植被区发生明显向下偏转的阶段。而过渡发展阶段垂向时均流速基本为零，植被区和间隙区纵向时均流速继续调整，混合层呈现细长扇形且厚度不断增加。当混合层厚度、植被区入侵深度和间隙区入侵深度不再沿程变化，纵向时均流速大小及分布形式也不再沿程变化（$x/L_{veg}=0.75$）时，过渡发展阶段结束，进入充分发展阶段。充分发展阶段，该区域的紊流结构完全形成，纵向时均流速分布基本保持不变（即$\partial U/\partial x=0$），混合层厚度也不再变化。

再次，分析动量厚度。考虑到生态浮岛作用下底部边界层对交界面处剪切层发展的影响，本章采用 Plew（2011）修正的动量厚度θ表达式来分析动量厚度，积分区间为底部边界层位置 z_{BBL} 到水面位置，即

$$\theta=\int_{z_{BBL}}^{H}\left[\frac{1}{4}-\left(\frac{U-\langle U\rangle}{\Delta U}\right)^2\right]dz \tag{1.24}$$

其中，$\langle U\rangle=(U_{d1}+U_{d2})/2$，$\Delta U=U_{d1}-U_{d2}$。如图 1.9（b）所示，在充分发展阶段，动量厚度和混合层厚度的关系为 $\theta=(0.12\pm0.02)\delta$，此结果与 Plew（2011）的结果一致。

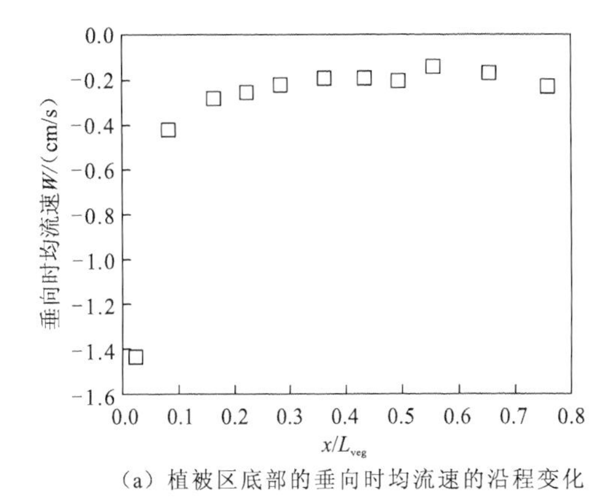

（a）植被区底部的垂向时均流速的沿程变化

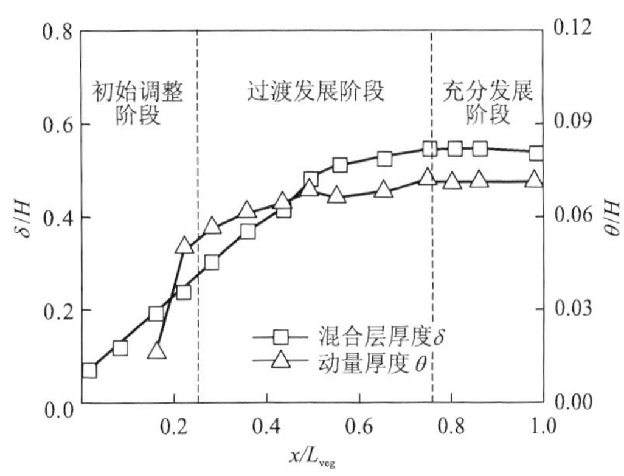

（b）动量厚度和混合层厚度的沿程变化

图 1.9　混合层纵向发展

紊流是由许多尺度不同的漩涡的随机运动形成的，这些漩涡随时间的变化而变化，相互混合并扩散，导致了水体质点流速的脉动。而分析纵向和垂向流速分量时间序列的周期性波动可以识别相干涡结构。接下来就通过计算植被底部附近和植被内部垂向流速波动的功率谱密度来解释各种漩涡的影响。充分发展阶段内（$x/L_{veg}=0.80$），植被区与间隙区交界面附近（$z/h_g=1.2$）和植被区内部（$z/h_g=2.0$）两点的垂向流速波动的功率谱密度 S_{ww} 随频率的变化如图 1.10 所示。

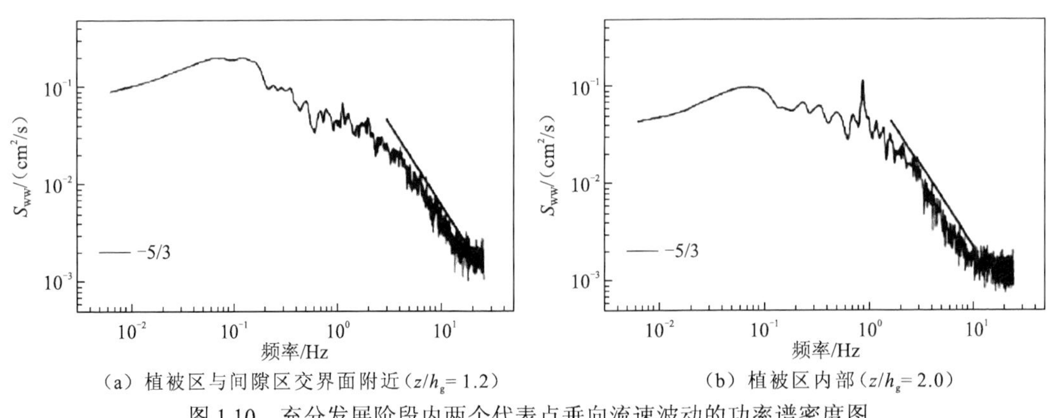

（a）植被区与间隙区交界面附近（$z/h_g=1.2$）　（b）植被区内部（$z/h_g=2.0$）

图 1.10　充分发展阶段内两个代表点垂向流速波动的功率谱密度图

可以发现，剪切层内部（$z/h_g=1.2$）的主频为 0.09 Hz，取特征流速 $U_a=U_m=0.097$ m/s，施特鲁哈尔数 $St=0.21$，计算出的对应特征涡长为 0.226 m。该长度与充分发展阶段的混合层厚度（0.236 m）吻合较好。这一发现表明，由于植被的存在，植被底部的漩涡发展受到限制，并不能向下生长至河床。剪切层内部这种大尺度的相干涡在垂向动量交换中起主导作用，并在植被区和间隙区的交界面附近引起速度的周期性波动。当 $z/h_g=2.0$（即植被区内）时，主频为 0.9 Hz，U_a 为植被区上部相对稳定的速度，约为 0.03 m/s。因此，计算的描述漩涡大小的特征长度 $L=0.007$ m，接近于单株植被的直径 $d=0.006$ m。这一发现表明，植被区内的涡主要是由单株植被茎秆的尾流引起的。总地来说，两种类型的涡在不同的区域被观察到，即剪切尺度涡（与 Kelvin-Helmholtz 不稳定性相关）和茎秆尺度涡（与茎秆直径和尾涡相关）。

最后，本节采用象限分析法分析引起动量交换的相干结构，如图 1.11 所示。其中，u'、w' 为纵向脉动流速及垂向脉动流速。可以发现，猝发和扫掠对雷诺应力的贡献在植被区与间隙区交界面处（$z/h_g=1.0$）达到最大值，并从该交界面向水面和床面方向逐渐减小。与常规边界层流动相似，间隙区（$0<z/h_g<0.24$）的主导流动类型为猝发和扫掠。总地来说，在整个垂直方向上，扫掠和猝发占主导地位。在植被区下部，扫掠事件大于猝发事件。然而，在间隙区上部，这种关系正好相反。下扫和喷射是短暂而激烈的。大约 80%的扫掠事件是在记录周期的 30%内完成的，靠近植被区底部（即最大雷诺应力的位置）。

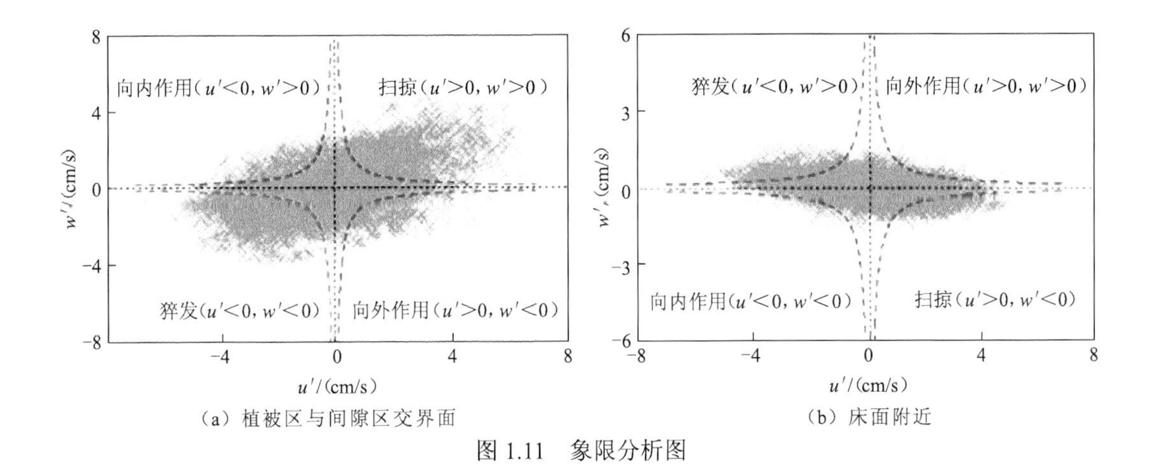

（a）植被区与间隙区交界面　　（b）床面附近

图 1.11　象限分析图

1.1.3　柔性淹没植被对河道洪水波演进的影响

相对于刚性植被，柔性植被在天然河道中的分布更为广泛。柔性植被在水流作用下会发生不同程度的弯曲，并且随着水流流速的不同，弯曲的程度也会改变。同时，弯曲程度改变又使植被对水流的挡水面积发生变化，进而影响对水流的阻力，反过来也会影响水流的流速。因此，柔性植被引起的水流结构的改变比刚性植被更加复杂。以往的研究表明，柔性植被的柔韧度和密度决定了植被的弯曲程度，植被的弯曲程度又决定了植被对河道阻力的影响（Kouwen，1992；Kouwen et al.，1981）。Fathi-Moghadam 等（2011）利用量纲分析的方法研究淹没植被对河道阻力的影响，提出：

$$f_1\left(f,\frac{U}{U_{\mathrm{um}}},\frac{A}{A'},\frac{h_{\mathrm{v}}}{y},\frac{\rho Ug}{\upsilon},\frac{U^2}{gy}\right)=0 \tag{1.25}$$

式中：f 为达西-魏斯巴赫阻力系数；U 为断面平均流速；U_{um} 为植被层上边界最大流速；A 为植被水平投影面积；A' 为渠道水平投影面积；A/A' 为植被的相对密度；h_{v} 为植被未弯曲时的高度；y 为正常水深；$\rho Ug/\upsilon$ 为雷诺数；$U^2/(gy)$ 为弗劳德数。Fathi-Moghadam 等（2011）通过试验数据拟合得到河道的曼宁粗糙系数为

$$n=0.092U^{-0.33}(y/h_{\mathrm{v}})^{-0.51}(A/A')^{0.32} \tag{1.26}$$

Fathi-Moghadam 等（2011）的公式未考虑柔性淹没植被在水流中的弯曲，柔性淹没植被弯曲后的平均高度 h_{v}' 将小于 h_{v}。在分析处理 Wilson（2007）及 Kouwen 和 Fathi-Moghadam（2000）的试验数据时发现：

$$\ln(y/h_{\mathrm{v}}')=m_1U+m_2 \tag{1.27}$$

其中，m_1 和 m_2 为根据试验资料确定的参数。

通过改善相对淹没度及增加相对弯曲度影响因子这两点进行改进，式（1.26）可变为

$$n=a_0U^{a_1}(A/A')^{a_2}\exp(A'U+p)^{a_3}(h_{\mathrm{v}}/y)^{a_4} \tag{1.28}$$

其中，a_0、a_1、a_2、a_3、a_4、p 为待定参数。

在对 Fathi-Moghadam 等（2011）的试验数据进行分析处理后，可得柔性淹没植被作用下的河道曼宁粗糙系数经验公式：

$$n = 0.125U^{-0.28}(A / A')^{0.36}\exp(0.25U + 0.45)(h_{\mathrm{v}} / y)^{0.52} \tag{1.29}$$

为了验证公式的准确性，采用 2009 年汉江上皇庄至兴隆段河道汛期的水文、地形资料进行验算，该河段总长 117.9 km，共取 54 个断面，已知上游进口断面的流量过程线和下游出口断面的水位过程线，皇庄至大王庙段有植被（即 0～62.6 km 有植被，植被相对密度约为 0.5，平均高度为 0.3 m），利用式（1.29）进行计算，同时与有植被时 n=0.022 的经验公式进行对比。大王庙至兴隆段无植被，汛期曼宁粗糙系数为 0.18。计算结果如图 1.12、图 1.13 所示，为距离上游 36.6 km 处水位、流量、曼宁粗糙系数的变化过程线。由图 1.12、图 1.13 可见，改进的公式相对于现有的公式具有更高的精度。

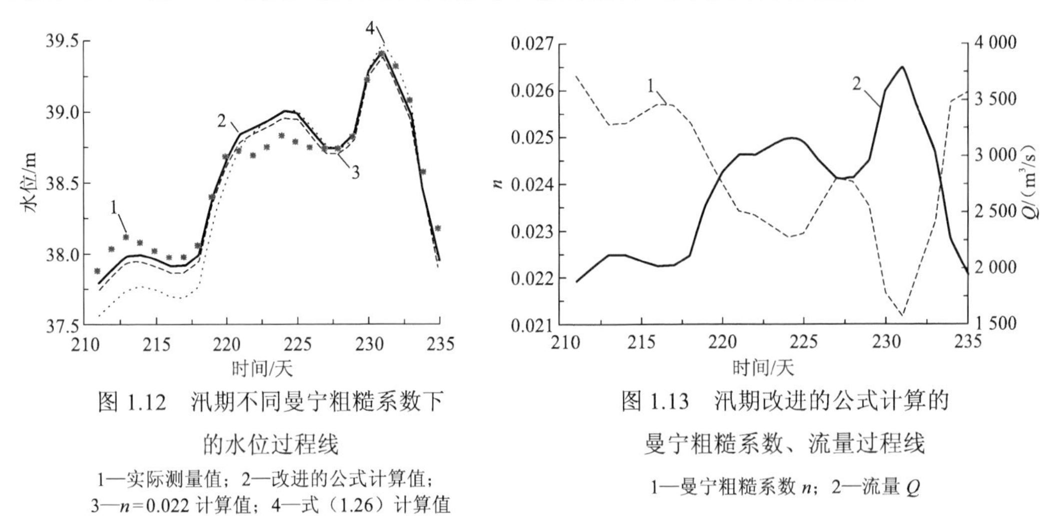

图 1.12　汛期不同曼宁粗糙系数下的水位过程线

1—实际测量值；2—改进的公式计算值；3—n=0.022 计算值；4—式（1.26）计算值

图 1.13　汛期改进的公式计算的曼宁粗糙系数、流量过程线

1—曼宁粗糙系数 n；2—流量 Q

本书采用 Preissmann 隐格式离散圣维南方程，计算下面三种曼宁粗糙系数下的水力要素，对比分析柔性植被对洪水波的影响。

设某一长 3 km、宽 5 m 的顺直矩形断面渠道发生均匀流动时正常水深为 1.2 m，从某一时刻开始，由进口入流条件变化引起渠中非恒定流。计算时间取为 320 min，从 180 min 开始，在 20 min 内流量从 6.599 $\mathrm{m^3/s}$ 线性增加到 50 $\mathrm{m^3/s}$，随后又在 60 min 内线性减小到 6.599 $\mathrm{m^3/s}$，然后保持不变，出口断面给出水位流量曲线。在渠道中取 11 个断面，每两个断面相隔 300 m，1～3 断面和 9～11 断面为无植被区，曼宁粗糙系数取 0.020，4～8 断面（0.9～2.1 km）为植被区，曼宁粗糙系数按以下三种情况取值：依式（1.29）计算，其中淹没植被的平均未弯曲高度 h_{v} 取 0.3 m，植被相对密度取 0.5；根据经验取定值 0.030；作为对比，曼宁粗糙系数取值同无植被情况。

将以上三种曼宁粗糙系数代入程序中进行水力计算，得到了不同断面的流量、水位、断面平均流速、曼宁粗糙系数随时间的变化曲线。这里，取 S=0.9 km 和 S=1.5 km 两个断面的曼宁粗糙系数变化曲线（图 1.14）、t=200 min 和 t=260 min 的曼宁粗糙系数沿程变化曲线（图 1.15）、流量过程线（图 1.16）、水位过程线（图 1.17）、断面平均流速过程线（图 1.18）加以分析。

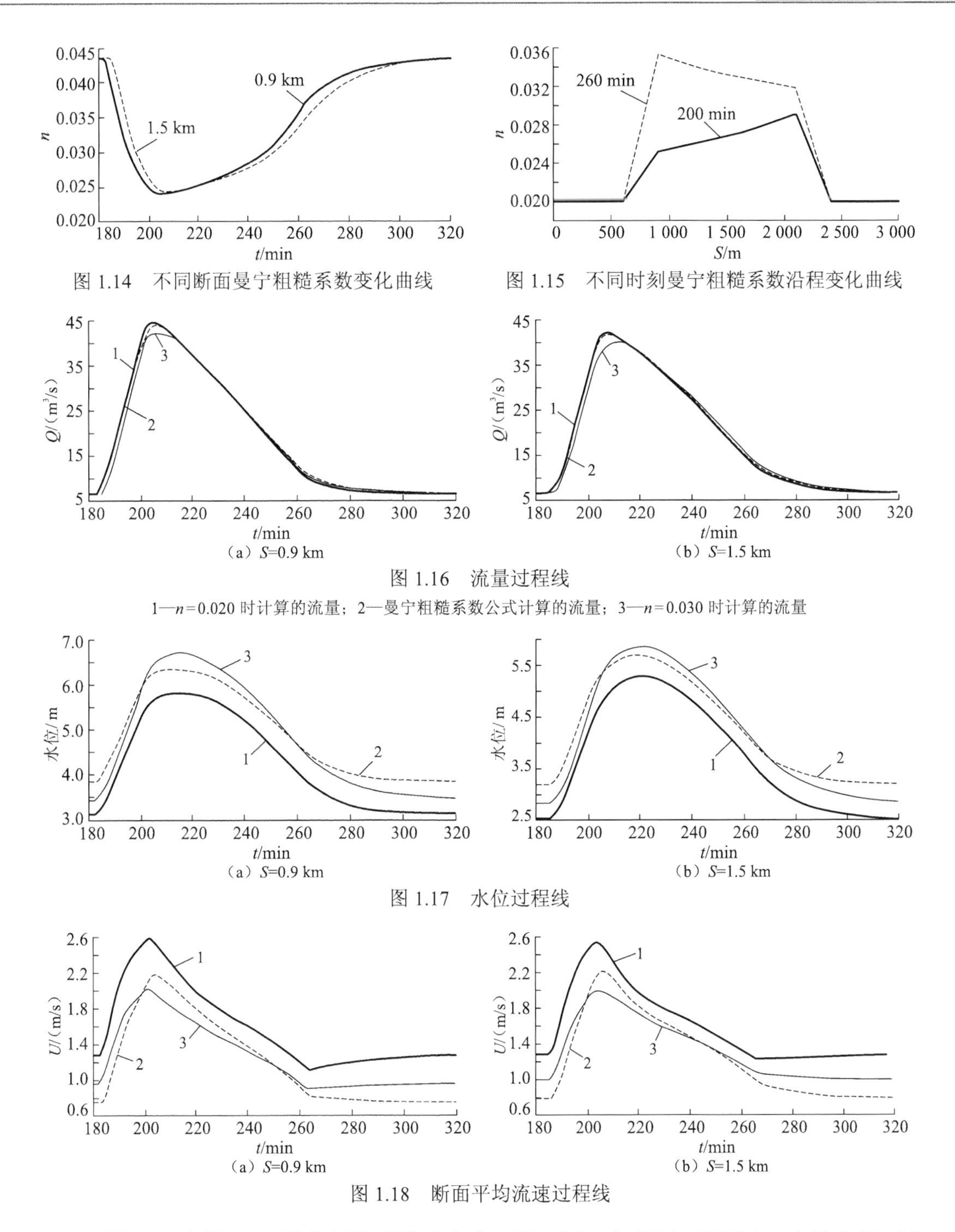

图 1.14　不同断面曼宁粗糙系数变化曲线

图 1.15　不同时刻曼宁粗糙系数沿程变化曲线

（a）S=0.9 km　　（b）S=1.5 km

图 1.16　流量过程线

1—n=0.020 时计算的流量；2—曼宁粗糙系数公式计算的流量；3—n=0.030 时计算的流量

（a）S=0.9 km　　（b）S=1.5 km

图 1.17　水位过程线

（a）S=0.9 km　　（b）S=1.5 km

图 1.18　断面平均流速过程线

由图 1.14 和图 1.15 曼宁粗糙系数的变化可见：同一密度同一断面上，在涨水期，随着水位和流速的增加，曼宁粗糙系数减小，且植被对曼宁粗糙系数的影响逐渐降低；在落水期，水位和流速降低，河道曼宁粗糙系数增大，且植被对曼宁粗糙系数的影响增大。这是因为当水位和流速增加时，植被弯曲度加大，相当于河道粗糙度减小，故河道曼宁粗糙系数减小；反之，水位和流速减小，植被弯曲度减小，河道粗糙度增大，曼宁粗糙系数增大。从纵向上看，对于整段植被区，柔性淹没植被作用下的河道曼宁粗糙系数由沿程增大逐渐演变为沿程减小。这是因为洪水未开始传播时，由于植被作用，阻力增大，上游水深高于下游水深，而流速相等，故上游的曼宁粗糙系数小于下游的曼宁粗糙系数；当洪水开始传播时，上游的水深和流速增加，使得上游曼宁粗糙系数减小，更加小于下游曼宁粗糙系数；当洪水传播到下游时，下游水深和流速增加，曼宁粗糙系数减小，上游逐渐恢复到恒定流状态，水深减小，流速减小，曼宁粗糙系数增加，故下游曼宁粗糙系数小于上游曼宁粗糙系数。

由流量、水位和断面平均流速随时间的变化情况（图 1.16～图 1.18）可见：洪水流经无植被的河道时，由于阻力作用，洪水波会出现一定的坦化现象。流速、流量和水位不在同一时间达到最大值，三者达到最大值的先后顺序依次为流速、流量和水位。洪水流经有植被的河段时，曼宁粗糙系数相较于无植被河段明显增大，水流阻力增大，对洪水波起到滞留作用，且曼宁粗糙系数越大，阻力越大，洪峰流量到达下游的时间越晚。曼宁粗糙系数越大，最大流量和最大水位的减小幅度越大，对洪水的坦化作用越明显。

虽然曼宁粗糙系数不仅会变大，而且会随着不同条件发生变化，但无论曼宁粗糙系数如何变化，最大流量和最大水位都会沿程减小；而最大平均流速会在曼宁粗糙系数不变时沿程减小，在曼宁粗糙系数沿程减小时增加，在曼宁粗糙系数沿程增大时减小。对于同一断面，曼宁粗糙系数的增大会造成流量减小、流速降低、水位升高。

1.2 水生植被影响下的物质输运规律

水生植被会影响生态河道中的水动力条件。具体而言，植被阻碍水体流动，从而产生了强烈的流速剪切，植被区与非植被区交界面处产生了大量大尺度的相干涡，植被区内部产生了小尺度涡，这些不同尺度的涡在不同位置一起作用于动量交换及物质输运过程。这就说明在水生植被影响下，河道中的对流及紊动扩散特性在各尺度上呈现空间异质性，因此会出现与明渠显著不同的物质输运规律。当河道弯曲、植被斑非连续、植被密度空间分布不均匀、溶质发生生态降解，以及存在表面风的作用时，情况变得更加复杂。

本节从顺直及弯曲生态河道离散系数、多孔介质湿地流中污染物浓度分布的时空演变等方面介绍水生植被影响下的物质输运规律。

1.2.1 植被斑与弯道对明渠生态河道离散系数的影响

天然河道中往往长有植被，且大部分河道都是弯曲河道。植被生长的位置与河道的弯曲程度对河流污染物离散的影响是十分显著的，因此下面介绍弯道中植被斑对河流水流结构及离散过程的影响。

试验工况有三种：植被斑分布在弯道内圈、植被斑分布在弯道外圈、无植被斑分布，如图 1.19 所示。

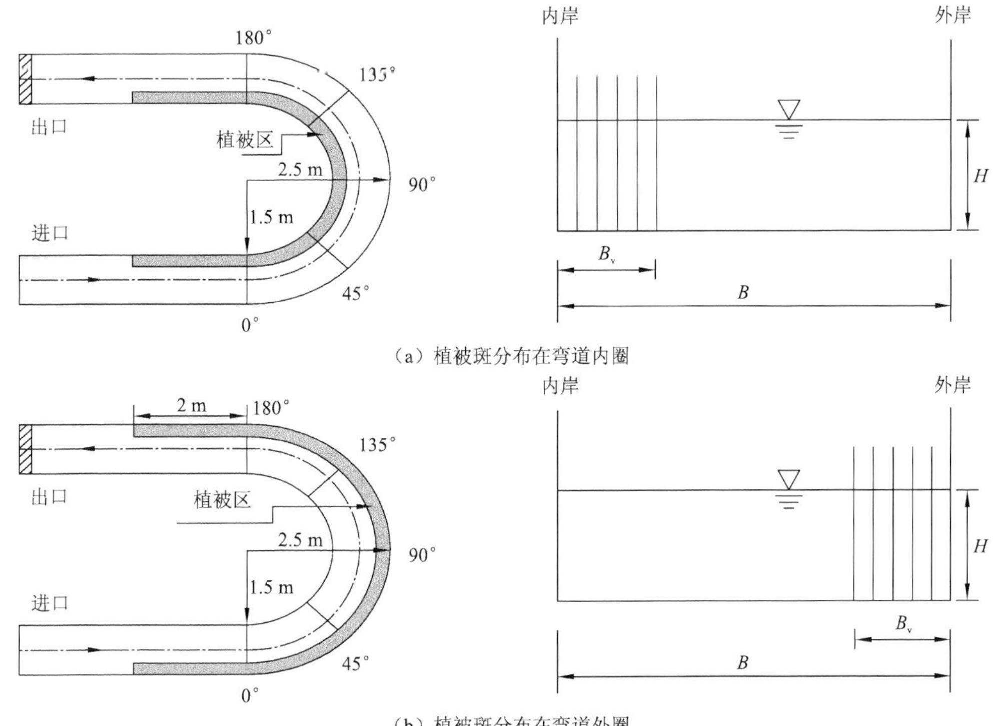

图 1.19　植被斑分布在弯道内圈与外圈示意图

H 为水深；*B* 为水槽宽度；B_v 为植被区宽度

试验采用 ADV 对植被斑弯道水流进行流场测量，在整个弯道中选取了 5 个测量断面（每隔 45° 一个断面），得到了如图 1.20 所示的水深平均纵向流速 U_{avg} 的横向分布规律。可以看出，在有植被分布的区域，水流流速明显降低。

除水深平均纵向流速的横向分布之外，横向环流也是弯道水流的重要特征。横向环流的运动对弯曲河道泥沙的输移和污染物的扩散等有很大的影响。无植被和内外岸分别有植被情况下的典型断面流速分布如图 1.21（a）～（c）所示。

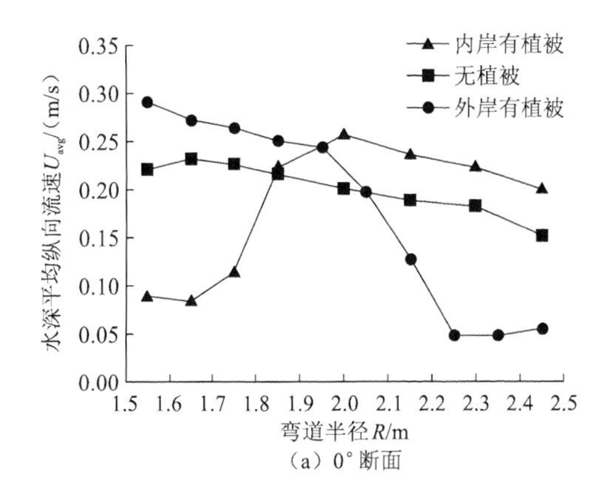

（a）0° 断面

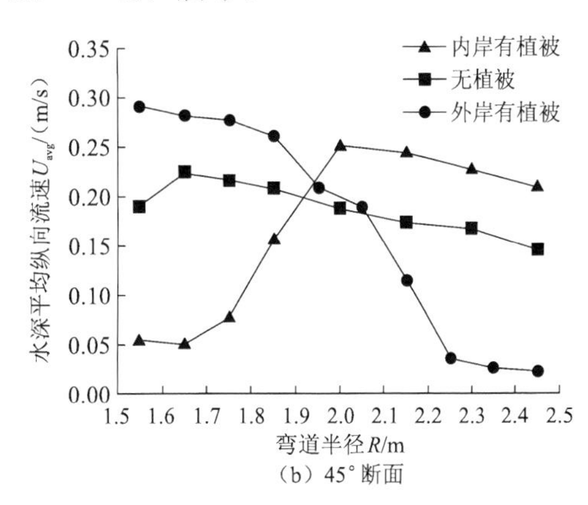

（b）45° 断面

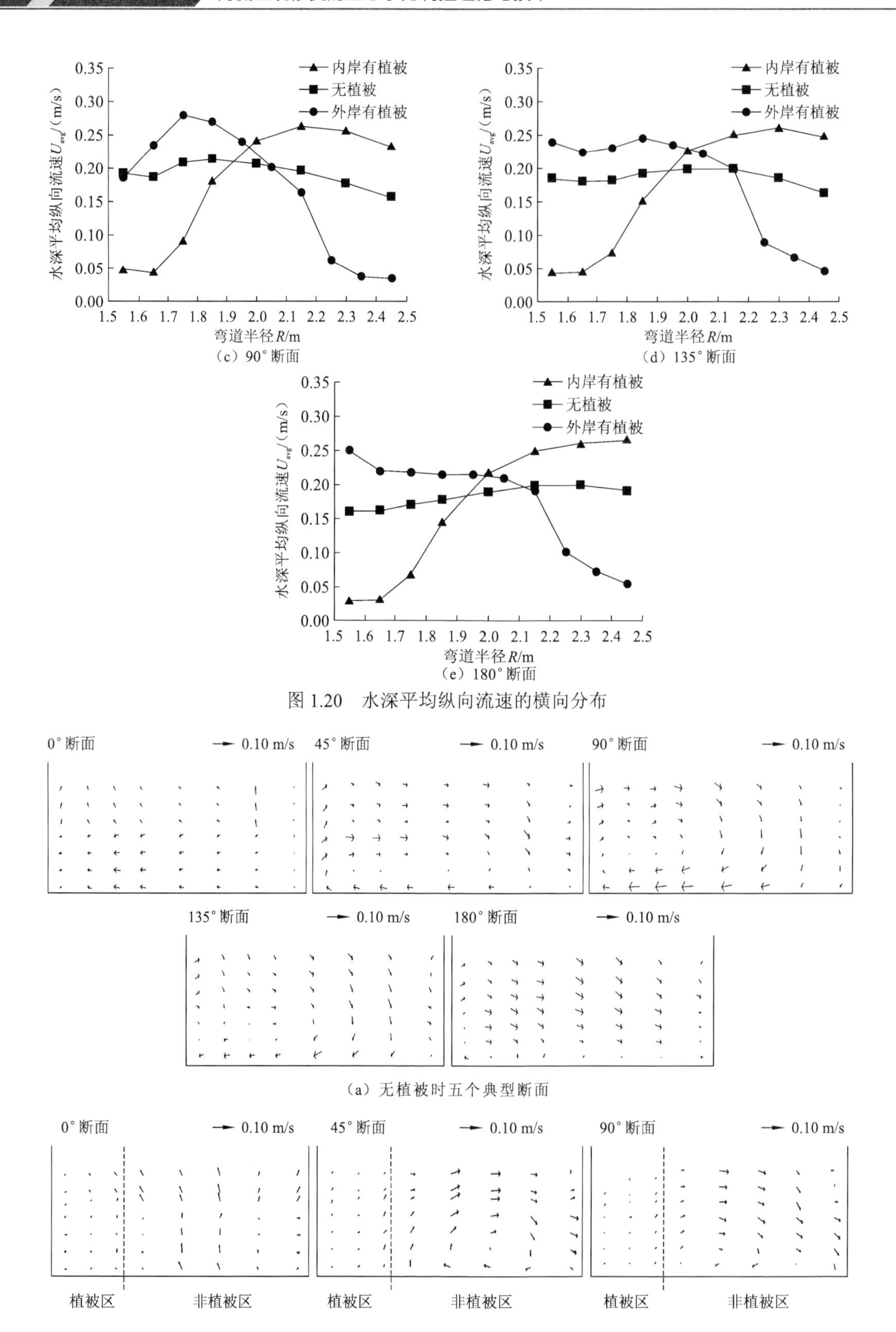

图 1.20　水深平均纵向流速的横向分布

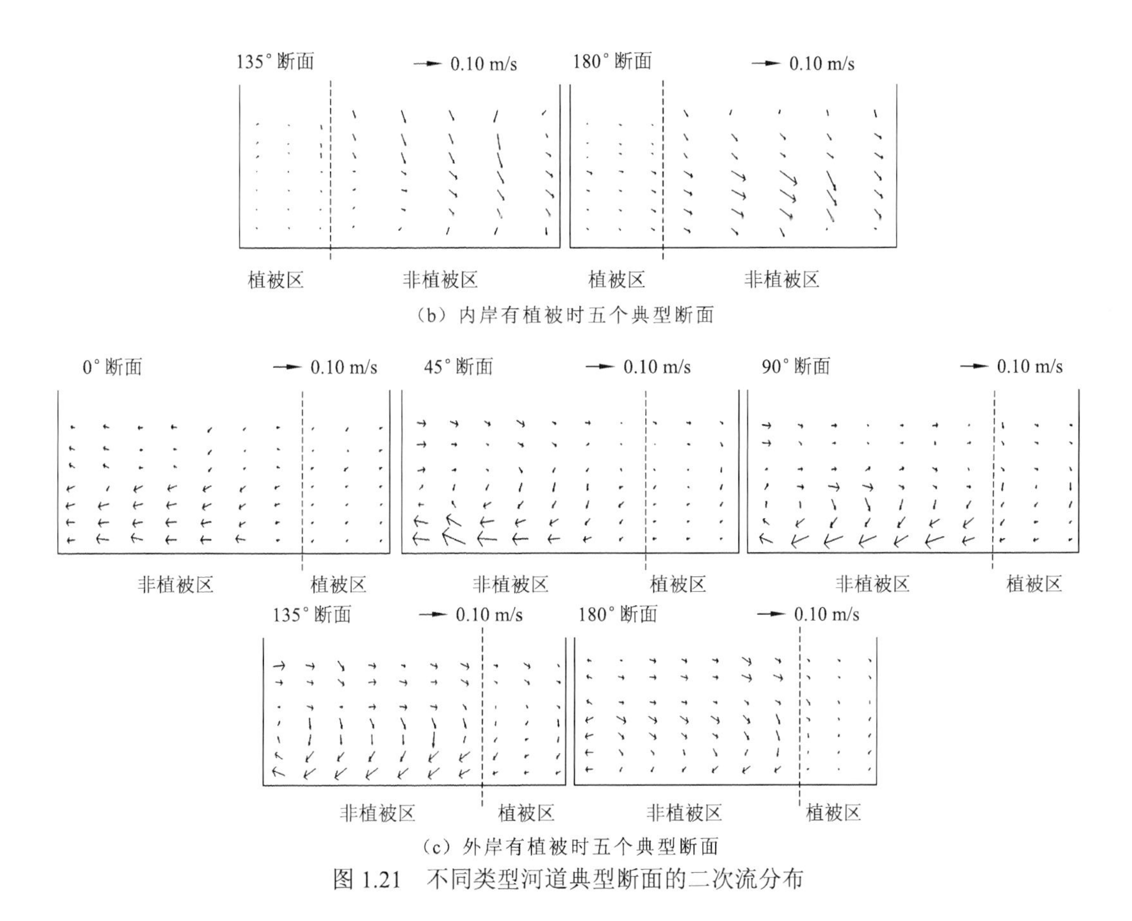

（b）内岸有植被时五个典型断面

（c）外岸有植被时五个典型断面

图 1.21　不同类型河道典型断面的二次流分布

从图 1.21（a）可以看出，对于无植被的弯道水流，在弯道进口段，受到两岸壁面压力差的影响，水流流速重新分布，水流由凹岸向凸岸移动，开始出现横向掺混，但此时二次流还没有形成；在 45° 断面处，环流形成，环流中心在弯道中心线附近，且在凹岸壁面附近上部发现一个与主环流方向相反的微小环流；随着水流入弯的不断发展，环流中心逐渐向凸岸转移，到 90° 断面附近，二次流充分发展，强度达到最大值，环流中心转移到凸岸附近，环流中心的转移使得反向环流的强度有所减小，但是变化不大。此后，在弯道下游，二次流逐渐减弱，到弯道出口段，环流消失。Nezu（1993）提出，二次流可以大体分为两类：Prantdtl-I 型和 Prantdtl-II 型。在弯曲河道中，主环流是在壁面压力和离心力的双重作用下产生的，属于 Prantdtl-I 型；而反向环流则主要是由紊流应力的各向异性引起的，可以归为 Prantdtl-II 型。

内岸有植被[图 1.21（b）]时，在弯道进口段，水流未出现明显的横向掺混；在 45° 断面处，横向环流形成并达到最大值，植被的存在使得横向环流仅局限在非植被区，植被区没有发现环流。90° 断面处，在凹岸壁面附近上部发现一个与主环流方向相反的微小环流，此环流属于 Prantdtl-II 型。此反向环流的存在使得该断面主环流的规模和强度较 45° 断面均有所减小。弯道下游，环流明显减弱，且局限在很小的范围内，到弯道出口段，环流已经消失。这说明植被的存在使得环流的规模和结构都产生了一定的变化。

外岸有植被[图 1.21（c）]时，在弯道进口段，水流从凹岸往凸岸移动，但是横向环流还没有形成；在植被和离心力的双重作用下，横向环流在 45° 断面处开始形成，环流强度随着水流入弯的发展而逐渐增大，在 135° 断面处达到最大值。与内岸有植被的工况类似，植被的存在使得横向环流局限在非植被区。随后，在弯道下游段，二次流逐渐减弱，在弯道出口处消失。在整个过程中，弯道外岸均未发现与主环流方向相反的微小环流。

基于流场的测量结果，可以计算出植被斑弯道水流的纵向离散系数和横向离散系数的沿程变化。Boxall 和 Guymer（2003）提出了计算横向离散系数的 N 区模型：

$$k_y=\sum_{j=1}^{N-1}(\alpha_1+\alpha_2+\cdots+\alpha_j)^2[1-(\alpha_1+\alpha_2+\cdots+\alpha_j)]^2\frac{v_{1\to j}-v_{j+1\to N}}{\beta_{j(j+1)}}+\sum_{j=1}^{N}\alpha_j k_{yj} \tag{1.30}$$

式中：k_y 为横向离散系数；α_j 为 j 子区的厚度；$v_{i\to j}$ 为 i 子区 $\to$ j 子区的平均速度；$\beta_{j(j+1)}$ 为 j 子区与 $j+1$ 子区间的交换系数；k_{yj} 为 j 子区内部的横向离散系数。取 $N=7$，将水流分为 7 个子区进行计算。

图 1.22 为计算所得的横向离散系数。从图 1.22 中可以看出，对于无植被的工况，在弯道上游段横向离散系数逐渐增加，到弯顶（即 90° 断面）附近达到最大值；弯道下游段到弯道出口段，横向离散系数逐渐减小。其原因为，在弯道进口段，流速开始重新分布，但是此时二次流尚未形成，横向掺混并不剧烈，所以横向离散系数还比较小；随着水流入弯的不断发展，受到离心力和壁面压力的影响，横向剪切更加剧烈，水流掺混更加剧烈，二次流逐渐形成并不断增强，所以横向离散系数逐渐增大；在弯顶附近，二次流得到充分发展，横向掺混最为剧烈，横向离散系数达到最大值；到弯道下游段，由于二次流强度逐渐减弱，剪切流速减小，横向离散系数逐渐减小。与无植被的工况相比，弯道内岸和外岸分别长有植被时横向离散系数的沿程分布规律是不同的。上面已经提到，无植被工况下横向离散系数的最大值出现在 90° 断面附近。而图 1.22 显示内岸有植被和外岸有植被工况下横向离散系数的最大值分别出现在 45° 断面附近和 135° 断面附近。究其原因，横向离散系数是二次流强度的体现，二次流强度大，则横向离散系数大，否则，反之。因此，不难发现横向离散系数的分布规律和二次流强度的沿程变化基本上是一致的。从图 1.22 中不难看出，有植被工况的横向离散系数的最大值较无植被工况的横向离散系数最大值有所减小，表明植被的存在在一定程度上减弱了弯道二次流的强度，但是对整个沿程分布而言，植被对横向离散系数的影响幅度较小。究其原因，可能是植被对二次流产生的延迟效应（使得横向掺混减弱）整体上抵消或部分抵消了在植被区和非植被区交界面处产生的流速梯度带来的影响（使得横向掺混更加剧烈）。

对于纵向离散系数，Chikwendu（1986）提出了 N 区计算模型，Boxall 和 Guymer（2007）将其改进后用于弯曲河道中纵向离散系数的计算，具体方程如下：

$$k_x=\sum_{j=1}^{N-1}(q_1+q_2+\cdots+q_j)^2[1-(q_1+q_2+\cdots+q_j)]^2\frac{u_{1\to j}-u_{j+1\to N}}{\lambda_{j(j+1)}}+\sum_{j=1}^{N}q_j k_{xj} \tag{1.31}$$

式中：k_x 为纵向离散系数；q_j 为 j 子区的厚度；$u_{i\to j}$ 为 i 子区 $\to$ j 子区的平均速度；$\lambda_{j(j+1)}$ 为 j 子区与 $j+1$ 子区间的交换系数；k_{xj} 为 j 子区内部的纵向离散系数。取 $N=8$，将水流分为 8 个子区进行计算。

图 1.23 为计算所得的纵向离散系数。对于无植被的工况，在弯道进口段，由于弯曲不连续性，水流流速重新分布，剪切流速较大（凸岸流速大于凹岸流速），故进口段纵向离散系数较大，随着水流入弯，二次流逐渐形成并不断发展，最大流速逐渐向凹岸转移，水流分布在上游段趋于平缓，剪切流速逐渐减小，因此弯道上游段纵向离散系数逐渐减小。在弯道下游段，二次流强度逐渐降低，纵向流速分布的变化趋于平缓，剪切流速的变化幅度较小，故弯道下游段纵向离散系数基本趋于稳定。与无植被的工况相比，两种植被工况下的纵向离散系数均较大，无植被工况下的纵向离散系数最大值约为 0.16 m^2/s，而有植被工况下最大值可以达到 0.93 m^2/s。其主要原因是植被的存在使得纵向流速分布在横向上更加不均匀，流速梯度增大，污染物在植被区滞留的时间增加，纵向离散系数增大。同时，二次流强度最大值出现的位置，即横向离散系数最大的位置，恰好是纵向离散系数的最小值，表明横向离散系数和纵向离散系数近似呈反比例关系。综上所述，植被的存在会对弯道纵向离散系数产生很大的影响。

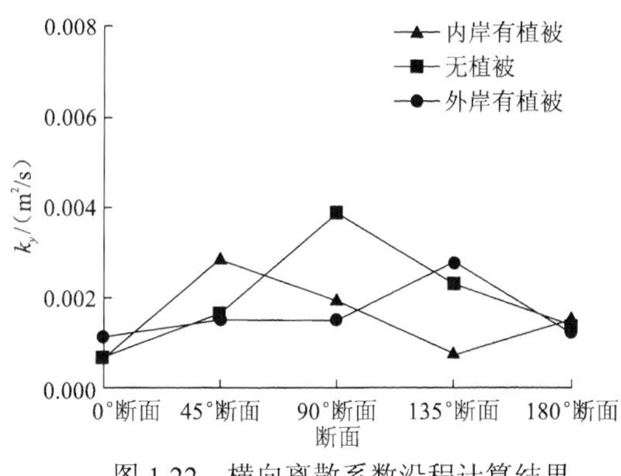

图 1.22　横向离散系数沿程计算结果

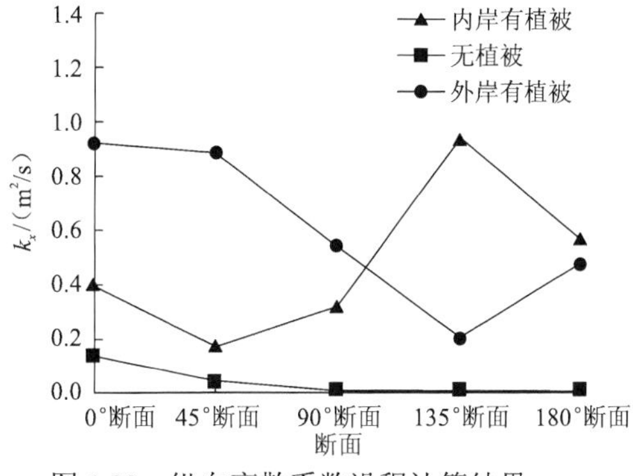

图 1.23　纵向离散系数沿程计算结果

1.2.2　考虑离散和生态降解的三区湿地污染物输移

湿地包括沼泽、湖泊、河流、河口、海岸带、三角洲等，是人类生存的基本生态支持系统。由污染物排放引起的水环境恶化事件与有毒化学品泄漏引发的重大湿地水污染事件频发。而湿地流动中污染物环境弥散的机理是湿地环境风险评价与生态修复，尤其是重大水污染事件发生后污染带预报、诊断、评估及污染源辨识的基本依据。因此，对湿地流动中污染物环境弥散规律的深刻认识、对污染团沿程长度与持续时间的确定就成为解决污染带预报、诊断、修复与评估等问题的关键。

弥散的术语最早由 Taylor（1954，1953）用于溶质输运特征的研究中，后来将与溶质输运相关的弥散称为泰勒弥散。泰勒弥散指流速断面分布不均与梯度扩散共同作用引起的污染团沿某一方向的分散（Fischer et al.，1979）。广义的泰勒弥散指分子扩散、湍流扩散、流动及生化反应等多种因素作用下污染团沿某一方向的分散。

湿地中的流态异常复杂，湿地环境风险评价与生态修复更为关注的是，通过相平均抹掉了微观尺度上浓度脉动的中观尺度上的表观浓度及该尺度上的污染物输移规律，即环境弥散。环境弥散是由相平均尺度上表观速度断面分布不均与表观质量弥散、扩散共同作用引起的宏观现象，反映了宏观尺度上污染物表观浓度的输运特性。湿地流动中的环境弥散属于泰勒弥散的范畴，是泰勒弥散在湿地水生态环境中的具体体现。当湿地中的输运场被考虑为连续场时，就可以扩展纯流体流动中泰勒弥散的分析方法来处理湿地流动中的环境弥散。基于湿地中植被或固体介质的分布特征，采用相平均理论抹掉物理量在孔隙尺度上的脉动得到的在整个湿地空间连续分布的动量输运与质量输运方程才适合用于描述一般性的湿地环境传输过程。对于典型湿地中的污染物输移，生态效应通过各种化学、生物和物理过程也对降解污染物发挥了重要作用。

植被等介质密度分布不均形成的三区湿地流是很典型的实际水流，如在水流两边生长有挺水或淹没草本植被的沼泽草地，或者是有植被生长在近岸漫滩的雨季河流。面对介质分布如此不均形成的复杂湿地系统，Luo 等（2016）从多孔介质流体动力学的基本理论出发，拓展泰勒弥散经典分析，应用更为简便、灵活的方法——Gill（1967）的平均浓度展开法去研究岸壁效应主导下有不同疏密植被的三区定常充分发展湿地流的环境弥散，构建污染物长时间演化的环境弥散模型，推导湿地流动中断面平均浓度演化的解析解，并以此为基础确定污染团的沿程长度与持续时间，并研究它们与各个参数的变化关系，并且进行了试验验证。研究中同时考虑水力效应和生态降解对弥散过程的影响。

为了评估生态降解效应，引入在人工湿地的生态风险评估和环境水力设计中应用最为广泛的一阶反应模型，将其合并到溶质输运的基本方程中，得到描述相平均尺度上典型湿地质量输运的基本方程：

$$\phi\frac{\partial C}{\partial t}+\nabla\cdot(\boldsymbol{U}C)=\nabla\cdot(\kappa\lambda\phi C)+\kappa\nabla\cdot(\boldsymbol{K}\cdot\nabla C)-\phi k_{\mathrm{a}}C \tag{1.32}$$

式中：ϕ 为孔隙率（无量纲）；C 为质量浓度（kg/m^3）；t 为时间（s）；$\boldsymbol{U}$ 为速度张量（m/s）；κ 为弯曲度（无量纲），表示多孔介质空间分布的影响；λ 为质量扩散系数（m^2/s）；$\boldsymbol{K}$ 为质量离散系数张量（m^2/s）；k_{a} 为表观反应速率（s^{-1}）。

为了用泰勒弥散的概念单独考虑污染物输运的水力效应，对相平均尺度上湿地环境的质量输运方程进行指数变换：

$$C(x,y,t)=C_h(x,y,t)\exp(-k_{\mathrm{a}}t) \tag{1.33}$$

从而得到对流扩散方程：

$$\phi\frac{\partial C_h}{\partial t}+\nabla\cdot(\boldsymbol{U}C_h)=\nabla\cdot(\kappa\lambda\phi C_h)+\kappa\nabla\cdot(\boldsymbol{K}\cdot\nabla C_h) \tag{1.34}$$

式中：C_h 为降解前质量浓度（kg/m^3）。

对于如图 1.24 所示的三区湿地流，考虑各区参数（ϕ、κ、λ、$\boldsymbol{K}$）为常数的情形。同时，由于实际水流中佩克莱（Peclet）数通常较高，此时可以忽略纵向扩散效应，各区

内的对流扩散方程可简化为

$$\frac{\partial C_{hi}}{\partial t}+\frac{u_i}{\phi_i}\frac{\partial C_{hi}}{\partial x}=\kappa_i\left(\lambda_i+\frac{K_i}{\phi_i}\right)\frac{\partial C_{hi}^2}{\partial {y_i}^2},\quad i=1,2,3 \tag{1.35}$$

其中，下标“i”表示第 i 区，K_i 为各向同性的质量离散系数，λ_i 为质量扩散系数，κ_i 为弯曲度，ϕ_i 为孔隙率，u_i 为纵向流速，y_i 为横坐标，C_{hi} 为降解前质量浓度。

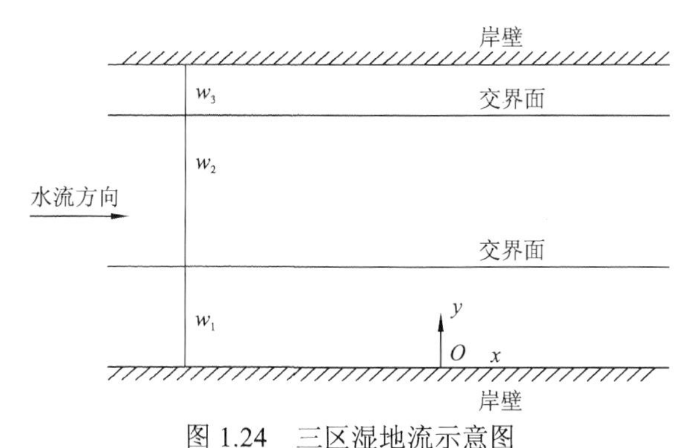

图 1.24　三区湿地流示意图

w_1～w_3 为三个区域的宽度

对于质量为 M' 的污染物的均匀瞬时释放，初始释放时间定义为 $t=0$，初始释放点在 $x=0$ 横截面处，可以得到初始条件为

$$C_{hi}(x,y_i,t)\big|_{t=0}=\frac{M'\delta(x)}{\phi_i W},\quad i=1,2,3 \tag{1.36}$$

式中：$\delta(x)$ 为狄拉克函数；W 为湿地宽度。

由于释放量有限，上下游无穷远处有浓度边界条件：

$$C_{hi}(x,y_i,t)\big|_{x=\pm\infty}=0,\quad i=1,2,3 \tag{1.37}$$

岸壁 $y_1=0$ 和 $y_3=W$ 处的非渗透性边界条件为

$$\frac{\partial C_{h1}(x,y_1,t)}{\partial y_1}\bigg|_{y_1=0}=\frac{\partial C_{h3}(x,y_3,t)}{\partial y_3}\bigg|_{y_3=W}=0 \tag{1.38}$$

各区交界面处浓度值和扩散通量的连续性条件为

$$C_{h1}(x,y_1,t)\big|_{y_1=w_1}=C_{h2}(x,y_2,t)\big|_{y_2=w_1} \tag{1.39}$$

$$C_{h2}(x,y_2,t)\big|_{y_2=w_1+w_2}=C_{h3}(x,y_3,t)\big|_{y_3=w_1+w_2} \tag{1.40}$$

$$\kappa_1\left(\lambda_1+\frac{K_1}{\phi_1}\right)\frac{\partial C_{h1}}{\partial y_1}\bigg|_{y_1=w_1}=\kappa_2\left(\lambda_2+\frac{K_2}{\phi_2}\right)\frac{\partial C_{h2}}{\partial y_2}\bigg|_{y_2=w_1} \tag{1.41}$$

$$\kappa_2\left(\lambda_2+\frac{K_2}{\phi_2}\right)\frac{\partial C_{h2}}{\partial y_2}\bigg|_{y_2=w_1+w_2}=\kappa_3\left(\lambda_3+\frac{K_3}{\phi_3}\right)\frac{\partial C_{h3}}{\partial y_3}\bigg|_{y_3=w_1+w_2} \tag{1.42}$$

首先，根据相平均理论，定义 $\overline{u}_\phi$ 为相平均流速。相平均的公式为

$$\overline{f}=\int_0^r f_1\mathrm{d}\eta_1+\int_r^\varepsilon f_2\mathrm{d}\eta_2+\int_\varepsilon^1 f_3\mathrm{d}\eta_3 \tag{1.43}$$

其中，f 为任意变量。

根据泰勒弥散的基本原理，将原控制方程式（1.35）转换为随断面水流平均流速一起运动的动坐标系下的方程。因此，先引入如下无量纲参数：

$$\xi = \frac{x - \bar{u}_\phi t}{l_c}, \quad \tau = t / T_c, \quad \eta_i = \frac{y_i}{W}, \quad r = \frac{w_1}{W}, \quad \varepsilon = \frac{w_1 + w_2}{W}, \quad \psi_{\phi i} = \frac{u_{\phi i}}{u_c} = \frac{u_i}{\phi_i u_c}, \quad T_i = \frac{W^2}{\kappa_i(\lambda_i + K_i/\phi_i)} \tag{1.44}$$

其中，l_c 为污染物云团的特征长度，$T_c = \max\{T_1, T_2, T_3\}$，$u_c$ 为三区湿地流的一个特征速度，$u_{\phi i}$ 为第 i 区的流速，$\psi_{\phi i}$ 为第 i 区的无量纲流速，T_i 为抹平横向浓度差异的特征时间，i=1, 2, 3。

$$\frac{\partial C_{hi}}{\partial \tau} + \hat{\psi}_{\phi i} \frac{\partial C_{hi}}{\partial \xi} = \frac{T_c}{T_i} \frac{\partial C_{hi}^2}{\partial \eta_i^{\ 2}}, \quad i = 1,2,3 \tag{1.45}$$

满足边界条件和连续性条件：

$$\frac{\partial C_{h1}(x, y_1, t)}{\partial \eta_1}\bigg|_{\eta_1=0} = \frac{\partial C_{h3}(x, y_3, t)}{\partial \eta_3}\bigg|_{\eta_3=1} = 0 \tag{1.46}$$

$$\frac{1}{T_1} \frac{\partial C_{h1}}{\partial \eta_1}\bigg|_{\eta_1=r} = \frac{1}{T_2} \frac{\partial C_{h2}}{\partial \eta_2}\bigg|_{\eta_2=r} \tag{1.47}$$

$$\frac{1}{T_2} \frac{\partial C_{h2}}{\partial \eta_2}\bigg|_{\eta_2=\varepsilon} = \frac{1}{T_3} \frac{\partial C_{h3}}{\partial \eta_3}\bigg|_{\eta_3=\varepsilon} \tag{1.48}$$

$$C_{h1}\big|_{\eta_1=r} = C_{h2}\big|_{\eta_2=r} \tag{1.49}$$

$$C_{h2}\big|_{\eta_2=\varepsilon} = C_{h3}\big|_{\eta_3=\varepsilon} \tag{1.50}$$

其中，$\hat{\psi}_{\phi i} = \psi_{\phi i} - \bar{\psi}_\phi$ 为三区的无量纲偏离流速，$\bar{\psi}_\phi$ 为相平均无量纲流速。

将相平均公式应用于式（1.45），得

$$\frac{\partial \bar{C}_h}{\partial \tau} + \overline{\hat{\psi}_{\phi i} \frac{\partial \hat{C}_{hi}}{\partial \xi}} = 0 \tag{1.51}$$

其中，$\hat{C}_{hi} = C_{hi} - \bar{C}_h$，$\hat{C}_{hi}$ 为浓度偏差，$\bar{C}_h$ 为相平均浓度。

基于 Gill（1967）介绍的用于管流中离散浓度偏差的级数展开，可以将浓度偏差 $\hat{C}_{hi}$ 展开为

$$\hat{C}_{hi} = G_i^{(1)}(\eta_i) \frac{\partial \bar{C}_h}{\partial \xi} + G_i^{(2)}(\eta_i) \frac{\partial^2 \bar{C}_h}{\partial \xi^2} + \cdots \tag{1.52}$$

式中：$G_i^{(1)}(\eta_i)$、$G_i^{(2)}(\eta_i)$ 为第 i 区浓度偏差的展开系数。

将式（1.52）代入式（1.51）可得

$$\frac{\partial \bar{C}_h}{\partial \tau} = \left[-\overline{\hat{\psi}_{\phi i} G^{(1)}(\eta)}\right] \frac{\partial^2 \bar{C}_h}{\partial \xi^2} + \left[-\overline{\hat{\psi}_{\phi i} G^{(2)}(\eta)}\right] \frac{\partial^3 \bar{C}_h}{\partial \xi^3} + \cdots \tag{1.53}$$

式中：$G^{(1)}(\eta)$、$G^{(2)}(\eta)$ 为相平均浓度对应的展开系数。

平均浓度展开法避免了浓度矩法中的复杂积分，推导浓度分布解析解时更为简便。污染物输移初始阶段之后，三区湿地流中污染物横向平均浓度的纵向分布可以被高斯分布准确地描述（Wu et al.，2012；Fischer et al.，1979；Chatwin，1970；Taylor，1953）。

因此，式（1.53）中衍生出来的平均浓度三阶和更高阶导数项可以被忽略来简化公式，得到如下离散模型：

$$\frac{\partial \overline{C}_h}{\partial \tau}=-\overline{\hat{\psi}_{\phi i}G^{(1)}(\eta)}\frac{\partial^2\overline{C}_h}{\partial \xi^2} \tag{1.54}$$

将式（1.52）和式（1.54）代入式（1.45）得

$$-\overline{\hat{\psi}_{\phi i}G^{(1)}(\eta)}\left[\frac{\partial^2\overline{C}_h}{\partial \xi^2}+G_i^{(1)}(\eta_i)\frac{\partial^3\overline{C}_h}{\partial \xi^3}+\cdots\right]+\hat{\psi}_{\phi i}\left[\frac{\partial \overline{C}_h}{\partial \xi}+G_i^{(1)}(\eta_i)\frac{\partial^2\overline{C}_h}{\partial \xi^2}+G_i^{(2)}(\eta_i)\frac{\partial^3\overline{C}_h}{\partial \xi^3}+\cdots\right]$$

$$=\frac{T_{\mathrm{c}}}{T_i}\left[\frac{\partial^2 G_i^{(1)}(\eta_i)}{\partial \eta_i^2}\frac{\partial \overline{C}_h}{\partial \xi}+\frac{\partial^2 G_i^{(2)}(\eta_i)}{\partial \eta_i^2}\frac{\partial^2 \overline{C}_h}{\partial \xi^2}+\frac{\partial^2 G_i^{(3)}(\eta_i)}{\partial \eta_i^2}\frac{\partial^3 \overline{C}_h}{\partial \xi^3}+\cdots\right]$$

比较上面方程两边的一阶偏导项，可得

$$\hat{\psi}_{\phi i}=\frac{T_{\mathrm{c}}}{T_i}\cdot\frac{\partial^2 G_i^{(1)}(\eta_i)}{\partial \eta_i^2},\quad i=1,2,3 \tag{1.55}$$

对式（1.55）求积分，结合式（1.46）～式（1.50），得

$$G_1^{(1)}(\eta_1)=\frac{T_1}{T_{\mathrm{c}}}\int_r^{\eta_1}\int_0^{\eta_1}\hat{\psi}_{\phi 1}\mathrm{d}\eta_1\mathrm{d}\eta_1+C_{\mathrm{b}} \tag{1.56}$$

$$G_2^{(1)}(\eta_2)=\frac{T_2}{T_{\mathrm{c}}}\left(\int_{\eta_2}^r\int_{\eta_2}^{\varepsilon}\hat{\psi}_{\phi 2}\mathrm{d}\eta_2\mathrm{d}\eta_2+\int_{\eta_2}^r\int_{\varepsilon}^{1}\hat{\psi}_{\phi 3}\mathrm{d}\eta_3\mathrm{d}\eta_2\right)+C_{\mathrm{b}} \tag{1.57}$$

$$G_3^{(1)}(\eta_3)=\frac{T_3}{T_{\mathrm{c}}}\int_{\eta_3}^{\varepsilon}\int_{\eta_3}^{1}\hat{\psi}_{\phi 3}\mathrm{d}\eta_3\mathrm{d}\eta_3+C_{\mathrm{d}} \tag{1.58}$$

其中，C_{b} 和 C_{d} 为常数。

式（1.54）可重新写为有量纲形式：

$$\frac{\partial \overline{C}_h}{\partial t}+\overline{u}_\phi\frac{\partial \overline{C}_h}{\partial x}=-\overline{\kappa\left(\lambda+\frac{K}{\phi}\right)}\frac{\overline{Pe_i\hat{\psi}_{\phi i}g_i^{(1)}(\eta_i)}}{\overline{1/Pe}}\frac{\partial^2\overline{C}_h}{\partial x^2},\quad i=1,2,3 \tag{1.59}$$

其中，上画线下的 K、Pe 表示相平均意义下的质量离散系数和佩克莱数（其余符号类似），反映对流与纵向离散加扩散联合效应比值的佩克莱数为

$$Pe_i=\frac{Wu_{\mathrm{c}}}{\kappa_i\left(\lambda_i+\dfrac{K_i}{\phi_i}\right)},\quad i=1,2,3 \tag{1.60}$$

同时，定义

$$g_1^{(1)}(\eta_1)=\int_r^{\eta_1}\int_0^{\eta_1}\hat{\psi}_{\phi 1}\mathrm{d}\eta_1\mathrm{d}\eta_1 \tag{1.61}$$

$$g_2^{(1)}(\eta_2)=\int_{\eta_2}^r\int_{\eta_2}^{\varepsilon}\hat{\psi}_{\phi 2}\mathrm{d}\eta_2\mathrm{d}\eta_2+\int_{\eta_2}^r\int_{\varepsilon}^{1}\hat{\psi}_{\phi 3}\mathrm{d}\eta_3\mathrm{d}\eta_2 \tag{1.62}$$

$$g_3^{(1)}(\eta_3)=\int_{\eta_3}^{\varepsilon}\int_{\eta_3}^{1}\hat{\psi}_{\phi 3}\mathrm{d}\eta_3\mathrm{d}\eta_3 \tag{1.63}$$

令 $t^*=t$，$\zeta=x-\overline{u}_\phi t$，式（1.59）可以转化为

$$\frac{\partial \overline{C}_h}{\partial t^*}=D_{\mathrm{T}}\frac{\partial^2\overline{C}_h}{\partial \zeta^2} \tag{1.64}$$

其中，

$$D_{\mathrm{T}}=-\kappa\overline{\left(\lambda+\frac{K}{\phi}\right)}\frac{\overline{Pe\hat{\psi}_{\phi}g^{(1)}(\eta)}}{\overline{1/Pe}} \tag{1.65}$$

为环境弥散系数。

在 ζ - t^* 坐标系中，可以清楚地看到离散过程是由一个扩散方程控制的。式（1.64）相应的初始条件和边界条件可以表示为

$$\bar{C}_h\big|_{t=0}=\frac{M'\delta(x)}{W}\cdot\overline{1/\phi} \tag{1.66}$$

$$\bar{C}_h\big|_{x=\pm\infty}=0 \tag{1.67}$$

其中，

$$\overline{1/\phi}=\frac{r}{\phi_1}+\frac{\varepsilon-r}{\phi_2}+\frac{1-\varepsilon}{\phi_3} \tag{1.68}$$

结合式（1.66）和式（1.67），可得式（1.64）的解析解，即环境弥散作用下的横向平均浓度演化公式。再根据式（1.33），将生态降解与环境弥散合并，可以确定断面平均浓度演化的表达式：

$$\bar{C}=\frac{M'\cdot\overline{1/\phi}}{W\sqrt{4\pi D_{\mathrm{T}}t^*}}\exp\left(-\frac{\zeta^2}{4D_{\mathrm{T}}t^*}-k_{\mathrm{a}}t^*\right) \tag{1.69}$$

对于给定的污染物环境标准允许浓度上限 C_{u}，基于式（1.69），可以得到污染物云团影响区域临界长度的解析解，为

$$S=4\sqrt{-D_{\mathrm{T}}t^*\left(k_{\mathrm{a}}t^*+\ln\frac{C_{\mathrm{u}}W\sqrt{4\pi D_{\mathrm{T}}t^*}}{M'\cdot\overline{1/\phi}}\right)} \tag{1.70}$$

本节采用 Wang 等（2014）已推导出的三区湿地流纵向速度的横向分布公式。其中，湿地参数的各区相对量包括：有效黏度 M_i、植被黏性摩擦力 G_i、动量离散度 L_i、剪切因子 F_i，以及用于描述植被黏性摩擦力、水体黏度、湿地宽度、流道的微观弯曲度和横向动量离散联合效应的全局特征参数 α_1。为了研究这几个关键参数对环境弥散系数的影响，定义：

$$D^*=-\frac{\overline{Pe\cdot g^{(1)}(\eta)\cdot\hat{\psi}_{\phi}}}{\overline{1/Pe}} \tag{1.71}$$

图 1.25～图 1.30 展示了佩克莱数、全局特征参数、有效黏度、植被黏性摩擦力、η、孔隙率对 D^* 的影响。可以发现，D^* 随着各区佩克莱数的增长而增大。当各区佩克莱数一致时，变化关系曲线为抛物线。当某两个区域的佩克莱数为定值时，D^* 随另外一个区域佩克莱数变化的曲线近似为线性，同时中间区域的佩克莱数比岸壁区域的佩克莱数对 D^* 的影响稍弱一些。随着全局特征参数的增大，D^* 慢慢减小最后趋于 0，这是因为全局特征参数对水流的非均匀性有负效应，所以会导致环境弥散系数的减小。随着有效黏度的增大，D^* 最开始快速下降，然后慢慢增长。植被黏性摩擦力对 D^* 的影响趋势与之相反。

将渠道沿横向三等分进行分区时，D^*分别在某区的有效黏度等于 1 和植被黏性摩擦力等于 1 附近存在极值。当其中两个区域的孔隙率保持相同且取定值时，随着另外一个区域孔隙率的变大，D^*减小。

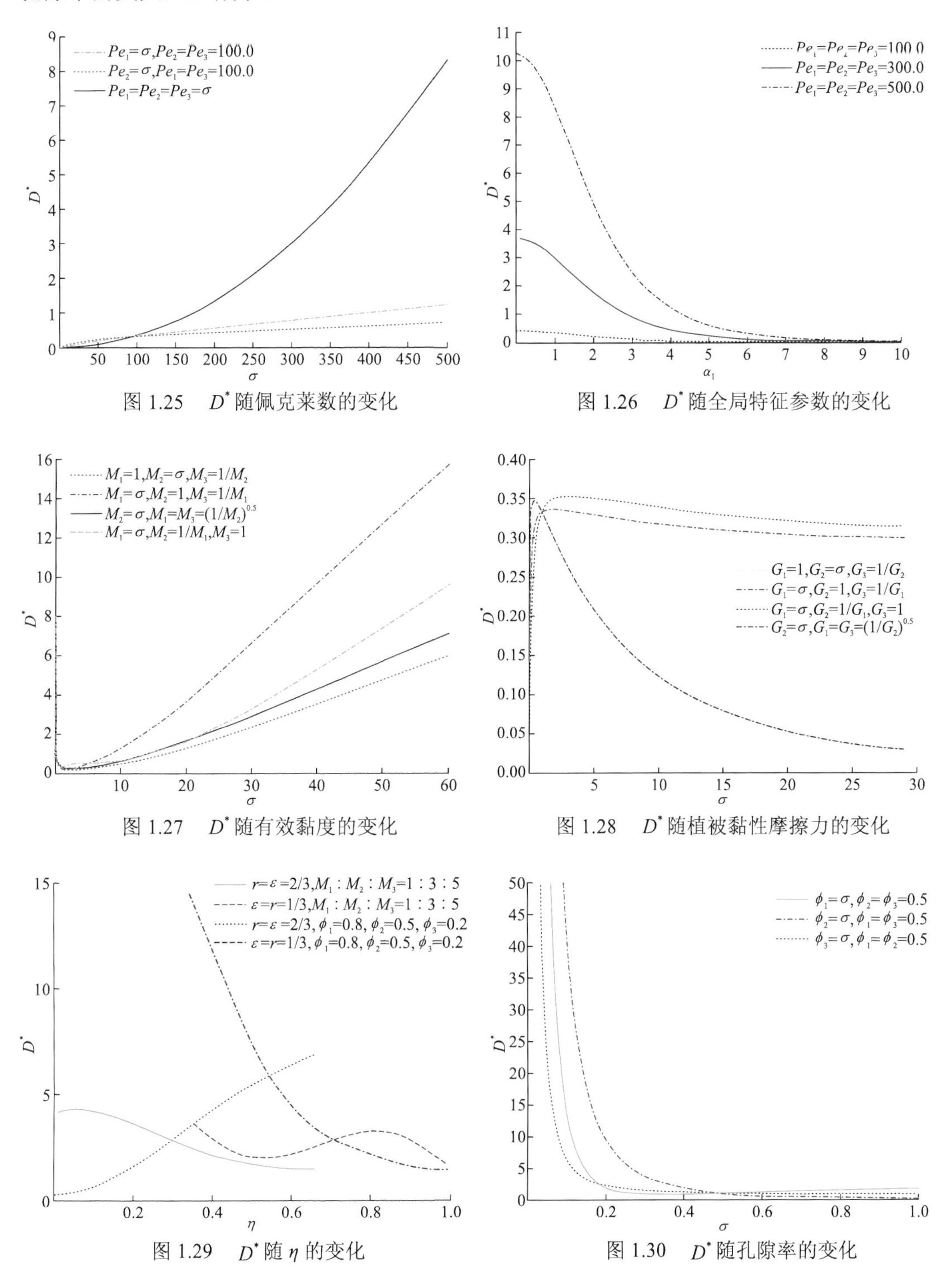

图 1.25　D^*随佩克莱数的变化

图 1.26　D^*随全局特征参数的变化

图 1.27　D^*随有效黏度的变化

图 1.28　D^*随植被黏性摩擦力的变化

图 1.29　D^*随 η 的变化

图 1.30　D^*随孔隙率的变化

为了验证模型的正确性，在实验室水槽（图 1.31）中进行了相关试验，水槽长 20 m，宽 1 m，利用罗丹明溶液进行试验，使用 YSI 环境监测系统测量污染物浓度过程线，观察到利用式（1.65）计算的浓度过程线与试验数据吻合良好。随后，采用单站法计算纵向离散系数，5 组试验结果表明，模型计算结果和试验结果十分接近，但所有的计算结果均略小于试验结果，这是因为模型建立过程中忽略了流速在垂向上的分布不均造成的纵向离散。

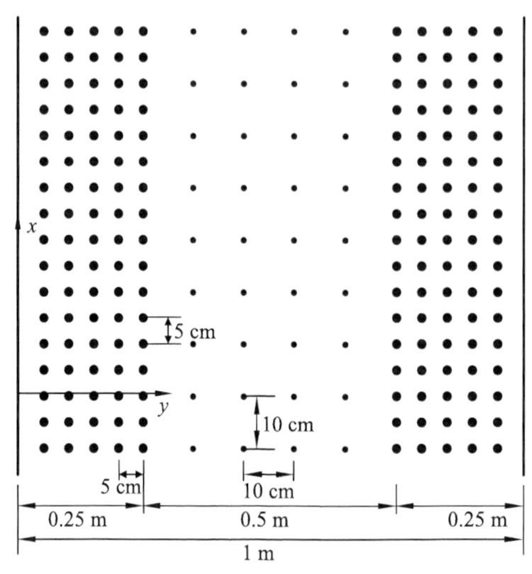

图 1.31　试验水槽

同时考虑一个应用实例，对于湿地中污染物的瞬时释放，从大于给定环境标准水平浓度的污染物云团的临界长度 S 和持续时间 t^* 两个方面来展示污染物云团的演化（图 1.32）。结果表明，若相同参数情况下，三区湿地流的植被密度小于二区湿地流的植被密度，则三区湿地流相对于二区湿地流，持续时间明显增加，而受污染物云团影响的区域略小。这种差异表明，此时三区湿地流的离散变得较弱，这归因于三区湿地流中植被特性的不同，而植被对离散有很大影响。

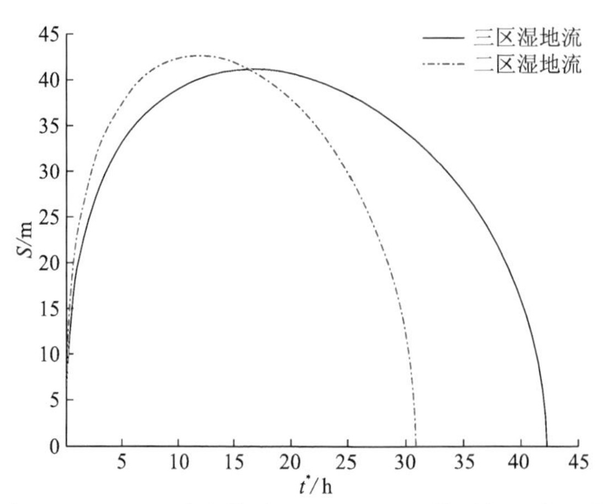

图 1.32　三区湿地流模型和二区湿地流模型间 S 的比较

1.2.3 风作用下的典型双层湿地流特性和污染物分散指标

在实际湿地流中，除生态降解外还存在一个影响污染物分散的重要因素——风力。它能改变速度分布，甚至导致逆向流，从而影响以对流为重要驱动力的环境弥散过程。同时，水生植被在湿地环境弥散中扮演着重要角色。单株植被茎、叶的生长情况在整个水深范围内可能是存在差异的，多种高度的植被也可能同时生长在湿地中，从而形成垂向上的多层结构。这种多层结构体现在环境弥散过程中就是对流及扩散作用的非均匀性。在湿地的实际应用中，污染物的突然排放会导致一定区域内的污染物浓度超过水质环境标准水平，影响人的正常生产生活、动物的栖息及植物的生长。因此，有必要针对这类突发水污染事件，研究风作用下水深主导的分层自由表面湿地流中污染物浓度分布的时空变化、分散强度，预测和评估污染团的沿程长度与持续时间。本节将利用多孔介质的动量方程研究风作用下双层湿地流的流速分布，随后利用泰勒弥散原理建立解析模型来揭示环境弥散系数、垂向平均浓度分布随湿地特征参数的变化规律，从而揭示实际湿地流中的环境弥散机理。

基于多孔介质流体动力学的基本理论，用于描述相平均尺度上湿地动量和质量输运的方程为

$$\rho\left(\frac{\partial \boldsymbol{U}}{\partial t}+\nabla\cdot\frac{\boldsymbol{UU}}{\phi}\right)=-\nabla P-\mu F\boldsymbol{U}+\kappa\mu\nabla^2\boldsymbol{U}+\kappa\nabla\cdot(\boldsymbol{L}\cdot\nabla\boldsymbol{U}) \tag{1.72}$$

$$\phi\frac{\partial C}{\partial t}+\nabla\cdot(\boldsymbol{U}C)=\nabla\cdot(\kappa\lambda\phi\nabla C)+\kappa\nabla\cdot(\boldsymbol{K}\cdot\nabla C) \tag{1.73}$$

式中：ρ 为水的密度（kg/m^3）；$\boldsymbol{U}$ 为速度张量（m/s）；t 为时间（s）；ϕ 为无量纲的孔隙率；P 为包括重力效应在内的有效压力[$kg/(m \cdot s^2)$]；μ 为动力黏度[$kg/(m \cdot s)$]；F 为剪切因子（m^{-2}）；κ 为无量纲弯曲度，表示多孔介质空间分布的影响；$\boldsymbol{L}$ 为动量离散度张量[$kg/(m \cdot s)$]；C 为质量浓度（kg/m^3）；λ 为质量扩散系数（m^2/s）；$\boldsymbol{K}$ 为质量离散系数张量（m^2/s）。

考虑一个风作用下的充分发展的双层湿地恒定单向流，每层的特征参数 ϕ、F、$\boldsymbol{L}$ 和 $\boldsymbol{K}$ 为常数，水深为 H（$H=H_1+H_2$），H_1 和 H_2 分别表示层 1 和层 2 的水深。在如图 1.33 所示的笛卡儿坐标系中，原点设在河床底部，纵向 x 轴沿着水流方向，z 轴为垂向向上，每层的垂向坐标分别为 z_1 和 z_2。

考虑风恒定，且平行于水流方向，因此可以将式（1.72）简化为

$$\kappa_1(\mu+L_1)\frac{d^2u_1}{dz_1^2}-\mu F_1u_1-\frac{dP}{dx}=0,\quad 0\leqslant z_1\leqslant H_1 \tag{1.74}$$

$$\kappa_2(\mu+L_2)\frac{d^2u_2}{dz_2^2}-\mu F_2u_2-\frac{dP}{dx}=0,\quad H_1\leqslant z_2\leqslant H \tag{1.75}$$

式中：u_1 和 u_2 为各层流速；κ_1 和 κ_2 为各层弯曲度；L_1 和 L_2 为各层动量离散系数；F_1 和 F_2 为各层的剪切因子。

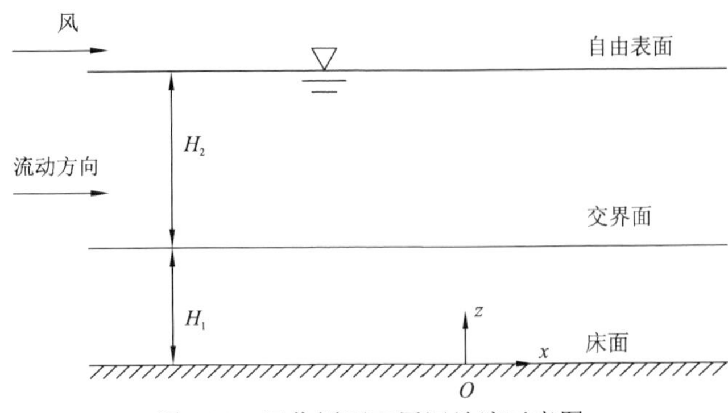

图 1.33　风作用下双层湿地流示意图

河床底部（$z_1=0$）的无滑移条件和自由水面（$z_2=H$）的风应力条件（风作用下，自由表面的速度梯度不为零的边界条件）为

$$u_1(z_1)\big|_{z_1=0}=0,\qquad \kappa_2(\mu+L_2)\frac{\mathrm{d}u_2}{\mathrm{d}z_2}\bigg|_{z_2=H}=\frac{1}{2}\omega C_{\text{wind}}\rho_{\text{air}}U_{\text{wind}}^2 \tag{1.76}$$

其中，$\omega=1$代表可以增强湿地流动的风，$\omega=-1$代表可以削弱湿地流动的风，C_{wind}为风的阻力系数，ρ_{air}为空气密度（kg/m^3），U_{wind}为风速（m/s）。

两层水流之间交界面处速度和应力的连续性条件为

$$u_1(z_1)\big|_{z_1=H_1}=u_2(z_2)\big|_{z_2=H_1} \tag{1.77}$$

$$\kappa_1(\mu+L_1)\frac{\mathrm{d}u_1}{\mathrm{d}z_1}\bigg|_{z_1=H_1}=\kappa_2(\mu+L_2)\frac{\mathrm{d}u_2}{\mathrm{d}z_2}\bigg|_{z_2=H_1} \tag{1.78}$$

考虑单宽质量为Ω（kg/m）的污染物在横截面 $x=0$ 处均匀瞬时释放的情况，释放时间记为$t=0$，则初始条件为

$$C_k(x,z_k,t)\big|_{t=0}=\frac{\Omega\delta(x)}{\phi_k H},\quad k=1,2 \tag{1.79}$$

式中：$\delta(x)$为狄拉克函数；C_k 为各层污染物浓度；ϕ_k 为各层的孔隙率，均考虑为常数的情况。另外，λ_k 为各层的浓度扩散系数，K_{xk} 为各层的纵向离散系数，K_{zk} 为各层的垂向离散系数。

因此，式（1.73）可改写为

$$\frac{\partial C_k}{\partial t}+\frac{u_k}{\phi_k}\frac{\partial C_k}{\partial x}=\kappa_k\left(\lambda_k+\frac{K_{xk}}{\phi_k}\right)\frac{\partial^2 C_k}{\partial x^2}+\kappa_k\left(\lambda_k+\frac{K_{zk}}{\phi_k}\right)\frac{\partial^2 C_k}{\partial z_k^2},\quad k=1,2 \tag{1.80}$$

由于污染物的释放量是有限的，所以在上下游 $x=\pm\infty$处的浓度边界条件为

$$C_k(x,z_k,t)\big|_{x=\pm\infty}=0,\quad k=1,2 \tag{1.81}$$

河床底部（$z_1=0$）和自由水面（$z_2=H$）有非渗透性条件：

$$\frac{\partial C_1(x,z_1,t)}{\partial z_1}\bigg|_{z_1=0}=\frac{\partial C_2(x,z_2,t)}{\partial z_2}\bigg|_{z_2=H}=0 \tag{1.82}$$

同时，在两层水流的交界面处，污染物浓度和质量通量的连续性条件要求：

$$C_1(x,z_1,t)\big|_{z_1=H_1}=C_2(x,z_2,t)\big|_{z_2=H_1} \tag{1.83}$$

$$\kappa_1\left(\lambda_1+\frac{K_{z1}}{\phi_1}\right)\frac{\partial C_1}{\partial z_1}\bigg|_{z_1=H_1}=\kappa_2\left(\lambda_2+\frac{K_{z2}}{\phi_2}\right)\frac{\partial C_2}{\partial z_2}\bigg|_{z_2=H_1} \tag{1.84}$$

引入无量纲参数：

$$\eta_k=\frac{z_k}{H},\quad \varPsi_k=\frac{u_k}{u_c},\quad \chi=\frac{H_1}{H} \tag{1.85}$$

其中，u_c 为特征速度，

$$u_c=-\frac{dP}{dx}\frac{H^2}{[\kappa_1(\mu+L_1)\kappa_2(\mu+L_2)]^{\frac{1}{2}}} \tag{1.86}$$

则式（1.74）～式（1.78）可以无量纲化为

$$\frac{d^2\varPsi_1}{d\eta_1^2}-G_1M_1\alpha_2^2\varPsi_1+M_1=0,\quad 0\leqslant\eta_1\leqslant\chi \tag{1.87}$$

$$\frac{d^2\varPsi_2}{d\eta_2^2}-G_2M_2\alpha_2^2\varPsi_2+M_2=0,\quad \chi\leqslant\eta_2\leqslant 1 \tag{1.88}$$

$$\varPsi_1(\eta_1)\Big|_{\eta_1=0}=0,\qquad \frac{d\varPsi_2(\eta_2)}{d\eta_2}\bigg|_{\eta_2=1}=\omega E_r M_2 \tag{1.89}$$

$$\varPsi_1(\eta_1)\Big|_{\eta_1=\chi}=\varPsi_2(\eta_2)\Big|_{\eta_2=\chi} \tag{1.90}$$

$$M_1^{-1}\frac{d\varPsi_1}{d\eta_1}\bigg|_{\eta_1=\chi}=M_2^{-1}\frac{d\varPsi_2}{d\eta_2}\bigg|_{\eta_2=\chi} \tag{1.91}$$

$\chi=\dfrac{H_1}{H}$ 是层 1 的相对水深。同时，各层的有效黏度 M_k 和黏性摩擦力 G_k 为

$$M_k=\frac{[\kappa_2(\mu+L_2)\kappa_1(\mu+L_1)]^{\frac{1}{2}}}{\kappa_k(\mu+L_k)},\quad k=1,2 \tag{1.92}$$

$$G_k=\frac{F_k}{(F_1F_2)^{\frac{1}{2}}},\quad k=1,2 \tag{1.93}$$

定义风力和有效压力梯度的相对强度为

$$E_r=-\frac{(C_{wind}\rho_{air}U_{wind}^2)/(2H)}{dP/dx} \tag{1.94}$$

反映渠道水深、植物的黏性摩擦力、水体的黏度、微观流动路径的曲率和垂向动量离散综合作用的特征参数为

$$\alpha_2=\left[\frac{F_1F_2\mu^2}{\kappa_1(\mu+L_1)\kappa_2(\mu+L_2)}\right]^{\frac{1}{4}}\cdot H \tag{1.95}$$

求解二阶常系数非齐次常微分方程组[式（1.87）～式（1.91）]可得双层湿地充分发展流的速度分布：

$$\varPsi_1(\eta_1)=E_1\cdot e^{\alpha_2\sqrt{G_1M_1}\eta_1}+E_2\cdot e^{-\alpha_2\sqrt{G_1M_1}\eta_1}+\frac{1}{\alpha_2^2G_1} \tag{1.96}$$

$$\Psi_2(\eta_2) = E_3 \cdot e^{\alpha_2\sqrt{G_2 M_2}\eta_2} + E_4 \cdot e^{-\alpha_2\sqrt{G_2 M_2}\eta_2} + \frac{1}{\alpha_2^2 G_2} \tag{1.97}$$

其中，系数 $E_1 \sim E_4$ 的具体表达式见 Luo 等（2017）。当各层参数都一致时，该考虑风效应的双层湿地流的速度公式可以退化为 Zeng 等（2012）给出的单层湿地风应力影响下水流流速的分布公式式（1.98），说明了结果的正确性。

$$\Psi(\eta) = \frac{1}{\alpha_2^2}\left\{1 - \frac{\cosh[\alpha_2(1-\eta)]}{\cosh\alpha_2}\right\} + \frac{\omega E_r \sinh(\alpha_2\eta)}{\alpha_2\cosh\alpha_2} \tag{1.98}$$

风能显著改变湿地流的输运能力，当 $\omega = 1.0$ 时，随着 E_r 增大，湿地流的输运能力会变强。相反，当 $\omega = -1.0$ 时，随着 E_r 增大，湿地流的输运能力反而变弱。较大的 E_r 甚至可能导致反向流层的出现。水流的无量纲流速 Ψ 沿无量纲垂向坐标 η 的变化见图 1.34～图 1.38。

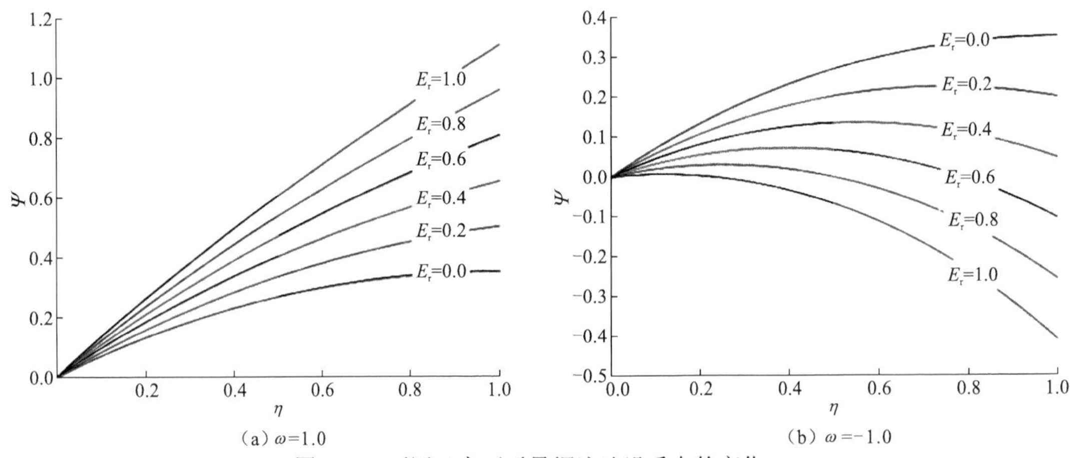

图 1.34　不同风力下无量纲流速沿垂向的变化

$\alpha_2 = 1.0$，$M_k = 1.0$，$G_k = 1.0$，$\chi = 1/2$

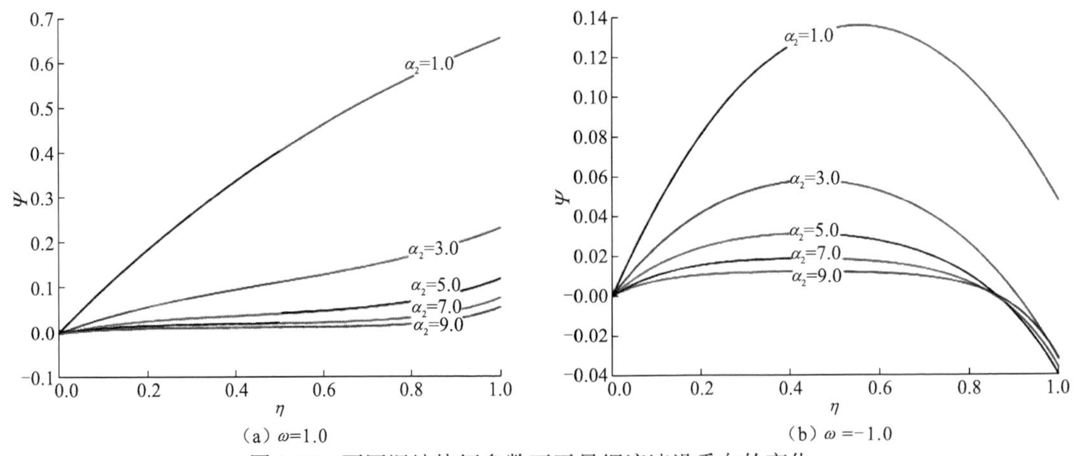

图 1.35　不同湿地特征参数下无量纲流速沿垂向的变化

$M_k = 1.0$，$G_k = 1.0$，$\chi = 1/2$，$E_r = 0.4$

（a）ω=1.0　　（b）ω=−1.0

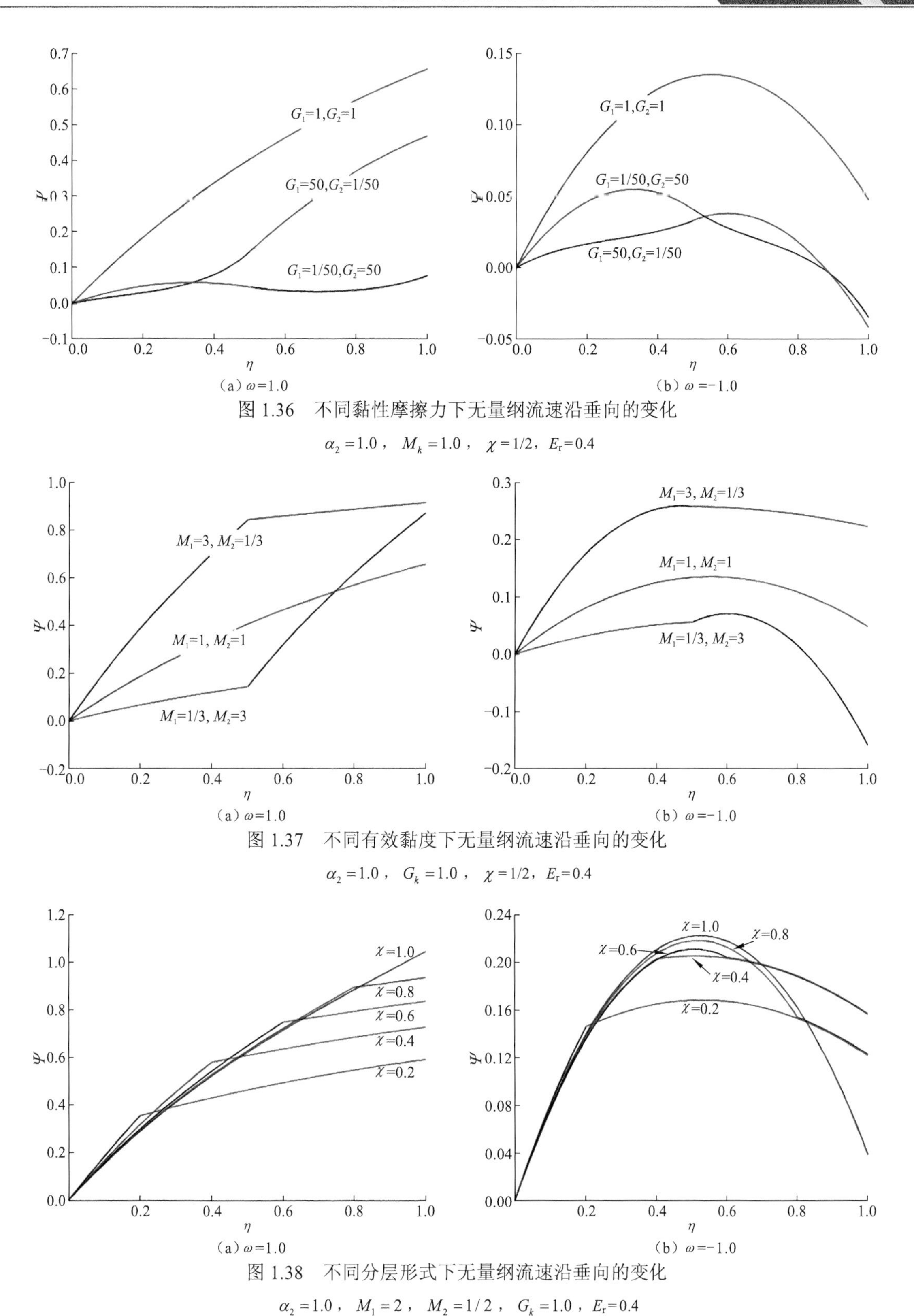

图 1.36　不同黏性摩擦力下无量纲流速沿垂向的变化

$\alpha_2=1.0$，$M_k=1.0$，$\chi=1/2$，$E_r=0.4$

（a）ω=1.0　　（b）ω=−1.0

图 1.37　不同有效黏度下无量纲流速沿垂向的变化

$\alpha_2=1.0$，$G_k=1.0$，$\chi=1/2$，$E_r=0.4$

（a）ω=1.0　　（b）ω=−1.0

图 1.38　不同分层形式下无量纲流速沿垂向的变化

$\alpha_2=1.0$，$M_1=2$，$M_2=1/2$，$G_k=1.0$，$E_r=0.4$

图 1.35（a）和（b）显示，当α_2增加时，速度分布变得扁平，这表明α_2对风效应下的双层湿地流的速度分布有抑制效应。图 1.36（a）和（b）表明，当上层（第 2 层）的黏性摩擦力比下层（第 1 层）大得多时，速度的极值出现在下层。在这种情况下，极值并不总是最大速度，自由表面处可能因为有风的存在而出现流速最大值。图 1.37（a）和（b）表明，当各层有效黏度不统一时，流速梯度是不连续的。χ显示了流速发生关键变化的位置，可以发现，最大速度随着χ的增加而增加。

接下来分析环境弥散。首先引入无量纲参数：

$$\xi=\frac{x-\overline{u}_{\phi}t}{l_{\mathrm{c}}},\qquad \tau=\frac{t}{T_{\mathrm{c}}} \tag{1.99}$$

其中，$\overline{u}_{\phi}$为相平均速度，而

$$u_{\phi k}=\frac{u_k}{\phi_k},\quad k=1,2 \tag{1.100}$$

上画线表示垂向平均算子，定义为

$$\overline{f}=\int_0^{\chi}f_1\mathrm{d}\eta_1+\int_{\chi}^1 f_2\mathrm{d}\eta_2 \tag{1.101}$$

每层的无量纲速度为

$$\psi_{\phi k}=\frac{u_{\phi k}}{u_{\mathrm{c}}},\quad k=1,2 \tag{1.102}$$

T_{xk}和T_{zk}为抹平横向浓度差异的特征时间：

$$T_{xk}=\frac{H^2}{\kappa_k\left(\lambda_k+\dfrac{K_{xk}}{\phi_k}\right)},\quad T_{zk}=\frac{H^2}{\kappa_k\left(\lambda_k+\dfrac{K_{zk}}{\phi_k}\right)},\quad k=1,2 \tag{1.103}$$

如此，质量输运控制方程及相应的边界条件和连续性条件可以重写为

$$\frac{\partial C_k}{\partial\tau}+\hat{\psi}_{\phi k}\frac{\partial C_k}{\partial\xi}=\frac{T_{\mathrm{c}}H^2}{T_{xk}l_{\mathrm{c}}^2}\frac{\partial^2 C_k}{\partial\xi^2}+\frac{T_{\mathrm{c}}}{T_{zk}}\frac{\partial^2 C_k}{\partial\eta_k^2},\quad k=1,2 \tag{1.104}$$

$$\left.\frac{\partial C_1}{\partial\eta_1}\right|_{\eta_1=0}=0,\qquad \left.\frac{\partial C_2}{\partial\eta_2}\right|_{\eta_2=1}=0 \tag{1.105}$$

$$\frac{1}{T_{z1}}\left.\frac{\partial C_1}{\partial\eta_1}\right|_{\eta_1=\chi}=\frac{1}{T_{z2}}\left.\frac{\partial C_2}{\partial\eta_2}\right|_{\eta_2=\chi} \tag{1.106}$$

$$C_1\big|_{\eta_1=\chi}=C_2\big|_{\eta_2=\chi} \tag{1.107}$$

其中，$\hat{\psi}_{\phi k}=\psi_{\phi k}-\overline{\psi}_{\phi},k=1,2$是第 1 层和第 2 层的无量纲速度偏差，$\overline{\psi}_{\phi}$为相平均无量纲速度。

对式（1.104）应用垂向平均运算式（1.101），得

$$\frac{\partial\overline{C}}{\partial\tau}+\overline{\hat{\psi}_{\phi k}\frac{\partial\hat{C}_k}{\partial\xi}}=\frac{T_{\mathrm{c}}H^2}{l_{\mathrm{c}}^2}\left(\overline{\frac{1}{T_{xk}}}\frac{\partial^2\overline{C}}{\partial\xi^2}+\overline{\frac{1}{T_{xk}}\frac{\partial^2\hat{C}_k}{\partial\xi^2}}\right) \tag{1.108}$$

其中，$\hat{C}_k=C_k-\overline{C}$。

根据 Gill（1967）首次引用的用于管流中离散浓度偏差的级数展开，浓度偏差$\hat{C}_k$

可写成：

$$\hat{C}_k = G_k^{(1)}(\eta_k)\frac{\partial \overline{C}}{\partial \xi} + G_k^{(2)}(\eta_k)\frac{\partial^2 \overline{C}}{\partial \xi^2} + \cdots, \quad k=1,2 \tag{1.109}$$

将式（1.109）代入式（1.108），同时忽略平均浓度的三阶偏导项和高阶偏导项可得

$$\frac{\partial \overline{C}}{\partial \tau} = \left[\frac{T_c II^2}{l_c^2}\overline{1/T_x} - \hat{\psi}_\phi G^{(1)}(\eta)\right]\frac{\partial^2 \overline{C}}{\partial \xi^2} \tag{1.110}$$

$G_1^{(1)}(\eta_1)$ 和 $G_2^{(1)}(\eta_2)$ 为未知项，将式（1.109）和式（1.110）代入式（1.108），随后比较浓度一阶导数项得到：

$$G_1^{(1)}(\eta_1) = \frac{T_{z1}}{T_c}\int_\chi^{\eta_1}\int_0^{\eta_1}\hat{\psi}_{\phi 1}\mathrm{d}\eta_1\mathrm{d}\eta_1 + C_b \tag{1.111}$$

$$G_2^{(1)}(\eta_2) = \frac{T_{z2}}{T_c}\int_{\eta_2}^{\chi}\int_{\eta_1}^{1}\hat{\psi}_{\phi 2}\mathrm{d}\eta_2\mathrm{d}\eta_2 + C_b \tag{1.112}$$

在有量纲的坐标系中，式（1.110）可重写为

$$\frac{\partial \overline{C}}{\partial t} + \overline{u}_\phi\frac{\partial \overline{C}}{\partial x} = \left[\overline{\kappa\left(\lambda + \frac{K_x}{\phi}\right)} - \overline{\kappa\left(\lambda + \frac{K_z}{\phi}\right)}\frac{\overline{Pe_z\hat{\psi}_\phi g^{(1)}(\eta)}}{\overline{1/Pe_z}}\right]\frac{\partial^2 \overline{C}}{\partial x^2} \tag{1.113}$$

其中，佩克莱数

$$Pe_{zk} = \frac{Hu_c}{\kappa_k\left(\lambda_k + \dfrac{K_{zk}}{\phi_k}\right)}, \quad k=1,2 \tag{1.114}$$

并且定义

$$g_1^{(1)}(\eta_1) = \int_\chi^{\eta_1}\int_0^{\eta_1}\hat{\psi}_{\phi 1}\mathrm{d}\eta_1\mathrm{d}\eta_1 \tag{1.115}$$

$$g_2^{(1)}(\eta_2) = \int_{\eta_2}^{\chi}\int_{\eta_2}^{1}\hat{\psi}_{\phi 2}\mathrm{d}\eta_2\mathrm{d}\eta_2 \tag{1.116}$$

在 $t^* = t$，$\zeta = x - \overline{u}_\phi t$ 坐标系中，

$$\frac{\partial \overline{C}}{\partial t^*} = D_T\frac{\partial^2 \overline{C}}{\partial \zeta^2} \tag{1.117}$$

其中，

$$D_T = \overline{\kappa\left(\lambda + \frac{K_x}{\phi}\right)} - \overline{\kappa\left(\lambda + \frac{K_z}{\phi}\right)}\frac{\overline{Pe_z\hat{\psi}_\phi g^{(1)}(\eta)}}{\overline{1/Pe_z}} \tag{1.118}$$

为环境弥散系数。

式（1.117）相应的初始条件和边界条件可以转化为

$$\overline{C(\zeta,t^*)}\Big|_{t^*=0} = \frac{\Omega\delta(\zeta)}{H}\cdot\overline{1/\phi} \tag{1.119}$$

$$\overline{C(\zeta,t^*)}\Big|_{\zeta=\pm\infty} = 0 \tag{1.120}$$

其中，

$$\overline{1/\phi} = \frac{\chi}{\phi_1} + \frac{1-\chi}{\phi_2} \tag{1.121}$$

结合式（1.119）和式（1.120），可以得到式（1.117）的解析解，即垂向平均浓度的

解析表达式为

$$\overline{C(\zeta,t^*)}=\frac{\Omega\cdot\overline{1/\phi}}{H\sqrt{4\pi D_T t^*}}\exp\left(-\frac{\zeta^2}{4D_T t^*}\right) \tag{1.122}$$

给定污染物环境标准允许浓度上限 C_u，基于式（1.122），可以得到受影响区域长度的解析解，为

$$S=4\sqrt{-D_T t^*\ln\frac{C_u H\sqrt{4\pi D_T t^*}}{\Omega\cdot\overline{1/\phi}}} \tag{1.123}$$

接下来分析环境弥散，首先定义

$$D=-\frac{\overline{Pe_z\hat{\psi}_\phi g^{(1)}(\eta)}}{\overline{1/Pe_z}} \tag{1.124}$$

对于顺风 $\omega=1.0$ 和逆风 $\omega=-1.0$ 的情况，D 随风力、有效黏度、黏性摩擦力、佩克莱数、特征参数、孔隙率和 χ 的变化规律如图 1.39～图 1.45 所示。

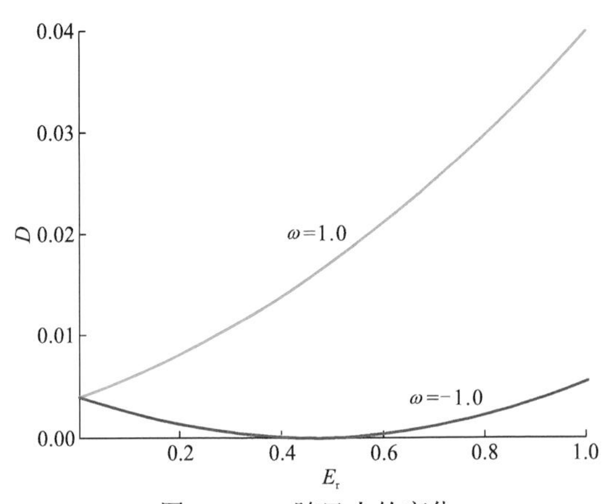

图 1.39　D 随风力的变化

$\alpha_2=1.0$，$Pe_{Z1}=Pe_{Z2}=1.0$，$M_1=M_2=1.0$，$G_1=G_2=1.0$，$\phi_1=\phi_2=1.0$，$\chi=1/2$

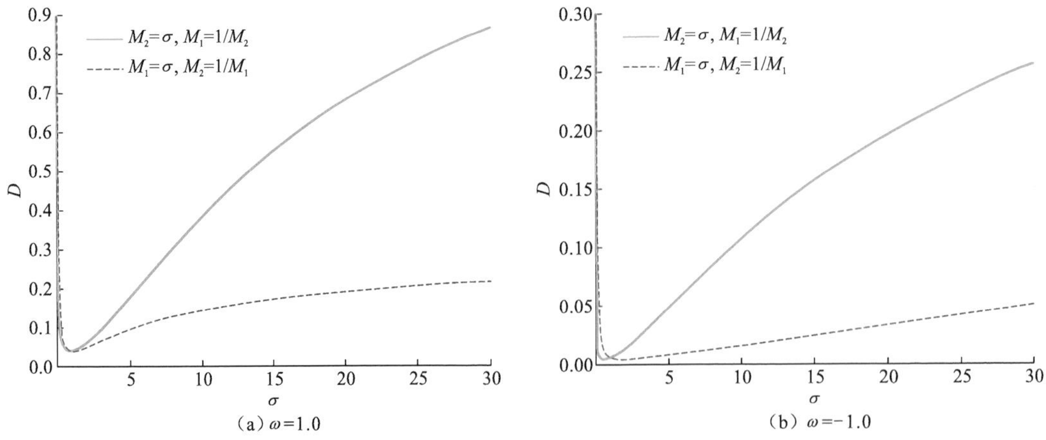

图 1.40　D 随有效黏度的变化

$\alpha_2=1.0$，$Pe_{Z1}=Pe_{Z2}=1.0$，$G_1=G_2=1.0$，$\phi_1=\phi_2=0.5$，$\chi=1/2$，$E_r=1.0$

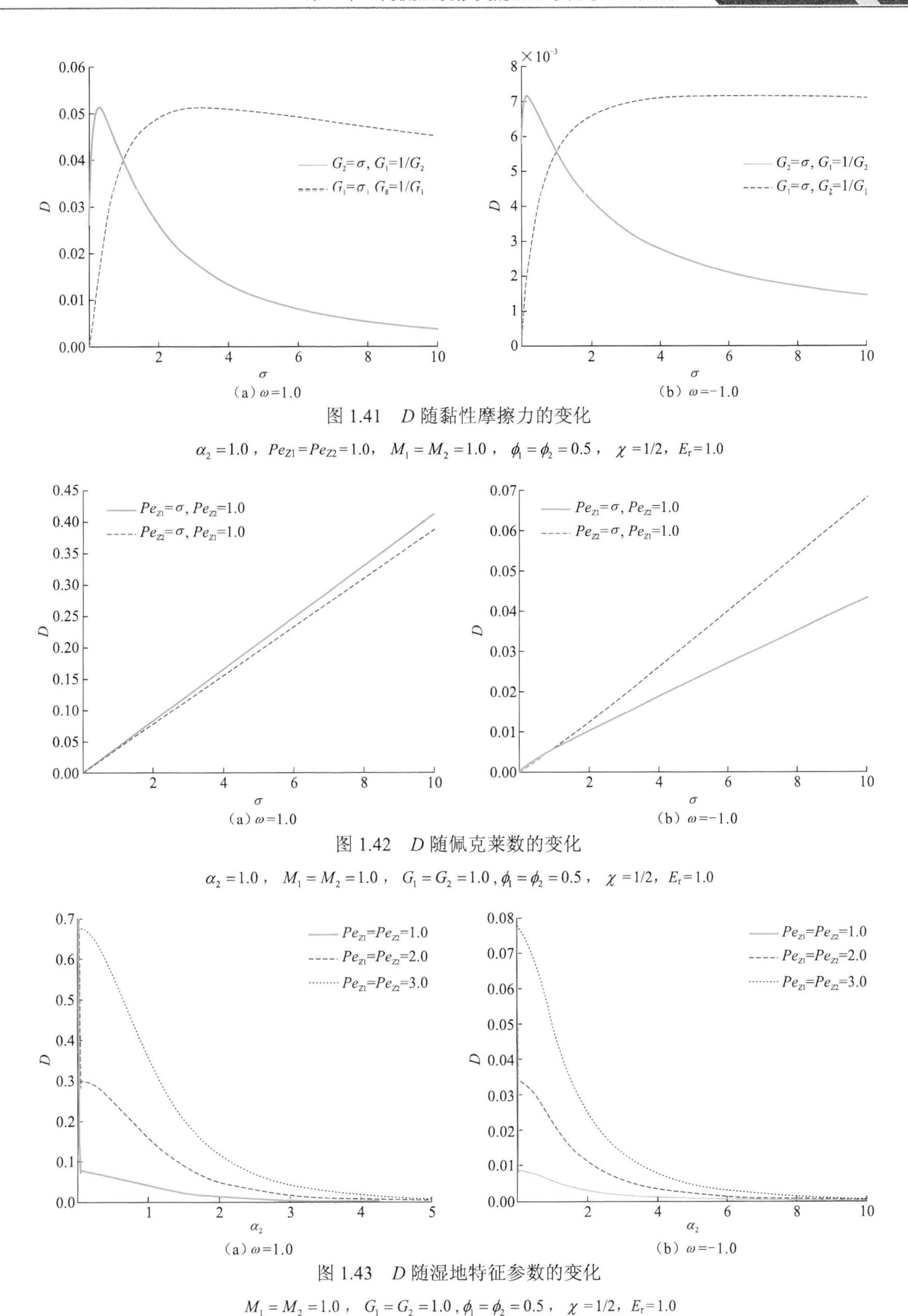

图 1.41　D 随黏性摩擦力的变化

$\alpha_2=1.0$，$Pe_{Z1}=Pe_{Z2}=1.0$，$M_1=M_2=1.0$，$\phi_1=\phi_2=0.5$，$\chi=1/2$，$E_r=1.0$

图 1.42　D 随佩克莱数的变化

$\alpha_2=1.0$，$M_1=M_2=1.0$，$G_1=G_2=1.0$，$\phi_1=\phi_2=0.5$，$\chi=1/2$，$E_r=1.0$

图 1.43　D 随湿地特征参数的变化

$M_1=M_2=1.0$，$G_1=G_2=1.0$，$\phi_1=\phi_2=0.5$，$\chi=1/2$，$E_r=1.0$

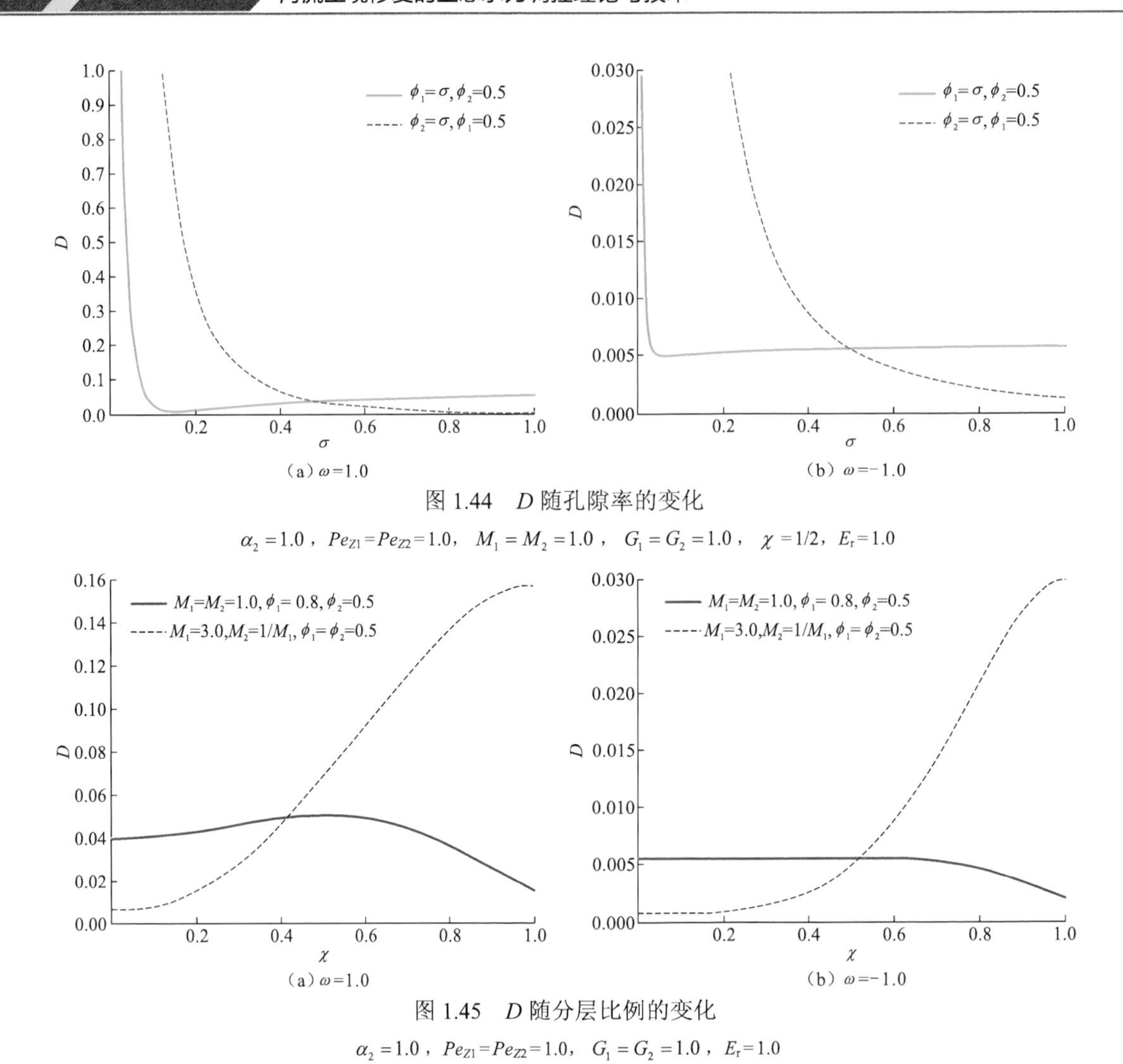

图 1.44　D 随孔隙率的变化

$\alpha_2=1.0$，$Pe_{Z1}=Pe_{Z2}=1.0$，$M_1=M_2=1.0$，$G_1=G_2=1.0$，$\chi=1/2$，$E_r=1.0$

图 1.45　D 随分层比例的变化

$\alpha_2=1.0$，$Pe_{Z1}=Pe_{Z2}=1.0$，$G_1=G_2=1.0$，$E_r=1.0$

从图 1.39 可以看出，$\omega=1.0$ 的情况下，D 随着 E_r 的增加而增大。然而，在 $\omega=-1.0$ 的情况下，随着 E_r 的增加，D 先减小至最小值接着开始增大。也就是说，风力和风向都对长期演化中的环境弥散系数有相当大的影响。当风向与水流流向相同时，风力越大，环境弥散系数越大；当风向与水流流向相反时，风力增大，环境弥散系数先减小后增大。

图 1.40 和图 1.41 说明了 D 随有效黏度和黏性摩擦力的变化规律。图 1.40 表明随着有效黏度的增加，D 开始时迅速下降，然后增大。这一趋势与黏性摩擦力对 D 的影响趋势刚好相反。图 1.42 说明，D 随着每层佩克莱数的增加而增加。虽然 D 的变化趋势近似为线性，但当另一层的佩克莱数一定时，D 随各层佩克莱数变化的增长率是不同的。$\omega=1.0$ 时，顶层佩克莱数对环境弥散系数的影响稍弱。然而，对于 $\omega=-1.0$，顶层佩克莱数对环境弥散系数相对有较大的影响。

D 随着 α_2 的增加减小到几乎为零，这表明 α_2 对流动不均匀性有阻碍影响。D 随孔隙率的变化规律如图 1.44 所示。可以看到，当给定的底层孔隙率 ϕ_1 为常数时，随顶层孔隙率 ϕ_2 的增大，D 减小。然而，当给定的顶层孔隙率 ϕ_2 为常数时，随底层孔隙率 ϕ_1 的增大，D 先迅速减小，然后缓慢增大，最后趋于一个渐近值。图 1.45 说明了 D 依赖于 χ 的关系。在 $M_1=3.0$ 的情形下，χ 增大，则 D 增大。当各层的孔隙率不同时，D 随着 χ 的变化而变化。

1.2.4　漂浮植被河道的纵向离散系数

漂浮植被的存在引起了水流结构的改变，上层水流受到植被阻力的影响，流速降低，上层慢速水流与下层快速水流之间形成强烈的剪切，导致水流结构更加复杂，同时加强了河道内污染物的纵向离散。本小节介绍漂浮植被对纵向离散系数的影响。首先介绍纵向离散系数的理论模型。

Murphy 等（2007）在研究淹没植被影响下河道的纵向离散系数时简化了 Chikwendu（1986）的 N 区计算模型。参考他们的研究成果，将漂浮植被影响下的水流分为三个子区（即令 $N=3$，如图 1.46 所示），建立了适用于漂浮植被水流的三区数学模型，具体方程如下：

$$K_x = \frac{\dfrac{h_1+h_2}{H}\left(\dfrac{h_1}{h_1+h_2}\right)^2\left(\dfrac{h_2}{h_1+h_2}\right)^2(U_2-U_1)^2}{b_{12}} + \frac{\dfrac{h_2+h_3}{H}\left(\dfrac{h_2}{h_2+h_3}\right)^2\left(\dfrac{h_3}{h_2+h_3}\right)^2(U_3-U_2)^2}{b_{23}} + \frac{h_1}{H}K_1+\frac{h_2}{H}K_2+\frac{h_3}{H}K_3 \tag{1.125}$$

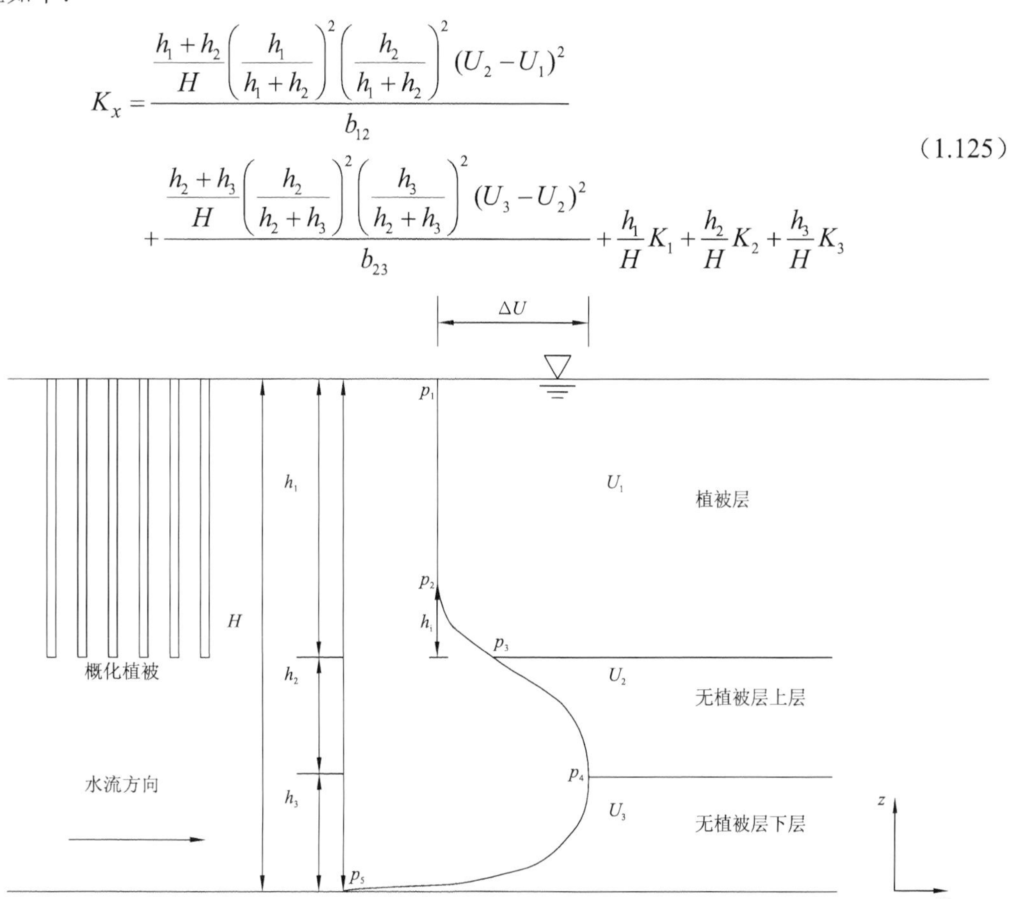

图 1.46　漂浮植被水流分层模型示意图

ΔU 为植被层上部流速相对稳定值与植被层下部和无植被层上部流速最大值的差

如图 1.46 所示，H 为总水深，h_1、h_2、h_3 分别为植被层、无植被层上层和无植被层下层的水深；U_1、U_1、U_3 分别为相应分层的平均速度；p_1～p_5 为流速垂向分布的 5 个关键点；h_i 为混合层入侵至植被层的深度；b_{12}、b_{23} 分别为植被层与无植被层上层和无植被层上层与无植被层下层的层间交换系数；K_1、K_2、K_3 分别为三个分层内部的纵向离散系数。式（1.125）揭示了漂浮植被水流五个不同的混合进程。第一项为由植被层与无植被层上层之间相互掺混引起的剪切离散；第二项为由无植被层上层与无植被层下层相互作用引起的剪切离散；第三至五项分别为各分层内部水流运动引起的剪切离散。由于无植被层上层和无植被层下层交界面处的剪切掺混很小，为简化计算，第二项可以忽略。

与无植被层的纵向离散系数相比，植被层的纵向离散系数 K_1 很小，为简化计算，可以忽略。K_2 为无植被层上层的纵向离散系数，类似淹没植被水流，根据 Murphy 等（2007）的研究，$K_2=\gamma u_{*2}h_2$，其中摩阻流速 $u_{*2}=\sqrt{gJh_2}$，g 为重力加速度，J 为河床底坡，γ 为剪切离散尺度系数。K_3 为无植被层下层的纵向离散系数，$K_3=\gamma u_{*3}h_3$，其中摩阻流速 $u_{*3}=\sqrt{gJh_3}$。

层间交换系数 b_{ij} 由穿过 i 层和 j 层所需的时间尺度 T_{ij} 确定。根据 Murphy 等（2007）的研究成果，物质通过非植被层的传输时间很短，可以忽略，可得

$$b_{12}^{-1}=T_{12}\approx\frac{(h_1-h_i)^2}{D_{\mathrm{w}}}+\frac{h_i}{k} \tag{1.126}$$

其中，D_{w} 为尾流区的扩散系数，式（1.126）右端第一项为通过尾流区的紊动扩散时间。k 体现了交换区中的涡体驱动的冲洗作用。天然河道中，在大部分情况下，植被相对稀疏，Kelvin-Helmholtz 涡对层间交换起到了决定性作用，因此第一项可以忽略。在植被非常浓密的情况下，涡体扩散受限，尾流区的紊动对层间交换起决定性作用。下面将分别对涡体驱动交换和扩散受限交换两种情况进行研究。

（1）涡体驱动交换。

在稀疏植被的情况下，即当 $(h_1-h_i)/h_1\ll 1$ 时，垂向交换主要受 Kelvin-Helmholtz 涡控制。根据 Ghisalberti 和 Nepf（2005），

$$b_{12}=\frac{\Delta U}{40h_1} \tag{1.127}$$

假定

$$(U_2-U_1)/\Delta U=\beta_1 \tag{1.128}$$

$$\Delta U/u_{*2}=\beta_2 \tag{1.129}$$

其中，β_1、β_2 均为常数。联立式（1.125）～式（1.129），可以得出：

$$K_x=40\beta_1^2\beta_2\frac{h_1+h_2}{H}\left(\frac{h_1}{h_1+h_2}\right)^2\left(\frac{h_2}{h_1+h_2}\right)^2h_1u_{*2}+\gamma\frac{h_2^2}{H}u_{*2}+\gamma\frac{h_3^2}{H}u_{*3} \tag{1.130}$$

令 $\beta=40\beta_1^2\beta_2$，两边同除以 $u_{*h}H$，$u_{*h}=\sqrt{gJH}$，则式（1.130）可写为

$$\frac{K_x}{u_{*h}H}=\beta\frac{h_1}{H^2}\frac{h_1^2h_2^2}{(h_1+h_2)^3}\left(\frac{h_2}{H}\right)^{\frac{1}{2}}+\gamma\left(\frac{h_2}{H}\right)^{\frac{5}{2}}+\gamma\left(\frac{h_3}{H}\right)^{\frac{5}{2}} \tag{1.131}$$

（2）扩散受限交换。

在浓密植被情况下，即当 $(h_1 - h_1)/h_1 \approx 1$ 时，涡体交换受到限制，植被层的紊动扩散对植被层与无植被层的水体交换起主导作用。当 $h_1 = 0$ 时，式（1.126）简化为

$$b_{12} \approx \frac{D_w}{h_1^2} \tag{1.132}$$

根据 Lightbody 和 Nepf（2006），

$$D_w = 0.17U_1 d \tag{1.133}$$

其中，d 为植被直径。

将式（1.133）代入式（1.125），得到：

$$K_x = \frac{1}{0.17}\left(\frac{U_2 - U_1}{u_{*h}}\right)^2 \frac{h_1^3 h_2^2}{H(h_1 + h_2)^3}\left(\frac{h_1}{d}\right)\frac{u_{*h}}{U_1}u_{*h} + \gamma\frac{h_2^2}{H}u_{*2} + \gamma\frac{h_3^2}{H}u_{*3} \tag{1.134}$$

因为当 $ad \geqslant 0.01$ 时，恒定流条件下深度平均的力的平衡条件可以写为

$$\rho gJH \approx \frac{1}{2}\rho C_D a h_1 U_1^2 \tag{1.135}$$

其中，a 为植被密度，C_D 为植被拖曳力系数。由 $u_{*h} = \sqrt{gJH}$，式（1.135）可简化为

$$\frac{u_{*h}}{U_1} = \left(\frac{C_D a h_1}{2}\right)^{1/2} \tag{1.136}$$

将式（1.136）代入式（1.134），即得

$$K_x = 4.2\left(\frac{U_2 - U_1}{u_{*h}}\right)^2 \frac{h_1^3 h_2^2}{H(h_1 + h_2)^3}\left(\frac{h_1}{d}\right)(C_D a h_1)^{1/2}u_{*h} + \gamma\frac{h_2^2}{H}u_{*2} + \gamma\frac{h_3^2}{H}u_{*3} \tag{1.137}$$

令 $\varsigma = 4.2[(U_2 - U_1)/u_{*h}]^2$，式（1.137）两边同除以 $u_{*h}H$，$u_{*h} = \sqrt{gJH}$，可得

$$\frac{K_x}{u_{*h}H} = \varsigma\frac{h_1^3 h_2^2}{H^2(h_1 + h_2)^3}\left(\frac{h_1}{d}\right)(C_D a h_1)^{\frac{1}{2}} + \gamma\left(\frac{h_2}{H}\right)^{\frac{5}{2}} + \gamma\left(\frac{h_3}{H}\right)^{\frac{5}{2}} \tag{1.138}$$

其中的 ς 通过试验确定。

试验所用水槽为循环水槽，进入水槽的水流保持恒定水头。试验水槽长 14 m，宽 0.6 m，深 0.5 m，植被直径为 0.008 m，高度为 0.25 m。水槽入口处的 3 m 长度范围为水流的过渡区域，从水槽入口 3 m 处开始的下游 10 m 长度范围内布置了植被单元，将玻璃棒固定在已打好孔的塑料板上，然后将塑料板倒悬在玻璃水槽上，植被为平行排列，植被间距为 0.05 m，整个植被带的长度为 10 m，宽度与水槽宽度一样，为 0.6 m。在开始布置植被处，即入口 3 m 处，利用配制好的罗丹明溶液进行瞬时线源排放，与此同时，在开始布置植被的下游 8 m 处（以保证污染物在横向和垂向上混合均匀）采用荧光探测仪对浓度随时间的变化过程进行记录，采样时间间隔为 0.2 s。流速采用 YSI 公司生产的 ADV 进行测量，流速测量选在开始布置植被下游 5 m 处的断面中心位置，根据实际精度需要，垂向上的测点间隔为 0.5 cm 或 1 cm，每个测点的采样时间定为 60 s，采样频率取 50 Hz 以保证精度。试验对漂浮植被五种水流工况下的流速场和浓度时间过程线进行了测量。试验布置见图 1.47，具体试验工况见表 1.1。

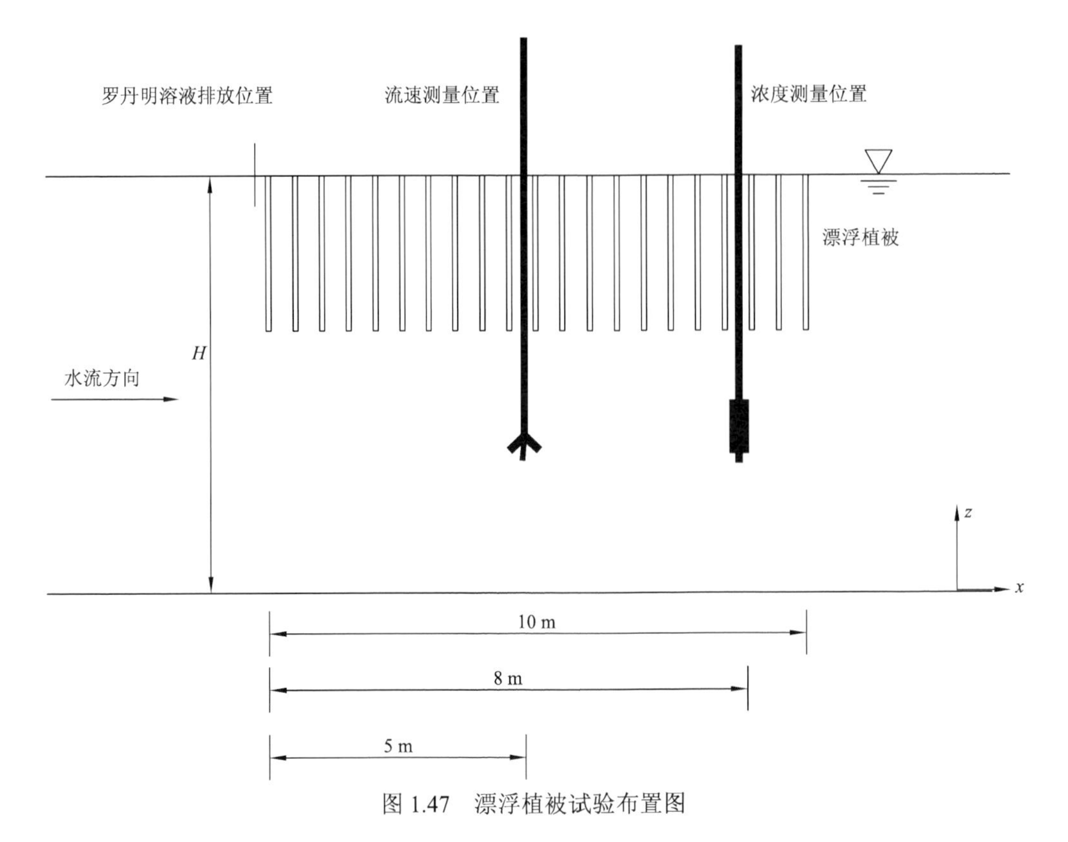

图 1.47　漂浮植被试验布置图

表 1.1　试验工况

工况	流量 Q/（L/s）	水深 H/m	植被高度 h_1/m	植被密度 a/m^{-1}	坡度 J
1	20.5	0.28	0.03	3.2	0.000 2
2	22.5	0.30	0.05	3.2	0.000 2
3	24.5	0.32	0.07	3.2	0.000 2
4	26.5	0.34	0.09	3.2	0.000 2
5	28.6	0.36	0.11	3.2	0.000 2

经分析，五种试验工况下的 β_1 和 β_2 不随 h_2/h_1 和 $C_\mathrm{D}ah_1$ 的变化而变化，是相对稳定的。$\beta_1=(U_2-U_1)/\Delta U=0.63\pm0.03$，$\beta_2=\Delta U/u_{*2}=6.6\pm0.6$，因此可以得到 $\beta=40\beta_1^2\beta_2=106\pm20$。由于受到试验条件的限制，五种试验工况均为稀疏植被，即 $(h_1-h_i)/h_1\ll1$ 的情形，因此本节将重点放在涡体驱动交换占主导的纵向离散系数研究上，即式（1.131）。另外，为了确定本次试验无植被情况下的 γ，进行了多组无植被情况下的示踪质排放试验，最终确定本试验水槽中无植被情况下的 γ 为 7.54。H、h_1、h_2 和 h_3 的值同样由试验资料获得。如此即可由理论公式式（1.131）计算出纵向离散系数 $K_{x,\mathrm{mdl}}$。

另外，采用单站法利用浓度测量值计算出纵向离散系数 $K_{x,\mathrm{exp}}$。表 1.2 列出了五种工况下由式（1.131）计算得到的纵向离散系数和试验测得的纵向离散系数的对比。从

表 1.2 中可以看出，计算值比实测值略小，但是整体上吻合较好，误差绝对值均在 20%以内，表明该模型可以有效地预测漂浮植被水流中的纵向离散系数。

表 1.2　试验参数及计算结果汇总表

工况	平均时间 $\bar{t}$ /s	标准差 δ_t/s	Pe	$K_{x,\exp}$/（m^2/s）	$K_{x,\mathrm{mdl}}$/（m^2/s）	误差/%
1	85.4	19.0	40.5	0.018 0	0.014 5±0.000 2	−19.4
2	90.4	22.1	33.3	0.021 3	0.019 0±0.000 5	−10.8
3	85.3	22.6	28.5	0.026 1	0.020 9±0.000 1	−19.9
4	91.1	25.6	25.4	0.027 7	0.025 5±0.001 4	−7.9
5	88.1	25.7	23.5	0.030 8	0.028 6±0.002 0	−7.1

1.3　缓滞河段藻类繁殖与暴发的水动力机制

1.3.1　水动力条件在水华中的作用

水动力条件对水体富营养化的影响一方面体现在水体的垂向运动使水体底泥受到搅动，引起底泥营养盐的释放，增加水体的营养盐浓度；另一方面体现在水流的缓急程度对水体环境的影响。例如，长江中上游三峡库区干流段的断面平均总磷（total phosphorus，TP）质量浓度普遍在 0.1～0.2 mg/L，总氮（total nitrogen，TN）在 3 mg/L 左右，已达到水体发生富营养化的负荷水平，但是却没有暴发水华，其原因可能是此段长江干流的流速较大，水体更新周期短，不利于藻类停留聚集（付春平 等，2005）。反之，水流缓慢有利于营养盐富集，同时泥沙会沉积，水体透明度增加，透光性增强，有利于漂浮植被的生长繁殖和聚集。

近年来，一些研究者把目光转向了水流流速本身对漂浮植被生长率的影响。黄程等（2006）对三峡水库蓄水初期大宁河回水区流速与藻类生长的相关关系进行了初步研究，指出大宁河回水区流速与藻类生长呈显著负相关关系，认为流速是主要的限制因子。王玲玲等（2009）以香溪河为例，引入水动力条件对藻类初级生产率的影响建立了一维河道水体水动力及富营养化模型。李锦秀等（2005）以三峡库区支流大宁河为例，初步建立了流速对藻类生长率影响规律的经验公式。廖平安和胡秀琳（2005）以北京市筒子河的推流技术抑藻效果为例，说明了水体流速的增加在一定程度上能够抑制藻类的生长，并通过试验研究进一步探讨了水体流速与藻类生长的关系。一些研究者针对不同区域的水体建立了流速与藻类生长率[或叶绿素 a（Chla）浓度]之间的对应关系，如表 1.3 所示。

表 1.3　流速与藻类生长率（或 Chla 浓度）对应关系汇总

作者	水域	公式
王红萍等（2004）	汉江	$a=8.9759e^{0.9054/u}$
黄程等（2006）	大宁河回水区	$a=34.042-293.725u+821.265u^2-603.45u^3$
李锦秀等（2005）	大宁河	$f(u)=0.7^{6.6u}$
蒙国湖等（2009）	嘉陵江重庆磁器口段	$f(u)=e^{\frac{-(u-0.018)^2}{0.238}}$

注：a 为 Chla 浓度；u 为水流流速；$f(u)$ 为藻类生长率的流速影响函数。

与漂浮植被生长的最适温度和饱和光强度类似，水流对漂浮植被的影响也存在一个最适宜流速，即临界流速，小于此流速时，漂浮植被的生长率随流速的增大而增大，在临界流速处达到最大，大于此流速时，漂浮植被的生长率随流速的增大而减小。在寻找漂浮植被生长的临界流速方面，一些研究者做了相当多的工作。张毅敏等（2007）通过进行铜绿微囊藻的水动力模拟试验指出，不同营养状态的水体的临界流速可能不同，研究结果表明，在 N：P 为 4.5：1 的情况下推测的临界流速为 0.50 m/s；在 N：P 为 2.7：1 的情况下推测的临界流速为 0.3 m/s。高月香等（2007）指出，在温度为 25 ℃，光照为 3 300 lx 的条件下，适合太湖铜绿微囊藻生长的最佳流速为 0.3 m/s。蒋文清（2009）在室外水流对天然水体影响的模拟试验中测得，水华暴发的临界流速应该在 0.08～0.1 m/s，初步验证了水华暴发的临界流速的存在。王利利（2006）通过试验得出，在动态与静态水温相差 1～3 ℃的情况下，当 u<0.08 m/s 时，Chla 的量随着流速的增大而增大；当 u> 0.14 m/s 时，Chla 的量随着流速的增大而减小，说明流速在[0.08，0.14]m/s 内存在一个临界值 u_0。曹巧丽等（2008）通过室内模拟试验发现，铜绿微囊藻（属于蓝藻）在流速为 0.3 m/s 时比增率最大。焦世珺（2007）通过试验得出，小球藻生长的临界流速在 0.05 m/s 左右，纤维藻生长的临界流速在 0.01 m/s 左右，流速对栅藻、鱼腥藻的生长影响不大，需要进一步进行试验。刘信安和张密芳（2008）通过嘉陵江水样试验，得出在 0.03 m/s 左右的缓流下总藻细胞增长最明显。可见，由于不同地区水动力条件的差异及富营养化暴发机理的复杂性，至今仍未有一个水动力条件与藻类生长之间的确定关系，同时试验者试验流速范围的选取对结论的得出影响也很大。

1.3.2　小江藻类生长原位试验

藻类生长原位试验是揭示藻类在特定水域中实际生长特征的重要手段。近几十年，基于藻类生理生长特征，国内外学者创立了不同的藻类原位生长速率的测定方法，主要包括原位培养法、光合速率计算法、流式细胞法和细胞分裂频率法等。开展原位试验在研究水华方面非常有必要，其优点在于可以充分利用现场的光照、温度等外界环境条件，从客观上保证模拟试验更具有现实意义。拟通过对小江回水区典型水域开展藻类生长原位试验研究，了解在实际生境条件下小江藻类的生长特征，进一步认识其在水动力条件下的水华形成机制，为“调度控藻”方案的实施提供“中尺度”的试验研究结果。

1. 小江流域概况

小江（又称澎溪河）流域（图 1.48），介于北纬 31° 00′～31° 42′，东经 107° 56′～108° 54′，流域面积为 5 172.5 km^2，干流全长 182 km，发源于重庆市开州区白泉乡钟鼓村，于云阳县双江镇汇入长江，河口距三峡大坝约 247 km，河道平均坡降为 1.25‰，是三峡库区中段、北岸流域面积最大的支流。

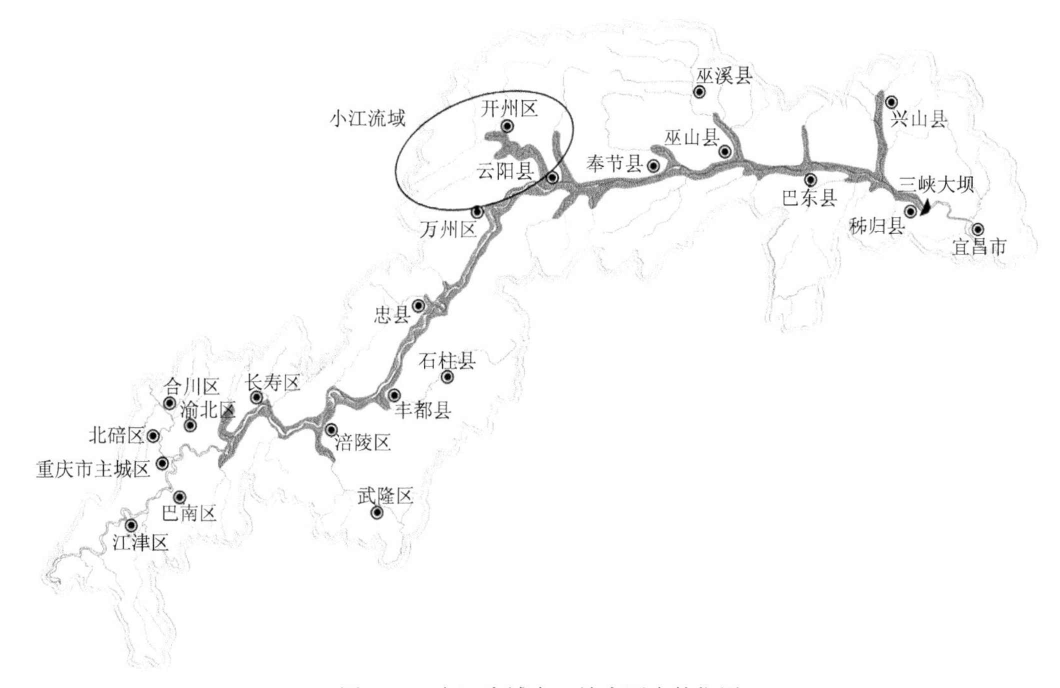

图 1.48　小江流域在三峡库区中的位置

三峡水库蓄水以来，库区沿岸的工业废水和生活污水、农田及地表径流所带入的农药和化肥、船舶等流动载体所带入的油类等流动污染源是影响三峡库区水质的主要污染源。库区支流水质劣于干流，水质较差。2003 年三峡水库二期蓄水后三峡库区包括小江在内的多条次级河流出现多次不同程度的水华现象。2007 年 5 月中下旬，小江回水区发生水华，主要分布在高阳平湖、黄石镇代李子码头和双江大桥三处。重庆大学对水华期间漂浮植被群落特点和水环境特征的分析发现蓝藻占主导，其约为漂浮植被生物量的 81.43%，优势藻种为水华鱼腥藻，结合水华期间 TN 含量较非水华期间明显偏高、有机氮为氮素主要成分和许多蓝藻门藻种均带有异形胞的分析结果，认为此次水华是固氮型蓝藻水华。水华暴发前初春的强降雨过程导致的小江回水区 TP 水平的普遍增加促使 TN/TP（氮磷比）发生了显著变化。2008 年 6 月，小江双江大桥至小江大桥长达 20 km 的河段，再次出现水华现象，表层水中有绿色丝状物。经监测，所有断面为中度富营养化状态，水体富营养化程度较重。绿色丝状物经重庆大学鉴定，为蓝藻门水华鱼腥藻、甲藻门角甲藻和绿藻门实球藻等。蓝藻门水华鱼腥藻为本次水华的主要优势藻种。库区支流水华总体上呈现出由河流型（硅藻门、甲藻门等）向湖泊型（绿藻门、隐藻门等）演变的趋势，已经严重影响三峡水库水体的使用功能。

2. 小江水位调节坝工程

在三峡库区超过 100 km^2 的 40 余条支流中，小江是极具典型性的一条，不仅因为小江位于 660 km 三峡水库的中心地带，在地理特征上表征了大巴山脉以西、川东丘陵区的典型流域物理特征（地貌特征、岩土条件、气候特点等），而且因为小江流经重庆市开州区与云阳县两个库区移民重地，移民总人口达 22.15 万人。三峡库区冬季正常蓄水位为 173.22 m，而夏季为防洪，水位则必须降至 143.22 m，因 30 m 水位落差暴露出的土地被称为消落区。三峡水库按 143.22 m 水位运行时，正是夏秋季节，大片沼泽带将暴露无遗。在烈日的烘烤、暴晒下，蚊蝇极易滋生，还会散发臭气，随时都有传染病、瘟疫暴发的可能。开州区消落区位于区内小江流域的中上游，与三峡库区其他消落区相比，开州区消落区的面积最大，达到 45 km^2，占了库区的 11.8%。流域全境拥有开州区和云阳县高阳镇两个三峡库区面积最大的消落区。三峡水库蓄水与调度所产生的消落区对小江流域生态环境的影响日益显著。

为减少消落区带来的不利影响，国家和地方人民政府已在开州区小江乌杨桥处开工建设水位调节坝。水位调节坝工程位于开州区新城区下游约 4.5 km 处，其配套的生态建设工程则主要集中在坝址以上的新城区周边。工程建设的主要任务是：减小三峡水库库尾消落区的面积，降低消落区的水位变幅，改善开州区新城区及其周边的生态环境，为消除疫情隐患，建立新的稳定生态系统和良好的人居环境创造条件。工程于 2007 年 8 月正式开工，于 2012 年 5 月通过验收。该工程建成后，不仅可以治理开州区 20.94 km^2 的消落区，解决因水位落差形成的消落区的环境污染问题，而且可以形成 14.8 km^2 的独特湖泊生态旅游景观。

3. 基于人工水力调控的小江藻类生长原位试验

1）试验设备

为了定量研究水动力条件对小江富营养化的影响，量化水力要素在生态模型中的作用，特设计了“基于人工水力调控的小江藻类生长原位试验”，即在小江流域相同气候、气象背景下构建现场原位试验装置（图 1.49～图 1.51），模拟不同水动力条件下的藻类生长过程。

为了适应小江试验区的较大水位变幅，整个试验装置设计在浮排上，通过绳索牵引漂浮于试验水域上。浮排尺寸为 6 m×4 m，中间通过金属支架连接，下附多个中空油桶保证浮排浮于水面。试验装置悬挂在支架上并浸于水中，采用绳索软连接，浮筒与浮排保持一定的距离以保证水体的透光性。通过调整浮筒内水体的流速模拟水体的动力条件，共设计了三个浮筒，其中两个浮筒可以调整流速，一个浮筒内为静止水体。正常条件下

图 1.49　试验浮排（2011 年 4 月）

图 1.50　试验装置（2011 年 4 月）

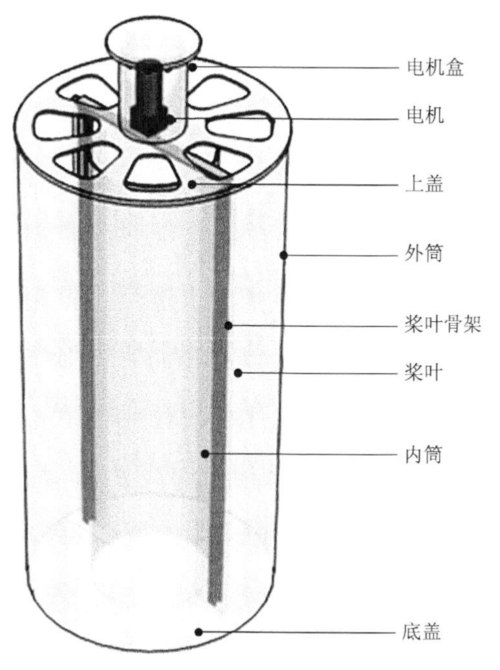

图 1.51　藻类生长试验装置的结构示意图

（非洪水期），小江内的水流流速为 0.001～1.0 m/s，变幅较大。参考相关研究成果，拟开展的试验的流速为 0.1～0.5 m/s。普通电机的转速较快，采用多级减速控制。

图 1.51 为藻类生长试验装置的结构示意图。藻类生长试验装置包括：外筒，外筒由外筒底盖、外筒上盖及外筒体组成，外筒体的上部固定在与固定装置连接的支架上；与外筒底盖连接的空心内筒，内筒由内筒上盖和内筒体组成，内筒体的下端口与外界相通，内筒与外筒之间形成用于盛装试验水体的环形空间。采用有机玻璃制作内筒和外筒，内、外筒可以进行一次成型加工，与底盖采用无缝熔接，以保证整个装置的强度。由于内筒体的下端口与外界相通，因此试验时，内筒体内也充满水，平衡了内筒体两侧的压力。本试验中，内筒和外筒均固定，通过电机带动桨叶，推动水体在环形空间内循环流动，利用调速装置调整桨叶转速，控制筒内水体的流速。

本试验在自然水体中开展，光照、温度、水下光热结构均为自然状态；并且试验水体体积较大，藻类生长空间更接近自然条件；流速控制是通过桨叶带动水体流动实现的，其对水体扰动小，更接近于水库、河道中的自然流动状态；并且试验水体与环境水体没有交换，保证了试验水体内营养盐浓度的可控性。因此，采用本方案既可以保证原水状态，又可以人为调节感兴趣的影响藻类的因素，从而不但避免了实验室装置试验的失真性，又可以针对藻类自然生长要素进行人工干预，较真实地反映不同因素对藻类生长的控制与促进作用。

2）试验方案设计

水动力条件（流速、流量、水深、水位、水体滞留时间等）不仅影响了水柱中物质的传输与分布，而且影响了水体中藻类的垂直分布特征，决定了藻类受光生长的能量水平，是决定水华最终形成的物理因素。

为了解流速变化对小江回水区藻类生长的影响，本节在小江回水区高阳平湖水域开展“基于人工水力调控的小江藻类生长原位试验”，明确在不同水库运行状态（高水位、低水位）下不同流速水平对藻类生长的影响，从原位实际生长的角度验证“调度控藻”方案实施所需达到的水动力条件。

原位试验的时间分别选择在水库低水位运行时期（2011 年 6～7 月）、水库高水位运行时期（2011 年 11 月～2012 年 1 月），它们分别代表了三峡水库小江回水区两种典型的生境特征：

（1）低水位运行时期为藻类的生长季节，光热与营养物输入均满足藻类生长的基本需求，但水库位于低水位，不稳定的水动力条件限制了藻类的生长。

（2）高水位运行时期的水位升高在一定程度上为藻类创造了相对稳定的水动力条件，但水温下降，限制了藻类生长，使其逐渐进入冬季非生长季节。在这样的生境条件下，不少藻类将因为活性下降而逐渐下沉。

根据三峡水库小江回水区实测流速范围，确定 3 个流速的试验水平，分别为 0.1 m/s、0.2 m/s、0.3 m/s，以静置且透明的浮筒为对照样（流速为 0.0）。仅有 2 个环形生态试验槽开展试验（低流速浮筒于 2011 年 5 月试验开展前意外滑落水底，无法同时开展试验，仅能用高流速浮筒开展试验），当完成某一流速水平的试验后（7 天），换掉所有湖水，清洗浮筒，注入新湖水后，开展第二阶段流速水平的试验。

现场同步测试 2 个环形生态试验槽内水体和湖水的各项生态指标，具体测试指标包括：水下光强（用 LI-COR LI-192SA 测量）、水体透明度、实际流速（上、中、下三点均值，实际流速大小通过转速进行调节）、水温/pH/氧化还原电位（oxidation-reduction potential，ORP）等水质理化指标（分成上、中、下三个测点）；现场大气气温、气压、湿度。

室内测试指标有：Chla、氨氮（NH_4^+-N）、硝氮（NO_3^--N）、TN、TP、溶解性正磷酸盐（soluble reactive phosphate，SRP）；同步进行筒内外藻类群落的定性镜检。上述测试指标均为浮筒上、中、下三处水样等量混合后在现场实验室完成相关测试分析工作。

浮筒内流速为平均流速，对浮筒内上、中、下三个深度与内环、外环两个垂线共 6 个测点的流速数据平均后获得相应工况的平均流速。

本试验所获得的藻类原位受控生长速率为在环形生态试验槽中的表观生长速率，藻类比生长速率计算采用式（1.139）：

$$\mu = \frac{\log_2(X_2 / X_1)}{T} \tag{1.139}$$

式中：μ 为藻类比生长速率（d^{-1}）；X_i 为 i 时刻的 Chla 质量浓度（mg/L）；T 为培养天数（天）。

3）低水位藻类生长季节水动力条件改变对藻类生长影响的研究

一，不同流速条件下浮筒内 Chla 的变化过程与藻类比生长速率特征。

研究期间，三个阶段试验槽、对照槽和湖水的 Chla 变化测试数据见表 1.4、图 1.52 及图 1.53。

表 1.4 研究期间浮筒内 Chla 变化过程与比生长速率变化情况（低水位）

(a) 第一阶段（0.3 m/s）			
试验日期	湖水 Chla 质量浓度/（μg/L）	对照槽 Chla 质量浓度/（μg/L）	试验槽 Chla 质量浓度/（μg/L）
D1	53.0	23.8	32.7
D2		40.8	63.1
D3	20.1	30.4	58.8
D4		30.8	24.5
D5	60.7	32.8	11.3
D6		22.4	18.7
D7	98.4	18.4	20.0
比生长速率/d^{-1}	—	−0.05	−0.10
(b) 第二阶段（0.2 m/s）			
试验日期	湖水 Chla 质量浓度/（μg/L）	对照槽 Chla 质量浓度/（μg/L）	试验槽 Chla 质量浓度/（μg/L）
D1	41.7	31.0	35.3
D2	31.3	37.8	38.8
D3	24.1	31.9	45.0

续表

(b)第二阶段(0.2 m/s)			
试验日期	湖水 Chla 质量浓度/(μg/L)	对照槽 Chla 质量浓度/(μg/L)	试验槽 Chla 质量浓度/(μg/L)
D4	41.5	36.9	50.8
D5	14.8	36.2	39.2
D6	11.5	23.6	23.4
D7	1.6	27.4	30.6
比生长速率/d^{-1}	—	−0.03	−0.03

(c)第三阶段(0.1 m/s)			
试验日期	湖水 Chla 质量浓度/(μg/L)	对照槽 Chla 质量浓度/(μg/L)	试验槽 Chla 质量浓度/(μg/L)
D1	6.9	15.7	12.7
D2	15.1	10.8	8.9
D3	28.6	17.7	18.2
D4	44.1	23.8	26.5
D5	99.3	27.5	72.4
D6	42.3	24.4	39.2
D7	11.4	22.4	45.8
比生长速率/d^{-1}	—	0.07	0.26

注:D1～D7 为试验日期第一天～第七天。

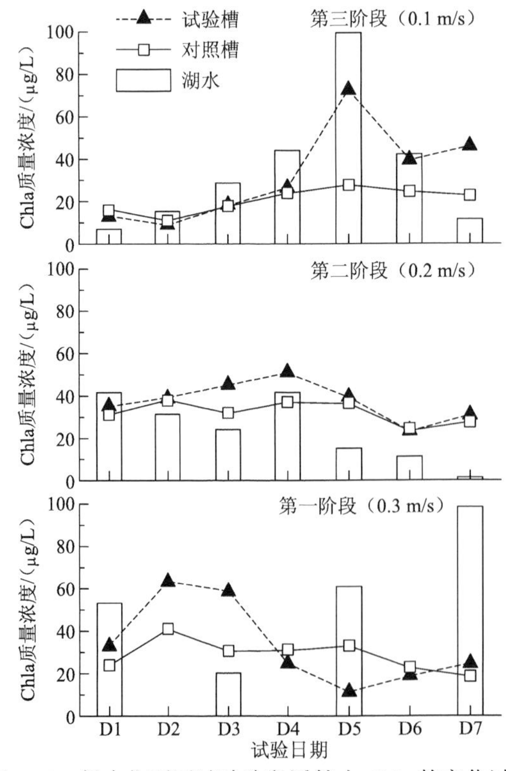

图 1.52　低水位不同试验阶段浮筒内 Chla 的变化过程

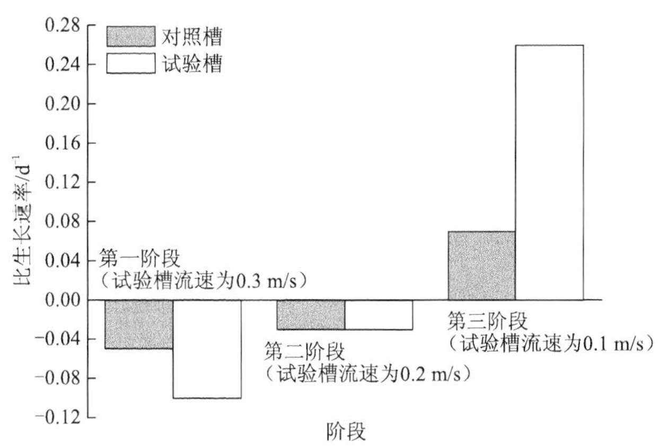

图 1.53　低水位不同试验阶段浮筒内藻类比生长速率的变化情况

从低水位时期三个流速水平的试验结果可以发现，试验期间对照槽内藻类 Chla 的变化较平缓，而试验槽中藻类 Chla 的变化则较为明显。比较可以发现，在第一阶段流速水平为 0.3 m/s 时，试验槽中的藻类 Chla 首先经历了迅速升高而后迅速下降的大波动变化，藻类 Chla 在试验第二天、第三天的生物量水平达到最大，而后在第五天迅速下降至最低值，在第六天、第七天出现 Chla 质量浓度的逐步回升。在第二阶段流速水平为 0.2 m/s 时，与对照槽相比，试验槽中藻类 Chla 在第四天达到峰值，而后缓慢下降，其变化幅度显著小于第一阶段的流速水平。在第三阶段流速水平为 0.1 m/s 时，与对照槽相比，试验槽中出现了逐步增加的趋势，第一天～第三天试验槽与对照槽中的 Chla 水平和变化趋势接近一致，而从第四天开始 Chla 出现了较显著的增加，在第五天出现峰值，虽然第六天、第七天出现下降，但总体上试验槽 Chla 的水平显著高于对照槽，上述趋势与高阳平湖中 Chla 的同期变化过程一致。

从比生长速率的计算结果中可以看出，流速增加，藻类比生长速率呈现显著下降的趋势。随着试验流速从 0.1 m/s 逐渐增加到 0.3 m/s，试验槽中藻类比生长速率从 0.26 d^{-1} 逐渐下降到−0.10 d^{-1}，表现出指数变化的下降趋势。根据图 1.53 的结果，采用对数函数形式对流速水平和环形生态试验槽中藻类比生长速率的变化进行拟合，拟合结果如下（μ 为比生长速率，单位为 d^{-1}；u 为流速，单位为 m/s）：

$$\begin{cases} \mu = 0.337\ln u - 0.532, \quad R^2 = 0.965, \text{sig} \leqslant 0.01, \text{不扣除对照}, 0.1 \leqslant u \leqslant 0.3 \\ \mu = 0.224\ln u - 0.337, \quad R^2 = 0.962, \text{sig} \leqslant 0.01, \text{扣除对照}, 0.1 \leqslant u \leqslant 0.3 \end{cases}$$

式中：R^2 为决定系数，其值越大，拟合效果越好；sig 为显著性值，sig ≤ 0.01 表明结果显著。

拟合结果说明，水库低水位运行条件下，藻类比生长速率与流速水平呈对数函数关系，拟合结果显著且有效。该对数模型可以用于预测不同流速水平下的藻类比生长速率。

二，不同流速条件下主要环境要素的变化与藻类生态机制解析。

图 1.54 提供了不同流速工况下试验期间主要环境要素[水温、pH、ORP、光衰减系数 Kd、溶解氧（dissolved oxygen，DO）、TP、TN、NH_4^+-N]在湖水、对照槽、试验槽的变化过程。

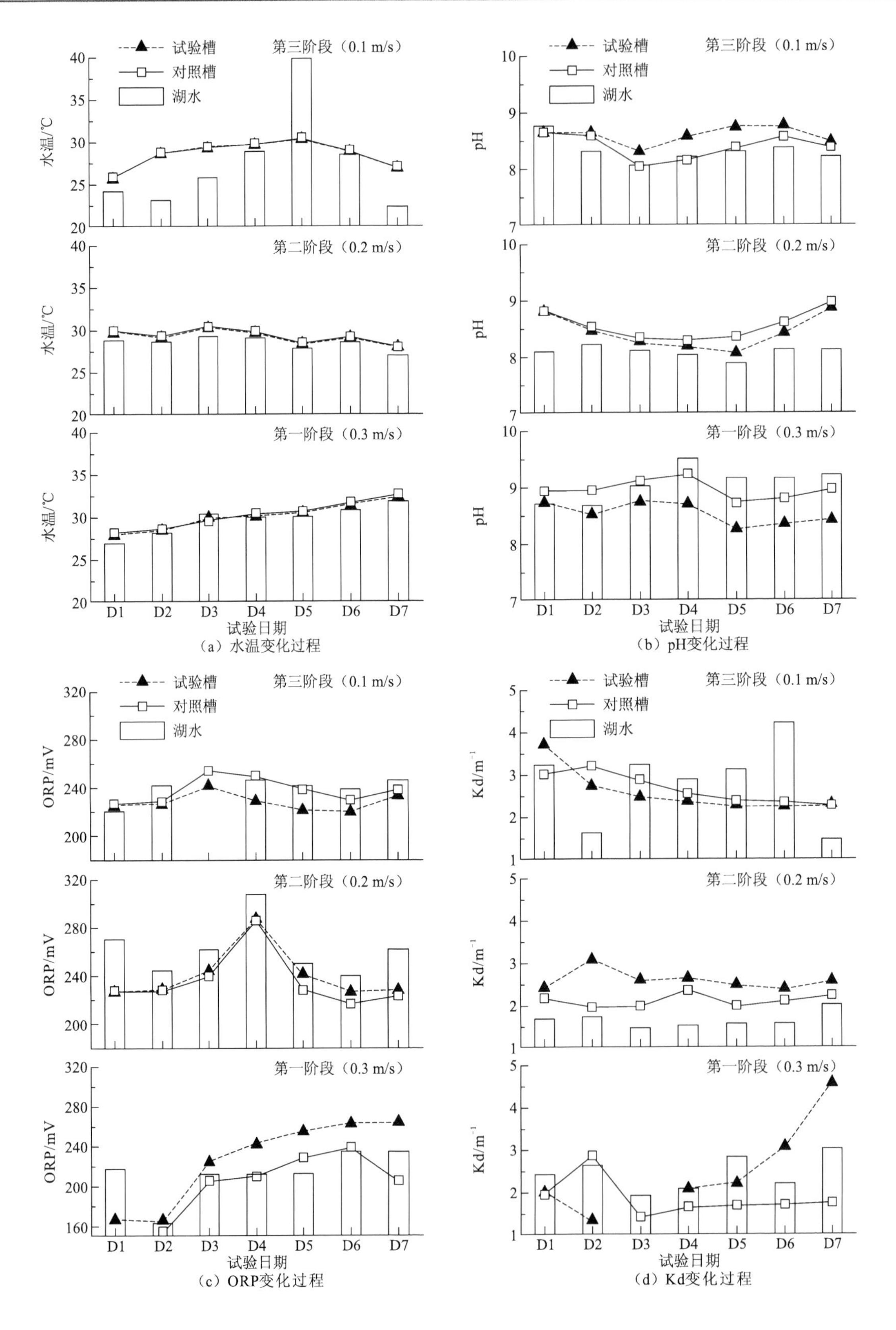

（a）水温变化过程
（b）pH变化过程
（c）ORP变化过程
（d）Kd变化过程

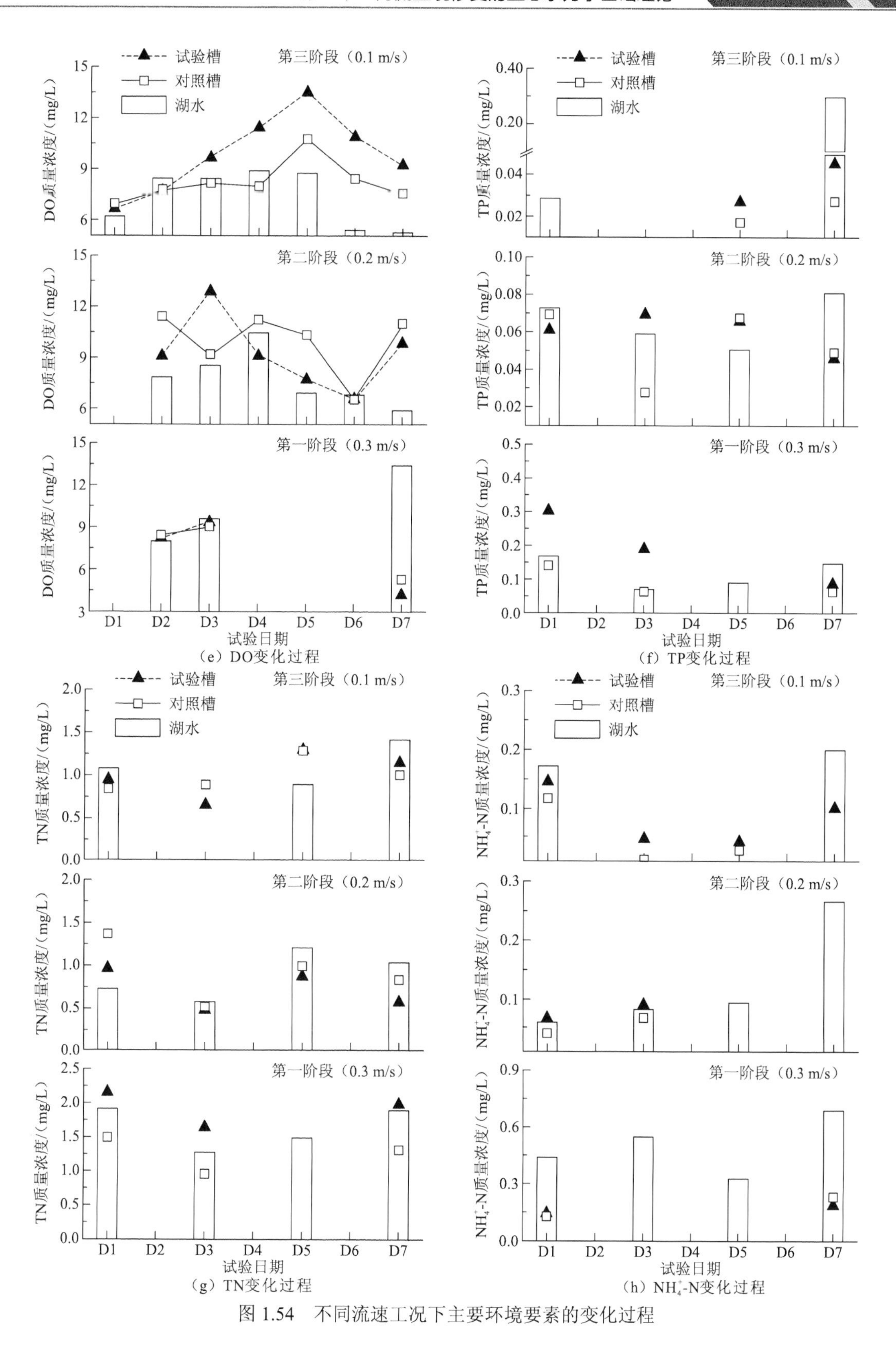

（e）DO变化过程

（f）TP变化过程

（g）TN变化过程

（h）NH$_4^+$-N变化过程

图 1.54　不同流速工况下主要环境要素的变化过程

在藻类生长季节，三峡水库处于汛期低水位运行状态，小江回水区水体滞留时间较短，总体上呈河流型—过渡型特征。适宜的光热条件和湖水中相对丰富的氮、磷营养物为藻类生长创造了相对优越的生境条件，但不稳定的水动力特征将对小江回水区藻类的生长产生影响。

综合水体光学特征、水下光热结构、营养物变化等方面的试验结果，结合前述不同浮筒中 Chla 的变化过程，本书认为，在小江回水区原位受控条件下，浮筒中建构了与湖水不同的生境条件，并迫使其中的藻类生长呈现出不同的特征，具体包括以下几个方面。

（1）浮筒内外的水质理化指标与光热条件的变化过程基本一致，说明所设计的透明浮筒较好地模拟了实际生境的光热条件，而浮筒内导致藻类生长的因素与浮筒外的区别主要是营养物和水动力条件，但由于试验期间营养物相对丰足，所控制的 TN、TP 含量并不能够对藻类生长产生绝对限制，所以研究所获得的结果能够用于反映水动力条件改变对小江回水区藻类生长的影响。研究期间，试验槽、对照槽内 DO、pH 等水质理化指标的变化与 Chla 呈密切的统计关系；NH_4^+-N、NO_3^--N、SRP 等藻类主要利用营养物的日变化过程也在很大程度上受到 Chla 变化的影响，SRP 长期处于低浓度水平（甚至无法检出）。

（2）与对照槽相比，流速水平从 0.1 m/s 增加到 0.3 m/s 时，试验周期内藻类比生长速率呈现指数下降趋势，说明流速升高至 0.3 m/s 时将对藻类生长产生一定的抑制作用。与湖水 Chla 的变化过程相比的进一步分析发现，当浮筒中的流速位于中（0.2 m/s）、低（0.1 m/s）水平时，试验槽、对照槽中 Chla 的日变化过程总体上与高阳平湖湖水中 Chla 的变化一致，而当流速升高至 0.3 m/s 时，试验槽中 Chla 的日变化过程与高阳平湖湖水中 Chla 的日变化过程差异明显，且试验槽的波动幅度远高于对照槽，证实了在 0.3 m/s 流速水平下藻类生长受到一定程度的抑制作用的推断。

（3）低流速水平下（0.1 m/s），试验槽中的藻类长势优于对照槽；在中流速水平下（0.2 m/s），试验槽中的藻类比生长速率与对照槽基本一致。这在一定程度上说明，适宜的流速水平有利于藻类生长。这是因为对照槽为无流速静置水槽，虽然藻类生长所受到的光热条件和营养物水平与环境条件接近，但在无流速静置状态下藻类细胞将出现下沉，进而出现受光不足而生长放缓的情况。研究期间，藻类群落主要为无鞭毛群体生长型绿藻（实球藻等），其无自我调节的悬浮生长机制，故在试验期间可能出现下沉，生长放缓。

（4）根据前述分析结果，本书认为，维持在适宜的流速水平有助于促进藻类群落的稳定生长，而要达到较好的控藻效果，建议“调度控藻”的流速水平维持在 0.2 m/s 以上。

4）高水位藻类非生长季节水动力条件改变对藻类生长影响的研究

研究期间，三个阶段试验槽、对照槽和湖水的 Chla 变化测试数据见表 1.5 及图 1.55、图 1.56。

表 1.5　研究期间浮筒内 Chla 变化过程与比生长速率变化情况（高水位）

（a）第一阶段（0.3 m/s）

试验日期	湖水 Chla 质量浓度/（μg/L）	对照槽 Chla 质量浓度/（μg/L）	试验槽 Chla 质量浓度/（μg/L）
D1	6.8	5.3	5.5
D2	7.2	6.3	5.7
D3	5.6	5.2	5.8
D4	6	4.8	5.9
D5	5.8	4.7	5.8
D6	4.7	4	6.2
D7	4.8	3.9	6
比生长速率/d^{-1}	—	−0.063	0.018

（b）第二阶段（0.2 m/s）

试验日期	湖水 Chla 质量浓度/（μg/L）	对照槽 Chla 质量浓度/（μg/L）	试验槽 Chla 质量浓度/（μg/L）
D1	2	2.4	2.2
D2	2.5	2.5	2.5
D3	2.3	1.8	2.7
D4	1.8	2.2	2.4
D5	1.7	2.3	2.3
D6	2	2	2.6
D7	2.2	2	2.6
比生长速率/d^{-1}	—	−0.038	0.034

（c）第三阶段（0.1 m/s）

试验日期	湖水 Chla 质量浓度/（μg/L）	对照槽 Chla 质量浓度/（μg/L）	试验槽 Chla 质量浓度/（μg/L）
D1	1.7	1.4	1.2
D2	1.93	1.3	1.1
D3	1.66	1.1	1.5
D4	1	1.2	1.4
D5	1.19	1.4	1.6
D6	1.47	1.6	1.6
D7	1	1.2	1.5
比生长速率/d^{-1}	—	−0.032	0.046

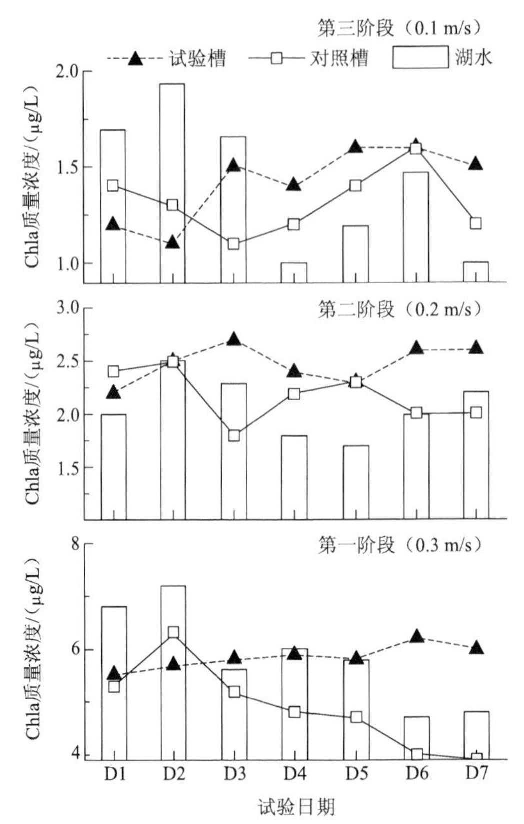

图 1.55　高水位不同试验阶段浮筒内 Chla 的变化过程

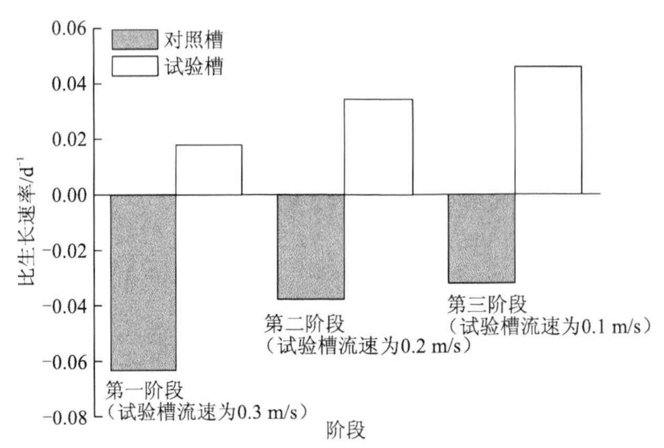

图 1.56　高水位不同试验阶段浮筒内藻类比生长速率的变化情况

从高水位藻类非生长季节三个流速水平的试验结果可以发现，试验期间对照槽内与试验槽内的藻类变化并未呈现出显著的规律性特征，但对照槽内 Chla 的变化与高阳平湖湖水呈现出较显著的相关关系（Spearman 相关系数 $p \geqslant 0.5$，sig$\leqslant$0.05）。比较可以发现，在第一阶段流速水平为 0.3 m/s 时，试验槽中藻类 Chla 质量浓度水平基本保持平稳，甚至出现略微增长的趋势，但对照槽和高阳平湖湖水中的 Chla 则呈现显著的下降趋势，Chla 水平在第六天、第七天降至最低。在第二阶段流速水平为 0.2 m/s 时，试验槽内藻类 Chla 质量浓度在第三天出现第一个峰值，此后略有下降而后略有升高。虽然对照槽和高阳平湖湖水中的 Chla 总体仍呈下降趋势，但该时期 Chla 的下降趋势显著弱于第一阶段。在第三阶段流速水平为 0.1 m/s 时，试验槽内藻类呈现出了较显著的增长趋势，在第三天时增长较为明显，第四天后的变化趋势与高阳平湖湖水、对照槽基本一致。而高阳平湖湖水和对照槽内藻类在第二天保持较高的水平后出现显著下降，但在第四天后出现逐渐回升的趋势。

从比生长速率的计算结果中可以看出，试验槽中，流速增加，藻类比生长速率呈现显著下降的趋势。随着试验流速从 0.1 m/s 逐渐增加到 0.3 m/s，试验槽中藻类比生长速率从 0.046 d^{-1} 下降到 0.018 d^{-1}，表现出近似直线变化的下降趋势。不仅如此，对照槽中藻类比生长速率虽均为负值，但随着流速的增加，也呈近似直线的逐渐下降趋势（绝对值逐渐升高）。根据图 1.56 的结果，为与低水位下的拟合模型相互匹配，采用对数函数形式对流速水平和环形生态试验槽中藻类比生长速率的变化进行拟合，拟合结果如下（μ 为比生长速率，单位为 d^{-1}；u 为流速，单位为 m/s）：

$$\mu = 0.0246\ln u - 0.0091,\quad R^2 = 0.938, \text{sig} \leqslant 0.01, \text{不扣除对照}, 0.1 \leqslant u \leqslant 0.3$$

拟合结果说明，水库高水位运行条件下，藻类比生长速率与流速水平呈对数函数关系，拟合结果显著且有效。该对数模型可以用于预测不同流速水平下的藻类比生长速率。

高水位条件下水柱中营养物相对丰足，并且不对藻类构成限制，试验期间温度较低，生境要素相对稳定，而藻类生长活性较低，本节暂对试验期间主要营养物质与主要水质理化特征进行分析。

在藻类非生长季节，三峡水库处于枯水季节高水位运行状态，水温下降和太阳辐射强度的下降使藻类生长受到了极大的限制，同时小江回水区水体滞留时间极大延长，相对静置的水柱迫使活性下降的藻类细胞逐渐下沉，表层水柱的 Chla 呈现逐渐下降的趋势。此时，流速的增加将可能在一定程度上促进水柱扰动，成为维持藻类在上层水体受光生长的主要因素。在这样的情况下，流速介入有助于藻类生长，故在适宜的流速条件下藻类生长速率呈现升高的趋势（比生长速率为正）。但随着流速的加大（如 0.3m/s），藻类受光生长将再次受到较强烈扰动的抑制作用，在此条件下藻类比生长速率显著下降。因此，在冬季高水位蓄水时期，采用调节流速、流量的方法抑制藻类生长的难度较大，宜根据该时期优势藻类的生长策略采用其他水动力调节策略进行控制。

1.4　典型流场中鱼类游泳行为特性研究

边界层分离再附着流动是丁坝、河岸突出的岩石、闸堰、鱼道过鱼孔及电厂尾水渠等突扩明渠下游水流的重要特征，也是自然界和水利工程中普遍存在的一类典型水流现象。边界层分离再附着流动包含了边界层的分离和再附着、湍流、旋涡运动和回流等复杂流动的特征，在复杂流动及湍流的研究中占有重要的地位，在工程实践中也具有相当广泛的应用。开展突扩明渠边界层分离再附着流动中鱼类游泳行为特性的研究，加深对典型流场中鱼类游泳行为的认识，也为鱼类栖息地微生境修复、过鱼设施设计和水电站枢纽调度管理等提供了重要参考。

1.4.1 研究对象与研究方法

1. 研究对象

选择对水流比较敏感的红鲫为研究对象。选择体长为 15 cm、10 cm 和 5 cm 的鱼（图 1.57），每种体长的鱼类的个体数量为 15 尾，用来进行重复性试验。在开展试验前，所有试验鱼放置于专用养鱼池中驯养，定期投饵料，试验前一天停止投饵料。

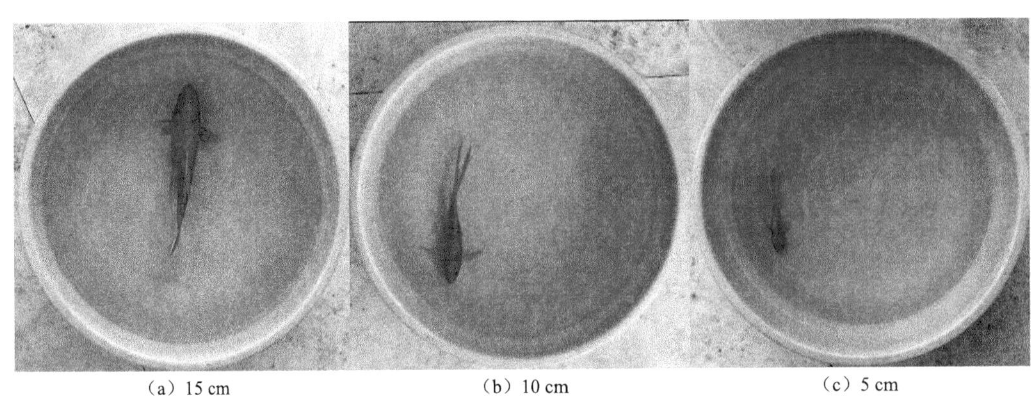

（a）15 cm　（b）10 cm　（c）5 cm

图 1.57　三种体长试验鱼照片

2. 突扩明渠试验模型

试验装置采用自循环供水系统（图 1.58），最大供水流量为 300 L/s；突扩明渠试验模型安装在现有的平底玻璃水槽（长×宽×高＝10 m×0.6 m×1.0 m）中，水槽前端安装整流器和拦鱼网，水槽末端安装拦鱼网和尾门。突扩明渠结构布置如图 1.59 所示，突扩断面上游长 5 m，下游长 8 m，上游渠道宽 B_0 和突扩壁面长度（特征长度）B_s 均为 0.25 m，渠道宽度 B 为 0.50 m，突扩比为 2∶1，U_0 为水流速度，L_r 为回流区长度。

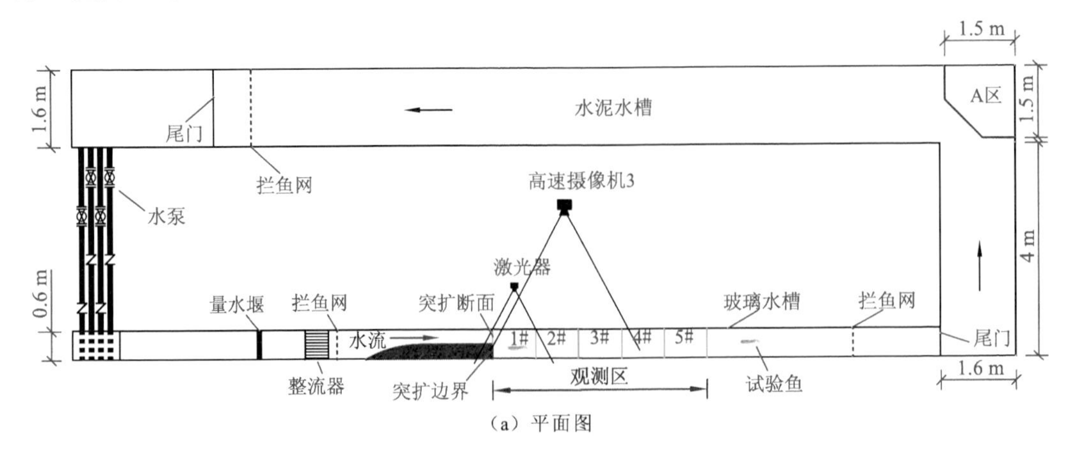

（a）平面图

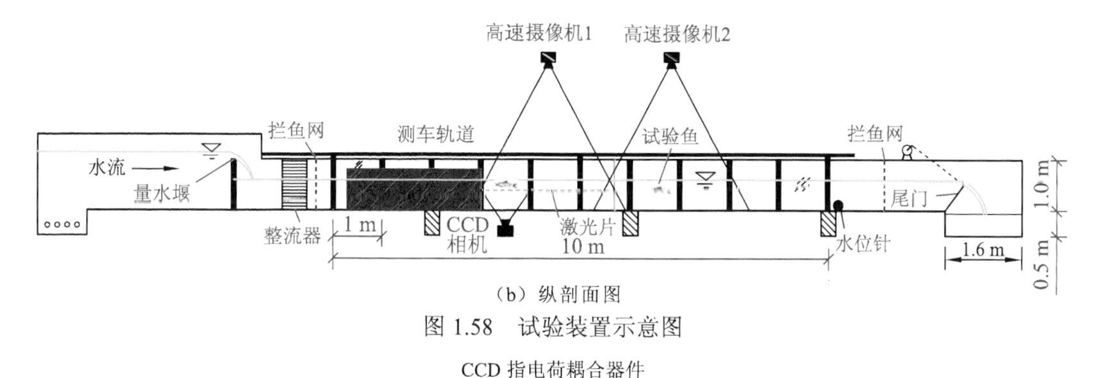

（b）纵剖面图

图 1.58　试验装置示意图

CCD 指电荷耦合器件

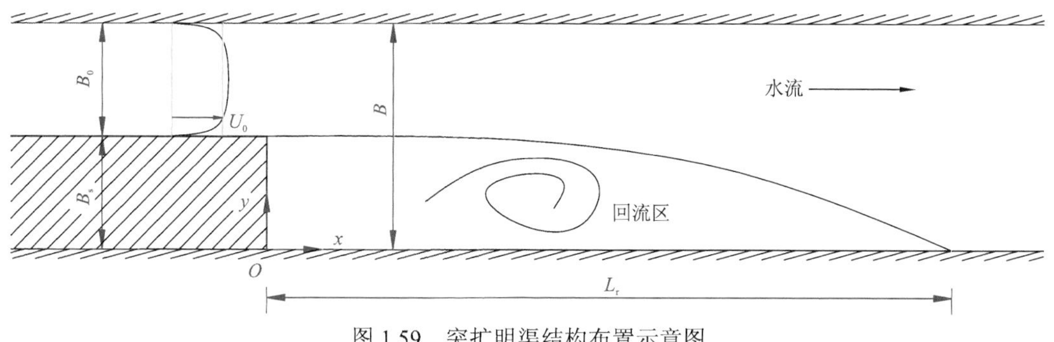

图 1.59　突扩明渠结构布置示意图

3. 大涡模拟数学模型

大涡模拟采用的控制方程为滤波后的 Navier-Stokes（N-S）方程（包括动量方程和连续性方程）：

$$\frac{\partial u_i}{\partial x_i}=0 \tag{1.140}$$

$$\frac{\partial \overline{u}_i}{\partial t}+\overline{u}_j\frac{\partial \overline{u}_i}{\partial x_j}+\frac{1}{\rho}\frac{\partial \overline{p}}{\partial x_i}-\frac{\partial \tau_{ij}}{\partial x_j}-v\frac{\partial^2 u_i}{\partial x_i \partial x_j}=0 \tag{1.141}$$

式中：t 为时间；u_i、p 分别为滤波后的流速分量和压强，符号上横线“—”表示时间平均；ρ、v 分别为水的密度和动力黏性系数；$x_i\,(i=1, 2, 3)$代表坐标轴 x、y、z；τ_{ij} 为亚格子应力，体现小尺度扰动对大尺度运动的影响。

采用标准 Smagorinsky-Lilly 模式模拟亚格子应力：

$$\tau_{ij}=2v_t S_{ij}-\frac{1}{3}\delta_{ij}R_{kk} \tag{1.142}$$

$$S_{ij}=\frac{1}{2}\left(\frac{\partial \overline{u}_i}{\partial x_j}+\frac{\partial \overline{u}_j}{\partial x_i}\right) \tag{1.143}$$

$$v_t=(C_s\Delta)^2(S_{ij}S_{ij}) \tag{1.144}$$

式中：v_t 为亚格子涡黏系数；S_{ij} 为应变率张量的分量；δ_{ij} 为克罗内克符号；R_{kk} 为各向同性的亚格子应力；Δ 为网格梯级；C_s 为经验系数，取 0.08。

4. 试验工况及环境条件

水流条件：上游来流流量分别为 30 L/s、60 L/s、90 L/s、120 L/s 和 150 L/s；控制下游出口断面的水深为 0.6 m，对应的上游收缩渠段的平均流速分别为 0.2 m/s、0.4 m/s、0.6 m/s、0.8 m/s 和 1.0 m/s；试验时段为 2016 年 12 月，试验时水槽内的稳定水温为 11～14 ℃，水体 DO 的质量浓度为 10.0～10.4 mg/L。

5. 试验步骤

步骤一：开泵放水前，将水槽中的驯养鱼类捞起并单独置于有标识的容器中备用。

步骤二：将水槽按设定的试验水流条件调整至稳定。

步骤三：取一尾鱼，将其放置于水槽内突扩断面下游约 5 m 处以适应水流，并设置拦鱼网防止其上溯。

步骤四：待鱼适应 30 min 后，移开拦鱼网，观察鱼类在水槽下游的游动情况，待其进入摄像机观测区后进行鱼类游泳行为图像采集，鱼长时间在小范围徘徊或游出摄像机观测区且短时间内不再返回，则该次试验结束，将鱼从水槽中捞起并放回相应容器中。

步骤五：按照步骤三和步骤四，对同一体长的鱼类共进行 10 个组次的游泳行为观测试验。

6. 观测分析方法

鱼类观测区为突扩断面上游 0.2 m 至下游 2.0 m 水槽区段。为避免水面波动对鱼类游泳行为图像采集的干扰，在水槽底部放置平面玻璃镜来观测鱼类的游泳行为，采用摄像机采集鱼类游动图像、视频。模型结构和观测仪器布置照片见图 1.60。

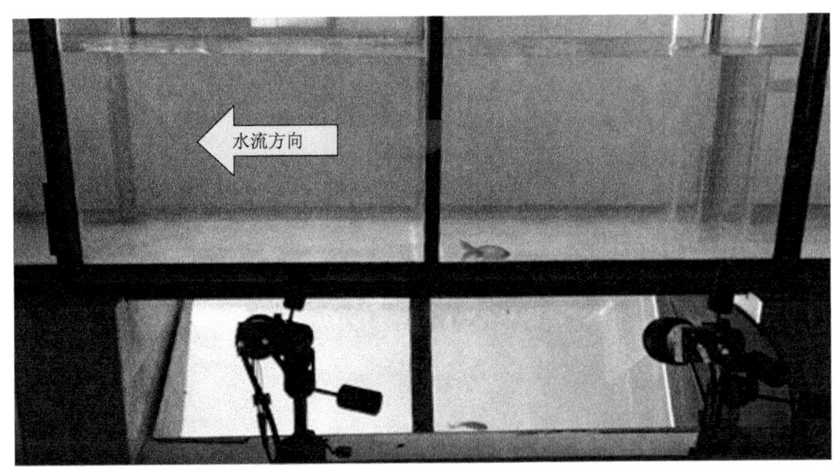

图 1.60　模型结构和观测仪器布置照片

采用 Image-Pro Plus 图形分析软件提取视频中鱼类的运动轨迹和轮廓，自编程序计算鱼类的运动速度，用数据处理软件 Tecplot 制作图形和动画。通过提取每一帧图像的鱼体轮廓，并计算分析质点位置，形成鱼类游动轨迹，根据图像采样时间间隔和相邻图像鱼类质点的距离计算鱼类的游动速度。

1.4.2　突扩明渠边界层分离再附着流动中的鱼类游泳行为特性

1. 鱼类游动模式分析

通过对水槽中鱼类游泳行为视频数据的分析处理，得出了不同水流情况下不同个体鱼类的游动轨迹。根据鱼类游动轨迹的分析结果，突扩明渠水流中的鱼类游泳行为可分为以下三种主要模式（Zha et al.，2019；薛宗璞和黄明海，2018）。

1）模式一 ——沿主流直接上溯模式

鱼类在下游贴近上壁底边逆流上溯，在进入主流区时，随着流速增大，逐渐加大游动速度，接近特征流速时游动速度趋于稳定，并以该速度顶着主流通过收缩断面，在此过程中一般鱼尾的摆动频率和幅度较大。模式一代表性游动轨迹见图 1.61。

图 1.61　鱼类游动模式一代表性游动轨迹图

2）模式二——回流区内长时间徘徊模式

鱼类从回流区一侧贴壁慢速进入回流区，或者遇剪切层后改变路径进入回流区，或者在贴近上壁底边上溯过程中遭遇主流大流速后斜穿主流区进入回流区，最终在角窝区长时间、小范围徘徊。还有少数鱼类在回流区尾部摆动区或上壁近壁区短距离、上下游往复游动徘徊。模式二代表性游动轨迹见图 1.62。

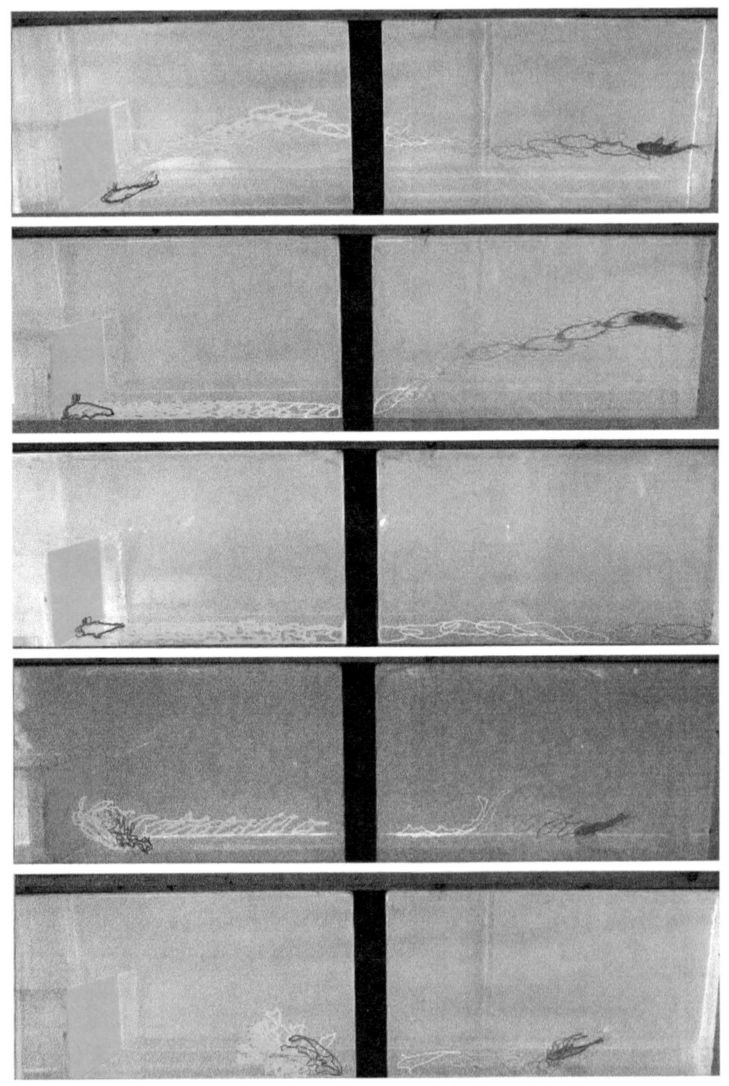

图 1.62　鱼类游动模式二代表性游动轨迹图

3）模式三——遭遇急变水流应急响应模式

在上溯过程中遭遇强剪切层、大漩涡等复杂水流结构和大流速时，鱼类在主流区和回流区之间大范围徘徊，游动轨迹明显改变，轨迹改变后主要出现两种结果：①鱼类在角窝区徘徊的情况下，当遇到角点附近强剪切层和主流大流速时，通过加快游动速度上溯，经收缩断面进入渠道上游（图 1.63）；②鱼类被大流速冲退一段距离后再次回到回流区，或者直接被主流带出观测区（图 1.64）。

图 1.63　鱼类游动模式三代表性游动轨迹图（遭遇后上溯情况）

图 1.65 给出了不同体长的鱼类在五种水流中各游动模式出现数量的情况。

（1）U_0=0.2 m/s 水流情况。

在 U_0=0.2 m/s 水流情况下，大、中、小三种体长的鱼模式二（回流区内长时间徘徊模式）占比最大，模式一（沿主流直接上溯模式）次之，模式三（遭遇急变水流应急响应模式）最小；随着体长减小，模式二占比逐渐增大，模式一占比减小，模式三占比变化不显著；其中小鱼未出现模式一。

（2）U_0=0.4 m/s 水流情况。

在 U_0=0.4 m/s 水流情况下，大、中、小三种体长的鱼以模式二为主，模式一和模式三也占有一定的比例，其中小鱼以模式二居多。

图 1.64　鱼类游动模式三代表性游动轨迹图（遭遇后顺水流退出情况）

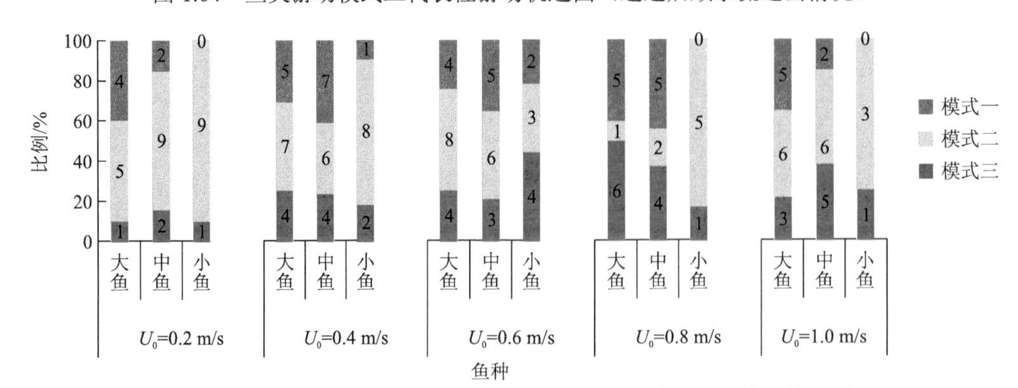

图 1.65　不同体长的鱼类在五种水流中各游动模式出现数量统计图

（3）U_0=0.6 m/s 水流情况。

在 U_0=0.6 m/s 水流情况下，大、中、小三种体长的鱼三种模式占比比较接近，其中大、中鱼模式二偏多。

（4）U_0=0.8 m/s 水流情况。

在 U_0=0.8 m/s 水流情况下，大、中鱼以模式一和模式三为主，模式二较少，而小鱼则大部分为模式二，其中小鱼未出现模式一。

（5）U_0=1.0 m/s 水流情况。

在 U_0=1.0 m/s 水流情况下，大、中、小三种体长的鱼以模式二为主；大、中鱼模式一和模式三也占有一定的比例，而小鱼则大部分为模式二，未出现模式一。

综上所述：大、中鱼在上述五种水流中均出现三种游动模式，除 U_0=0.8 m/s 水流情况外，以模式二为主，模式一次之，模式三最少；小鱼以模式二居多，模式三较少，模式一最少。由此说明，在突扩明渠水流情况下，多数鱼类喜欢在角窝区、回流区尾部摆动区或上壁近壁区等区域长时间徘徊（模式二），选择模式一直接上溯的情况较少，偶尔也出现遭遇复杂或大流速时被动大范围改变游动区域的情况（模式三）。

2. 鱼类游动范围分析

图 1.66～图 1.70 分别给出了不同水流条件下三种体长的鱼在流场、流速等值线和涡量等值线图中的活动范围，用红色圆点表示鱼类轨迹点，从图中分析可得如下结论（Zha et al.，2019；薛宗璞和黄明海，2018）。

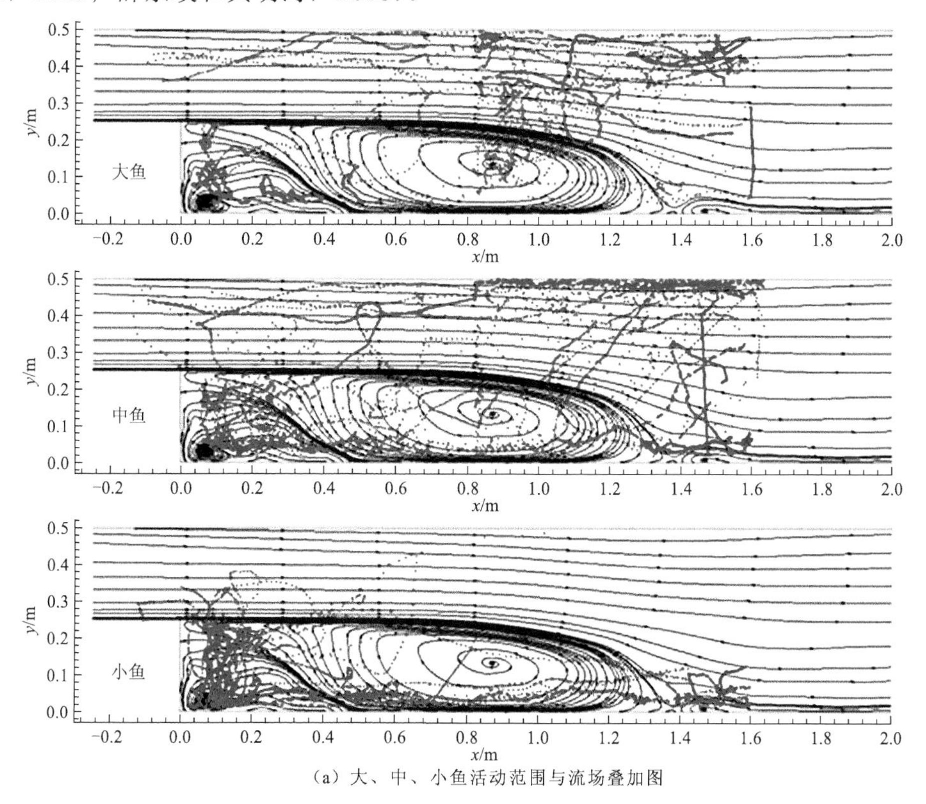

（a）大、中、小鱼活动范围与流场叠加图

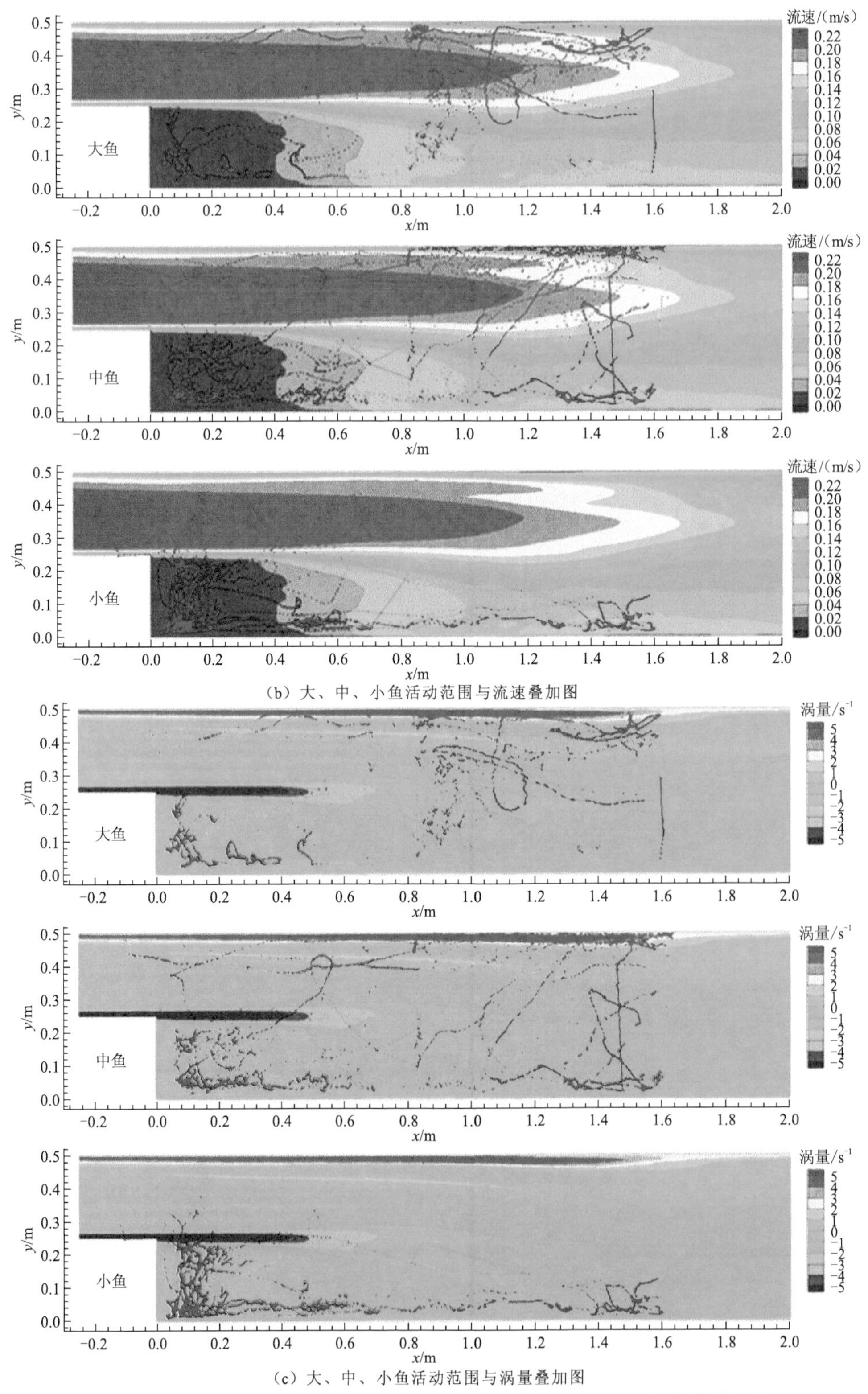

（b）大、中、小鱼活动范围与流速叠加图

（c）大、中、小鱼活动范围与涡量叠加图

图 1.66　U_0=0.2 m/s 水流情况下三种体长的鱼活动范围与水流叠加图

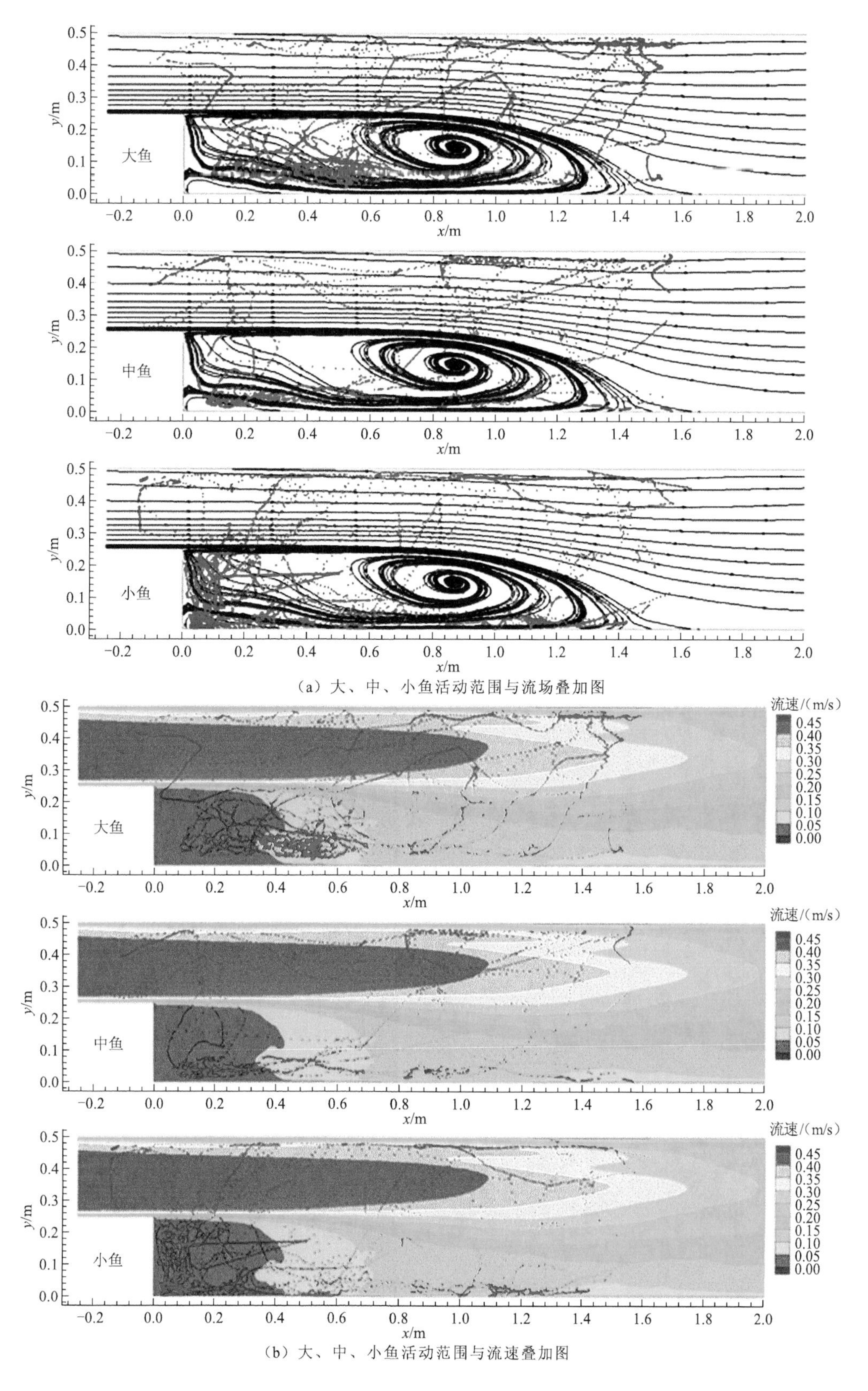

(a) 大、中、小鱼活动范围与流场叠加图

(b) 大、中、小鱼活动范围与流速叠加图

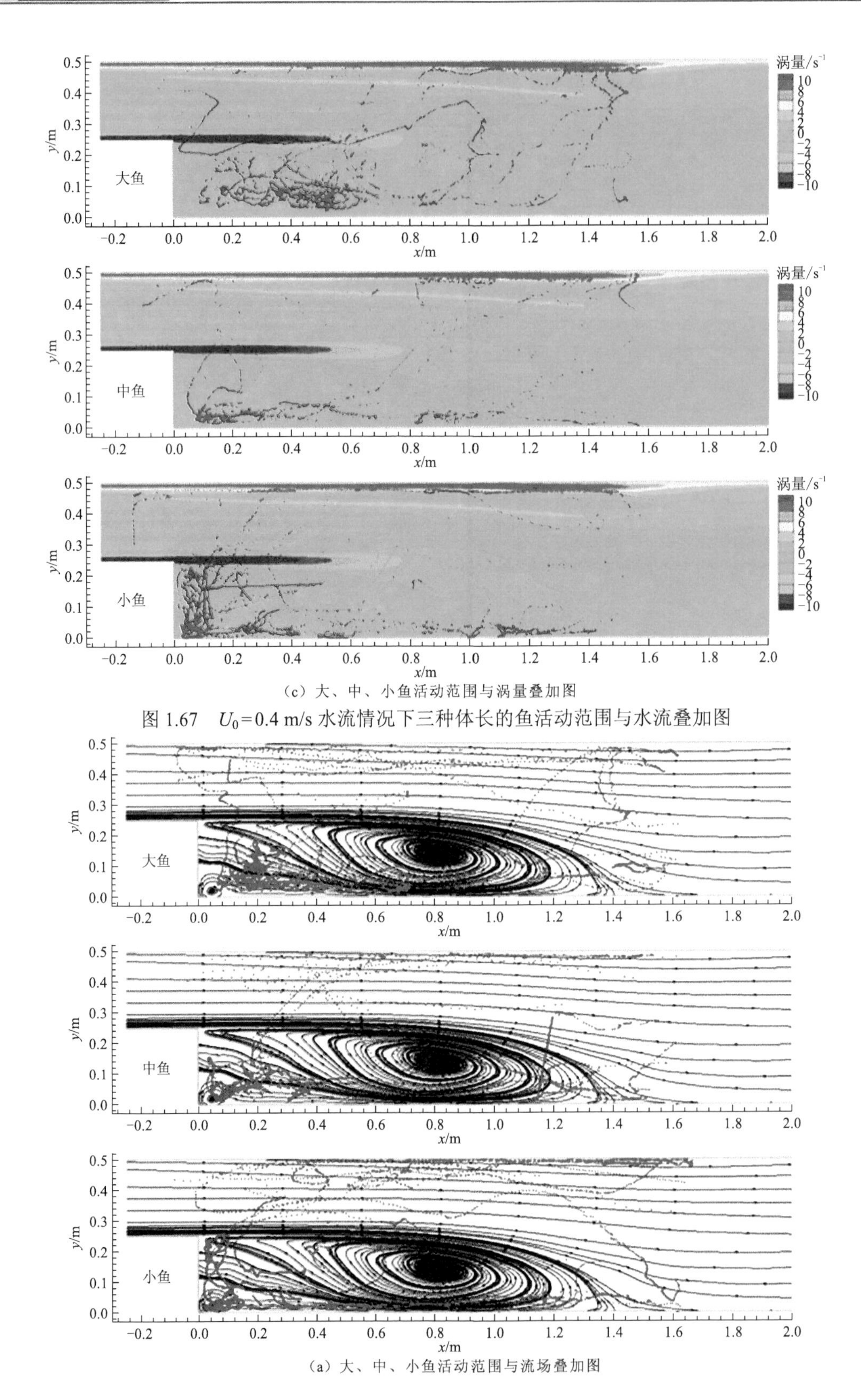

(c) 大、中、小鱼活动范围与涡量叠加图

图 1.67 U_0=0.4 m/s 水流情况下三种体长的鱼活动范围与水流叠加图

(a) 大、中、小鱼活动范围与流场叠加图

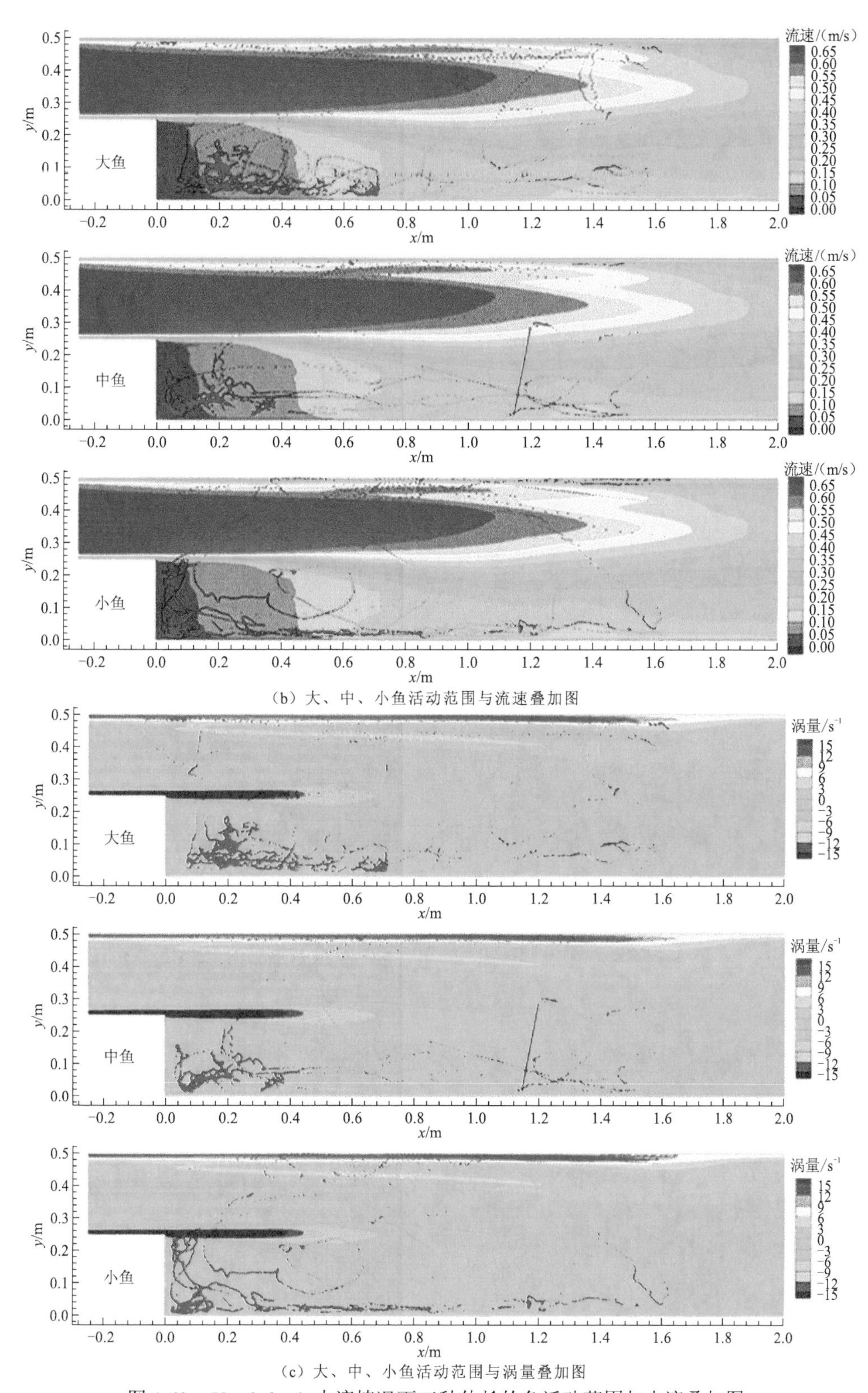

（b）大、中、小鱼活动范围与流速叠加图

（c）大、中、小鱼活动范围与涡量叠加图

图 1.68　U_0=0.6 m/s 水流情况下三种体长的鱼活动范围与水流叠加图

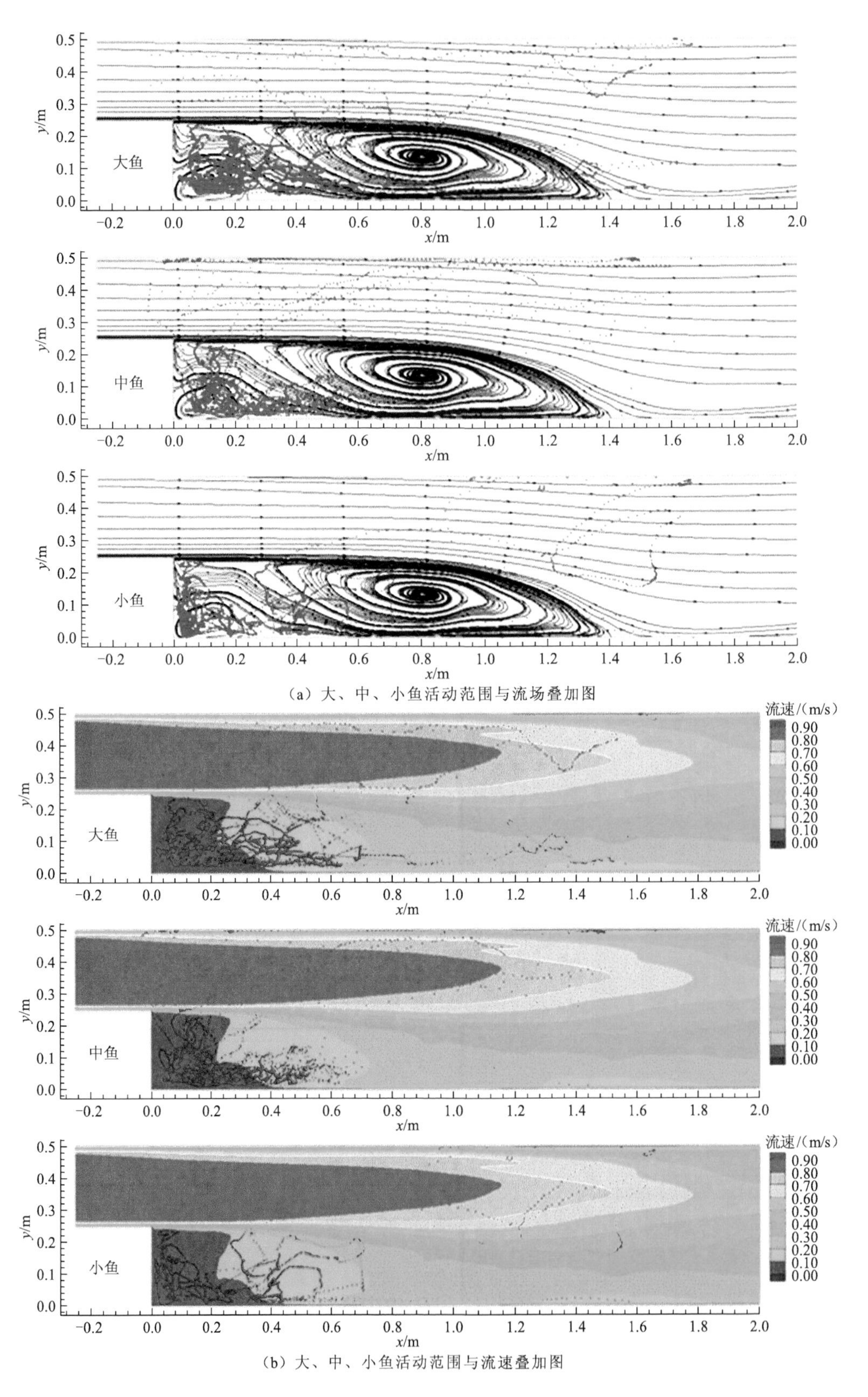

（a）大、中、小鱼活动范围与流场叠加图

（b）大、中、小鱼活动范围与流速叠加图

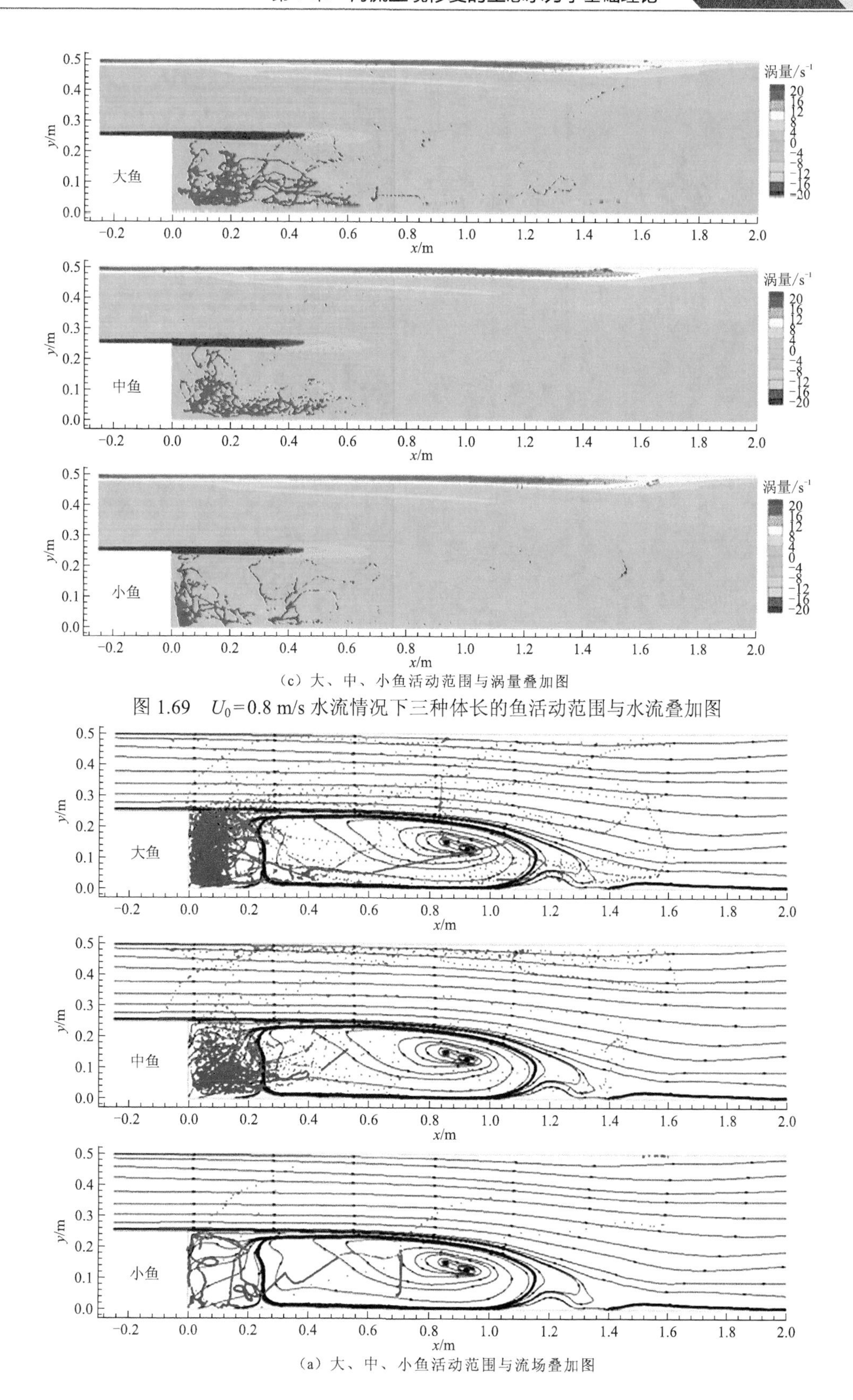

（c）大、中、小鱼活动范围与涡量叠加图

图 1.69　U_0=0.8 m/s 水流情况下三种体长的鱼活动范围与水流叠加图

（a）大、中、小鱼活动范围与流场叠加图

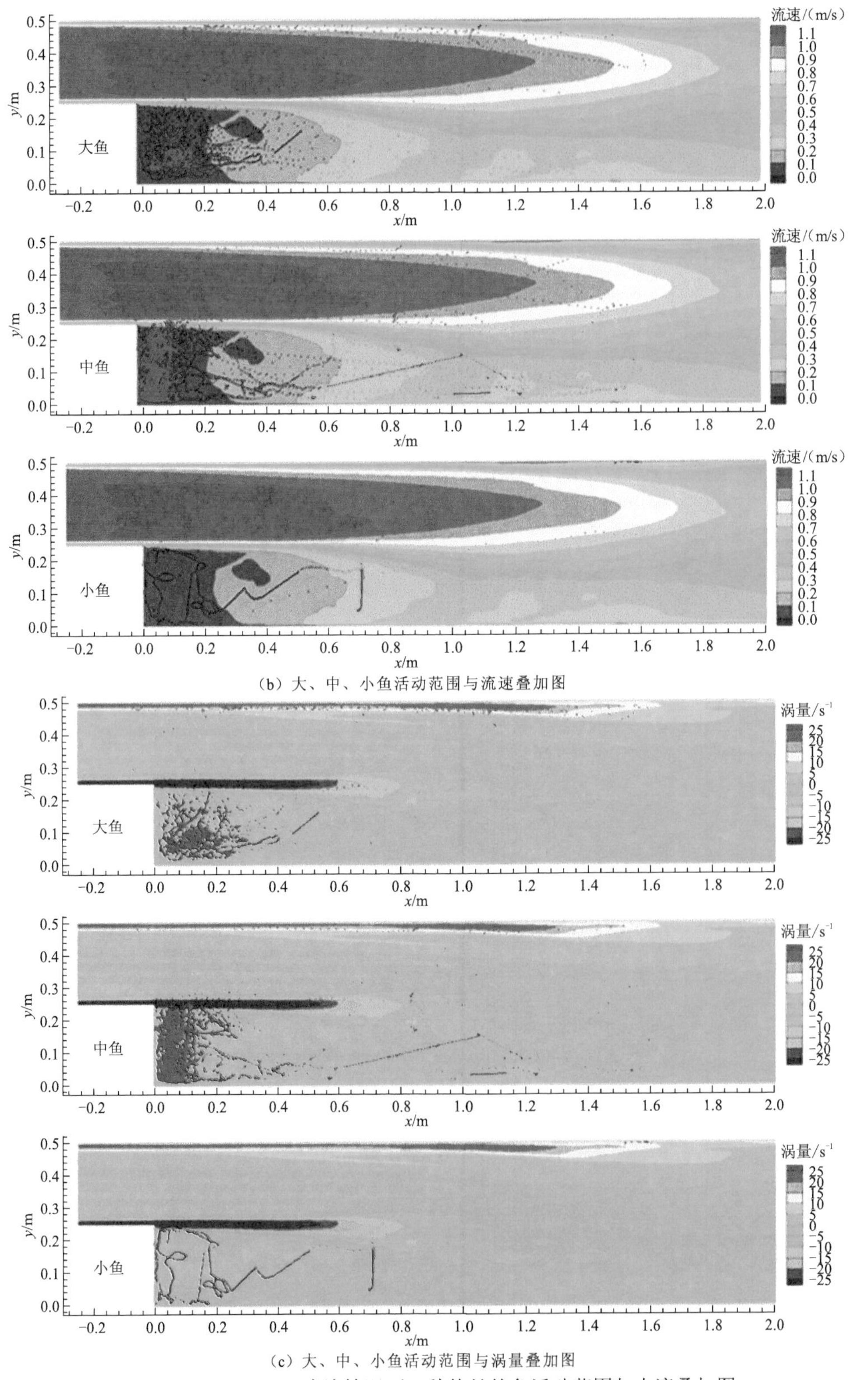

（b）大、中、小鱼活动范围与流速叠加图

（c）大、中、小鱼活动范围与涡量叠加图

图 1.70 U_0=1.0 m/s 水流情况下三种体长的鱼活动范围与水流叠加图

1）U_0 = 0.2 m/s 水流情况

如图 1.66 所示，在 U_0=0.2 m/s 水流情况下，大、中鱼的主要活动范围分布在角窝低流速区、回流区下壁近壁区、上壁近壁区，以及回流区中心点与再附着点之间的主流区；小鱼则大部分在回流区范围，其中以角窝区和回流区下壁居多。各种鱼类在主流大流速区和角点下游大涡量带游动的情况较少。

2）U_0 = 0.4 m/s 水流情况

如图 1.67 所示，在 U_0=0.4 m/s 水流情况下，大、中、小鱼的活动范围基本相近，主要分布在角窝低流速区、回流区下壁近壁区、上壁近壁区，突扩断面至再附着点区段主流区和回流区等其他区域也有部分轨迹点分布。各种鱼类在角点下游大涡量带游动的情况则较少。

3）U_0 = 0.6 m/s 水流情况

如图 1.68 所示，在 U_0=0.6 m/s 水流情况下，大、中、小鱼的活动范围基本相近，主要分布在角窝低流速区、回流区下壁近壁区、上壁近壁区。各种鱼类在主流大流速区和角点下游大涡量带游动的情况则较少。

4）U_0 = 0.8 m/s 水流情况

如图 1.69 所示，在 U_0=0.8 m/s 水流情况下，大、中、小鱼的活动范围基本集中在角窝低流速区、回流区下壁近壁区，上壁近壁区也有少量大、中鱼的轨迹点出现。各种鱼类在主流大流速区和角点下游大涡量带游动的情况则较少。

5）U_0 = 0.10 m/s 水流情况

如图 1.70 所示，在 U_0=1.0 m/s 水流情况下，大、中、小鱼的活动范围基本集中在角窝低流速区、回流区下壁近壁区，上壁近壁区也有少量大、中鱼的轨迹点出现。各种鱼类在主流大流速区和角点下游大涡量带游动的情况则较少。

综上所述：各种水流条件下，鱼类的主要活动区域位于角窝低流速区、回流区下壁近壁区、上壁近壁区；在较小的特征流速（U_0=0.2～0.4 m/s）下，主流区和回流区等其他区域也有部分轨迹点分布；当特征流速 U_0=0.8～1.0 m/s 时，各种鱼类的主要活动范围集中在角窝低流速区、回流区下壁近壁区，上壁近壁区也有少量大、中鱼的轨迹点出现。各种鱼类在主流大流速区和角点下游大涡量带游动的情况则较少。

3. 鱼类游泳行为与水流响应关系的分析

1）模式一——沿主流直接上溯模式

在模式一下，鱼类游动轨迹线总体与流线保持平行，鱼类上溯过程中的游动速度呈周期性变化且略大于轨迹线上的水流速度。所经历的上壁近壁区大涡量和主流区流速变化对鱼类游动速度的影响不显著。

2）模式二——回流区内长时间徘徊模式

在模式二下，鱼类在角窝、回流区下壁等区域长时间以较低游动速度徘徊，所在区域流速、涡量非常小，鱼类游动速度基本不受它们的影响；但在徘徊过程中遇到流速大幅度增大或大涡量时，鱼类也出现快速响应的情况。

3）模式三——遭遇急变水流应急响应模式

在模式三下，由于鱼类游动范围较大，其所经过的区域流速大小和流向、涡量等都有较大变化，鱼类在游动过程中遇到流速或涡量较大变化时也不断调整游动速度以适应水流变化。当鱼类经过角窝下游的大涡量带时，鱼类游动速度改变较大，其中在上溯情况下，其游动速度略小于所经主流区流速。

第2章

水动力-水质-水生物耦合的数值模拟技术

河滨带是重要的水陆交错带，随着河流季节性的水位和流量变化，河滨带呈现出不同的干湿交替和水力特性。本章针对河滨带的特点，开发不同维度与模拟精度的水动力学和生态动力学模型及其数值计算方法，用于模拟河道水流、水环境和水生态过程。

2.1 求解守恒形式的圣维南方程的一维水动力学模型

山区型河道纵比降大，断面形状变化大，流态复杂，河道水流常常存在急缓流交替的现象。对该类水流现象的模拟，常常需要将守恒形式的圣维南方程作为控制方程，结合能够模拟间断水流的有限体积近似黎曼（Riemann）格式进行方程的离散求解。常见的守恒形式的圣维南方程的三种形式为单宽一维浅水方程、不含静水压力项的圣维南方程和含静水压力项的圣维南方程，并且采用不同的控制变量，方程的形式也有所不同。针对山区河流，考虑任意不规则的断面形状，传统方法将以流量和过水断面面积两个控制变量组成的守恒形式的圣维南方程作为控制方程，需要对所有断面采用适当的插值方法获得与过水断面面积匹配的水位值，这使得模型精度较低，而且计算耗时过长；相反，采用以水位和流量为变量的圣维南方程不仅可以计算得到过水断面面积、自由液面宽度、湿周等水力要素，而且可以很容易地满足和谐性要求。

近 20 年，戈杜诺夫（Godunov）框架下的有限体积离散格式由于具备模拟大梯度流动和自动捕捉激波的能力，越来越多地应用于模拟浅水间断流；这些格式可以求解局部黎曼问题，并且成功地模拟了急流、缓流、跨临界流、激波间断流及干湿界面问题。本节在戈杜诺夫框架下，联合以水位为控制变量的连续方程和含静水压力项的动量方程求解一维非恒定浅水流动问题，其改进之处在于采用双曲守恒形式的圣维南方程，使用复化辛普森（Simpson）公式数值求解山区河流的任意不规则断面的静水压力项。通过满足标量守恒律的单调迎风格式（monotone upstream-centered schemes for conservation laws，MUSCL）方法获得界面变量，并采用能够有效捕捉激波的哈滕-拉克斯-范利尔-接触（Harten-Lax-van Leer-contact，HLLC）格式近似黎曼算子计算界面对流通量，采用改进的欧拉（Euler）法实现模型空间和时间上的二阶精度。针对影响格式稳定的摩阻源项离散问题，推导并采用对应于控制方程的半隐式格式。

2.1.1 控制方程

水流运动是流体力学的重要研究内容之一。流体力学主要研究流体本身在各种力作用下的静止状态和运动状态，以及流体和固体边界间有相对运动时的相互作用和流动规律。流体力学将理想化的“连续介质模型”作为流体力学研究的出发点，将流体视为由无数连续分布的流体微团组成的连续介质进行研究。流体力学的理论建立在经典力学的基础之上，因而流体运动遵循经典力学的基本定律：质量守恒定律、动量守恒定律和能量守恒定律。严格意义上，自然界中的水流运动现象都属于三维问题，其物理过程可由 N-S 方程精确描述。由于三维水流运动非常复杂，采用完全三维的数学模型求解将花费巨大的计算资源，在某些特殊情况下甚至不能求解，因而极大地限制了完全三维数学模型在实际工程问题中的应用和发展。

通常将满足以下条件的均匀流体的流动定义为浅水流动（谭维炎，1998）：

（1）水流具有自由表面，以水流与固体边界之间及水流内部的摩阻力为主要耗散力，并且主要受重力驱动，有时可以考虑风应力、地转偏向力等外力的作用。

（2）水流水平运动的尺度远远大于垂直运动的尺度，垂向流速和加速度可以忽略，从而水压力呈现静压分布。

（3）水平流速沿垂线近似均匀分布，不必考虑实际存在的对数或指数等形式的垂线流速分布。对于天然河道和浅水湖泊而言，水深远远小于二维计算域的长度，综合考虑模拟精度和计算效率的要求，在进行水流数值模拟时，可忽略水流要素沿垂线方向的变化，将 N-S 方程沿垂直方向进行积分，把三维流动问题简化为平面二维浅水问题；特别是对于山区型河道的水流运动来说，考虑基础资料的限制及实际工程问题的需要（郑川东 等，2017），可引入断面平均的方法，认为流速沿整个过水断面呈均匀分布，推导出一维浅水方程，即圣维南方程。

1871 年由法国科学家圣维南提出的描述不规则断面天然河道一维非恒定浅水流动规律的守恒形式的圣维南方程（向量形式）如下（Saint-Venant，1871）：

$$\frac{\partial \boldsymbol{U}}{\partial t}+\frac{\partial \boldsymbol{F}(\boldsymbol{U})}{\partial x}=\boldsymbol{S} \tag{2.1}$$

其中，

$$\boldsymbol{U}=\begin{bmatrix}A\\Q\end{bmatrix},\quad \boldsymbol{F}=\begin{bmatrix}Q\\ \dfrac{Q^2}{A}+gI_1\end{bmatrix},\quad \boldsymbol{S}=\begin{bmatrix}q_{\text{in}}\\ gA(S_{\text{b}}-S_{\text{f}})+gI_2\end{bmatrix} \tag{2.2}$$

$$S_{\text{b}}=-\partial z_{\text{b}}/\partial x,\quad S_{\text{f}}=(n^2Q|Q|)/(R^{4/3}A^2) \tag{2.3}$$

式中：t 为时间变量；x 为沿着河道深泓线的坐标；A 为过水断面面积；Q 为流量；q_{in} 为旁侧入流单宽流量，若不考虑旁侧入流，可设置为零；g 为重力加速度；S_{b} 为河床斜率；z_{b} 为河床高程；S_{f} 为沿程阻力损失；n 为曼宁粗糙系数；$R=A/P$ 为水力半径，P 为湿周；I_1 为断面对 z 轴的静力矩；I_2 为断面的纵向改变程度对 z 轴的静力矩。

为了便于分析控制方程的特性，考虑齐次圣维南方程的拟线性形式：

$$\frac{\partial \boldsymbol{U}}{\partial t}+\boldsymbol{J}\frac{\partial \boldsymbol{U}}{\partial x}=\boldsymbol{0} \tag{2.4}$$

$$\boldsymbol{J}=\frac{\partial \boldsymbol{F}}{\partial \boldsymbol{U}}=\begin{bmatrix}0 & 1\\ c^2-u^2 & 2u\end{bmatrix} \tag{2.5}$$

其中，

$$c=\sqrt{g\partial I_1/\partial A}=\sqrt{g\,A/B},\quad u=Q/A \tag{2.6}$$

式中：$\boldsymbol{U}$ 为守恒变量；$\boldsymbol{J}$ 为雅可比矩阵；c 为浅水重力波波速；B 为河宽；u 为断面平均流速。

黎曼问题的解与雅可比矩阵 $\boldsymbol{J}$ 的特征结构息息相关。计算可知雅可比矩阵 $\boldsymbol{J}$ 的两个特征值 $\lambda_1=u+c$ 和 $\lambda_2=u-c$ 及特征向量 $\boldsymbol{e}_1=[1,u+c]^{\text{T}}$ 和 $\boldsymbol{e}_2=[1,u-c]^{\text{T}}$，证明齐次圣维南方程是严格双曲的。考虑到源项的存在，而通量项并未改变，故非齐次圣维南方程仍是一个以特征值代表特征波速传播的双曲系统（Schippa and Pavan，2009）。

积分项 gI_1 和 gI_2 分别代表静水压力和由纵向宽度变化引起的侧压力，表达式如下：

$$gI_1 = g\int_0^h (h-z)b(x,z)\mathrm{d}z \tag{2.7}$$

$$gI_2 = g\int_0^h (h-z)\frac{\partial b(x,z)}{\partial x}\mathrm{d}z \tag{2.8}$$

式中：h 为断面水深；$b(x, z)$为水面宽度；z 为沿水深方向的积分变量，如图 2.1 所示。

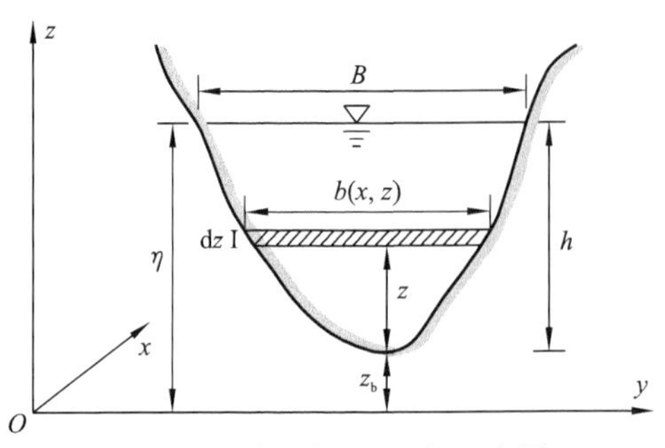

图 2.1 不规则断面形状示意图

η 为水位

Cunge 等（1980）依据莱布尼茨积分法对 I_1 进行推导变换：

$$g\frac{\partial I_1}{\partial x} = gA\frac{\partial h}{\partial x} + gI_2 \tag{2.9}$$

根据积分项 I_1 与 I_2 的关系式（2.9），可得侧压力 gI_2 与地形源项 gAS_b 之和：

$$g(I_2 + AS_\text{b}) = g\left(\frac{\partial I_1}{\partial x} - A\frac{\partial h}{\partial x} + AS_\text{b}\right) = g\left(\frac{\partial I_1}{\partial x} - A\frac{\partial \eta}{\partial x}\right) = g\left.\frac{\partial I_1}{\partial x}\right|_{\bar{\eta}} \tag{2.10}$$

其中，$\left.\dfrac{\partial I_1}{\partial x}\right|_{\bar{\eta}}$ 表示将水位视为常数时积分项 I_1 对距离 x 的导数。

考虑过水断面面积 A 对时间 t 的导数，由于河床是不随时间变化的，即 $\partial z_\text{b}/\partial t = 0$，可得

$$\frac{\partial A}{\partial t} = \frac{\partial A}{\partial h}\frac{\partial h}{\partial t} = B\frac{\partial h}{\partial t} = B\frac{\partial \eta}{\partial t} \tag{2.11}$$

因此，可将连续方程中的过水断面面积替换为水位 η，即圣维南方程可改写为

$$\boldsymbol{D}\frac{\partial \boldsymbol{U}}{\partial t} + \frac{\partial \boldsymbol{F}}{\partial x} = \boldsymbol{S} \tag{2.12}$$

其中，

$$\boldsymbol{D} = \begin{bmatrix} B & 0 \\ 0 & 1 \end{bmatrix},\quad \boldsymbol{U} = \begin{bmatrix} \eta \\ Q \end{bmatrix},\quad \boldsymbol{F} = \begin{bmatrix} Q \\ \dfrac{Q^2}{A} + gI_1 \end{bmatrix},\quad \boldsymbol{S} = \begin{bmatrix} 0 \\ -gAS_\text{f} + g\left.\dfrac{\partial I_1}{\partial x}\right|_{\bar{\eta}} \end{bmatrix} \tag{2.13}$$

由于 S_b 定义为相邻两断面深泓点的斜率，因此当处理复杂而陡峭的天然河道时，有可能错误地计算有效重力分量，而改写的圣维南方程很好地避免了对地形源项采用不理想的离散方法所引起的刚性问题（Schippa and Pavan，2009）。

2.1.2　静水压力项计算

正确、完整地计算各种断面形状下的静水压力项 gI_1 是计算成功的关键之一。因此，本小节讨论四种规则断面渠道（图 2.2）及具有任意不规则断面形状的天然河道下的静力矩 I_1 的计算。

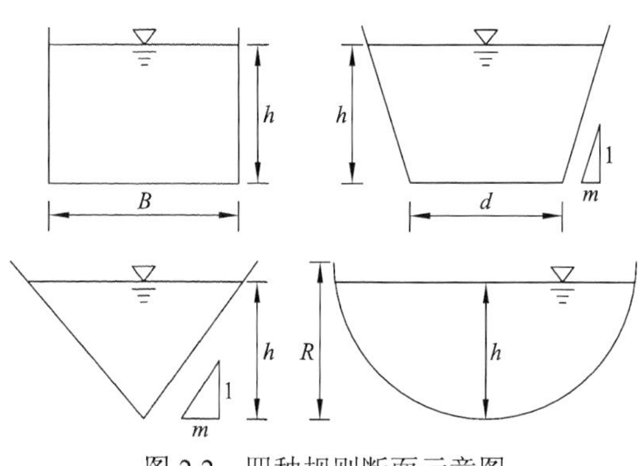

图 2.2　四种规则断面示意图

d 为梯形断面渠底宽度；m 为边坡系数

1. 四种规则断面渠道

四种规则断面渠道静力矩的计算公式如表 2.1 所示。

表 2.1　四种规则断面渠道静力矩的计算公式

断面形状	静力矩 I_1
矩形	$\dfrac{Bh^2}{2}$
等腰三角形	$\dfrac{mh^3}{3}$
等腰梯形	$\dfrac{dh^2}{2}+\dfrac{mh^3}{3}$
半圆形	$\dfrac{2R^3}{3}\left[\dfrac{\sqrt{R^2-(R-h)^2}}{R}\right]^3+(h-R)R^2\left[\arccos\left(\dfrac{R-h}{R}\right)-\dfrac{(R-h)\sqrt{R^2-(R-h)^2}}{R^2}\right]$

2. 任意不规则断面形状的天然河道

对于任意不规则断面形状的天然河道（图 2.1），静力矩 I_1 并没有一个非积分的解析表达式。这里，采用复化辛普森公式进行求解。

设 $f(z)$在区间$[a, b]$上有四阶连续导数，取 $2k+1$ 个等距节点，即 $z_t=a+tl$，$t=$

$0,1,\cdots,2k$，$l=(b-a)/(2k)$；对每个子区间$[z_{2i-2}, z_{2i}]$ $(i=1,2,\cdots,k)$上的积分使用辛普森公式（忽略截断误差）：

$$\int_{z_{2i-2}}^{z_{2i}} f(z)\mathrm{d}z = \frac{l}{3}[f(z_{2i-2}) + 4f(z_{2i-1}) + f(z_{2i})] \tag{2.14}$$

累加可得复化辛普森公式：

$$\int_a^b f(z)\mathrm{d}z = \sum_{i=1}^{k}\frac{l}{3}[f(z_{2i-2}) + 4f(z_{2i-1}) + f(z_{2i})] \tag{2.15}$$

根据式（2.15），令 $a=0$，$b=h$，$f(z)=(h-z)b(x,z)$，则静力矩 I_1 的计算公式为

$$I_1 = \frac{h}{6k}\left[f(0) + 4\sum_{i=1}^{k} f\left(\frac{2i-1}{2k}h\right) + 2\sum_{i=1}^{k-1} f\left(\frac{i}{k}h\right) + f(h)\right] \tag{2.16}$$

对于规则断面来说，可选择相应的解析解求解静力矩 I_1；对于天然河道下的不规则断面来说，选择复化辛普森公式求解静力矩 I_1。

2.1.3 底坡源项离散

根据式（2.10），本章将纵向宽度变化引起的侧压力和地形源项之和称为底坡源项，利用中心差分对其进行离散：

$$\left(g\frac{\partial I_1}{\partial x}\bigg|_{\bar{\eta}}\right)_i = g\frac{I_{1,i+1}\big|_{\bar{\eta}_i} - I_{1,i-1}\big|_{\bar{\eta}_i}}{x_{i+1} - x_{i-1}} \tag{2.17}$$

式中：$\bar{\eta}_i$ 为网格 i 的水位；$I_{1,i+1}$ 为 $i+1$ 断面的纵向静力矩；x_{i+1} 为 $i+1$ 断面的纵向位置坐标。

2.1.4 摩阻源项离散

实际复杂地形下的一维浅水流动必须考虑干湿界面变化的问题，故摩阻源项的离散对数值格式的稳定性起着关键性作用。本章采用 Wylie 和 Streeter（1993）提出的半隐式格式处理摩阻源项，具体内容如下。

摩阻源项通过算子分裂算法进行处理：

$$\frac{\mathrm{d}\boldsymbol{U}}{\mathrm{d}t} = \boldsymbol{S}_\mathrm{f}(\boldsymbol{U}) \Rightarrow \frac{\mathrm{d}}{\mathrm{d}t}\begin{bmatrix} A \\ Q \end{bmatrix} = \begin{bmatrix} 0 \\ -gAn^2Q|Q|/(R^{4/3}A^2) \end{bmatrix} \tag{2.18}$$

式中：$\boldsymbol{S}_\mathrm{f}$ 为摩阻源项向量。

由于在摩阻源项处理过程中，过水断面面积保持不变，即 $\mathrm{d}A/\mathrm{d}t=0$，因此式（2.18）可简化为

$$\frac{\mathrm{d}Q}{\mathrm{d}t} = -\frac{gn^2|Q|}{R^{4/3}A}Q \tag{2.19}$$

利用半隐式格式求解得

$$\frac{Q^{t+1}-\hat{Q}^{t}}{\Delta t}=-\hat{\tau}^{t}Q^{t+1} \tag{2.20}$$

其中，

$$\hat{\tau}^{t}=gn^{2}\left|\hat{Q}^{t}\right|/(\hat{R}^{4/3}\hat{A}^{t}) \tag{2.21}$$

整理得

$$Q^{t+1}=\frac{1}{1+\Delta t\hat{\tau}^{t}}\hat{Q}^{t} \tag{2.22}$$

式中：Δt 为时间步长；Q^{t+1} 为 $t+1$ 时刻断面流量；$\hat{Q}^{t}$、$\hat{R}$、$\hat{A}^{t}$ 为利用对流通量对 t 时刻已知量进行更新得到的值。

2.2　采用自适应网格的浅水方程 Well-balanced 数学模型

当平面二维水流模型应用于实际工程时，计算域内往往包含地形变化显著的狭窄河道区域、堤防部分，以及相对平坦的河道滩地和面积广大的泛洪区。为了有效模拟河道水流，传统方法采用非结构三角网格，通过适当的生成算法得到满足德洛奈（Delaunay）条件的三角网格或满足正交性的贴体网格。然而，无论是三角网格还是贴体网格，在处理复杂地形上的实际水波运动时，均存在难以根据水流运动状态动态调整计算网格、计算效率较低的问题。自适应网格技术能够灵活调整计算网格，在空气动力学领域已得到广泛研究，而在处理水流运动方面尚不多见。本章建立了一种具有层次拓扑关系的网格模型（hierarchical adaptive grid model，HAGM），其能够快速实现网格加密与合并（稀疏）操作。该模型以结构均匀网格为基础，在满足两倍边长约束的条件（Liang，2011）下，采用自然邻点插值法确定同等级别的相邻单元的信息，根据关键水流变量梯度动态调整局部网格密度，满足了不同区域对空间求解精度的差异性需求，在保证局部高精度解的同时显著地减少了计算网格的数目，实现了模型精度与计算效率的统一。

以有限体积戈杜诺夫格式为模型框架，建立了非结构网格下求解二维浅水方程-对流输运方程的有限体积模型，该模型能满足和谐性、稳定性及水量守恒性要求，同时能精确模拟缓流、急流、强间断流等不同水流形态，并在此基础上模拟污染物随水流运动的迁移过程。

2.2.1 二维水流水质控制方程和离散方法

1. 二维水流水质控制方程

1）传统二维浅水方程

圣维南（Saint-Venant，1871）根据静水压力分布假设，忽略水流要素沿垂线方向的变化，结合水面、地形等边界条件，将 N-S 方程沿垂线方向进行积分并简化，提出了描述具有自由表面浅水流动的平面二维浅水方程，其微分型守恒向量的形式如下：

$$\begin{cases}\dfrac{\partial \boldsymbol{U}}{\partial t}+\dfrac{\partial \boldsymbol{F}}{\partial x}+\dfrac{\partial \boldsymbol{G}}{\partial y}=\boldsymbol{S} \\ \boldsymbol{S}=\boldsymbol{S}_{\mathrm{b}}+\boldsymbol{S}_{\mathrm{f}}+\boldsymbol{S}_{\mathrm{t}}\end{cases} \tag{2.23}$$

其中，

$$\begin{cases}\boldsymbol{U}=\begin{bmatrix}h\\ hu\\ hv\end{bmatrix} \\ \boldsymbol{F}=\begin{bmatrix}hu\\ hu^2+gh^2/2\\ huv\end{bmatrix} \\ \boldsymbol{G}=\begin{bmatrix}hv\\ hvu\\ hv^2+gh^2/2\end{bmatrix} \\ \boldsymbol{S}_{\mathrm{b}}=\begin{bmatrix}0\\ ghS_{\mathrm{b}x}\\ ghS_{\mathrm{b}y}\end{bmatrix} \\ \boldsymbol{S}_{\mathrm{f}}=\begin{bmatrix}0\\ -ghS_{\mathrm{f}x}\\ -ghS_{\mathrm{f}y}\end{bmatrix} \\ \boldsymbol{S}_{\mathrm{t}}=\begin{bmatrix}0\\ \partial(hT_{xx})/\partial x+\partial(hT_{xy})/\partial y\\ \partial(hT_{yx})/\partial x+\partial(hT_{yy})/\partial y\end{bmatrix}\end{cases} \tag{2.24}$$

式中：$\boldsymbol{U}$ 为守恒向量；$\boldsymbol{F}$、$\boldsymbol{G}$ 分别为 x、y 方向的对流通量向量；$\boldsymbol{S}_{\mathrm{b}}$ 为地形源项向量；$\boldsymbol{S}_{\mathrm{f}}$ 为摩阻源项向量；$\boldsymbol{S}_{\mathrm{t}}$ 为紊流涡黏项向量；g 为重力加速度；h 为断面水深；u 为 x 方向流速；v 为 y 方向流速。

式（2.24）中，$S_{\mathrm{b}x}$、$S_{\mathrm{b}y}$ 分别表示 x、y 方向的地形斜率：

$$S_{bx} = -\frac{\partial z_b}{\partial x}, \qquad S_{by} = -\frac{\partial z_b}{\partial y} \tag{2.25}$$

式中：z_b 为河床高程。

式（2.24）中，S_{fx}、S_{fy} 分别表示 x、y 方向的摩阻斜率，由于浅水流动的水流阻力与地形地貌、植被覆盖等地表下垫面情况及水流要素有关，可通过室内试验和野外观测建立相应的公式，数值计算中常用曼宁经验公式计算摩阻斜率：

$$S_{fx} = \frac{n^2 u\sqrt{u^2+v^2}}{h^{4/3}}, \qquad S_{fy} = \frac{n^2 v\sqrt{u^2+v^2}}{h^{4/3}} \tag{2.26}$$

式中：n 为曼宁粗糙系数。

式（2.24）中，T_{xx}、T_{xy}、T_{yx}、T_{yy} 表示水深平均雷诺应力：

$$T_{xx} = 2\upsilon_t \frac{\partial u}{\partial x}, \qquad T_{xy} = T_{yx} = \upsilon_t\left(\frac{\partial u}{\partial y} + \frac{\partial v}{\partial x}\right), \qquad T_{yy} = 2\upsilon_t \frac{\partial v}{\partial y} \tag{2.27}$$

式中：υ_t 为紊流涡黏系数。不同的紊流模型中紊流涡黏系数取值的计算公式有所不同，常见的有取常数值（Flokstra，1977）、k-ε 紊流模型（倪浩清 等，1994）和代数封闭模式（Begnudelli et al.，2010）。考虑到计算精度的要求，可采用如下代数封闭模式计算紊流涡黏系数（Begnudelli et al.，2010）：

$$\upsilon_t = \alpha \kappa u_* h \tag{2.28}$$

式中：α 为比例系数，取 0.2；κ 为卡门常数，取 0.4；u_* 为摩阻流速，计算公式为

$$u_* = \sqrt{\frac{g n^2 (u^2+v^2)}{h^{1/3}}} \tag{2.29}$$

2）和谐二维浅水方程

国内外的研究成果表明（胡四一和谭维炎，1995），由式（2.23）和式（2.24）组成的传统二维浅水方程能够描述二维水流运动的物理机制和规律，同时相应模型的计算精度可以满足工程实际的需求，能够被广泛应用于天然河道、湖泊的水流数值模拟。然而，Liang 和 Marche（2009）阐述了基于传统二维浅水方程的数学模型，若是直接应用简单形式的有限体积戈杜诺夫格式，则不能自动满足静水和谐性；宋利祥（2012）也证明了将传统二维浅水方程作为控制方程的数学模型，若基于斜底三角单元和中心型地形项近似方法构造和谐格式，需要添加额外的动量通量校正项。

Liang 和 Marche（2009）提出了以水位变量代替水深变量的和谐二维浅水方程，并证明了和谐二维浅水方程不仅能够保持传统二维浅水方程的双曲性，而且在数学上自动平衡了通量和地形源项，因而在涉及干湿交替的应用中可自动满足静水和谐条件。本章采用的和谐二维浅水方程的表达形式如下：

$$\begin{cases} \dfrac{\partial \boldsymbol{U}}{\partial t} + \dfrac{\partial \boldsymbol{F}}{\partial x} + \dfrac{\partial \boldsymbol{G}}{\partial y} = \boldsymbol{S} \\ \boldsymbol{S} = \boldsymbol{S}_b + \boldsymbol{S}_f + \boldsymbol{S}_t \end{cases} \tag{2.30}$$

其中，

$$\left\{\begin{array}{l}\boldsymbol{U}=\begin{bmatrix}\eta\\ q_x\\ q_y\end{bmatrix}\\ \boldsymbol{F}=\begin{bmatrix}q_x\\ uq_x+g(\eta^2-2\eta z_{\mathrm{b}})/2\\ uq_y\end{bmatrix}\\ \boldsymbol{G}=\begin{bmatrix}q_y\\ vq_x\\ vq_y+g(\eta^2-2\eta z_{\mathrm{b}})/2\end{bmatrix}\\ \boldsymbol{S}_{\mathrm{b}}=\begin{bmatrix}0\\ g\eta S_{\mathrm{b}x}\\ g\eta S_{\mathrm{b}y}\end{bmatrix}\\ \boldsymbol{S}_{\mathrm{f}}=\begin{bmatrix}0\\ -ghS_{\mathrm{f}x}\\ -ghS_{\mathrm{f}y}\end{bmatrix}\\ \boldsymbol{S}_{\mathrm{t}}=\begin{bmatrix}0\\ \partial(hT_{xx})/\partial x+\partial(hT_{xy})/\partial y\\ \partial(hT_{yx})/\partial x+\partial(hT_{yy})/\partial y\end{bmatrix}\end{array}\right. \tag{2.31}$$

式中：η为水位；q_x为x方向上的单宽流量；q_y为y方向上的单宽流量。

下面证明由式（2.30）和式（2.31）构成的和谐二维浅水方程满足静水和谐性。

静水条件下，紊流涡黏项和摩阻源项均为零，水流运动状态仅由对流通量梯度和地形源项的差值决定，如果对流通量与底坡源项在离散水平上能够保持平衡，那么水流无论在何种数学模型里均能保持静止状态，这与具体的数值格式无关，因此称相应的控制方程满足和谐性。

对于连续性方程来说，离散形式为

$$\frac{\eta^{t+1}-\eta^t}{\Delta t}=0 \tag{2.32}$$

式中：η^t为t时刻的水位；Δt为时间步长。

从式（2.32）可以看出，在静水条件下，连续性方程在离散水平上自动满足。

对于x方向的动量方程来说，离散形式为

$$\frac{F_{\mathrm{E}}-F_{\mathrm{W}}}{\Delta x}=-g\eta\frac{z_{\mathrm{b,E}}-z_{\mathrm{b,W}}}{\Delta x} \tag{2.33}$$

式中：F_{E}、F_{W}分别为网格东、西界面的对流通量；$z_{\mathrm{b,E}}$、$z_{\mathrm{b,W}}$分别为网格东、西界面河床高程；Δx为x方向空间步长。在静水条件下，对流通量的计算公式为

$$F_{\mathrm{E}}=\frac{g}{2}(\eta^2-2\eta z_{\mathrm{b,E}}),\qquad F_{\mathrm{W}}=\frac{g}{2}(\eta^2-2\eta z_{\mathrm{b,W}}) \tag{2.34}$$

将式（2.34）代入式（2.33）中，可得

$$\frac{F_{\mathrm{E}}-F_{\mathrm{W}}}{\Delta x}=g\frac{[(\eta^2-2\eta z_{\mathrm{b,E}})-(\eta^2-2\eta z_{\mathrm{b,W}})]}{2\Delta x}=-g\eta\frac{z_{\mathrm{b,E}}-z_{\mathrm{b,W}}}{\Delta x} \tag{2.35}$$

由式（2.35）可以看出，在静水条件下，x 方向的动量方程在离散水平上自动满足。同理可证，在静水条件下，y 方向的动量方程在离散水平上也是自动满足的。

3）水流水质耦合方程

描述水质变量迁移转化的控制方程为二维浅水对流扩散方程，其守恒形式如下：

$$\frac{\partial hc}{\partial t}+\frac{\partial huc}{\partial x}+\frac{\partial hvc}{\partial y}=\frac{\partial}{\partial x}\left(D_x h\frac{\partial c}{\partial x}\right)+\frac{\partial}{\partial y}\left(D_y h\frac{\partial c}{\partial y}\right)+hS_{\mathrm{k}}+S_{\mathrm{d}} \tag{2.36}$$

式中：c 为水质变量的质量浓度（mg/L）；S_{d} 为水质源汇项[mg/（$\mathrm{m^2 \cdot d}$）]；S_{k} 为与水质变量质量浓度相关的生化反应源项[mg/（L·d）]；D_x、D_y 分别为水质变量在 x、y 方向的紊动扩散系数。不同水质变量对应不同的对流扩散方程。

由于浅水湖泊水质模拟的影响因素众多，如水温、风应力、地转偏向力及各水质变量之间的相互作用，在与水流耦合模拟时，控制方程需要增加相应的源项，由此得到湖泊水流水质模拟的耦合控制方程，其向量形式如下：

$$\begin{cases}\dfrac{\partial \boldsymbol{U}}{\partial t}+\dfrac{\partial \boldsymbol{F}}{\partial x}+\dfrac{\partial \boldsymbol{G}}{\partial y}=\dfrac{\partial \boldsymbol{F}_{\mathrm{d}}}{\partial x}+\dfrac{\partial \boldsymbol{G}_{\mathrm{d}}}{\partial y}+\boldsymbol{S}\\ \boldsymbol{S}=\boldsymbol{S}_{\mathrm{b}}+\boldsymbol{S}_{\mathrm{f}}+\boldsymbol{S}_{\mathrm{t}}+\boldsymbol{S}_{\mathrm{w}}+\boldsymbol{S}_{\mathrm{c}}+\boldsymbol{S}_{\mathrm{k}}+\boldsymbol{S}_{\mathrm{d}}\end{cases} \tag{2.37}$$

其中，$\boldsymbol{S}_{\mathrm{d}}$、$\boldsymbol{S}_{\mathrm{k}}$ 分别代表水质源汇项和与水质变量质量浓度相关的生化反应源项的向量。

$\boldsymbol{F}_{\mathrm{d}}$、$\boldsymbol{G}_{\mathrm{d}}$ 分别表示 x、y 方向的扩散通量向量，计算公式如下：

$$\boldsymbol{F}_{\mathrm{d}}=\begin{bmatrix}0\\0\\0\\hD_x\,\partial c/\partial x\end{bmatrix},\quad \boldsymbol{G}_{\mathrm{d}}=\begin{bmatrix}0\\0\\0\\hD_y\,\partial c/\partial y\end{bmatrix} \tag{2.38}$$

$\boldsymbol{S}_{\mathrm{w}}$ 表示风应力向量，计算公式如下：

$$\boldsymbol{S}_{\mathrm{w}}=\begin{bmatrix}0\\ \tau_{\mathrm{w}x}/\rho\\ \tau_{\mathrm{w}y}/\rho\\0\end{bmatrix} \tag{2.39}$$

其中，

$$\tau_{\mathrm{w}x}=\rho_{\mathrm{a}}c_{\mathrm{d}}u_{\mathrm{w}}\sqrt{u_{\mathrm{w}}^2+v_{\mathrm{w}}^2},\qquad \tau_{\mathrm{w}y}=\rho_{\mathrm{a}}c_{\mathrm{d}}v_{\mathrm{w}}\sqrt{u_{\mathrm{w}}^2+v_{\mathrm{w}}^2} \tag{2.40}$$

式中：ρ_{a} 为空气密度，在 20℃标准大气压下，空气密度近似为 $\rho_{\mathrm{a}}=1.205\ \mathrm{kg/m^3}$；$\rho$ 为水体密度，可近似取值 $\rho=1.0\times10^3\ \mathrm{kg/m^3}$；$u_{\mathrm{w}}$ 和 v_{w} 分别为湖面上方 10 m 处 x 和 y 方向的风速分量；c_{d} 为风应力拖曳系数，根据 Wu（1980）的研究成果，可取常数 $c_{\mathrm{d}}=1.255\times10^{-3}$。

$\boldsymbol{S}_{\mathrm{c}}$ 表示地转偏向力向量，计算公式如下：

$$\boldsymbol{S}_{\mathrm{c}} = \begin{bmatrix} 0 \\ fvh \\ -fuh \\ 0 \end{bmatrix} \tag{2.41}$$

其中，

$$f = 2\omega \sin\phi \tag{2.42}$$

式中：ω 为地球平均自转角速度，可取值 7.29×10^{-5} rad/s；ϕ 为计算域的纬度，北半球为正，南半球为负。

2. 离散方法

本节围绕浅水流动数值模拟的若干关键技术问题，分别采用行之有效的针对性数值格式，构建了以和谐二维浅水方程为基础的高精度数学模型。模型以有限体积戈杜诺夫格式为框架，在空间和时间上分别采用具有二阶精度的 MUSCL 方法和二阶龙格-库塔（Runge-Kutta）法离散和谐二维浅水方程，并结合具有总变差不增（total variation diminishing，TVD）格式特性的 Minmod 斜率限制器保证模型的数值稳定性，避免在间断处或大梯度解附近产生非物理的虚假数值振荡；运用 HLLC 格式近似黎曼算子计算对流通量，可以有效处理干湿界面问题并自动满足熵条件；由于模型以和谐二维浅水方程为控制方程，故直接采用中心差分计算紊流涡黏项和地形源项即可保证格式的静水和谐性；考虑到强不规则地形条件下摩阻源项可能引起的刚性问题，采用半隐式格式离散摩阻源项，该半隐式格式既能有效减小流速值，又不改变流速分量的方向，还能避免小水深引起的非物理大流速问题，有利于保证计算的稳定性；给出了常见边界条件的数值方法，如固壁边界、自由出流开边界、流量边界、水位边界等；通过柯朗-弗里德里希斯-列维（Courant-Friedrichs-Lewy，CFL）稳定条件给出了显式数学模型的自适应时间步长。

1）有限体积戈杜诺夫格式

1959 年俄罗斯科学家戈杜诺夫首次提出，通过构造黎曼问题求解描述气体运动的双曲守恒形式的欧拉方程，使计算流体力学得到了革命性突破（Godunov，1959）。该求解格式利用双曲型偏微分方程最本质的特性，即波的传播信息，构建数值格式。通过求解局部黎曼问题，克服了早期数值方法在模拟可压缩流体时可能面临的诸多难题（Leveque，2002）。后人将这类利用黎曼问题求解双曲型偏微分方程的格式统称为戈杜诺夫格式。

对于任意控制体 Ω，采用有限体积戈杜诺夫格式对式（2.30）所示的控制方程进行积分，得

$$\frac{\partial}{\partial t}\int_{\Omega}\boldsymbol{U}\mathrm{d}\Omega + \int_{\Omega}\left(\frac{\partial \boldsymbol{F}}{\partial x} + \frac{\partial \boldsymbol{G}}{\partial y}\right)\mathrm{d}\Omega = \int_{\Omega}\boldsymbol{S}\mathrm{d}\Omega \tag{2.43}$$

对式（2.43）运用格林公式，将对流通量梯度项由控制体的面积分转化为沿其边界的线积分，可得

$$\frac{\partial}{\partial t}\int_{\Omega}\boldsymbol{U}\mathrm{d}\Omega + \oint_{l}\boldsymbol{H}\cdot\boldsymbol{n}\mathrm{d}l = \int_{\Omega}\boldsymbol{S}\mathrm{d}\Omega \tag{2.44}$$

式中：l 为控制体 Ω 的边界；$\boldsymbol{n}$ 为边界 l 的外法向单位向量；$\mathrm{d}\Omega$、$\mathrm{d}l$ 分别为面积微元和线微元；$\boldsymbol{H}=[\boldsymbol{F},\boldsymbol{G}]^{\mathrm{T}}$ 为对流张量。

如图 2.3 所示，考虑笛卡儿直角坐标系的矩形网格，式（2.44）中对流通量张量的线积分可进一步展开为

$$\oint_l \boldsymbol{H}\cdot\boldsymbol{n}\mathrm{d}l=(\boldsymbol{F}_{\mathrm{E}}-\boldsymbol{F}_{\mathrm{W}})\Delta y+(\boldsymbol{G}_{\mathrm{N}}-\boldsymbol{G}_{\mathrm{S}})\Delta x \tag{2.45}$$

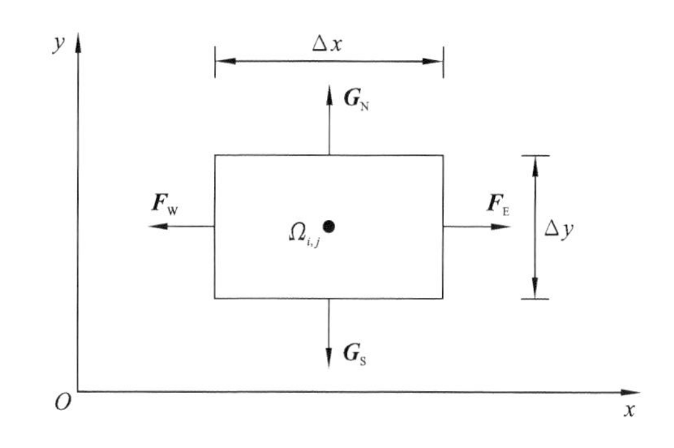

图 2.3　xOy 平面二维矩形控制体

式中：Δx、Δy 分别为网格在 x、y 方向的尺寸；$\boldsymbol{F}_{\mathrm{E}}$、$\boldsymbol{F}_{\mathrm{W}}$、$\boldsymbol{G}_{\mathrm{N}}$、$\boldsymbol{G}_{\mathrm{S}}$ 分别为网格东、西、北、南界面四个方向的对流通量。

用 $\boldsymbol{U}_{i,j}$ 表示 $\boldsymbol{U}$ 在控制体 $\Omega_{i,j}$ 内的平均值：

$$\boldsymbol{U}_{i,j}=\frac{1}{\Omega_{i,j}}\int_{\Omega_{i,j}}\boldsymbol{U}\mathrm{d}\Omega=\frac{1}{\Delta x\Delta y}\int_{\Omega_{i,j}}\boldsymbol{U}\mathrm{d}\Omega \tag{2.46}$$

由式（2.43）～式（2.46）可得和谐二维浅水方程的时间显式离散形式：

$$\boldsymbol{U}_{i,j}^{t+1}=\boldsymbol{U}_{i,j}^{t}-\frac{\Delta t}{\Delta x}(\boldsymbol{F}_{\mathrm{E}}-\boldsymbol{F}_{\mathrm{W}})-\frac{\Delta t}{\Delta y}(\boldsymbol{G}_{\mathrm{N}}-\boldsymbol{G}_{\mathrm{S}})+\Delta t\boldsymbol{S}_{i,j} \tag{2.47}$$

其中，上标 t 表示时间层，下标 i 和 j 表示网格序号，Δt 表示时间步长；$\boldsymbol{S}_{i,j}$ 为 (i,j) 网格处的源项。

2）高分辨率格式构造

有限体积戈杜诺夫格式虽然具有计算稳定和简单可行的优点，但由于其在时空上仅为一阶精度，存在较大的数值耗散。对水流数值模拟来说，一阶精度的计算格式基本能满足工程实际的应用需求。但是，对于污染物扩散或富营养化研究而言，一阶格式的较大数值耗散可能会导致计算结果失真。因此，本章采用二阶龙格-库塔法和 MUSCL 方法保证模型时空上的二阶精度。

（1）二阶龙格-库塔法。

在浅水方程数值求解过程中，为了提高模型的时间精度，在时间上的离散可采用二阶龙格-库塔法（Liang and Marche，2009）、MUSCL-Hancock 预测校正法（Liang and Borthwick，2009）等格式。从计算效率来看，在一个时间步长内，MUSCL-Hancock 预测校正法仅需要在校正步对网格界面计算一次黎曼问题，预测步网格界面的对流通量可直接根据通量公式计算得到，而二阶龙格-库塔法需要对所有网格界面计算两次黎曼问题，因而 MUSCL-Hancock 预测校正法的计算效率可能较二阶龙格-库塔法高。但是从格式的稳定性来看，二阶龙格-库塔法可满足 TVD 格式特性（宋利祥，2012），而 MUSCL-Hancock 预测校正法需要合理地选择时间步长才能满足稳定要求（Berthon，2006）。本书选用二阶龙格-库塔法实现和谐二维浅水方程数值求解的时间二阶积分。

数值分析（颜庆津，2012）中，求解常微分方程初值问题的显式单步法如下：

$$\begin{cases} y_{t+1} = y_t + h\sum_{i=1}^{N} c_i k_i \\ k_1 = f(x_t, y_t) \\ k_i = f\left(x_t + a_i h, y_t + h\sum_{j=1}^{i-1} b_{ij} k_j\right), \quad i = 2,3,\cdots,N \\ a_i = \sum_{j=1}^{i-1} b_{ij} \end{cases} \tag{2.48}$$

其中，$t=0,1,\cdots,M-1$，x_t为第 t 个 x 值，y_t为第 t 个 y 值。该求解方法称为显式龙格-库塔法，其中正整数 N 称为显式龙格-库塔法的级，c_i、a_i、b_{ij} 都是待定常数。令 $N=2$，$c_1=c_2=0.5$，$a_2=1$ 可得到一种常用的二级二阶龙格-库塔法，又称为改进的欧拉法，也是本书所采用的二阶龙格-库塔法，其在和谐二维浅水方程中的具体应用形式如下：

$$\boldsymbol{U}_{i,j}^{t+1} = \boldsymbol{U}_{i,j}^{t} + \frac{1}{2}\Delta t[\boldsymbol{K}_{i,j}(\boldsymbol{U}_{i,j}^{t}) + \boldsymbol{K}_{i,j}(\boldsymbol{U}_{i,j}^{*})] \tag{2.49}$$

其中，

$$\boldsymbol{K}_{i,j} = -\frac{\boldsymbol{F}_{i+1/2,j} - \boldsymbol{F}_{i-1/2,j}}{\Delta x} - \frac{\boldsymbol{G}_{i,j+1/2} - \boldsymbol{G}_{i,j-1/2}}{\Delta y} + \boldsymbol{S}_{i,j}, \qquad \boldsymbol{U}_{i,j}^{*} = \boldsymbol{U}_{i,j}^{t} + \Delta t \boldsymbol{K}_{i,j} \tag{2.50}$$

式中：上标 t 为时间层；下标 i 和 j 为网格序号；Δt 为计算时间步长；Δx、Δy 分别为网格 x、y 方向的尺寸；$\boldsymbol{K}_{i,j}$ 为龙格-库塔系数；$\boldsymbol{U}_{i,j}^{*}$ 为水流变量计算中间值；$\boldsymbol{F}_{i+1/2,j}$、$\boldsymbol{F}_{i-1/2,j}$、$\boldsymbol{G}_{i,j+1/2}$ 和 $\boldsymbol{G}_{i,j-1/2}$ 分别为通过网格东、西、北、南四个界面的对流通量。为了更新水流变量，在同一时间层内需要两次求解黎曼问题以计算界面对流通量和离散源项。

（2）数据重构及干湿界面处理。

在浅水方程数值求解过程中，为了提高模型空间上的精度，在构造界面处局部黎曼问题时，不再认为水流要素在计算域内呈现分段常数阶梯分布，而是认为水流要素在计算域内为分段线性函数分布，并结合 Minmod 斜率限制器重构界面左右两侧的变量，从而根据界面左右两侧重构的变量计算通过界面的对流通量，实现格式空间上的二阶精度，并保证其具有 TVD 格式特性（Toro，2001）。以网格界面（$i+1/2, j$）（以下称为东界面）为例，如图 2.4 所示，网格界面左侧变量的计算公式为

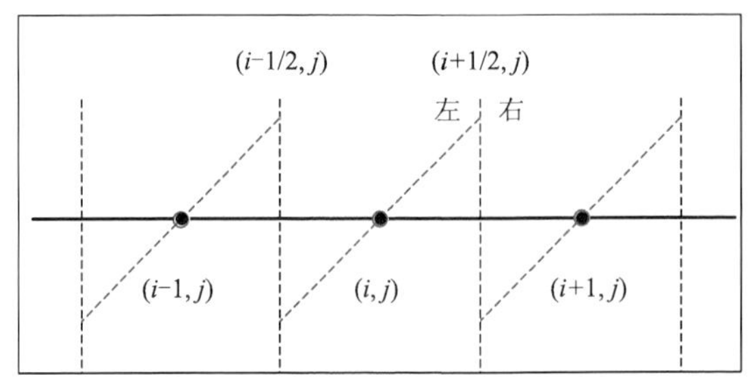

图 2.4　MUSCL 方法数据重构示意图

$$
\begin{cases}
\overline{\eta}^{\mathrm{L}}_{i+1/2,j} = \eta_{i,j} + \dfrac{\psi_{\eta}(r)}{2}(\eta_{i,j} - \eta_{i-1,j}) \\
\overline{h}^{\mathrm{L}}_{i+1/2,j} = h_{i,j} + \dfrac{\psi_{h}(r)}{2}(h_{i,j} - h_{i-1,j}) \\
\overline{q}^{\mathrm{L}}_{xi+1/2,j} = q_{xi,j} + \dfrac{\psi_{q_x}(r)}{2}(q_{xi,j} - q_{xi-1,j}) \\
\overline{q}^{\mathrm{L}}_{yi+1/2,j} = q_{yi,j} + \dfrac{\psi_{q_y}(r)}{2}(q_{yi,j} - q_{yi-1,j}) \\
\overline{q}^{\mathrm{L}}_{ci+1/2,j} = q_{ci,j} + \dfrac{\psi_{q_c}(r)}{2}\left(q_{ci,j} - q_{ci-1,j}\right) \\
\overline{z}^{\mathrm{L}}_{\mathrm{b}i+1/2,j} = \overline{\eta}^{\mathrm{L}}_{i+1/2,j} - \overline{h}^{\mathrm{L}}_{i+1/2,j}
\end{cases}
\tag{2.51}
$$

式中：上画线为平均值；上标 L 为左侧；下标 i 和 j 为网格序号；η、h、q_x、q_y、q_c、z_{b} 分别为水位、水深、x 方向单宽流量、y 方向单宽流量、单位面积上的溶质质量、河床高程；$\psi(r)$［$\psi_{\eta}(r)$、$\psi_{h}(r)$、$\psi_{q_x}(r)$、$\psi_{q_y}(r)$、ψ_{q_c} 的统称］为网格(i,j)处的斜率限制器。$\psi(r)$的值与相邻网格$(i-1,j)$和$(i+1,j)$内的变量值有关，斜率限制器可以抑制间断点附近可能产生的非物理虚假数值振荡，保证格式的稳定性。

在 MUSCL 方法中，研究学者提出了 Minmod、Double Minmod、Superbee、van Albada 和 van Leer 等各种满足 TVD 格式特性的斜率限制器形式（Toro，2001），不同的斜率限制器对数学模型精度的影响不同。为了避免出现非物理虚假数值振荡，本章采用 Minmod 斜率限制器。

以水位变量重构的斜率限制器为例进行说明：

$$
\begin{cases}
\psi_{\eta}(r) = \max\{0, \min\{r, 1\}\} \\
r = \dfrac{\eta_{i+1,j} - \eta_{i,j}}{\eta_{i,j} - \eta_{i-1,j}}
\end{cases}
\tag{2.52}
$$

式中：r 为限制因子。

同理，网格界面右侧变量的计算公式为

$$
\begin{cases}
\overline{\eta}^{\mathrm{R}}_{i+1/2,j} = \eta_{i+1,j} - \dfrac{\psi_{\eta}(r)}{2}(\eta_{i+1,j} - \eta_{i,j}) \\
\overline{h}^{\mathrm{R}}_{i+1/2,j} = h_{i+1,j} - \dfrac{\psi_{h}(r)}{2}(h_{i+1,j} - h_{i,j}) \\
\overline{q}^{\mathrm{R}}_{xi+1/2,j} = q_{xi+1,j} - \dfrac{\psi_{q_x}(r)}{2}(q_{xi+1,j} - q_{xi,j}) \\
\overline{q}^{\mathrm{R}}_{yi+1/2,j} = q_{yi+1,j} - \dfrac{\psi_{q_y}(r)}{2}(q_{yi+1,j} - q_{yi,j}) \\
\overline{q}^{\mathrm{R}}_{ci+1/2,j} = q_{ci+1,j} - \dfrac{\psi_{q_c}(r)}{2}(q_{ci+1,j} - q_{ci,j}) \\
\overline{z}^{\mathrm{R}}_{\mathrm{b}i+1/2,j} = \overline{\eta}^{\mathrm{R}}_{i+1/2,j} - \overline{h}^{\mathrm{R}}_{i+1/2,j}
\end{cases}
\tag{2.53}
$$

其中，上标 R 表示右侧。

网格界面左右两侧的流速、质量浓度计算公式如下：

$$\begin{cases} \bar{u}_{i+1/2,j}^{\mathrm{L}} = \dfrac{\bar{q}_{xi+1/2,j}^{\mathrm{L}}}{\bar{h}_{i+1/2,j}^{\mathrm{L}}} \\ \bar{v}_{i+1/2,j}^{\mathrm{L}} = \dfrac{\bar{q}_{yi+1/2,j}^{\mathrm{L}}}{\bar{h}_{i+1/2,j}^{\mathrm{L}}} \\ \bar{c}_{i+1/2,j}^{\mathrm{L}} = \dfrac{\bar{q}_{ci+1/2,j}^{\mathrm{L}}}{\bar{h}_{i+1/2,j}^{\mathrm{L}}} \\ \bar{u}_{i+1/2,j}^{\mathrm{R}} = \dfrac{\bar{q}_{xi+1/2,j}^{\mathrm{R}}}{\bar{h}_{i+1/2,j}^{\mathrm{R}}} \\ \bar{v}_{i+1/2,j}^{\mathrm{R}} = \dfrac{\bar{q}_{yi+1/2,j}^{\mathrm{R}}}{\bar{h}_{i+1/2,j}^{\mathrm{R}}} \\ \bar{c}_{i+1/2,j}^{\mathrm{R}} = \dfrac{\bar{q}_{ci+1/2,j}^{\mathrm{R}}}{\bar{h}_{i+1/2,j}^{\mathrm{R}}} \end{cases} \tag{2.54}$$

式中：u、v、c 分别为 x 方向流速、y 方向流速、水质变量的质量浓度。

流速、质量浓度计算公式式（2.54）适用于计算水深大于临界干水深的情况；当计算水深小于临界干水深时，流速与质量浓度重构量均为零。对于经典算例来说，临界干水深一般可取为 10^{-6} m；对于实际工程应用来说，临界干水深可取为 10^{-3} m。为了模型的稳定性，上述 MUSCL 方法只适用于不与干网格相邻的湿网格，直接令与干网格相邻的湿网格的界面重构值为湿网格中心值，格式在干湿界面降为一阶精度。

通过线性插值，可获得东界面左右两侧的地形重构值，为了保持地形的连续性，采用 Audusse 等（2004）提出的地形高程唯一值确定方法，东界面的地形值可定义为

$$z_{\mathrm{b}i+1/2,j} = \max\{\bar{z}_{\mathrm{b}i+1/2,j}^{\mathrm{L}}, \bar{z}_{\mathrm{b}i+1/2,j}^{\mathrm{R}}\} \tag{2.55}$$

同时，网格东界面左右两侧的水深重新计算为

$$h_{i+1/2,j}^{\mathrm{L}} = \max\{0, \bar{\eta}_{i+1/2,j}^{\mathrm{L}} - z_{\mathrm{b}i+1/2,j}\}, \quad h_{i+1/2,j}^{\mathrm{R}} = \max\{0, \bar{\eta}_{i+1/2,j}^{\mathrm{R}} - z_{\mathrm{b}i+1/2,j}\} \tag{2.56}$$

网格东界面左右两侧的黎曼状态变量相应调整为

$$\begin{cases} \eta_{i+1/2,j}^{\mathrm{L}} = h_{i+1/2,j}^{\mathrm{L}} + z_{\mathrm{b}i+1/2,j} \\ \eta_{i+1/2,j}^{\mathrm{R}} = h_{i+1/2,j}^{\mathrm{R}} + z_{\mathrm{b}i+1/2,j} \\ q_{xi+1/2,j}^{\mathrm{L}} = \bar{u}_{i+1/2,j}^{\mathrm{L}} h_{i+1/2,j}^{\mathrm{L}} \\ q_{xi+1/2,j}^{\mathrm{R}} = \bar{u}_{i+1/2,j}^{\mathrm{R}} h_{i+1/2,j}^{\mathrm{R}} \\ q_{yi+1/2,j}^{\mathrm{L}} = \bar{v}_{i+1/2,j}^{\mathrm{L}} h_{i+1/2,j}^{\mathrm{L}} \\ q_{yi+1/2,j}^{\mathrm{R}} = \bar{v}_{i+1/2,j}^{\mathrm{R}} h_{i+1/2,j}^{\mathrm{R}} \\ q_{ci+1/2,j}^{\mathrm{L}} = \bar{c}_{i+1/2,j}^{\mathrm{L}} h_{i+1/2,j}^{\mathrm{L}} \\ q_{ci+1/2,j}^{\mathrm{R}} = \bar{c}_{i+1/2,j}^{\mathrm{R}} h_{i+1/2,j}^{\mathrm{R}} \end{cases} \tag{2.57}$$

上述线性重构即可保证水深不出现负值，由此求得网格东界面左右两侧的重构变量值，形成局部黎曼问题，可通过黎曼算子计算得到相应的对流通量。当不存在干河床时，

以上重构过程不会影响数值格式的静水和谐性；然而，当水流遇到干湿界面时，以上重构并不能保证计算格式的稳定性和水量守恒性。数学模型中干河床的情况包括三种典型类型（图 2.5），其中图 2.5（a）表示下游为平底河床、水深为零的干湿界面问题，图 2.5（b）表示下游为台阶状低河床、水深为零的干湿界面问题，图 2.5（c）表示下游为台阶状高河床、水深为零的干湿界面问题。

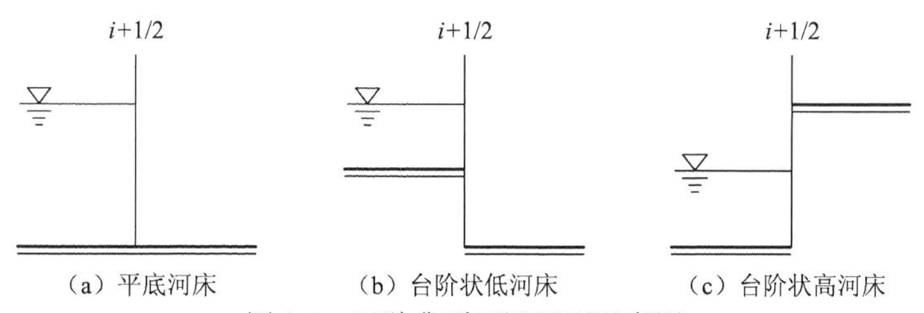

（a）平底河床　（b）台阶状低河床　（c）台阶状高河床

图 2.5　三种典型干湿界面示意图

对于图 2.5（a）来说，上述线性重构将其转化为求解平底溃坝的黎曼问题；对于图 2.5（b）来说，当台阶足够大时，由地形源项产生的外力足以使上游较多的水量进入干网格，上游网格的水深出现负值，通过上述线性重构可将其局部转化成图 2.5（a）中的状况，从而消除相关的不稳定影响；对于图 2.5（c）来说，此时水流为冲击墙壁的流动，需要特别处理，以满足数值格式的静水和谐性。

如图 2.6 所示，湿网格(i, j)与干网格$(i+1, j)$拥有共同的边界$(i+1/2, j)$，网格$(i+1, j)$内的地形高程要高于湿网格(i, j)内的水位高程。根据前面介绍的重构过程可得

$$\begin{cases} z_{\mathrm{b}i+1/2,j} = \overline{z}^{\mathrm{R}}_{\mathrm{b}i+1/2,j} \\ h^{\mathrm{L}}_{i+1/2,j} = h^{\mathrm{R}}_{i+1/2,j} = 0 \\ \eta^{\mathrm{L}}_{i+1/2,j} = \eta^{\mathrm{R}}_{i+1/2,j} = z_{\mathrm{b}i+1/2,j} \end{cases} \tag{2.58}$$

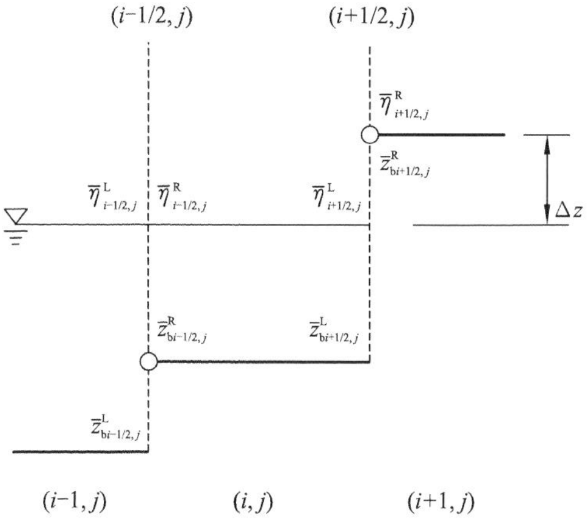

图 2.6　干湿界面地形修正示意图

东界面左右两侧的水位值等于东界面地形高程，与水流的实际水位高程不相同。对于静水条件，即湿网格的流速为零、水位为常数，若不做特殊处理，按照式（2.55）给定的界面左右两侧的水位值计算通过界面$(i+1/2, j)$的对流通量，其结果与按照水位为常

数计算得到的通过界面$(i-1/2, j)$的对流通量不能达到平衡，即产生虚假的流入网格的净通量，引起非物理的虚假流动。

为了避免在如图 2.6 所示的地形条件下出现非物理虚假流动，根据界面真实水位与虚假水位的差值 Δz：

$$\Delta z = \max\{0,\ z_{\mathrm{b}i+1/2,j} - \bar{\eta}^{\mathrm{L}}_{i+1/2,j}\} \tag{2.59}$$

对网格界面$(i+1/2, j)$处的地形和水位做如下修正：

$$\begin{cases} z_{\mathrm{b}i+1/2,j} = z_{\mathrm{b}i+1/2,j} - \Delta z \\ \eta^{\mathrm{L}}_{i+1/2,j} = \eta^{\mathrm{L}}_{i+1/2,j} - \Delta z \\ \eta^{\mathrm{R}}_{i+1/2,j} = \eta^{\mathrm{R}}_{i+1/2,j} - \Delta z \end{cases} \tag{2.60}$$

经过式（2.60）的修正，得

$$\eta^{\mathrm{L}}_{i+1/2,j} = \eta^{\mathrm{R}}_{i+1/2,j} = z_{\mathrm{b}i+1/2,j} = \eta_{\mathrm{constant}} \tag{2.61}$$

式中：η_{constant} 为某一个固定网格处的水位。

静水条件下，不会产生非物理的虚假数值振荡，保持了格式的静水和谐性。

上述以界面$(i+1/2, j)$为例详细介绍了数据重构过程，网格内的其余三个边界$(i-1/2, j)$、$(i, j+1/2)$、$(i, j-1/2)$采用类似的方法进行重构。这里，对 MUSCL 方法线性重构步骤做如下总结。

第一步：采用式（2.51）和式（2.53）对网格界面左右两侧的水位、水深和单宽流量等进行线性插值。

第二步：采用式（2.54）计算网格界面左右两侧的流速和质量浓度值。

第三步：重新定义网格边界处的地形值，利用式（2.55）～式（2.57）对水位、水深和单宽流量等进行调整。

第四步：根据式（2.59）和式（2.60）对地形和水位进行修正，MUSCL 方法数据重构完成。

3）对流通量的计算——HLLC 格式

由式（2.46）可知，水流变量在每个单元内部为常数，在整个计算域内呈现阶梯状分布，由于网格界面左右两侧的水流变量可能不相等，则在界面处可能形成间断初值问题，即黎曼问题（Leveque，2002）。通过求解黎曼问题可以得到界面处的对流通量：

$$\boldsymbol{F} = \boldsymbol{F}(\boldsymbol{U}_{\mathrm{L}}, \boldsymbol{U}_{\mathrm{R}}) \tag{2.62}$$

式中：$\boldsymbol{U}_{\mathrm{L}}$、$\boldsymbol{U}_{\mathrm{R}}$ 分别为界面左、右侧的水流变量向量。

黎曼问题的求解方法可分为精确求解和近似求解两大类（Toro，2001）。考虑到计算代价、简单性和准确性，浅水方程界面对流通量的求解可采用近似黎曼算子。目前较为常见的近似黎曼算子有哈滕-拉克斯-范利尔（Harten-Lax-van Leer，HLL）黎曼算子、Roe 黎曼算子、Osher-Solomon 黎曼算子，此外还有基于上述三种格式的改进的黎曼算子，如 HLLC 格式近似黎曼算子就是在 HLL 黎曼算子的基础上考虑中波的影响改进形成的。图 2.7 展示了 HLLC 格式近似黎曼算子的三波结构示意图。

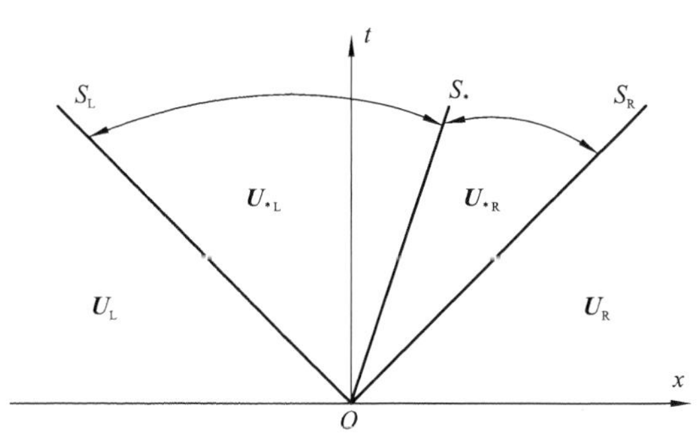

图 2.7　HLLC 格式近似黎曼算子的三波结构示意图

由于 HLLC 格式具有较强的激波捕捉能力，并且适用于干湿界面的计算，因此本章采用该格式计算和谐二维浅水方程的对流通量。以网格东界面的对流通量 $\boldsymbol{F}_{i+1/2}$ 为例，有

$$\boldsymbol{F}_{i+1/2}^{\mathrm{HLLC}}=\begin{cases}\boldsymbol{F}_{\mathrm{L}}, & 0\leqslant S_{\mathrm{L}}\\ \boldsymbol{F}_{*\mathrm{L}}, & S_{\mathrm{L}}<0\leqslant S_{*}\\ \boldsymbol{F}_{*\mathrm{R}}, & S_{*}<0\leqslant S_{\mathrm{R}}\\ \boldsymbol{F}_{\mathrm{R}}, & 0<S_{\mathrm{R}}\end{cases}\tag{2.63}$$

其中，$\boldsymbol{F}_{\mathrm{L}}=\boldsymbol{F}(\boldsymbol{U}_{\mathrm{L}})$、$\boldsymbol{F}_{\mathrm{R}}=\boldsymbol{F}(\boldsymbol{U}_{\mathrm{R}})$ 由界面左右两侧的水流变量 $\boldsymbol{U}_{\mathrm{L}}$、$\boldsymbol{U}_{\mathrm{R}}$ 计算得到，而界面左右两侧的水流变量由网格中心值通过 MUSCL 方法数据重构得到，S_{L}、S_* 和 S_{R} 分别是黎曼解中左波、接触波和右波的波速。根据兰金-于戈尼奥（Rankine-Hugoniot）条件可以得到接触波左右两侧对流通量 $\boldsymbol{F}_{*\mathrm{L}}$ 和 $\boldsymbol{F}_{*\mathrm{R}}$ 的计算公式：

$$\begin{cases}\boldsymbol{F}_{*\mathrm{L}}=\boldsymbol{F}_{\mathrm{L}}+S_{\mathrm{L}}(\boldsymbol{U}_{*\mathrm{L}}-\boldsymbol{U}_{\mathrm{L}})\\ \boldsymbol{F}_{*\mathrm{R}}=\boldsymbol{F}_{\mathrm{R}}+S_{\mathrm{R}}(\boldsymbol{U}_{*\mathrm{R}}-\boldsymbol{U}_{\mathrm{R}})\end{cases}\tag{2.64}$$

式中：$\boldsymbol{U}_{*\mathrm{L}}$、$\boldsymbol{U}_{*\mathrm{R}}$ 分别为接触波左、右两侧的水流变量，相应的计算公式为

$$\boldsymbol{U}_{*\mathrm{L}}=h_{\mathrm{L}}\left(\frac{S_{\mathrm{L}}-u_{\mathrm{L}}}{S_{\mathrm{L}}-S_{*}}\right)\begin{bmatrix}1\\ S_{*}\\ v_{\mathrm{L}}\\ c_{\mathrm{L}}\end{bmatrix},\qquad \boldsymbol{U}_{*\mathrm{R}}=h_{\mathrm{R}}\left(\frac{S_{\mathrm{R}}-u_{\mathrm{R}}}{S_{\mathrm{R}}-S_{*}}\right)\begin{bmatrix}1\\ S_{*}\\ v_{\mathrm{R}}\\ c_{\mathrm{R}}\end{bmatrix}\tag{2.65}$$

其中：h_{L}、h_{R} 分别为接触波左、右侧水深；u_{L}、u_{R} 分别为接触波左、右侧 x 方向流速；v_{L}、v_{R} 分别为接触波左、右侧 y 方向流速；c_{L}、c_{R} 分别为接触波左、右侧波速。

由式（2.63）～式（2.65）可知，采用 HLLC 格式近似黎曼算子计算界面对流通量的关键在于计算波速。Toro（2001）和 Liang（2010）采用双稀疏波假设并考虑干河床情形的方法计算波速；Zia 和 Banihashemi（2008）则采用综合考虑激波、稀疏波和干河床情形的方法计算波速。本章采用双稀疏波假设并考虑干河床情形的方法计算左、右波波速：

$$\begin{cases}S_{\mathrm{L}}=\begin{cases}u_{\mathrm{R}}-2\sqrt{gh_{\mathrm{R}}}, & h_{\mathrm{L}}=0\\ \min\{u_{\mathrm{L}}-\sqrt{gh_{\mathrm{L}}},u_{*}-\sqrt{gh_{*}}\}, & h_{\mathrm{L}}>0\end{cases}\\ S_{\mathrm{R}}=\begin{cases}u_{\mathrm{L}}+2\sqrt{gh_{\mathrm{L}}}, & h_{\mathrm{R}}=0\\ \max\{u_{\mathrm{R}}+\sqrt{gh_{\mathrm{R}}},u_{*}+\sqrt{gh_{*}}\}, & h_{\mathrm{R}}>0\end{cases}\end{cases}\tag{2.66}$$

式中：h_*、u_* 为双稀疏波假设下中间星形区域的水深和流速值，可表示为

$$\begin{cases} h_* = \dfrac{1}{g}\left[\dfrac{1}{2}(\sqrt{gh_\mathrm{L}}+\sqrt{gh_\mathrm{R}})+\dfrac{1}{4}(u_\mathrm{L}-u_\mathrm{R})\right]^2 \\ u_* = \dfrac{1}{2}(u_\mathrm{L}+u_\mathrm{R})+\sqrt{gh_\mathrm{L}}-\sqrt{gh_\mathrm{R}} \end{cases} \tag{2.67}$$

采用式（2.68）计算接触波的波速：

$$S_* = \frac{S_\mathrm{L} h_\mathrm{R}(u_\mathrm{R}-S_\mathrm{R}) - S_\mathrm{R} h_\mathrm{L}(u_\mathrm{L}-S_\mathrm{L})}{h_\mathrm{R}(u_\mathrm{R}-S_\mathrm{R}) - h_\mathrm{L}(u_\mathrm{L}-S_\mathrm{L})} \tag{2.68}$$

式（2.63）～式（2.68）即东界面对流通量的计算方法，网格其余三个界面的对流通量采用类似的方法计算。

4）源项离散

通常，在二维浅水方程的数值求解过程中，源项一般包括地形源项、摩阻源项和紊流涡黏项，同时可根据所研究的内容，灵活地考虑是否加入风应力、地转偏向力和植被阻力等其他影响因素。

（1）地形源项。

本小节证明了在和谐二维浅水方程作为控制方程的前提下，地形源项采用中心差分格式离散时，模型不需要任何通量或地形校正项就能保证静水和谐性，因此地形源项的离散形式为

$$\begin{cases} g\eta S_{\mathrm{b}x} = -g\eta_{i,j}\dfrac{\partial z_{\mathrm{b}i,j}}{\partial x} = -g\dfrac{\eta^\mathrm{R}_{i-1/2,j}+\eta^\mathrm{L}_{i+1/2,j}}{2}\dfrac{z_{\mathrm{b}i+1/2,j}-z_{\mathrm{b}i-1/2,j}}{\Delta x} \\ g\eta S_{\mathrm{b}y} = -g\eta_{i,j}\dfrac{\partial z_{\mathrm{b}i,j}}{\partial y} = -g\dfrac{\eta^\mathrm{R}_{i,j-1/2}+\eta^\mathrm{L}_{i,j+1/2}}{2}\dfrac{z_{\mathrm{b}i,j+1/2}-z_{\mathrm{b}i,j-1/2}}{\Delta y} \end{cases} \tag{2.69}$$

（2）摩阻源项。

由于实际地形复杂多变，当局部区域出现小水深、大流速问题时，摩阻源项可能引起刚性问题（宋利祥，2012）。若采用一般的显式数值方法处理摩阻源项，将显著影响格式的计算稳定性，从而需要对计算时间步长进行严格限制，这样会极大地降低模型的计算效率。因此，需要采用隐式或半隐式格式处理摩阻源项。由于水深变量位于摩阻源项的分母，一般的隐式或半隐式格式仍将面临一些问题，如产生非物理的大流速、改变流速分量的方向等。Liang 和 Marche（2009）采用隐式格式处理摩阻源项，同时引入摩阻源项具有物理意义的最大值限制条件，以保证摩阻源项处理过程中不改变流速分量的方向。综合考虑摩阻源项处理的稳定性和计算效率，本节采用与 2.1.4 小节相同的摩阻源项处理方法。

采用算子分裂算法对摩阻源项进行处理：

$$\frac{\mathrm{d}\boldsymbol{U}}{\mathrm{d}t} = \boldsymbol{S}_\mathrm{f}(\boldsymbol{U}) \Rightarrow \frac{\mathrm{d}}{\mathrm{d}t}\begin{bmatrix}\eta \\ q_x \\ q_y\end{bmatrix} = \begin{bmatrix} 0 \\ -ghn^2u\sqrt{u^2+v^2}/h^{4/3} \\ -ghn^2v\sqrt{u^2+v^2}/h^{4/3} \end{bmatrix} \tag{2.70}$$

在摩阻源项离散过程中，网格水位保持不变，即 $\mathrm{d}\eta/\mathrm{d}t=0$，因此式（2.70）可简化为

$$\frac{\mathrm{d}}{\mathrm{d}t}\begin{bmatrix} u \\ v \end{bmatrix} = \begin{bmatrix} -g\,n^2 u\sqrt{u^2+v^2}\big/h^{4/3} \\ -g\,n^2 v\sqrt{u^2+v^2}\big/h^{4/3} \end{bmatrix} = -gn^2 h^{-4/3}\begin{bmatrix} u\sqrt{u^2+v^2} \\ v\sqrt{u^2+v^2} \end{bmatrix} \tag{2.71}$$

令

$$\hat{\tau} = gn^2 h^{-4/3}\sqrt{u^2+v^2} \tag{2.72}$$

代入式（2.71）中，以 x 方向的流速 u 为例：

$$\frac{\mathrm{d}u}{\mathrm{d}t} = -u\hat{\tau} \tag{2.73}$$

利用半隐式格式求解式（2.73），得

$$\frac{u^{t+1}-\hat{u}^t}{\Delta t} = -\hat{\tau}^t u^{t+1} \;\Rightarrow\; u^{t+1} = \frac{1}{1+\Delta t\hat{\tau}^t}\hat{u}^t \tag{2.74}$$

同理，可得

$$v^{t+1} = \frac{1}{1+\Delta t\hat{\tau}^t}\hat{v}^t \tag{2.75}$$

式中：u^{t+1} 为 $t+1$ 时间层上的 x 方向流速；v^{t+1} 为 $t+1$ 时间层上的 y 方向流速；$\hat{\tau}^t$、$\hat{u}^t$、$\hat{v}^t$ 为利用对流通量对 t 时间层变量进行更新得到的值。由式（2.74）和式（2.75）可知，采用半隐式格式离散摩阻源项能有效减小流速值且不改变流速方向，有利于保证计算的稳定性。

（3）紊流涡黏项。

对于二维浅水方程来说，紊流涡黏项对水流运动的影响较小，根据研究内容的侧重点不同，通常可以选择将其忽略，并且忽略该项基本不影响结果的精度和准确性。但是对于回流模型、泥沙输运模型、河床演变模型，以及污染物输移扩散研究或湖泊富营养化研究而言，需要合理地考虑紊流涡黏项带来的影响。

对式（2.27）进行离散求解：

$$\begin{cases} \dfrac{\partial(hT_{xx})}{\partial x} = \dfrac{hT_{xx}\big|_{i+1/2,j} - hT_{xx}\big|_{i-1/2,j}}{\Delta x} \\ \dfrac{\partial(hT_{xy})}{\partial y} = \dfrac{hT_{xy}\big|_{i,j+1/2} - hT_{xy}\big|_{i,j-1/2}}{\Delta y} \\ \dfrac{\partial(hT_{yx})}{\partial x} = \dfrac{hT_{yx}\big|_{i+1/2,j} - hT_{yx}\big|_{i-1/2,j}}{\Delta x} \\ \dfrac{\partial(hT_{yy})}{\partial y} = \dfrac{hT_{yy}\big|_{i,j+1/2} - hT_{yy}\big|_{i,j-1/2}}{\Delta y} \end{cases} \tag{2.76}$$

其中，i 和 j 为网格序号。

由式（2.76）可知，紊流涡黏项的求解关键在于计算网格界面水深和流速分量的梯度，本章利用界面左右两侧的水深重构值计算界面水深，利用界面左右两侧网格中心的流速分量计算通过界面的流速梯度，以求解 $hT_{xx}\big|_{i+1/2,j}$ 为例进行说明：

$$hT_{xx}\big|_{i+1/2,j} = 2\upsilon_t h_{i+1/2,j}(\partial u/\partial x)_{i+1/2,j} \tag{2.77}$$

其中，$h_{i+1/2,j}$ 为界面水深值，$(\partial u/\partial x)_{i+1/2,j}$ 表示界面流速梯度，相关计算公式如下：

$$h_{i+1/2,j} = \frac{h^{L}_{i+1/2,j} + h^{R}_{i+1/2,j}}{2}, \quad \left(\frac{\partial u}{\partial x}\right)_{i+1/2,j} = \frac{u_{i+1,j} - u_{i,j}}{\Delta x} \tag{2.78}$$

式中：$h^{L}_{i+1/2,j}$ 和 $h^{R}_{i+1/2,j}$ 分别为东界面左、右两侧的水深重构值。

2.2.2 自适应网格模型

1. 结构非均匀网格

结构非均匀网格和贴体正交网格都属于结构网格，与贴体正交网格不一样的是结构非均匀网格以结构均匀网格为基础，不需要将物理平面上的不规则区域转换成计算平面上的规则区域，既继承了常规结构均匀网格简单直接、易于划分的优点，又满足了局部高空间精度的要求。如图 2.8 所示，为两种常见的结构非均匀网格（Rogers et al.，2015）。

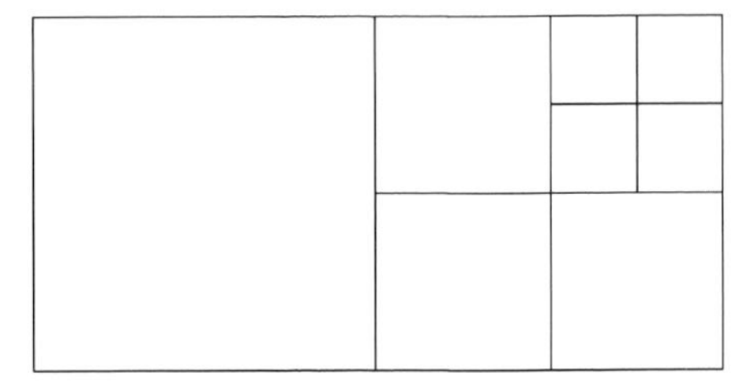

（a）结构非均匀网格形式1

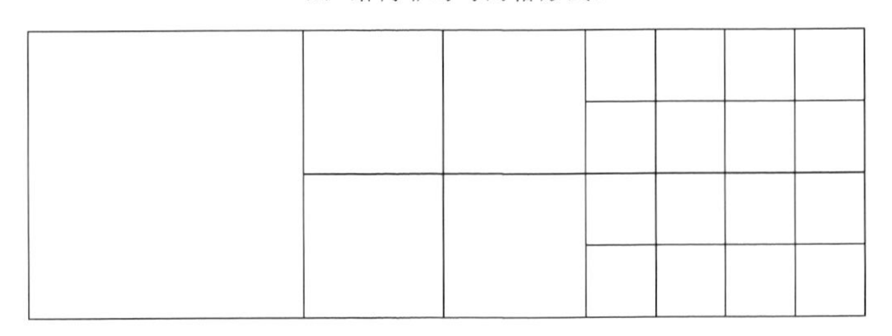

（b）结构非均匀网格形式2

图 2.8　两种常见的结构非均匀网格

图 2.8（a）展示的结构非均匀网格比较灵活，但是其与其他动态自适应网格具有一个相同的特征，即需要特定的分层数据结构存储所有相邻网格单元之间的拓扑关系，因此在网格生成程序和自适应网格密度调整中需要复杂的算法来达到寻址与计算的目的。图 2.8（b）展示的结构非均匀网格则比较简单，其保留了结构均匀网格的行列特征，相邻网格的地址和水流信息可以通过简单的代数关系直接给出，无须特定的数据结构和复杂的算法，本质上仅需要两个额外的数组来存储背景网格等级和子网格单元索引，节约了计算内存。本节将图 2.8（b）展示的结构非均匀网格作为计算网格来搭建模型。

图 2.9 为结构非均匀网格的寻址示意图，序号 i 和 j 分别代表 x 方向和 y 方向的背景网格索引；背景网格 $(i-1, j)$、(i, j) 和 $(i+1, j)$ 的等级分别为 0、1 和 2；所有子网格单元 ic 均可用四个序号组成的索引 ind(i, j, i_s, j_s) 表示，其中 i_s 和 $j_s = 1,2,\cdots, M_s$，$M_s = 2^{\text{lev}}$，lev = level(i, j) 为对应背景网格的等级；子网格单元 ic 中心点的坐标值可以表示为

$$\begin{cases} x_{\rm ic} = (i-1)\Delta x + (i_{\rm s} - 0.5)\Delta x_{\rm s} \\ y_{\rm ic} = (j-1)\Delta y + (j_{\rm s} - 0.5)\Delta y_{\rm s} \end{cases} \tag{2.79}$$

式中：Δx 和 Δy 为背景网格的尺寸；$\Delta x_{\rm s}=\Delta x/2^{\rm lev}$ 和 $\Delta y_{\rm s}=\Delta y/2^{\rm lev}$ 为子网格单元的尺寸。

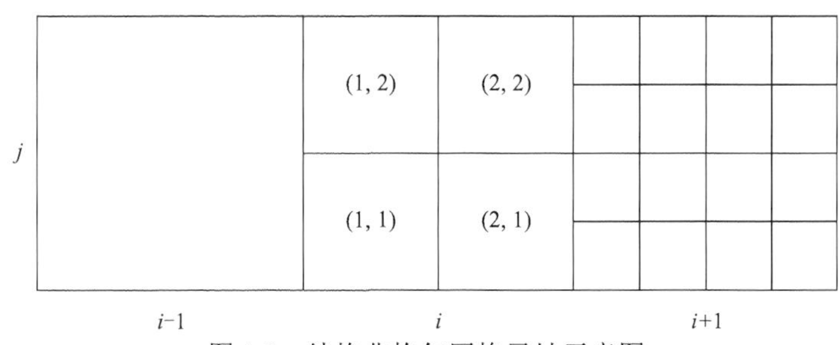

图 2.9　结构非均匀网格寻址示意图

本节采用的结构非均匀网格不需要特定的数据结构和复杂的算法来达到寻址与计算的目的，现对邻点寻址的简单代数算法做详细阐述。如图 2.9 所示，对于计算网格 ic=ind($i, j, i_{\rm s}, j_{\rm s}$)来说，背景网格($i, j$)与($i$-1, j)和(i+1, j)的等级都不一样，当 $1<i_{\rm s}<M_{\rm s}$ 且 $1<j_{\rm s}<M_{\rm s}$ 时，邻点寻址方法和结构均匀网格一样；当 $j_{\rm s}$ 和 $i_{\rm s}$ 其中之一等于 1 或 $M_{\rm s}$ 时，若是相邻背景网格等级较小，以 ic=ind(i, j, 1, 1)和 ic=ind(i, j, 1, 2)为例，相邻西网格单元可以被表示为(i-1, j, $M_{\rm sn}$, $j_{\rm sn}$)，其中 $M_{\rm sn}=M_{\rm s}/2$，$j_{\rm sn}$ 的计算公式为

$$j_{\rm sn} = \begin{cases} (j_{\rm s}+1)/2, & \mathrm{mod}(j_{\rm s},2)=1 \\ j_{\rm s}/2, & \mathrm{mod}(j_{\rm s},2)=0 \end{cases} \tag{2.80}$$

其中，mod 为取模运算符。若是相邻背景网格等级较大，以 ic=ind(i, j, 2, 1)为例，相邻两个东网格单元可以被表示为(i+1, j, 1, $j_{\rm sn}$)和(i+1, j, 1, $j_{\rm sn}$+1)，其中 $j_{\rm sn}$ 的计算公式为

$$j_{\rm sn} = 2j_{\rm s} - 1 \tag{2.81}$$

子网格单元 ic 其他方向的邻点寻址可采用类似的代数方法。

2. 初始网格生成

结构非均匀网格的生成步骤如下。

第一步：将计算域包围在矩形框内，利用背景网格进行划分。

第二步：根据不同问题的具体指标，通过种子点给定所有背景网格特定的网格等级。

第三步：网格光滑化处理，即调整网格等级使得每个网格满足两倍边长约束条件。

第一步主要是决定 x 方向和 y 方向的背景网格数目。第二步是根据指标对背景网格进行进一步划分，不同问题指标可能不同。本节采用种子点的方法描述计算边界和计算敏感区域，其中只有位于计算边界内的有效网格参与计算和网格再划分，对于包含种子点的背景网格，分配最高网格等级 sub_max。第三步是为了减小网格的不规则性，即调整网格等级使相邻网格间的等级差不大于 1，以保证程序不出现复杂的网格拓扑关系。

3. 自然邻点插值法

结构非均匀网格存在相邻网格间等级不一致的情况，需要采用基于泰森（Thiessen）

多边形的自然邻点插值法确定同等级别的相邻虚拟单元信息，以便与结构均匀网格的求解形式相统一。对于经过两倍边长约束条件调整的网格来说，需要推导插值公式的相邻网格布置形式共有三种，如图 2.10 所示，ic 代表当前计算网格，in 代表需要插值的相邻虚拟单元，1、2、3 和 4 表示相邻网格。

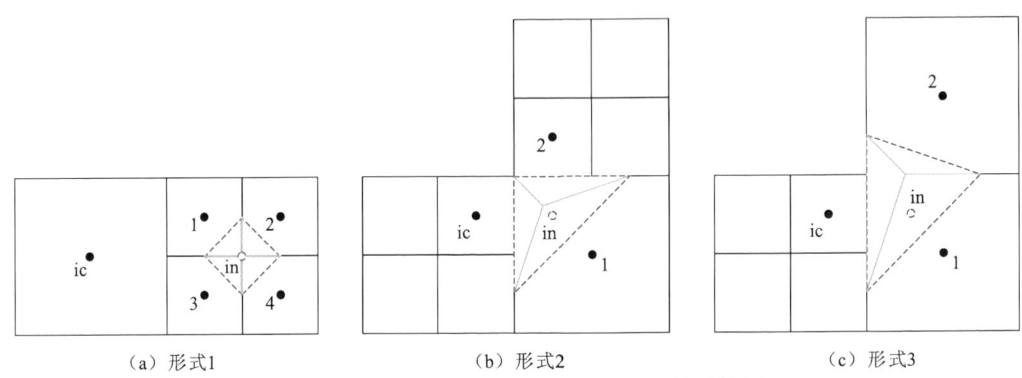

图 2.10　结构非均匀网格三种形式的插值结构图

图 2.10 中三种形式对应的插值公式分别为

$$
\begin{cases}
\boldsymbol{U}_{\text{in}} = \dfrac{1}{4}(\boldsymbol{U}_1 + \boldsymbol{U}_2 + \boldsymbol{U}_3 + \boldsymbol{U}_4), & \text{形式1} \\
\boldsymbol{U}_{\text{in}} = \dfrac{\boldsymbol{U}_{\text{ic}}}{4} + \dfrac{\boldsymbol{U}_1}{2} + \dfrac{\boldsymbol{U}_2}{4}, & \text{形式2} \\
\boldsymbol{U}_{\text{in}} = \dfrac{\boldsymbol{U}_{\text{ic}}}{3} + \dfrac{\boldsymbol{U}_1}{2} + \dfrac{\boldsymbol{U}_2}{6}, & \text{形式3}
\end{cases}
\tag{2.82}
$$

式中：$\boldsymbol{U}_{\text{in}}$ 为相邻虚拟单元的物理值；$\boldsymbol{U}_1 \sim \boldsymbol{U}_4$ 为 1～4 点的物理值；$\boldsymbol{U}_{\text{ic}}$ 为当前计算网格的物理值。

通过上述插值方法可以确定所有有效子网格单元对应的同等级别的四个方向的相邻单元信息，并将其存储在数组 nei_var(ic, k)中，其中 var 表示水流变量，ic=1,2,$\cdots$,ncell 代表计算网格，ncell 是有效子网格单元的总数目，k=1,2,3,4 分别表示西、南、东、北四个方向。在网格生成程序和自适应调整过程中，每个时间步长都需要进行一次邻点寻址，尽管该方法需要一个额外的数组保存邻点信息，但从数值计算表现来看是更有效率的。

4. 自适应网格调整

在水流运动数值模拟过程中，每次更新水流信息后都会计算每个子网格单元的关键变量平均梯度 Θ_{ic}，根据给定的加密准则 Θ_{r} 和稀疏准则 Θ_{c} 不断调整局部网格密度。以水位平均梯度为例：

$$
\Theta_{\text{ic}} = \sqrt{(\partial\eta/\partial x)_{\text{ic}}^2 + (\partial\eta/\partial y)_{\text{ic}}^2}
\tag{2.83}
$$

当背景网格等级 lev<sub_max，并且至少有一个子网格单元的 $\Theta_{\text{ic}} > \Theta_{\text{r}}$ 时，表示该背景网格需要加密，背景网格等级变为 lev+1；当背景网格等级 lev>0，并且所有子网格单元的 $\Theta_{\text{ic}} < \Theta_{\text{c}}$ 时，表示该背景网格需要稀疏，背景网格等级变为 lev−1。

1）网格加密

网格加密时，将母网格均匀划分为四个子网格。根据给定的地形高程资料重新插值计算四个子网格的地形高程以更真实地反映地形状况，然后依据水量、动量守恒原则，对四个子网格内的水流要素进行再分配计算。

（1）水量分配。

四个子网格具有相同的初始水位 η_0，与母网格水位 η_p 满足关系式：

$$\eta_\mathrm{p} - z_{\mathrm{b,p}} = \frac{1}{4}\sum_{i=1}^{4}\max\{\eta_0 - z_{\mathrm{b},i}, 0\} \tag{2.84}$$

式中：$z_{\mathrm{b,p}}$ 为母网格的地形高程值；$z_{\mathrm{b},i}$ 为插值网格点 i 处的地形高程值。

通过迭代求解式(2.84)，给定迭代初值 $\eta_0 = \eta_\mathrm{p}$，则存在因水位误差产生的水量误差，根据水量误差计算子网格水位增量 $\Delta\eta$：

$$\Delta\eta = (\eta_\mathrm{p} - z_{\mathrm{b,p}}) - \frac{1}{4}\sum_{i=1}^{4}\max\{\eta_0 - z_{\mathrm{b},i}, 0\} \tag{2.85}$$

子网格新的水位 η 为

$$\eta = \eta_0 + \Delta\eta \tag{2.86}$$

当迭代至 $\Delta\eta = 0$，即水位 η 满足式（2.84）时，水量守恒条件得到满足。

（2）动量分配。

划分子网格单元时，流速保持不变，即

$$\begin{cases} u_i = u_\mathrm{p} \\ v_i = v_\mathrm{p} \\ q_{x,i} = h_i u_i \\ q_{y,i} = h_i v_i \end{cases} \tag{2.87}$$

其中，下标 i 代表插值网格点 i 处的物理量，下标 p 代表母网格的物理量。

在水量守恒的前提下，子网格内水体总动量为

$$\begin{cases} \dfrac{1}{4}\sum\limits_{i=1}^{4} q_{x,i} = \dfrac{u_\mathrm{p}}{4}\sum\limits_{i=1}^{4} h_i = u_\mathrm{p} h_\mathrm{p} \\ \dfrac{1}{4}\sum\limits_{i=1}^{4} q_{y,i} = \dfrac{v_\mathrm{p}}{4}\sum\limits_{i=1}^{4} h_i = v_\mathrm{p} h_\mathrm{p} \end{cases} \tag{2.88}$$

证明了按式（2.87）进行的分配可以保证网格加密时的动量守恒。

2）网格稀疏

网格稀疏时，四个子网格合并成一个母网格。同样地，根据给定的地形高程资料重新插值计算母网格的地形高程，然后依据水量、动量守恒原则，对母网格内的水流要素进行再分配计算。

（1）水量分配。

$$\eta_\mathrm{p} = z_{\mathrm{b,p}} + \frac{1}{4}\sum_{i=1}^{4}\max\{\eta_i - z_{\mathrm{b},i}, 0\} \tag{2.89}$$

（2）动量分配。

$$\begin{cases} q_{x,\mathrm{p}} = \dfrac{1}{4}\sum\limits_{i=1}^{4} q_{x,i} \\ q_{y,\mathrm{p}} = \dfrac{1}{4}\sum\limits_{i=1}^{4} q_{y,i} \end{cases} \tag{2.90}$$

2.2.3 自适应方法在二维水流模型中的应用

1. 自适应网格下浅水方程求解

自适应网格下求解和谐二维浅水方程的计算框架和流程基本与结构均匀网格类似，但需要注意数据重构、对流通量计算和源项离散三个部分与结构均匀网格下的求解有所区别。

1）数据重构

如图 2.11（a）所示，计算网格 ic 的等级与相邻网格 e 的等级一致：

$$\begin{cases} \boldsymbol{U}_{\mathrm{E}}^{\mathrm{L}} = \boldsymbol{U}_{\mathrm{ic}} + \dfrac{\psi_U(r_x)}{2}(\boldsymbol{U}_{\mathrm{ic}} - \boldsymbol{U}_{\mathrm{iw}}) \\ \boldsymbol{U}_{\mathrm{E}}^{\mathrm{R}} = \boldsymbol{U}_e - \dfrac{\psi_U(r_x)}{2}(\boldsymbol{U}_e - \boldsymbol{U}_{\mathrm{ic}}) \end{cases} \tag{2.91}$$

如图 2.11（b）所示，计算网格 ic 的等级比相邻网格 e 的等级高：

$$\begin{cases} \boldsymbol{U}_{\mathrm{E}}^{\mathrm{L}} = \boldsymbol{U}_{\mathrm{ic}} + \dfrac{\psi_U(r_x)}{2}(\boldsymbol{U}_{\mathrm{ic}} - \boldsymbol{U}_{\mathrm{iw}}) \\ \boldsymbol{U}_{\mathrm{E}}^{\mathrm{R}} = \boldsymbol{U}_e - \dfrac{\psi_U(r_x)}{2}(\boldsymbol{U}_e - \boldsymbol{U}_{\mathrm{ew}}) + \dfrac{\psi_U(r_y)}{4}(\boldsymbol{U}_e - \boldsymbol{U}_{\mathrm{es}}) \end{cases} \tag{2.92}$$

式中：$\boldsymbol{U}_{\mathrm{E}}^{\mathrm{L}}$、$\boldsymbol{U}_{\mathrm{E}}^{\mathrm{R}}$ 分别为东侧相邻虚拟单元左、右侧水流变量；$\psi_U(r_x)$、$\psi_U(r_y)$ 分别为该网格处 x、y 方向的斜率限制器；$\boldsymbol{U}_{\mathrm{ic}}$、$\boldsymbol{U}_{\mathrm{iw}}$ 分别为网格 ic 及其西相邻虚拟单元的水流变量；$\boldsymbol{U}_e$、$\boldsymbol{U}_{\mathrm{ew}}$ 和 $\boldsymbol{U}_{\mathrm{es}}$ 为网格 e 及其西、南相邻虚拟单元的水流变量。

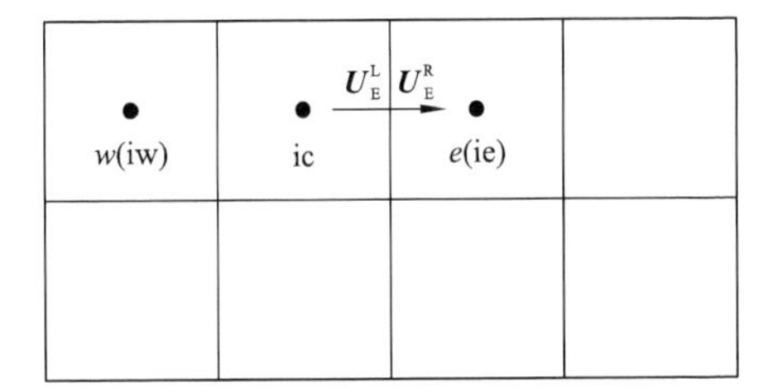

（a）计算网格等级等于相邻网格

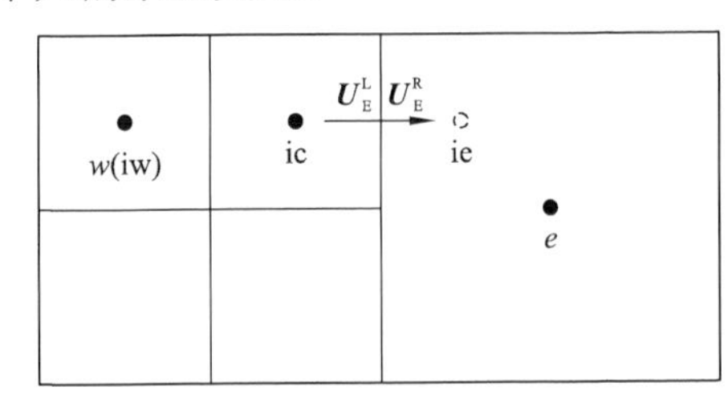

（b）计算网格等级高于相邻网格

图 2.11 结构非均匀网格下的数据重构

2）对流通量计算

计算对流通量时，假设相邻网格等级较高，如图 2.12 所示。

为了确保模型的水量和动量守恒，对流通量公式应当调整为

$$\boldsymbol{F}_{\mathrm{E}} = (\boldsymbol{F}_{\mathrm{E1}} + \boldsymbol{F}_{\mathrm{E2}})/2 \tag{2.93}$$

式中：$\boldsymbol{F}_{\mathrm{E}}$ 为网格 ic 的东界面对流通量；$\boldsymbol{F}_{\mathrm{E1}}$ 和 $\boldsymbol{F}_{\mathrm{E2}}$ 分别为网格 e_1 和 e_2 的西界面对流通量。

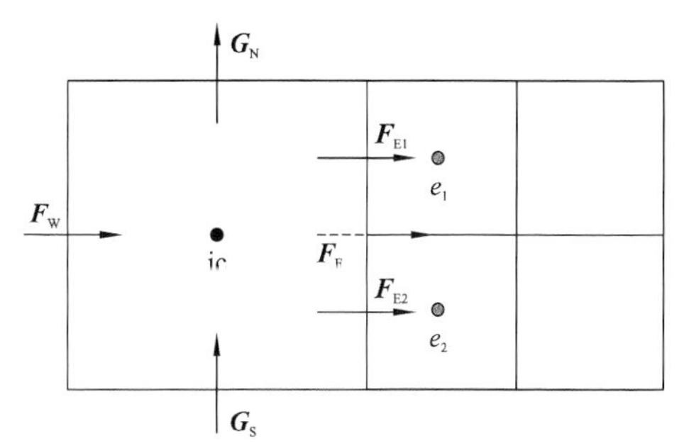

图 2.12　结构非均匀网格下的对流通量计算

3）源项离散

同样，当相邻网格等级较高时，如图 2.12 所示，界面重构变量采用式（2.92）计算。为了保证格式的和谐性，地形源项等于两相邻高等级单元各自计算的源项值的算术平均值，以 x 方向为例：

$$g\eta S_{\mathrm{b}x} = 0.5(g\eta S'_{\mathrm{b}x} + g\eta S''_{\mathrm{b}x}) \tag{2.94}$$

其中，

$$\begin{cases} g\eta S'_{\mathrm{b}x} = -g\eta_{\mathrm{ic}} \dfrac{\partial z_{\mathrm{b,ic}}}{\partial x} = -g \dfrac{\eta^{\mathrm{R}}_{\mathrm{ic,W}} + \eta^{\mathrm{L}}_{\mathrm{ic,E1}}}{2} \dfrac{z_{\mathrm{b,E1}} - z_{\mathrm{b,W}}}{\Delta x} \\ g\eta S''_{\mathrm{b}x} = -g\eta_{\mathrm{ic}} \dfrac{\partial z_{\mathrm{b,ic}}}{\partial x} = -g \dfrac{\eta^{\mathrm{R}}_{\mathrm{ic,W}} + \eta^{\mathrm{L}}_{\mathrm{ic,E2}}}{2} \dfrac{z_{\mathrm{b,E2}} - z_{\mathrm{b,W}}}{\Delta x} \end{cases} \tag{2.95}$$

式中：η_{ic}、$z_{\mathrm{b,ic}}$ 分别为计算网格的水位和地形高程值；$\eta^{\mathrm{R}}_{\mathrm{ic,W}}$ 为计算网格西侧相邻单元右侧的水位；$\eta^{\mathrm{L}}_{\mathrm{ic,E1}}$、$\eta^{\mathrm{L}}_{\mathrm{ic,E2}}$ 为计算网格东侧两个相邻单元左侧的水位；$z_{\mathrm{b,W}}$ 为计算网格西侧相邻单元的地形高程值；$z_{\mathrm{b,E1}}$、$z_{\mathrm{b,E2}}$ 为计算网格东侧两个相邻单元的地形高程值。

同理，可得 y 方向的地形源项。

2. 自适应方法在二维水流模型中的应用举例

1）3 个驼峰的溃坝问题

选择了底部有 3 个驼峰的溃坝问题检验自适应方法。算例的计算域为长 75 m、宽 30 m 的矩形。右侧为干底，忽略水坝厚度。底高程定义为

$$b(x,y) = \max\{0, 3 - \frac{3}{10}\sqrt{(x-47.5)^2 + (y-15)^2},$$
$$1 - \frac{1}{8}\sqrt{(x-30)^2 + (y-6)^2}, 1 - \frac{1}{8}\sqrt{(x-30)^2 + (y-24)^2}\}$$

计算网格为 1 m 精度的正方形网格，曼宁粗糙系数 $n = 0.018$，网格自适应阈值 $\theta_{\min} = 0.006$，网格最大加密等级为 2。初始条件为，在 x=16 m 处修筑大坝，大坝左侧蓄水位为 1.875 m，流速为 0，右侧为干底。t=0 时，大坝瞬时全溃，模拟运行 300 s。t=2 s、6 s、12 s、24 s、30 s 的计算结果及网格分布变化如图 2.13 所示。

计算结果表明，采用自适应网格技术剖分计算域，可以实现河道附近的局部加密与动态加密。在动态加密模式下，以水位梯度为变量判定网格的自适应变化趋势，根据水流运动情势灵活布置网格，实现了计算精度与计算效率的平衡。自适应网格技术既能实现随水流运动动态变化并捕获水位计算敏感区，又能对局部区域进行静态固定加密。此

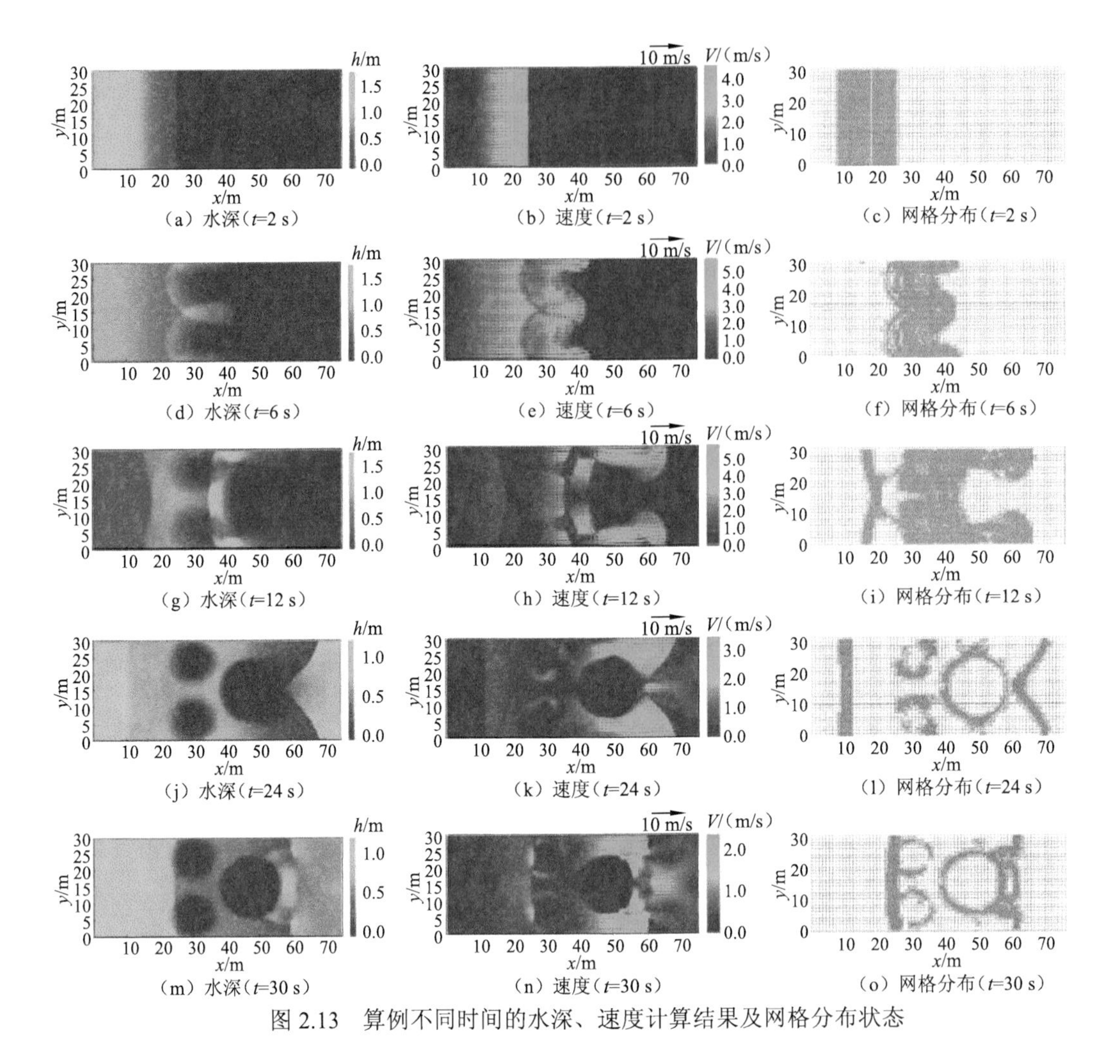

图 2.13　算例不同时间的水深、速度计算结果及网格分布状态

外，网格的自适应规则可以根据污染物浓度梯度来设置，模拟植被水流时也可以基于植被的分布密度来设置动态规则，具有较好的推广应用价值。

2）恒定均匀流场中的瞬时点源随流扩散

为了验证模型是否能够精确反映溶质的迁移扩散，选择恒定均匀流场中的点源对流扩散问题进行研究。其中，恒定均匀流场的水深 $h=1$ m，流速 $u=1$ m/s、$v=0$，计算域为长 800 m、宽 200 m 的平底无摩阻河床。该算例中溶质浓度的解析表达式为

$$c(x,y)=\frac{C_0/h}{4\pi t\sqrt{D_x D_y}}\exp\left[-\frac{(x-x_0-ut)^2}{4D_x t}-\frac{(y-y_0)^2}{4D_y t}\right] \tag{2.96}$$

其中，$C_0=233.06$，扩散系数 $D_x=1.02\ \mathrm{m^2/s}$、$D_y=0.094\ \mathrm{m^2/s}$，点源位置为$(x_0, y_0)=(0, 100)$。四周的边界条件均采用开边界；初始背景网格数目为 100×25，给定网格最高等级 sub_max=3，即背景网格尺寸为 $\Delta x=\Delta y=8$ m，最高等级网格尺寸为 $\Delta x=\Delta y=1$ m；以 $t=60$ s 为模型初始状态。具体自适应准则如下：水位平均梯度的权重因子取 0，加密

阈值 $\Theta_r=0.002$，稀疏阈值 $\Theta_c=0.001$；模拟运行时长 tle=600 s。

图 2.14 为四个输出时间的溶质浓度数值解等值线和对应的计算网格。如图 2.14 所示，从 t=60s 开始，浓度场随着水流作用向下游移动，同时向四周传播扩散。在整个模拟过程中，计算网格的密度随着浓度的改变而动态调整，模型自始至终以高分辨率网格精确捕捉人浓度梯度区域，从而使计算网格总数目得到最优化配置。图 2.15 为直线 y=100 m 的浓度数值解与解析解的对比，两者在各个输出时刻都吻合得非常好。同时，对比结构均匀网格和自适应网格同等精度的实际计算用时发现，前者需要 4 394.2 s，而后者仅需 223.1 s，说明本节所述的自适应网格在满足精度要求的前提下，在效率方面有很大提升。

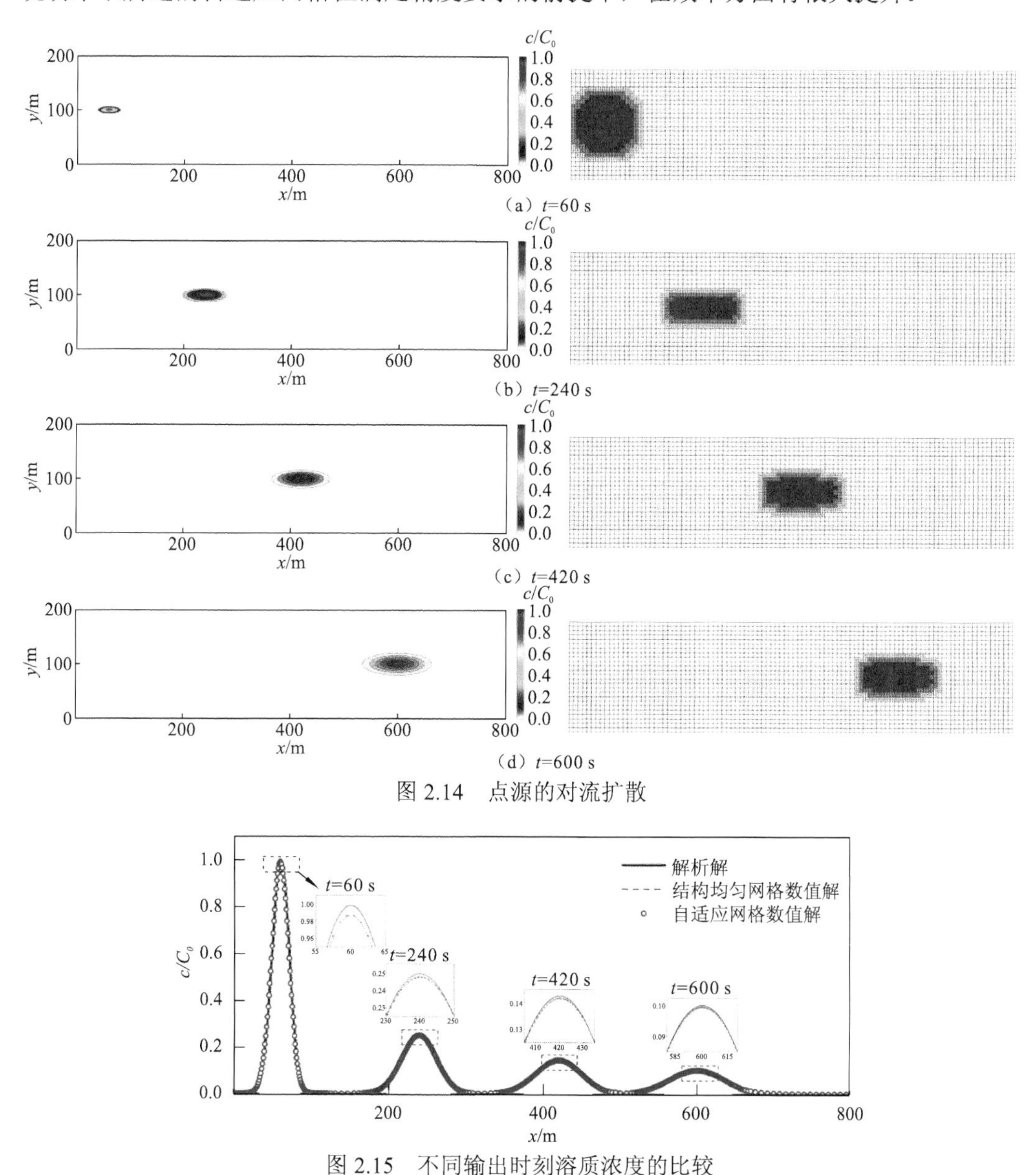

图 2.14　点源的对流扩散

图 2.15　不同输出时刻溶质浓度的比较

2.3 基于格子 Boltzmann 方法的植被河道水流模型

格子 Boltzmann 方法是一种介于宏观（有限体积法、有限差分法、有限元法等）与微观（分子动力学）之间的介观方法。格子 Boltzmann 方法的核心是建立微观尺度与宏观尺度的桥梁，它不考虑单个粒子的运动，而是将所有运动的粒子视为一个整体。粒子的整体运动由分布函数确定，分布函数表示大量粒子的集体行为，属于介观尺度。本节将介绍格子 Boltzmann 方法的理论知识，并建立求解二维浅水方程的格子 Boltzmann 方法的数值模型，最后对建立的数值模型进行验证和应用。2.3.1 小节将介绍调整后的控制方程，2.3.2 小节将介绍基于格子 Boltzmann 方法建立二维浅水数值模型的过程，2.3.3 小节将利用不同类型的算例对模型进行验证，并利用验证后的模型对植被水流进行模拟和预测。

2.3.1 控制方程

为了方便以后介绍格子 Boltzmann 方法，本节的控制方程采取张量形式表达，水深平均的二维浅水方程形式如下：

$$\frac{\partial h}{\partial t}+\frac{\partial(hu_j)}{\partial x_j}=0 \tag{2.97}$$

$$\frac{\partial(hu_i)}{\partial t}+\frac{\partial(hu_iu_j)}{\partial x_j}+gh\frac{\partial h}{\partial x_i}=\nu_{\mathrm{f}}\frac{\partial^2(hu_i)}{\partial x_j^2}+F_i \tag{2.98}$$

式中：i, j 为笛卡儿坐标系空间指标，并且采用了爱因斯坦（Einstein）求和约定；u_i 为 i 方向上的流速，当 $i=x$ 时，$u_i=u$，当 $i=y$ 时，$u_i=v$；ν_{f} 为运动黏性系数；g 为重力加速度；h 为水深；F_i 为源项，包括地形源项、摩擦阻力项及由植被引起的阻力项，有

$$F_i=-gh\frac{\partial z_{\mathrm{b}}}{\partial x_i}-\frac{gn_{\mathrm{b}}^2}{h^{1/3}}u_i\sqrt{u_ju_j}-S_{\mathrm{vege}i} \tag{2.99}$$

其中：$S_{\mathrm{vege}i}$ 为 i 方向植被引起的阻力；z_{b} 为河床高程；n_{b} 为粗糙系数。

2.3.2 格子 Boltzmann 方法的理论及实现

1. 格子 Boltzmann 模型

对一个流体系统的描述可以用分布函数 $f(\boldsymbol{x}, t)$来解释，该函数表示在时间 t 和空间 $\boldsymbol{x}$ 的粒子的数量。格子 Boltzmann 方法包括迁移和碰撞两个步骤。在迁移步骤中，粒子沿着一定的方向以一定的速度运动到相邻的网格节点上，运动方程为

$$f_\alpha(\boldsymbol{x}+\boldsymbol{e}_\alpha\Delta t, t+\Delta t)=f_\alpha'(\boldsymbol{x},t)+\frac{\Delta t}{N_\alpha e^2}e_{\alpha i}F_i(\boldsymbol{x},t) \tag{2.100}$$

式中：f_α 为在格子内沿格子链 α 方向的粒子的分布函数；$f_\alpha'(\boldsymbol{x},t)$ 为迁移之前粒子的变

量值；$\boldsymbol{x}$ 为笛卡儿坐标系下的空间方向向量；$\boldsymbol{e}_\alpha$ 为沿格子链α方向的粒子迁移速度向量；$e_{\alpha i}$ 为 $\boldsymbol{e}_\alpha$ 向量中的 i 方向分量；$e=\Delta x/\Delta t$ 为粒子迁移速度，采用均匀网格（$\Delta x=\Delta y$），Δt 为时间步长；F_i 为 i 方向格子 Boltzmann 方法中的外力，在二维浅水方程中为源项［式（2.99）］；N_α 为由格子类型决定的常数，计算公式为

$$N_\alpha=\frac{1}{e^2}\sum_\alpha e_{\alpha i}e_{\alpha i} \tag{2.101}$$

在碰撞步骤中，沿着一定方向运动到网格节点的粒子与原来存在的粒子相互碰撞，并按照一定的规则改变粒子的运动速度和方向，表达式如下：

$$f'_\alpha(\boldsymbol{x},t)=f_\alpha(\boldsymbol{x},t)+\Omega_\alpha[f(\boldsymbol{x},t)] \tag{2.102}$$

式中：Ω_α 为碰撞算子。

理论上，粒子碰撞过程非常复杂，很难求解。Bhatnagar 等（1954）提出了一个简单的碰撞算子模型，表示如下：

$$\Omega_\alpha(f)=-\frac{1}{\tau}(f_\alpha-f_\alpha^{\text{eq}}) \tag{2.103}$$

式中：f_α^{eq} 为粒子的平衡分布函数；$\tau=1/\omega$ 为时间松弛因子，ω 为碰撞频率。式（2.103）称为 BGK（Bhatnagar-Gross-Krook）近似。

将式（2.102）和式（2.103）代入式（2.100）得到格子 Boltzmann 方程：

$$f_\alpha(\boldsymbol{x}+\boldsymbol{e}_\alpha\Delta t,t+\Delta t)=f_\alpha(\boldsymbol{x},t)-\frac{1}{\tau}[f_\alpha(\boldsymbol{x},t)-f_\alpha^{\text{eq}}(\boldsymbol{x},t)]+\frac{\Delta t}{N_\alpha e^2}e_{\alpha i}F_i \tag{2.104}$$

式（2.104）称为 LBGK（lattice Bhatnagar-Gross-Krook）模型，是目前最流行的格子 Boltzmann 模型。

2. 格子类型

在格子 Boltzmann 方法中，求解区域被分割为众多格子，每个格子节点放置一个粒子（分布函数）。有些粒子沿着格子链的方向运动（迁移）到相邻节点，格子链的方向和数目由格子的排列方式决定。DnQm 是通用术语，用于表示问题的维数和速度模型中格子链的数目，其中，n 表示问题的维数（1 代表一维，2 代表二维，3 代表三维），m 表示速度模型中格子链的数目。

1）一维格子类型

在一维问题中，有三种常用的格子排列类型：D1Q2、D1Q3 和 D1Q5。其中，D1Q3 是最常用的一种类型，如图 2.16 所示，黑色圆点表示中心节点，蓝色圆点表示相邻节点。这些粒子以特定的速度沿着格子链的方向从中心节点迁移到相邻节点。

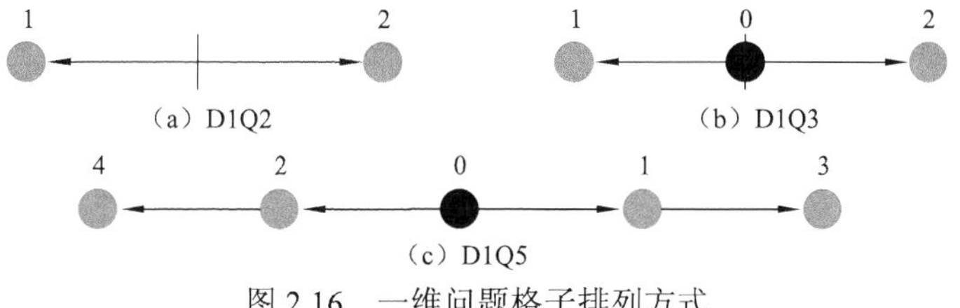

图 2.16　一维问题格子排列方式

对于 D1Q3，分布函数对应的三个速度分别为 0、e 和$-e$。在这种排列下，任意时刻的粒子总数都不超过 3 个，一个粒子速度为零，位于中心节点位置，另外两个粒子在迁移过程中向左（速度为$-e$）和向右（速度为 e）运动。D1Q2 和 D1Q5 有着类似的规律。

2）二维格子类型

常用的二维格子类型有 D2Q4、D2Q5 和 D2Q9，如图 2.17 所示。在流体力学领域，考虑了各向异性的 D2Q9 应用最为广泛。D2Q9 中粒子 1～8 沿着特定的格子链方向以特定的速度迁移到各自相邻的节点；粒子 0 速度为零，留在中心节点。D2Q9 中粒子速度矢量 $\boldsymbol{e}_\alpha$ 表示为

$$\boldsymbol{e}_\alpha=\begin{cases}(0,0), & \alpha=0\\ e\left[\cos\dfrac{(\alpha-1)\pi}{4},\sin\dfrac{(\alpha-1)\pi}{4}\right], & \alpha=1,3,5,7\\ \sqrt{2}e\left[\cos\dfrac{(\alpha-1)\pi}{4},\sin\dfrac{(\alpha-1)\pi}{4}\right], & \alpha=2,4,6,8\end{cases} \tag{2.105}$$

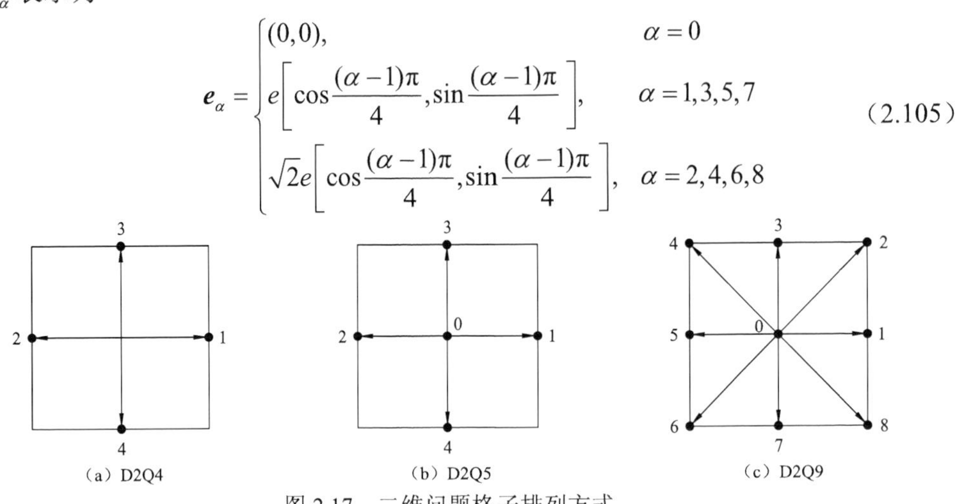

图 2.17　二维问题格子排列方式

D2Q9 中粒子速度 $\boldsymbol{e}_\alpha$ 具有如下性质：

$$\sum_\alpha e_{\alpha i}=\sum_\alpha e_{\alpha i}e_{\alpha j}e_{\alpha k}=0 \tag{2.106}$$

$$\sum_\alpha e_{\alpha i}e_{\alpha j}=6e^2\delta_{ij} \tag{2.107}$$

$$\sum_\alpha e_{\alpha i}e_{\alpha j}e_{\alpha k}e_{\alpha l}=4e^2(\delta_{ij}\delta_{kl}+\delta_{ik}\delta_{jl}+\delta_{il}\delta_{jk})-6e^4\Delta_{ijkl} \tag{2.108}$$

如果 $i=j=k=l=1$，$\Delta_{ijkl}=1$，其他情况下，$\Delta_{ijkl}=0$；δ_{ij} 为克罗内克符号，$i=j$ 时，$\delta_{ij}=1$，$i\neq j$ 时，$\delta_{ij}=0$。

将式（2.105）代入式（2.101），可得 D2Q9 下的常数 N_α：

$$N_\alpha=\frac{1}{e^2}\sum_\alpha e_{\alpha x}e_{\alpha x}=\frac{1}{e^2}\sum_\alpha e_{\alpha y}e_{\alpha y}=6 \tag{2.109}$$

式（2.104）可以转化为如下形式：

$$f_\alpha(\boldsymbol{x}+\boldsymbol{e}_\alpha\Delta t,t+\Delta t)=f_\alpha(\boldsymbol{x},t)-\frac{1}{\tau}\left[f_\alpha(\boldsymbol{x},t)-f_\alpha^{\mathrm{eq}}(\boldsymbol{x},t)\right]+\frac{\Delta t}{6e^2}e_{\alpha i}F_i \tag{2.110}$$

3. 平衡分布函数

将格子 Boltzmann 方法应用到不同问题的关键因素是平衡分布函数 f_α^{eq}。平衡分布函

数决定了要解决的问题的控制方程。本小节，将推导出适合二维浅水方程的平衡分布函数。根据 Maxwell-Boltzmann 平衡分布函数理论知识，可以将平衡分布函数进行关于宏观速度的泰勒级数展开，并保留至二阶精度（Zhou，2004）：

$$f_\alpha^{\mathrm{eq}} = A_\alpha + B_\alpha e_{\alpha i} u_i + C_\alpha e_{\alpha i} e_{\alpha j} u_i u_j + D_\alpha u_i u_i \tag{2.111}$$

根据分布函数的对称性（图 2.17），可以得到如下关系式：

$$\begin{cases} A_1 = A_3 = A_5 = A_7 = \overline{A} \\ A_2 = A_4 = A_6 = A_8 = A \\ B_1 = B_3 = B_5 = B_7 = \overline{B} \\ B_2 = B_4 = B_6 = B_8 = B \\ C_1 = C_3 = C_5 = C_7 = \overline{C} \\ C_2 = C_4 = C_6 = C_8 = C \\ D_1 = D_3 = D_5 = D_7 = \overline{D} \\ D_2 = D_4 = D_6 = D_8 = D \end{cases} \tag{2.112}$$

根据式（2.112），式（2.111）可以写成如下形式：

$$f_\alpha^{\mathrm{eq}} = \begin{cases} A_0 + D_0 u_i u_i, & \alpha = 0 \\ \overline{A} + \overline{B} e_{\alpha i} u_i + \overline{C} e_{\alpha i} e_{\alpha j} u_i u_j + \overline{D} u_i u_i, & \alpha = 1,3,5,7 \\ A + B e_{\alpha i} u_i + C e_{\alpha i} e_{\alpha j} u_i u_j + D u_i u_i, & \alpha = 2,4,6,8 \end{cases} \tag{2.113}$$

式（2.113）中的系数由平衡分布函数遵守的规则决定。对于浅水方程，平衡分布函数必须要遵守质量守恒和动量守恒定律，式（2.113）的平衡分布函数必须满足以下三个条件：

$$\sum_\alpha f_\alpha^{\mathrm{eq}}(\boldsymbol{x},t) = h(\boldsymbol{x},t) \tag{2.114}$$

$$\sum_\alpha e_{\alpha i} f_\alpha^{\mathrm{eq}}(\boldsymbol{x},t) = h(\boldsymbol{x},t) u_i(\boldsymbol{x},t) \tag{2.115}$$

$$\sum_\alpha e_{\alpha i} e_{\alpha j} f_\alpha^{\mathrm{eq}}(\boldsymbol{x},t) = \frac{1}{2} g h^2(\boldsymbol{x},t) \delta_{ij} + h(\boldsymbol{x},t) u_i(\boldsymbol{x},t) u_j(\boldsymbol{x},t) \tag{2.116}$$

根据限制条件式（2.114）～式（2.116）即可求得式（2.113）平衡分布函数中各项的系数。将式（2.113）代入式（2.114）得

$$\begin{aligned} & A_0 + D_0 u_i u_i + 4\overline{A} + \sum_{\alpha=1,3,5,7} \overline{B} e_{\alpha i} u_i + \sum_{\alpha=1,3,5,7} \overline{C} e_{\alpha i} e_{\alpha j} u_i u_j + 4\overline{D} u_i u_i \\ & + 4A + \sum_{\alpha=2,4,6,8} B e_{\alpha i} u_i + \sum_{\alpha=2,4,6,8} C e_{\alpha i} e_{\alpha j} u_i u_j + 4D u_i u_i = h \end{aligned} \tag{2.117}$$

根据式（2.117）中 h 和 $u_i u_i$ 的系数关系，可得

$$A_0 + 4\overline{A} + 4A = 0 \tag{2.118}$$

$$D_0 + 2e^2 \overline{C} + 4e^2 C + 4\overline{D} + 4D = 0 \tag{2.119}$$

同理，将式（2.113）代入式（2.115），根据系数之间的关系，可以得到如下关系式：

$$2e^2 \overline{B} + 4e^2 B = h \tag{2.120}$$

将式（2.113）代入式（2.116），根据系数之间的关系，可以得到如下关系式：

$$2e^2\bar{A}+4e^2A=0 \tag{2.121}$$

$$8e^4C=h \tag{2.122}$$

$$2e^4\bar{C}=h \tag{2.123}$$

$$2e^2D+4e^2D+4e^2C=0 \tag{2.124}$$

根据式（2.118）～式（2.124），可以求解式（2.113）中各个系数的值：

$$A_0=h-\frac{5gh^2}{6e^2},\quad D_0=-\frac{2h}{3e^2} \tag{2.125}$$

$$\bar{A}=\frac{gh^2}{6e^2},\quad \bar{B}=\frac{h}{3e^2},\quad \bar{C}=\frac{h}{2e^4},\quad \bar{D}=-\frac{h}{6e^2} \tag{2.126}$$

$$A=\frac{gh^2}{24e^2},\quad B=\frac{h}{12e^2},\quad C=\frac{h}{8e^4},\quad D=-\frac{h}{24e^2} \tag{2.127}$$

将式（2.125）～式（2.127）代入式（2.113），可得平衡分布函数的表达式，为

$$f_\alpha^{\text{eq}}=\begin{cases} h-\dfrac{5gh^2}{6e^2}-\dfrac{2h}{3e^2}u_iu_i, & \alpha=0 \\ \dfrac{gh^2}{6e^2}+\dfrac{h}{3e^2}e_{\alpha i}u_i+\dfrac{h}{2e^4}e_{\alpha i}e_{\alpha j}u_iu_j-\dfrac{h}{6e^2}u_iu_i, & \alpha=1,3,5,7 \\ \dfrac{gh^2}{24e^2}+\dfrac{h}{12e^2}e_{\alpha i}u_i+\dfrac{h}{8e^4}e_{\alpha i}e_{\alpha j}u_iu_j-\dfrac{h}{24e^2}u_iu_i, & \alpha=2,4,6,8 \end{cases} \tag{2.128}$$

式（2.128）为格子 Boltzmann 方法中求解二维浅水方程式（2.97）和式（2.98）的平衡分布函数的表达式。宏观变量水深 h、流速 u_i 与粒子分布函数的关系如下：

$$h=\sum_\alpha f_\alpha,\qquad hu_i=\sum_\alpha e_{\alpha i}f_\alpha \tag{2.129}$$

4. 二维浅水方程的恢复

为了证明平衡分布函数的表达式式（2.128）和宏观变量表达式式（2.129）求解的是二维浅水方程，对格子 Boltzmann 方程式（2.110）采用查普曼-恩斯库格（Chapman-Enskog）展开法恢复到宏观控制方程式（2.97）和式（2.98）。

假设 Δt 是一个极小值，并令 $\Delta t=\varepsilon$，则式（2.110）可以写为如下形式：

$$f_\alpha(\boldsymbol{x}+\boldsymbol{e}_\alpha\varepsilon,t+\varepsilon)=f_\alpha(\boldsymbol{x},t)-\frac{1}{\tau}[f_\alpha(\boldsymbol{x},t)-f_\alpha^{\text{eq}}(\boldsymbol{x},t)]+\frac{\varepsilon}{6e^2}e_{\alpha j}F_j \tag{2.130}$$

对式（2.130）等号左边项在$(\boldsymbol{x},t)$处采用泰勒级数展开，并保留二阶精度，得

$$\begin{aligned}&\varepsilon\left(\frac{\partial}{\partial t}+e_{\alpha j}\frac{\partial}{\partial x_j}\right)f_\alpha+\frac{1}{2}\varepsilon^2\left(\frac{\partial}{\partial t}+e_{\alpha j}\frac{\partial}{\partial x_j}\right)^2f_\alpha+o(\varepsilon^2)\\&=-\frac{1}{\tau}\left[f_\alpha(\boldsymbol{x},t)-f_\alpha^{\text{eq}}(\boldsymbol{x},t)\right]+\frac{\varepsilon}{6e^2}e_{\alpha j}F_j\end{aligned} \tag{2.131}$$

同样，对 f_α 在 $f_\alpha^{(0)}$ 处进行泰勒展开，得

$$f_\alpha=f_\alpha^{(0)}+\varepsilon f_\alpha^{(1)}+\varepsilon^2f_\alpha^{(2)}+o(\varepsilon^2) \tag{2.132}$$

其中，$f_\alpha^{(0)}=f_\alpha^{\text{eq}}$，$f_\alpha^{(0)}$、$f_\alpha^{(1)}$、$f_\alpha^{(2)}$分别表示 f_α 的 0 阶、1 阶、2 阶差分。

式（2.131）ε 的系数等式为

$$\left(\frac{\partial}{\partial t}+e_{\alpha j}\frac{\partial}{\partial x_j}\right)f_\alpha^{(0)}=-\frac{1}{\tau}f_\alpha^{(1)}+\frac{1}{6e^2}e_{\alpha j}F_j \tag{2.133}$$

ε^2 的系数等式为

$$\left(\frac{\partial}{\partial t}+e_{\alpha j}\frac{\partial}{\partial x_j}\right)f_\alpha^{(1)}+\frac{1}{2}\left(\frac{\partial}{\partial t}+e_{\alpha j}\frac{\partial}{\partial x_j}\right)^2 f_\alpha^{(0)}=-\frac{1}{\tau}f_\alpha^{(2)} \tag{2.134}$$

将式（2.133）代入式（2.134）并整理得

$$\left(1-\frac{1}{2\tau}\right)\left(\frac{\partial}{\partial t}+e_{\alpha j}\frac{\partial}{\partial x_j}\right)f_\alpha^{(1)}=-\frac{1}{\tau}f_\alpha^{(2)}-\frac{1}{2}\left(\frac{\partial}{\partial t}+e_{\alpha j}\frac{\partial}{\partial x_j}\right)\left(\frac{1}{6e^2}e_{\alpha k}F_k\right) \tag{2.135}$$

$\sum\limits_\alpha[\text{式}(2.133)+\varepsilon\times\text{式}(2.105)]$ 关于 α 求和得

$$\frac{\partial}{\partial t}\left[\sum_\alpha f_\alpha^{(0)}\right]+\frac{\partial}{\partial x_j}\left[\sum_\alpha e_{\alpha j}f_\alpha^{(0)}\right]=-\varepsilon\frac{1}{2e^2}\frac{\partial}{\partial x_j}\left(\sum_\alpha e_{\alpha j}e_{\alpha k}F_k\right) \tag{2.136}$$

将式（2.105）和式（2.128）代入式（2.136）得

$$\frac{\partial h}{\partial t}+\frac{\partial(hu_j)}{\partial x_j}=0 \tag{2.137}$$

式（2.137）是浅水方程中的连续性方程式（2.97）。

$\sum\limits_\alpha[e_{\alpha i}\times\text{式}(2.133)+\varepsilon\times\text{式}(2.105)]$ 关于 α 求和得

$$\begin{aligned}&\frac{\partial}{\partial t}\left[\sum_\alpha e_{\alpha i}f_\alpha^{(0)}\right]+\frac{\partial}{\partial x_j}\left[e_{\alpha i}e_{\alpha j}\sum_\alpha f_\alpha^{(0)}\right]+\varepsilon\left(1-\frac{1}{2\tau}\right)\frac{\partial}{\partial x_j}\left[e_{\alpha i}e_{\alpha j}\sum_\alpha f_\alpha^{(1)}\right]\\&=F_j\delta_{ij}-\varepsilon\frac{1}{2}\frac{\partial}{\partial x_j}\left[\sum_\alpha e_{\alpha i}\left(\frac{\partial}{\partial t}+e_{\alpha j}\frac{\partial}{\partial x_j}\right)\left(\frac{1}{6e^2}e_{\alpha j}F_j\right)\right]\end{aligned} \tag{2.138}$$

将式（2.105）和式（2.128）代入式（2.138）得

$$\frac{\partial(hu_i)}{\partial t}+\frac{\partial(hu_iu_j)}{\partial x_j}+gh\frac{\partial h}{\partial x_i}=-\frac{\partial}{\partial x_j}\Lambda_{ij}+F_i \tag{2.139}$$

$$\Lambda_{ij}=\frac{\varepsilon}{2\tau}(2\tau-1)\sum_\alpha e_{\alpha i}e_{\alpha j}f_\alpha^{(1)} \tag{2.140}$$

根据式（2.133）、式（2.105）和式（2.128），式（2.140）可以写成如下形式：

$$\Lambda_{ij}\approx-\nu_{\mathrm{f}}\left[\frac{\partial(hu_i)}{\partial x_j}+\frac{\partial(hu_j)}{\partial x_i}\right] \tag{2.141}$$

将式（2.141）代入式（2.139）得

$$\frac{\partial(hu_i)}{\partial t}+\frac{\partial(hu_iu_j)}{\partial x_j}+gh\frac{\partial h}{\partial x_i}=\nu_{\mathrm{f}}\frac{\partial^2(hu_i)}{\partial x_j^2}+F_i \tag{2.142}$$

运动黏性系数 ν_{f} 定义为

$$\nu_{\mathrm{f}}=\frac{e^2\Delta t}{6}(2\tau-1) \tag{2.143}$$

源项 F_i 的表达式为

$$F_i = -gh\frac{\partial z_{\text{b}}}{\partial x_i} - \frac{gn_{\text{b}}^2}{h^{1/3}}u_i\sqrt{u_j u_j} - S_{\text{vege}\,i} \tag{2.144}$$

可以看出，式（2.142）是二维浅水方程中的动量方程式（2.98）。

5. 边界条件

在格子 Boltzmann 方法中，一个重要和关键的步骤是如何精确模拟边界条件。在边界处，需要根据给定的边界条件确定其向内的分布函数。以 D2Q9 为例，根据不同的边界类型，本小节介绍几种常用的边界处理格式。

1）反弹格式

反弹格式常用来模拟固体边界条件，主要思想是将固体边界的入射粒子反弹回计算水体内，也称为无滑移边界条件。反弹格式有很多种，本节将介绍一种简单、易于操作的方法。反弹格式如图 2.18 所示，节点处的分布函数 f_1、f_5、f_6、f_7 和 f_8 可以从迁移步骤中求得，而分布函数 f_2、f_3 和 f_4 未知。反弹格式假设已知的分布函数 f_6、f_7 和 f_8 撞击固体边界，并反弹回水域内，可以得到如下表达式：

$$\begin{cases} f_2 = f_6 \\ f_3 = f_7 \\ f_4 = f_8 \end{cases} \tag{2.145}$$

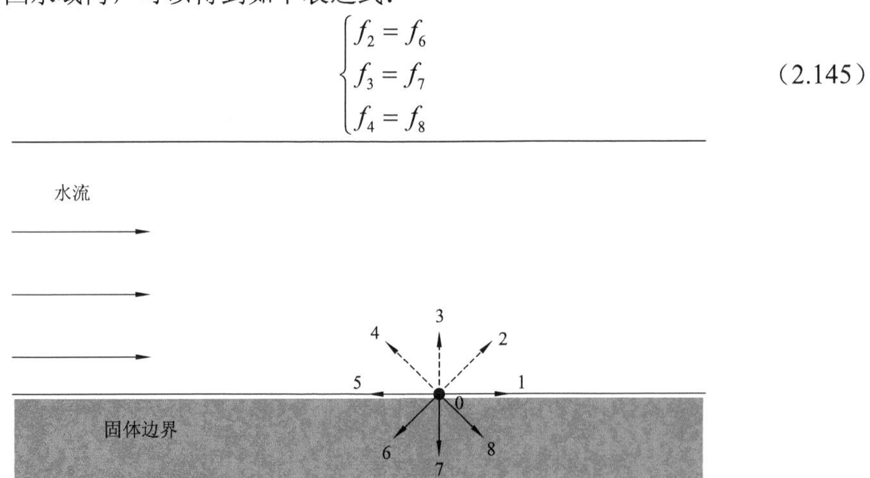

图 2.18　反弹格式和镜面反射格式

2）镜面反射格式

反弹格式主要应用于无滑移壁面，对于壁面与流体没有摩擦作用，即没有动量交换的光滑壁面，通常采用镜面反射格式。如图 2.18 所示，入射粒子 f_6 沿壁面法线方向的对称方向 f_4 反射即镜面反射处理。具体实施如下：

$$\begin{cases} f_2 = f_8 \\ f_3 = f_7 \\ f_4 = f_6 \end{cases} \tag{2.146}$$

3）反弹和镜面反射混合格式

在实际问题中，往往既不能用简单的反弹格式，又不能用镜面反射格式来描述液体与固体壁面之间的相互作用和动量交换。因此，本节将两者结合起来描述固体壁面对液体的作用。图 2.18 中未知分布函数 f_2、f_3 和 f_4 的计算公式如下：

$$\begin{cases} f_2 = rf_8 + (1-r)f_6 \\ f_3 = f_7 \\ f_4 = rf_6 + (1-r)f_8 \end{cases} \tag{2.147}$$

式中：r 为一个大于零小于 1 的参数。当 $r=0$ 时，表示纯反弹格式；当 $r=1$ 时，表示纯镜面反射格式。显然，r 越小，壁面滑移速度越小。

4）入流或出流边界条件

假设入流、出流边界及水流方向如图 2.19 所示。在入流位置，分布函数 f_3、f_4、f_5、f_6 和 f_7 可以通过迁移过程求解，分布函数 f_2、f_1 和 f_8 未知；在出流位置，分布函数 f_3、f_2、f_1、f_8 和 f_7 可以通过迁移过程求解，分布函数 f_4、f_5 和 f_6 未知。

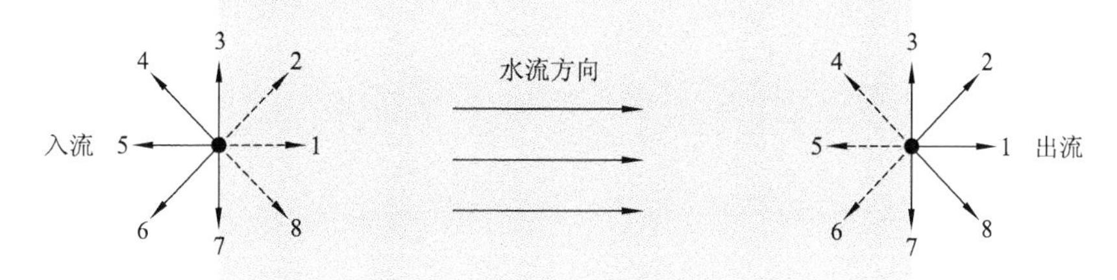

图 2.19　入流或出流边界条件

（1）已知入口流量和出口水位。

实际问题中，在入流边界处往往给定 x 方向的单宽流量，并假定 y 方向速度为 0。未知分布函数 f_2、f_1 和 f_8 可以用如下公式计算（Zhou，2004）：

$$f_2 = \frac{hu}{6e} + f_6 + \frac{f_7 - f_3}{2} \tag{2.148}$$

$$f_1 = f_5 + \frac{2hu}{3e} \tag{2.149}$$

$$f_8 = \frac{hu}{6e} + f_4 + \frac{f_3 - f_7}{2} \tag{2.150}$$

在出口处，往往水深是一个给定值，假设在边界处网格与相邻网格 x 方向流速 u 的梯度为零，未知分布函数 f_4、f_5 和 f_6 可以用如下公式计算：

$$f_4 = -\frac{hu}{6e} + f_8 + \frac{f_7 - f_3}{2} \tag{2.151}$$

$$f_5 = f_1 - \frac{2hu}{3e} \tag{2.152}$$

$$f_6 = -\frac{hu}{6e} + f_2 + \frac{f_3 - f_7}{2} \tag{2.153}$$

（2）平衡分布函数格式。

平衡分布函数格式是由 Mohamad（2011）提出的，在入口处未知分布函数 f_2、f_1 和 f_8 的表达式如下：

$$f_2 = f_6 + (f_2^{eq} - f_6^{eq}) \tag{2.154}$$

$$f_1 = f_5 + (f_1^{eq} - f_5^{eq}) \tag{2.155}$$

$$f_8 = f_4 + (f_8^{eq} - f_4^{eq}) \tag{2.156}$$

在出口处未知分布函数f_4、f_5和f_6的表达式如下：

$$f_4 = f_8 + (f_4^{eq} - f_8^{eq}) \tag{2.157}$$

$$f_5 = f_1 + (f_5^{eq} - f_1^{eq}) \tag{2.158}$$

$$f_6 = f_2 + (f_6^{eq} - f_2^{eq}) \tag{2.159}$$

平衡分布函数格式应用简单，易于实现且适用范围广。入口和出口给定任何边界条件，如水位、流速、流量等，均可以采用此方法。

5）周期性边界条件

在一些重复的流动中，有必要应用周期性边界条件。如图2.20所示的水流，虚线a以上与虚线b以下的流动状态相同。因此，可以用周期性边界条件来模拟虚线a与虚线b之间的流动现象。虚线a处的未知分布函数是f_6、f_7和f_8，虚线b处的未知分布函数是f_2、f_3和f_4。周期性边界条件的格式如下。

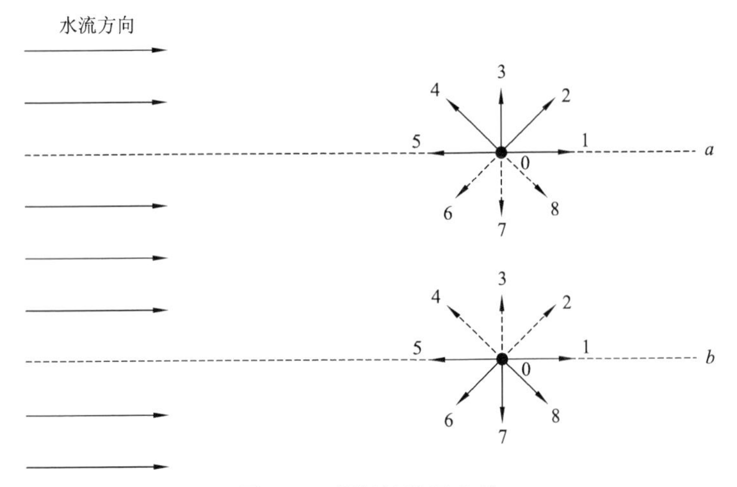

图2.20　周期性边界条件

沿着虚线a：

$$\begin{cases} f_{6,a} = f_{6,b} \\ f_{7,a} = f_{7,b} \\ f_{8,a} = f_{8,b} \end{cases} \tag{2.160}$$

沿着虚线b：

$$\begin{cases} f_{2,b} = f_{2,a} \\ f_{3,b} = f_{3,a} \\ f_{4,b} = f_{4,a} \end{cases} \tag{2.161}$$

6）对称边界条件

对于线对称或面对称的算例，只需计算求解区域的一部分，这样可以节约计算资源。如图 2.21 所示，管壁中的流动在对称线上下是一样的，因此可以采用对称边界条件，只需计算一半求解区域。假设计算区域为上半区域，分布函数 f_2、f_3 和 f_4 是未知的，相应的对称边界条件的格式为

$$\begin{cases} f_2 = f_8 \\ f_3 = f_7 \\ f_4 = f_6 \end{cases} \tag{2.162}$$

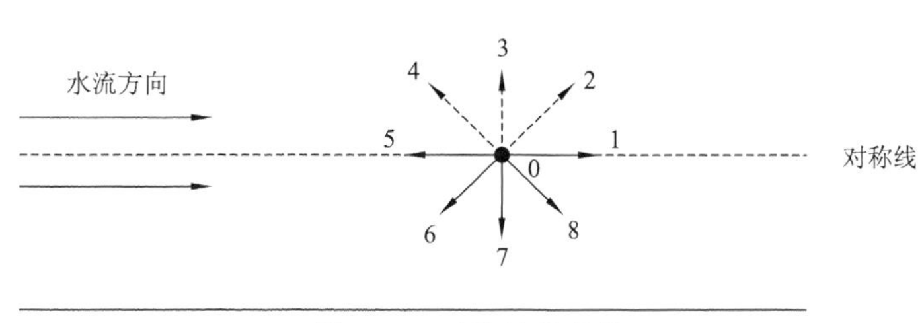

图 2.21　对称边界条件

6. 初始条件

根据初始的宏观变量（水深、流速等）计算初始的平衡分布函数，同时用初始的平衡分布函数近似代替初始的分布函数，即

$$f_\alpha(\boldsymbol{x},0) = f_\alpha^{\mathrm{eq}}(\boldsymbol{x},0) \tag{2.163}$$

7. 稳定条件

数值模型都有保证其计算稳定的限制条件，基于格子 Boltzmann 方法的二维浅水数值模型也有保证其计算正常进行的稳定条件。对于液体流动，要求其运动黏性系数大于 0，即

$$\nu_{\mathrm{f}} = \frac{e^2 \Delta t}{6}(2\tau - 1) > 0 \tag{2.164}$$

根据式（2.164），易得出如下限制条件：

$$\tau > \frac{1}{2} \tag{2.165}$$

数值模型也需要满足以下两个限制条件：

$$\frac{u_j u_j}{e^2} < 1 \tag{2.166}$$

$$\frac{gh}{e^2} < 1 \tag{2.167}$$

根据式（2.166）和式（2.167），可以得出流体的弗劳德数 Fr 小于 1，即

$$Fr=\frac{\sqrt{u_j u_j}}{\sqrt{gh}}<1 \tag{2.168}$$

弗劳德数 Fr 是判别明渠水流流态（急流和缓流）的无量纲数。$Fr>1$ 时，水流流态为急流；$Fr<1$ 时，水流流态为缓流；$Fr=1$ 时，水流为临界流动。根据式（2.168）的限制条件，基于格子 Boltzmann 方法的二维浅水数值模型只适用于缓流流动。

8. 外力项的处理

式（2.144）是数值模型中的外力项，包括地形源项、摩擦阻力项和由植被引起的阻力项。对外力项的一种处理方法是取格子节点值和相邻的格子节点值的平均值：

$$F_i=\frac{1}{2}[F_i(\boldsymbol{x},t)+F_i(\boldsymbol{x}+\boldsymbol{e}_\alpha\Delta t,t)] \tag{2.169}$$

外力项的另一种处理方法是取格子节点和相邻格子节点中间的格子节点的值，表达式如下：

$$F_i=F_i(\boldsymbol{x}+\frac{1}{2}\boldsymbol{e}_\alpha\Delta t,t) \tag{2.170}$$

9. 紊动阻力

紊流模型的连续性方程同式（2.97），动量方程写成如下形式：

$$\frac{\partial(hu_i)}{\partial t}+\frac{\partial(hu_iu_j)}{\partial x_j}+gh\frac{\partial h}{\partial x_i}=(\nu_\mathrm{f}+\nu_\mathrm{e})\frac{\partial^2(hu_i)}{\partial x_j^2}+F_i \tag{2.171}$$

式中：ν_e 为涡黏系数。

定义一个新的黏性系数 ν_t，其表示运动黏性系数和涡黏系数之和：

$$\nu_\mathrm{t}=\nu_\mathrm{f}+\nu_\mathrm{e} \tag{2.172}$$

同时，定义一个新的松弛因子 τ_t：

$$\tau_\mathrm{t}=\tau+\tau_\mathrm{e} \tag{2.173}$$

式中：τ_e 为由涡黏系数 ν_e 引起的松弛因子。

Zhou（2004）根据亚格子应力模型提出了总松弛因子 τ_t 的表达式：

$$\tau_\mathrm{t}=\frac{\tau+\sqrt{\tau^2+18C_\mathrm{s}^2/(e^2h)\sqrt{\prod_{ij}\prod_{ij}}}}{2} \tag{2.174}$$

式中：C_s 为 Smagorinsky 常数；$\prod_{ij}$ 的计算公式为

$$\prod_{ij}=\sum_\alpha e_{\alpha i}e_{\alpha j}(f_\alpha-f_\alpha^\mathrm{eq}) \tag{2.175}$$

总黏性系数 ν_t 的计算公式为

$$\nu_\mathrm{t}=\nu_\mathrm{f}+\nu_\mathrm{e}=\frac{e^2\Delta t}{6}(2\tau_\mathrm{t}-1) \tag{2.176}$$

10. 数值模型计算步骤

总结上述内容，基于格子 Boltzmann 方法的二维浅水数值模型的计算步骤如下，计算流程如图 2.22 所示。

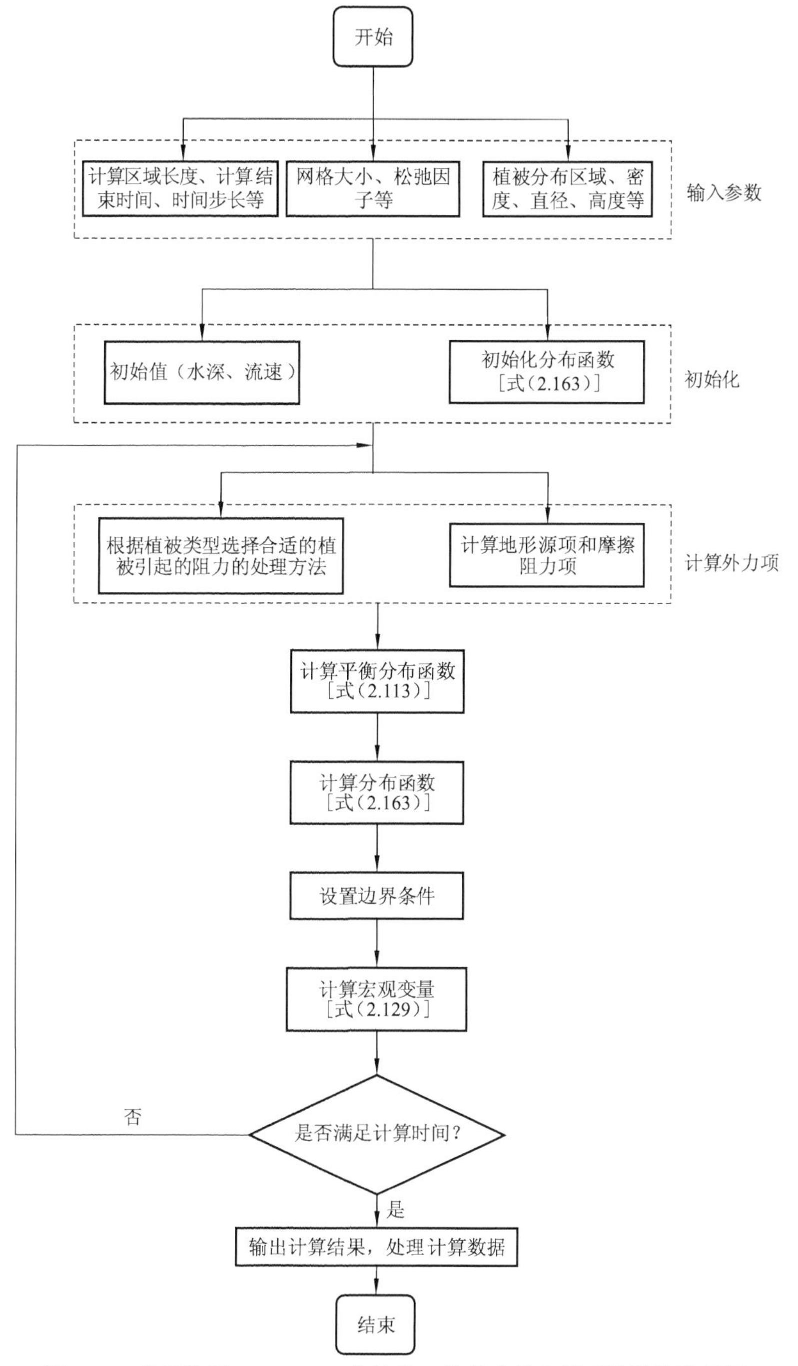

图 2.22　基于格子 Boltzmann 方法的二维浅水数值模型的计算流程图

（1）对计算区域进行剖分，划分为均匀格子；

（2）输入相关计算参数（计算区域长度、计算结束时间、时间步长、网格大小、松弛因子等）；

（3）输入植被参数（植被分布区域、密度、直径、高度等）；

（4）初始化，给定计算区域宏观变量（水深、流速）的初始值，根据式（2.113）计算出平衡分布函数，根据式（2.163）初始化分布函数；

（5）根据植被类型选择合适的植被引起的阻力的处理方法；

（6）根据式（2.169）或式（2.170）计算外力项 F_i；

（7）计算平衡分布函数[式（2.113）]；

（8）计算分布函数[式（2.163）]；

（9）根据不同边界类型，选择合适的边界条件格式，设置边界条件；

（10）根据式（2.129）计算新时间层的宏观变量（流速和水深）；

（11）判断是否满足计算时间，满足后，输出计算结果，没有满足，重复步骤（5）～（10）；

（12）处理计算数据。

2.3.3 模型的验证和应用

2.3.1 小节和 2.3.2 小节基于格子 Boltzmann 方法建立了数值模型来求解二维浅水流动。本小节运用理论和试验算例相结合的方法对建立的数值模型进行验证。植被处理方法采用等效曼宁粗糙系数方法。共选取了五个算例，分别是：植被覆盖一侧的矩形河道、一侧局部有植被覆盖的矩形渠道、部分植被覆盖的 U 形弯道矩形渠道、潮汐波流动和流经正方形障碍物的溃坝水流。工况设置情况见表 2.2。针对不同的植被密度、不同的植被分布方式及不同的水流进行模拟，将数值模型计算结果与试验测量值进行对比来验证模型的合理性。利用验证后的模型对缺乏实测资料的植被水流进行模拟和预测。

表 2.2 工况编号和植被分布情况

算例	工况编号	植被分布
1	G-1	有
	G-2	有
2	H-1	有
	H-2	有
3	I	有
4	J	无
	K	无
5	L	无

1. 植被覆盖一侧的矩形河道

本试验是 Tsujimoto 和 Kitamura（1995）所做的室内水槽试验。试验采用矩形断面水槽，长 12.0 m，宽 0.4 m，床底粗糙系数取 0.015，水槽底坡为 0.001 7。植被采用刚性圆柱形玻璃棒模拟，直径为 0.001 5 m，植被区宽度为 0.12 m，植被在纵向覆盖全部河道。试验布置见图 2.23 和图 2.24。对两个试验工况进行数值计算，分别记为工况 G-1 和工况 G-2。工况 G-1：水深为 0.045 7 m，平均流速为 0.32 m/s，植被间距为 0.028 m，植被密度 c 为 0.002 3。工况 G-2：水深为 0.042 8 m，平均流速为 0.276 m/s，植被间距为 0.02 m，植被密度 c 为 0.004 4。植被处理方法采用等效曼宁粗糙系数方法。

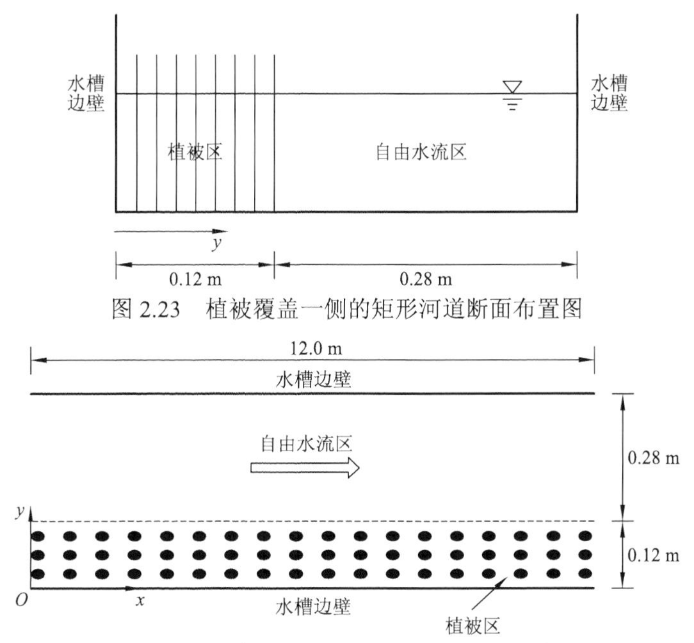

图 2.23　植被覆盖一侧的矩形河道断面布置图

图 2.24　植被覆盖一侧的矩形河道平面示意图

数值模型的相关计算参数如下：$\Delta x=\Delta y=0.02$ m，$\Delta t=0.005$ s，$\tau=0.55$，$C_s=0.2$，拖曳力系数 $C_d=1.5$，二次流系数 $k=0.2$；固体边界采用反弹和镜面反射混合格式，参数 $r=0.8$；式（2.148）～式（2.153）用于计算入口和出口边界条件。将格子 Boltzmann 方法的计算结果分别与试验测量值和有限体积法的计算结果进行对比，如图 2.25 和图 2.26 所示。格子 Boltzmann 方法的计算结果与试验测量值吻合较好，模型可以成功地模拟植被对水流结构的调整作用，如植被区流速减小、自由水流区流速变大、植被区与自由水流区存在着较大的流速梯度等。格子 Boltzmann 方法的计算结果与有限体积法的计算结果相差无几。

2. 一侧局部有植被覆盖的矩形渠道

本试验是 Zong 和 Nepf（2010）进行的水槽一侧局部覆盖植被的室内矩形水槽试验。水槽长 16 m，宽 1.2 m，在 $x=2$ m 处开始布置植被，植被区长度和宽度分别为 8 m、0.4 m，

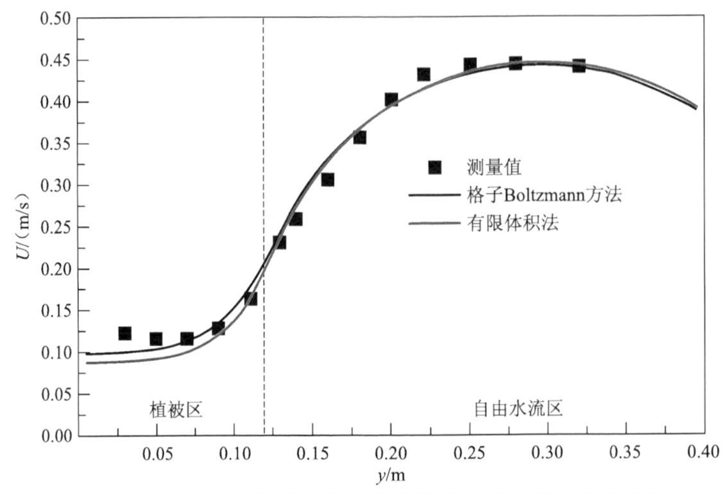

图 2.25 工况 G-1 断面平均流速计算值与试验测量值的对比

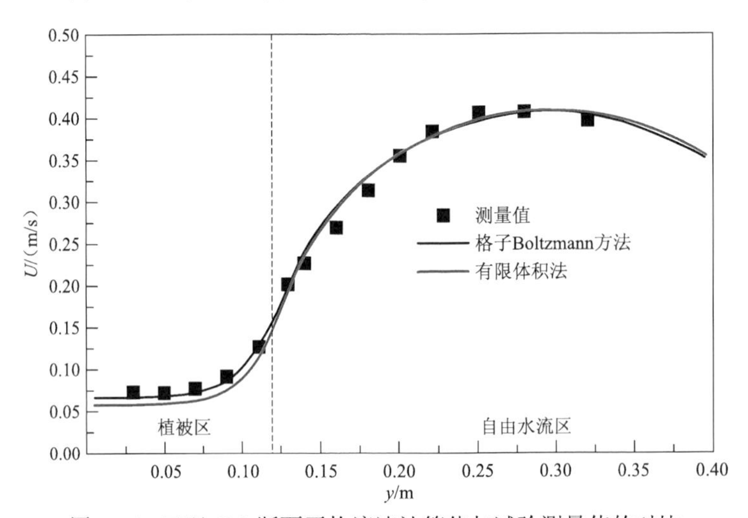

图 2.26 工况 G-2 断面平均流速计算值与试验测量值的对比

试验布置如图 2.27 所示。植被模型为圆柱形，直径为 0.006 m，固定在穿孔的聚氯乙烯(polyvinyl chloride，PVC)基板上。水槽曼宁粗糙系数取为 0.017 8，水槽底坡为 0.000 01。试验流量为 0.019 32 m^3/s，水深为 0.138 m。进行了两种植被密度工况的试验，分别记为工况 H-1 和工况 H-2。工况 H-1 植被密度为 0.02，工况 H-2 植被密度为 0.1。植被处理方法采用等效曼宁粗糙系数方法。

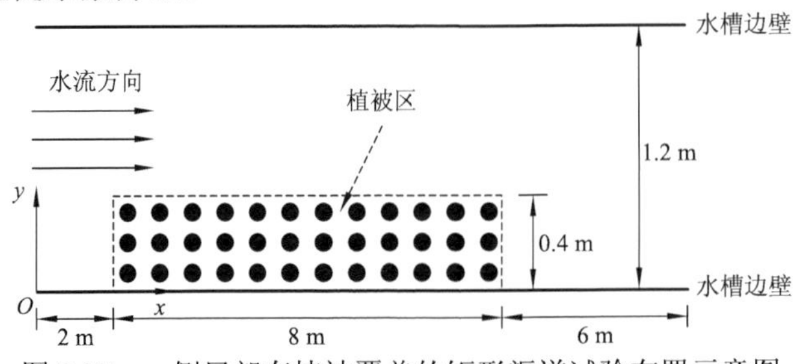

图 2.27 一侧局部有植被覆盖的矩形渠道试验布置示意图

数值模型的相关计算参数如下：$\Delta x=\Delta y=0.03$ m，$\Delta t=0.005$ s，$\tau=0.51$，$C_s=0.32$，$C_d=2.5$，$k=0.2$；固体边界采用反弹和镜面反射混合格式，参数 $r=0.8$；式（2.148）～式（2.153）用于计算入口和出口边界条件。

1）横断面横向流速分布

图 2.28 和图 2.29 分别给出了工况 H-1 在 $x=8.7$ m 处和工况 H-2 在 $x=5.1$ m 处横断面横向流速计算值与测量值的对比。在植被存在的情况下，植被区与自由水流区交界处具有较大的横向流速梯度；工况 H-2 的植被密度大，植被引起的横向流速梯度也会变大。在水流条件一样的情况下：工况 H-2 植被区的流速要小于工况 H-1；在植被的排水作用下，植被密度较大的工况 H-2 的自由水流区的流速要大于工况 H-1。建立的数值模型对横断面横向流速分布的预测值与试验测量值吻合，证明了数值模型的有效性。

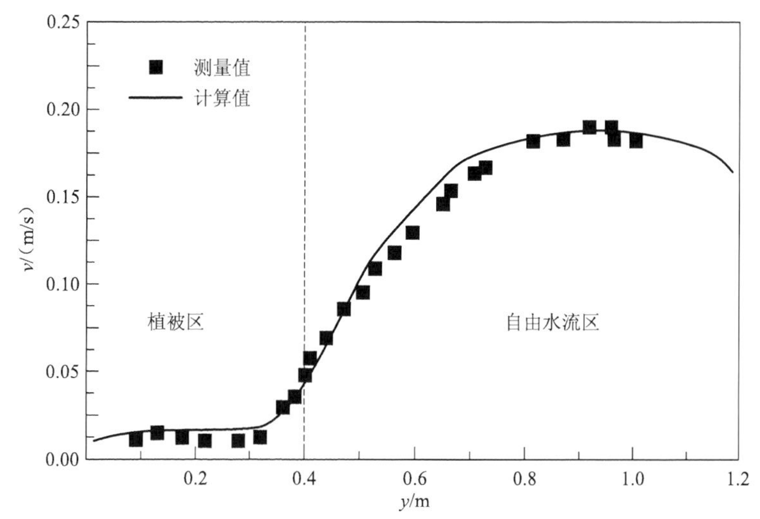

图 2.28　工况 H-1 $x=8.7$ m 处横断面横向流速计算值与测量值的对比

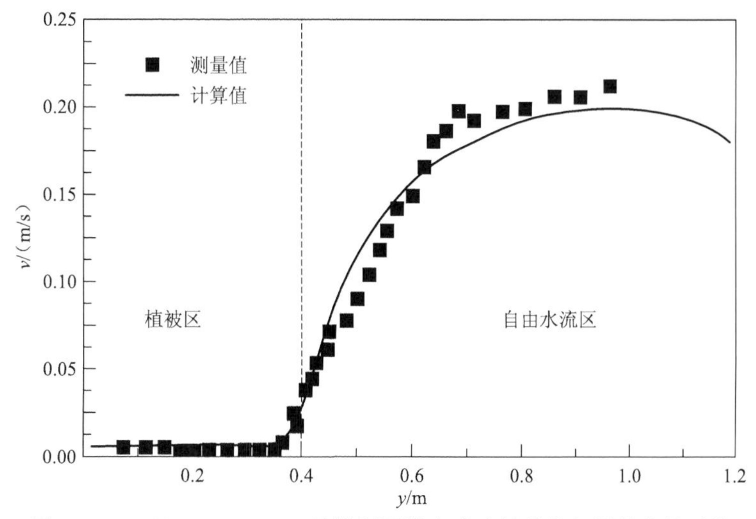

图 2.29　工况 H-2 $x=5.1$ m 处横断面横向流速计算值与测量值的对比

2）纵断面流速分布

两种工况下纵断面 $y=0.2$ m（植被区中心）和纵断面 $y=0.4$ m（植被区与自由水流区交界线）上 u（沿流流速）、v（横向流速）计算值与测量值的对比见图 2.30～图 2.33。

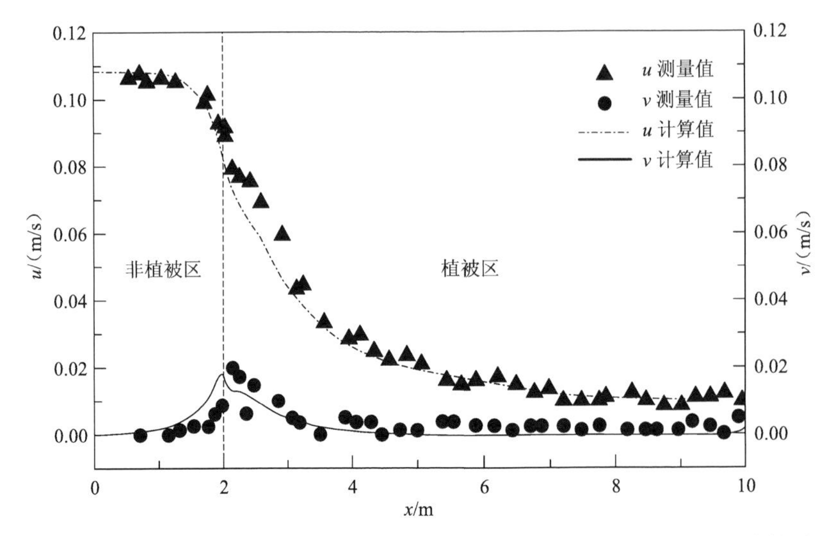

图 2.30　工况 H-1 $y=0.2$ m 纵断面沿流流速 u、横向流速 v 计算值与测量值的对比

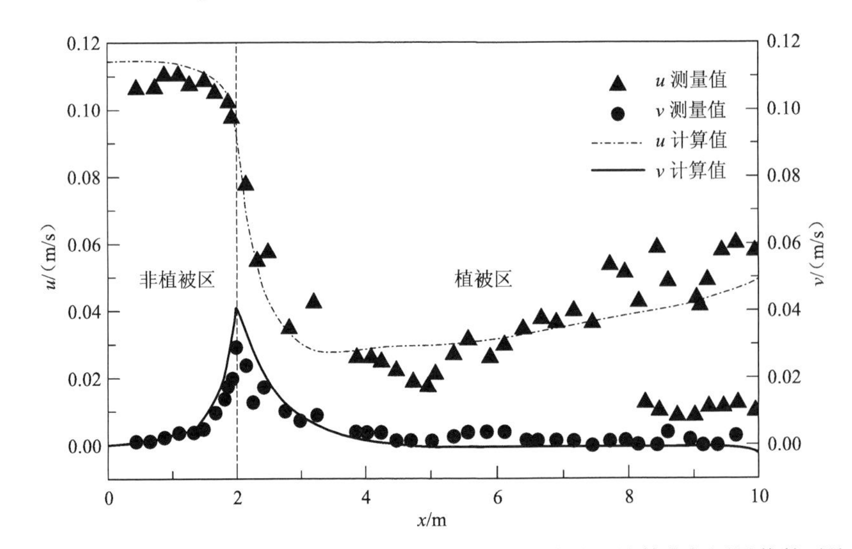

图 2.31　工况 H-1 $y=0.4$ m 纵断面沿流流速 u、横向流速 v 计算值与测量值的对比

对于横向流速，工况 H-1 和工况 H-2 模型计算值与试验测量值的变化趋势一致，吻合良好。横向流速在入口处为零，但在距离入口 2 m 处局部分布着植被，引起水流向自由水流区的偏离，横向流速逐渐增加；水流流经 $x=2$ m 处时开始遇到植被，此处植被对横向流速的影响最大，故横向流速达到峰值；水流开始进入植被区（$y=0.2$ m）和经过植被区与非植被区交界线（$y=0.4$ m）后，横向流速开始减小，经过 2 m 左右的调整距离后基本达到稳定。植被区与非植被区交界线（$y=0.4$ m）在横向上扰动强度很小，达

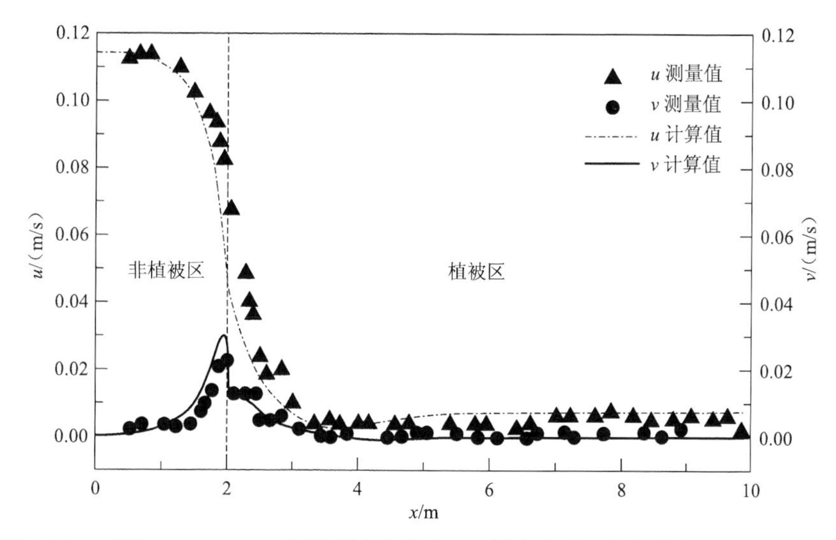

图 2.32　工况 H-2 $y=0.2$ m 纵断面沿流流速 u、横向流速 v 计算值与测量值的对比

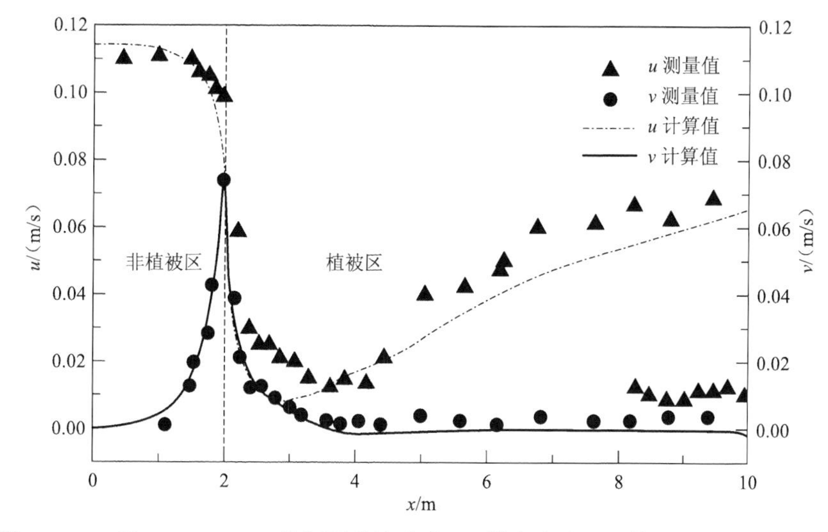

图 2.33　工况 H-2 $y=0.4$ m 纵断面沿流流速 u、横向流速 v 计算值与测量值的对比

到稳定的横向流速较小，接近于零。与横向流速分布不同，水流在到达植被区之前沿流流速迅速减小；进入植被区后水流经过 2 m 左右的调整，沿流流速变得相对稳定。相比于横向流速，在 $y=0.4$ m 沿流流速数值模拟的结果稍差，但整体变化趋势一致。其原因可能是 $y=0.4$ m 位于植被区与自由水流区的交界区域，此区域流速梯度大，动量交换强烈，水流结构在时间和空间上处在动态变化中。

3）工况 H-1 和工况 H-2 纵断面流速计算结果对比

图 2.34 和图 2.35 对比了两种工况下在纵断面 $y=0.2$ m 和 $y=0.4$ m 沿流流速 u 与横向流速 v 的计算结果。工况 H-1 和工况 H-2 的横向流速 v 均是在 $x=2$ m 处达到峰值；工况 H-2 的植被密度大于工况 H-1，植被对水流运动的影响更大，工况 H-2 的横向流速 v

在 $x=2$ m 处的峰值要大于工况 H-1；工况 H-2 的沿流流速 u 沿纵向的流速梯度大于工况 H-1；水流在进入植被区后，经过一段距离的调整，两种工况下的沿流流速 u 和横向流速 v 均逐渐变得稳定。

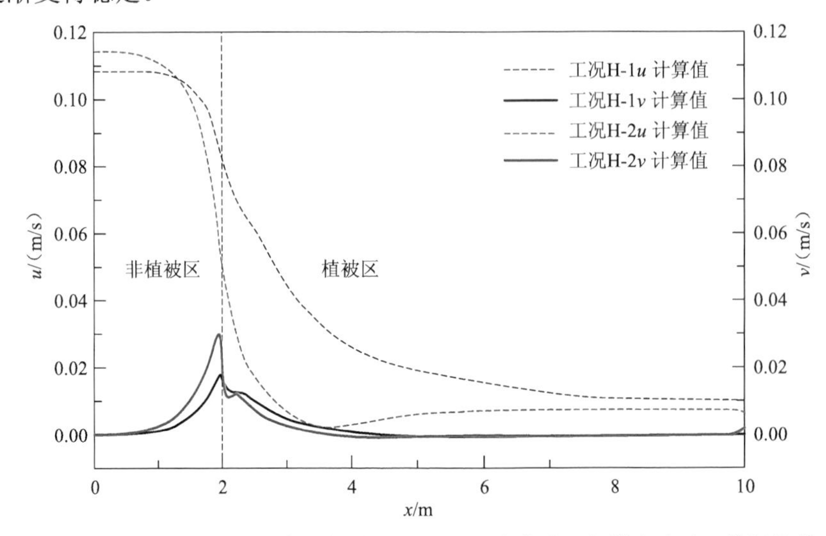

图 2.34　工况 H-1 和工况 H-2 在纵断面 $y=0.2$ m 沿流流速 u 与横向流速 v 的计算值对比

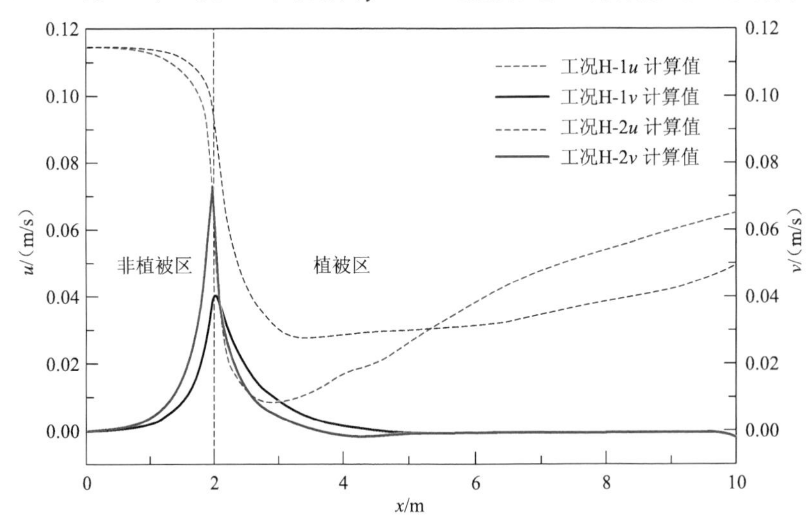

图 2.35　工况 H-1 和工况 H-2 在纵断面 $y=0.4$ m 沿流流速 u 与横向流速 v 的计算值对比

4）纵断面 $y = 0.2$ m 和 $y = 0.4$ m 流速计算结果对比

纵断面 $y=0.2$ m 和 $y=0.4$ m 沿流流速 u 与横向流速 v 的计算结果对比见图 2.36 和图 2.37。相比于纵断面 $y=0.2$ m，纵断面 $y=0.4$ m 所在的区域紊流强度较强，植被区与自由水流区动量交换剧烈。因此，在两种工况下纵断面 $y=0.4$ m 的横向流速的峰值均大于纵断面 $y=0.2$ m；纵断面 $y=0.4$ m 的水流进入植被区后重新调整达到稳定的距离要大于纵断面 $y=0.2$ m；纵断面 $y=0.2$ m 和 $y=0.4$ m 经过调整达到的稳定横向流速的大小相同，接近于零；纵断面 $y=0.4$ m 的沿流流速在减小到最小值后又迅速增加，而纵

断面 $y=0.2$ m 的沿流流速在减小到最小值后保持稳定，原因同样是纵断面 $y=0.2$ m 在植被区内部，时均流速较为稳定。

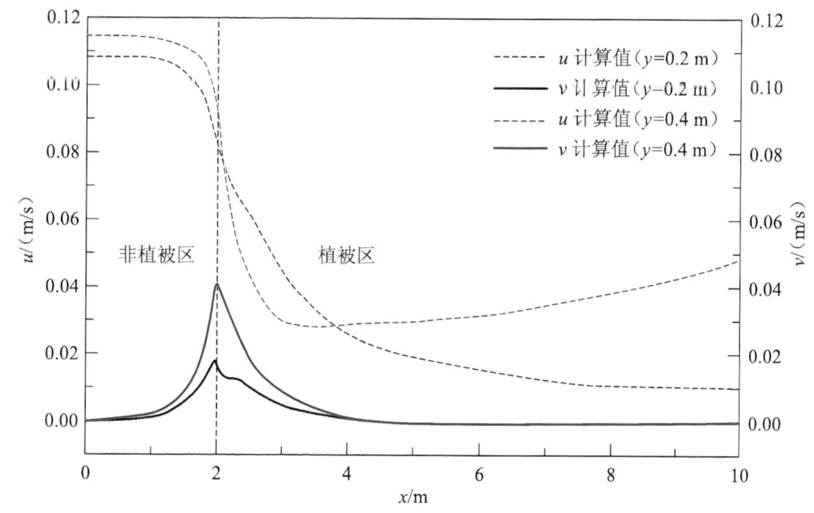

图 2.36　工况 H-1 在纵断面 $y=0.2$ m 和 $y=0.4$ m 沿流流速 u 与横向流速 v 的计算值对比

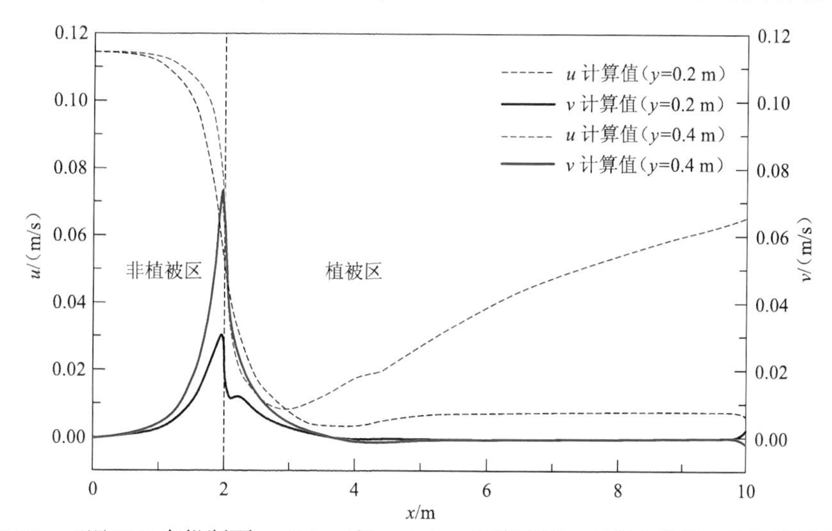

图 2.37　工况 H-2 在纵断面 $y=0.2$ m 和 $y=0.4$ m 沿流流速 u 与横向流速 v 的计算值对比

3. 部分植被覆盖的 U 形弯道矩形渠道

本试验是在武汉大学水力学实验室进行的，试验水槽是 180° U 形弯道矩形玻璃水槽（图 2.38）。U 形弯道矩形玻璃水槽的深为 0.25 m，宽为 1 m，弯道中心半径为 2 m，水槽平均底坡为 0.000 8；弯道入口和出口段相互平行，距离均为 4 m；水槽入口由电磁流量计调节流量，出口由尾门调节水位（图 2.39）；在弯道外岸布置植被，分布范围为弯道开始上游 2 m 处至弯道结束下游 2 m 处，植被区的宽度为 0.25 m，植被处于非淹没状态，试验具体布置见图 2.40 和图 2.41。测点流速采用美国 YSI 公司生产的 ADV 进行测量，采样时间为 60 s，频率为 50 Hz 以保证精度。

图 2.38　实验室 U 形弯道矩形玻璃水槽图片

图 2.39　U 形弯道矩形玻璃水槽出口处尾门图片

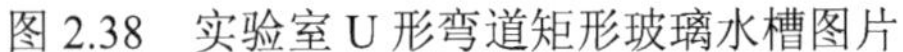

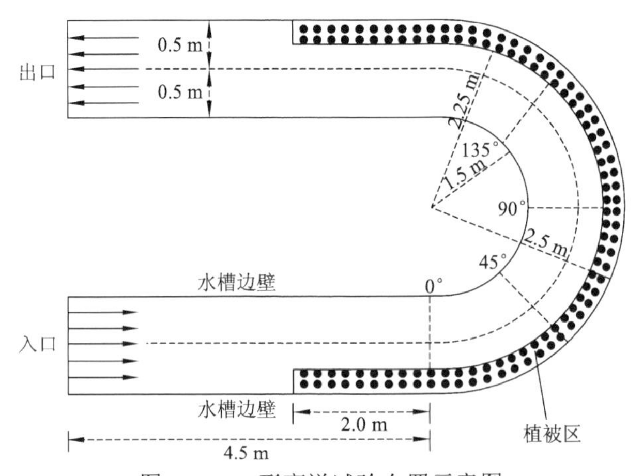

图 2.40　U 形弯道试验布置示意图

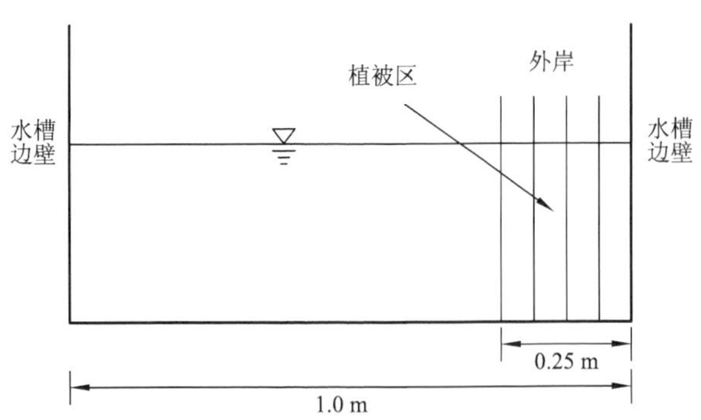

图 2.41　U 形弯道横断面示意图

试验流量为 0.03 m^3/s，控制弯道出口处水位为 0.148 m。在弯道处设置四个典型监测断面，分别为 0°、45°、90°、135°。刚性植被模型采用圆柱形钢筋模拟，直径为 0.006 m，高度为 0.154 m，密度为 0.011 3，水槽的曼宁粗糙系数为 0.009。采用等效曼宁粗糙系数方法处理植被。

模型计算参数如下：网格尺寸$\Delta x=\Delta y=0.025$ m，网格数为 280×200；$\Delta t=0.01$ s；$\tau=0.51$；$C_s=0.25$；边界采用反弹和镜面反射混合格式处理，参数 $r=0.2$；二次流系数 $k=0.3$，拖曳力系数 $C_d=1.2$；式（2.148）～式（2.153）用于计算入口和出口边界条件。

四个典型断面的模型计算结果与试验测量值的对比见图 2.42～图 2.45，图中同时对比了有植被分布和无植被分布情况下的流速分布。从图 2.42～图 2.45 中可以看出，数值模型模拟的流速分布的趋势和峰值与试验测量值一致，吻合良好。受植被阻水效应的影响，弯道流速重新调整和分布，有植被与无植被情况下的水流流速分布具有明显的差异。在有植被的情况下，四个断面的流速分布表现出更加不均匀的特性，同时四个断面的流速峰值均大于无植被情况下的流速峰值。在有植被分布的区域，流速相比于无植被分布时明显减小；而非植被区的流速明显增加，同时由于受到两侧水槽边壁的影响，流速会在非植被区达到峰值；植被区的流速随着水流进入弯道沿程递减；植被区与非植被区存在着较大的流速梯度，表明两者存在较强的动量和能量交换。

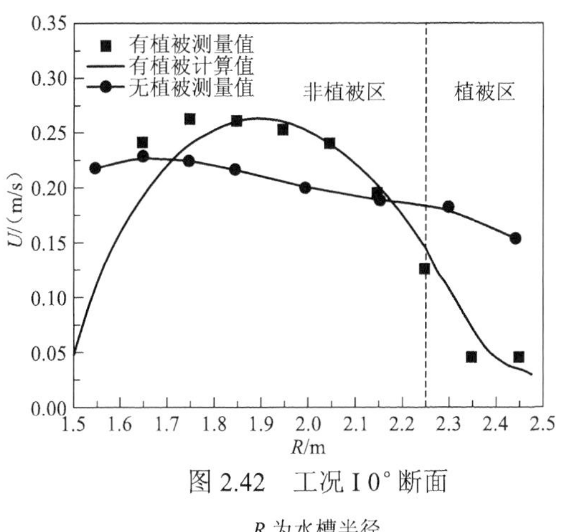

图 2.42　工况 I 0° 断面

R 为水槽半径

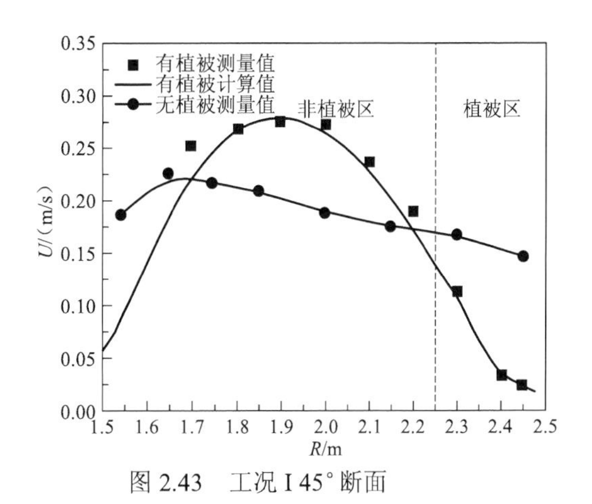

图 2.43　工况 I 45° 断面

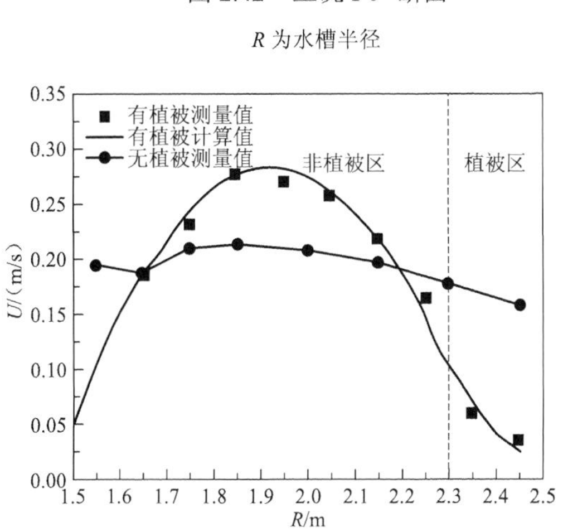

图 2.44　工况 I 90° 断面

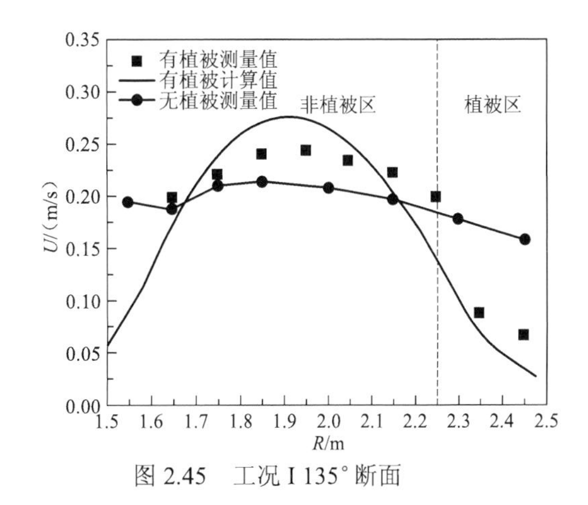

图 2.45　工况 I 135° 断面

4. 潮汐波流动

1）具有连续地形的潮汐波流动

本试验是 Bermudez 和 Vazquez（1994）提出的用于验证一维迎风格式的数值模型的试验，本小节采用二维格子 Boltzmann 方法进行模拟，记为工况 J。渠道长度为 14 000 m，宽度定义为 35.6 m。渠道地形高程定义如下：

$$z_b(x,y)=10+\frac{40x}{L}+10\sin\left[\pi\left(\frac{4x}{L}-0.5\right)\right] \tag{2.177}$$

式中：L= 14 000 m，表示渠道的长度。计算区域初始水深为 60.5m，水流处于静止状态。出口处控制流速为零，在入口处水深边界条件定义为一个随时间变化的正弦波（图 2.46）：

$$h(0,0,t)=64.5-4.0\sin\left[\pi\left(\frac{4t}{86\,400}+0.5\right)\right] \tag{2.178}$$

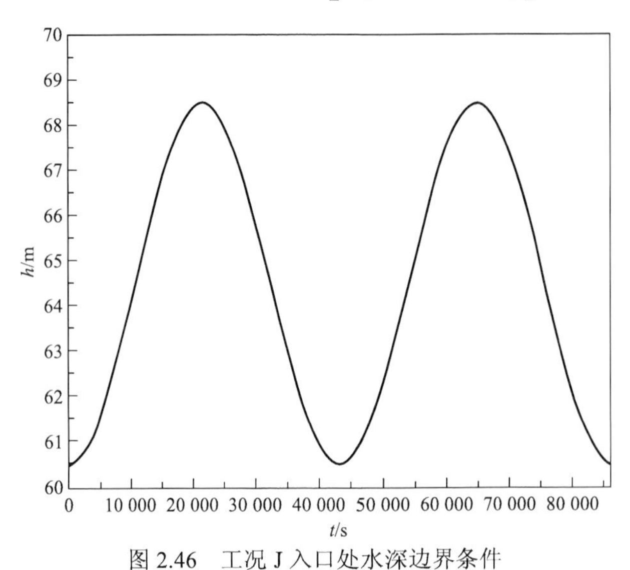

图 2.46　工况 J 入口处水深边界条件

基于上述边界条件和初始条件，Bermudez 和 Vazquez（1994）推导出了水位和流速的解析解公式，为

$$\begin{cases}\eta(x,y,t)=z_b(x,y)+4-4\sin\left[\pi\left(\dfrac{4t}{86\,400}+0.5\right)\right]\\ u(x,y,t)=\dfrac{(x-L)\pi}{5\,400\eta(x,y,t)}\cos\left[\pi\left(\dfrac{4t}{86\,400}+0.5\right)\right]\end{cases} \tag{2.179}$$

数值模型的计算参数如下：网格尺寸$\Delta x=\Delta y$= 17.5 m，网格数为 800×2；Δt= 0.01 s；τ =0.51；C_s=0.25；上下边界采用镜面反射格式处理；平衡分布函数格式式（2.154）～式（2.159）用于计算入口和出口边界条件；计算时间为 9 117.5 s。图 2.47 和图 2.48 分别进行了 t=9 117.5 s 时水位、流速计算值和解析解的对比，通过对比可以看出，水位的

相对误差小于 1%，流速的相对误差小于 5%，数值模型的计算结果较好地吻合了解析解。这证明建立的模型可以成功地模拟非恒定浅水流动。

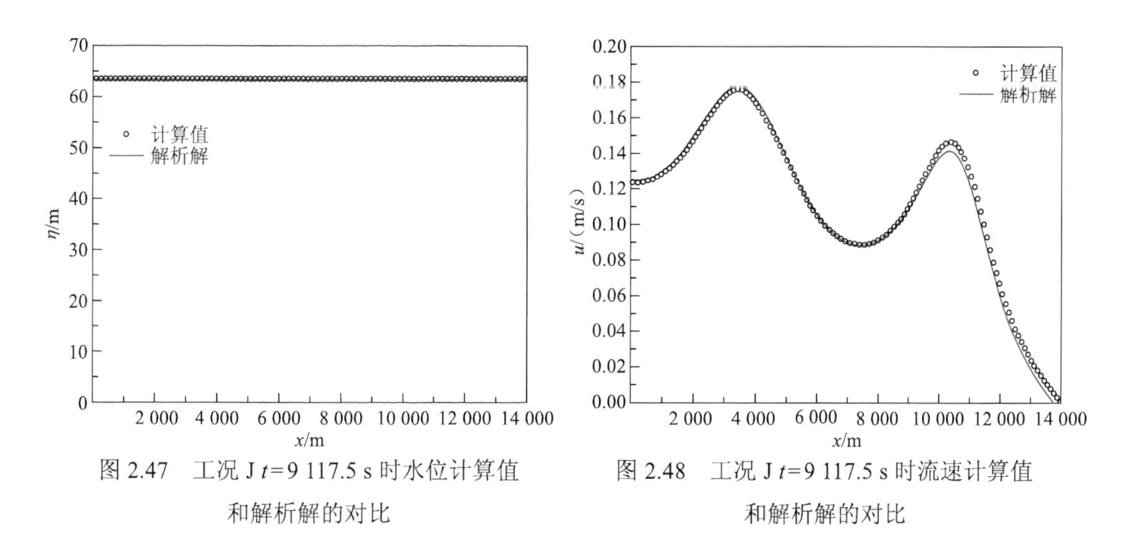

图 2.47　工况 J t=9 117.5 s 时水位计算值和解析解的对比

图 2.48　工况 J t=9 117.5 s 时流速计算值和解析解的对比

2）具有台阶状地形的潮汐波流动

与 1）不同，本算例记为工况 K，渠道地形高程定义如下：

$$z_b=\begin{cases}8, & |x-750|\leqslant 187.5\\ 0, & \text{其他}\end{cases}$$

渠道长度为 1 500 m，同样采用二维格子 Boltzmann 方法进行计算，设定横向宽度为 15m。初始状态水位为 16m，流速为零。出口流速设置为零，入口水深随时间的变化如下（图 2.49）：

$$h(0,0,t)=20-4.0\sin\left[\pi\left(\frac{4t}{86\,400}+0.5\right)\right]$$

基于上述初始条件和边界条件，算例的解析解同式（2.179）。

数值模型的计算参数如下：网格尺寸$\Delta x=\Delta y=7.5$ m，网格数为 200×2；$\Delta t=0.1$ s；$\tau=0.7$；$C_s=0.25$；上下边界采用镜面反射格式处理；平衡分布函数格式式（2.154）～式（2.159）用于计算入口和出口边界条件。图 2.50 给出了 t=10 800 s 时水位计算值与解析解的对比，结果吻合极好。图 2.51 和图 2.52 分别进行了流速格子 Boltzmann 方法计算值、有限体积法计算值与解析解的对比。图 2.51 的计算时间 t=10 800 s，潮汐水流具有最大的正向速度，图 2.52 的计算时间 t=32 400 s，潮汐水流具有最大的负向速度。从图 2.51、图 2.52 中可以看出，格子 Boltzmann 方法的计算结果和有限体积法的计算结果几乎没有差异，两者都能准确地模拟潮汐水流现象。

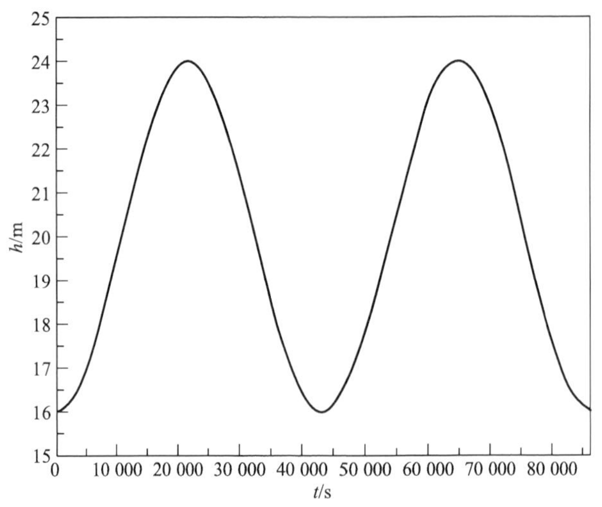

图 2.49　工况 K 入口水深边界条件

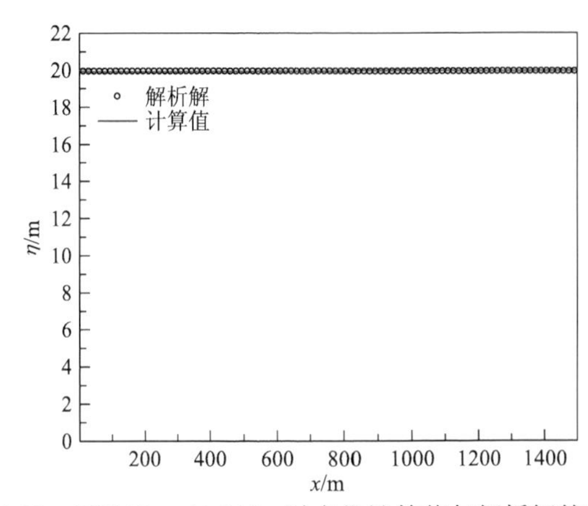

图 2.50　工况 K t=10 800 s 时水位计算值与解析解的对比

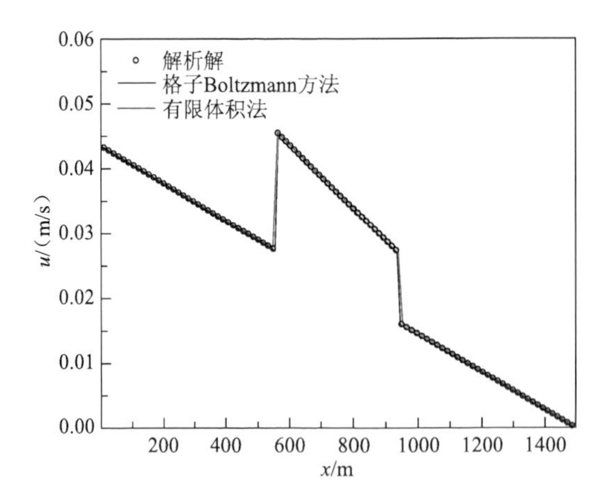

图 2.51　工况 K t=10 800 s 时流速计算值与解析解的对比

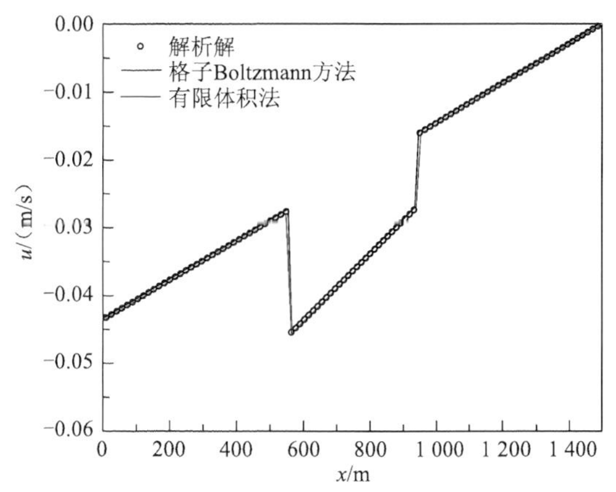

图 2.52　工况 K t=32 400 s 时流速计算值与解析解的对比

5. 流经正方形障碍物的溃坝水流

本算例（图 2.53）是溃坝水流的经典算例（记为工况 L）。计算区域是 200 m×200 m；在中心线 x=100 m 上存在一个水坝，坝宽为 75 m，距离上下边界分别为 30 m 和 95 m；在坝下游 x=150 m 线上布置 4 个长×宽为 20 m×20 m、高度为 16 m 的正方形柱子；坝上游横向底坡 S_y 和纵向底坡 S_x 均为零，初始水位为 10 m；坝下游横向底坡为零，纵向底坡为 0.02，初始水位为 5 m；整个计算区域在初始时刻处于静水状态；计算区域不考虑摩擦。在 t=0 时瞬间发生溃坝。

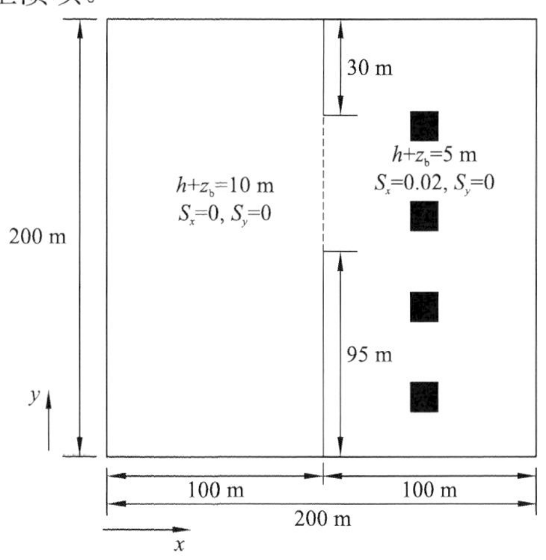

图 2.53　工况 L 计算区域示意图

模型计算参数如下：网格尺寸$\Delta x=\Delta y$=1 m，网格数为 200×200；Δt=0.01 s；τ =0.7；C_s=0.2；计算区域四周和 4 个正方形柱子的边界采用反弹格式处理。图 2.54 和图 2.55 分别为溃坝发生后 t=6.5 s 和 t=9.5 s 时的流场分布图，柱子的存在占据了过水面积，柱子之间区域的流速较大，柱子正下游区域受到柱子的挡水作用流速较小。从图 2.54、图 2.55 中可以看出，水流从溃坝位置迅速涌向下游；水流在下游受到 4 个柱子的阻挡和反弹作用开始流向柱子之间的区域。

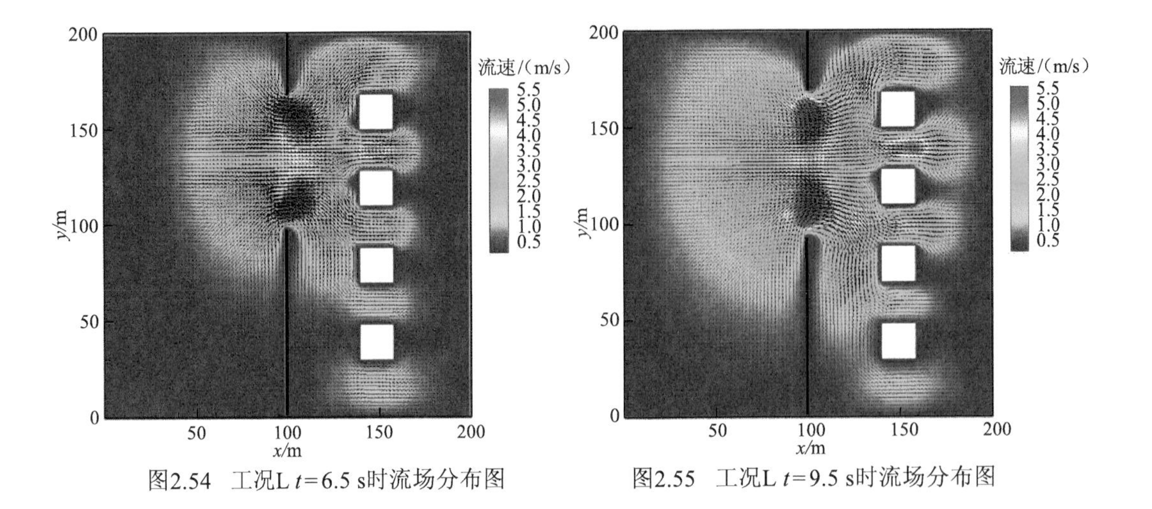

图2.54　工况L t=6.5 s时流场分布图

图2.55　工况L t=9.5 s时流场分布图

第3章 河流洲滩的植被化守护技术

固滩工程为航道整治中广泛采用的工程形式，但以往的洲滩守护工程往往采用混凝土或软体排等硬性结构形式，在保障滩体稳定的同时，往往会造成滩面的硬化，隔断局部区域河床底质与水体的物质能量交换，对生态环境产生了一定的影响。为此，本章详细诠释河流洲滩的植被化守护技术，在保障滩体稳定、较好地实现整治效果的同时，避免传统结构形式对生态环境造成的不利影响，起到了促进工程区生境修复及改善的作用。

3.1 洲滩的植被化守护技术的思路

植被的存在能够减小近底水流流速，促进泥沙落淤，有助于河漫滩的稳定及进一步发育，亲水植物在促进生物多样性、提高净化能力等方面均起到了极为重要的作用。本节从植被对河流生境的重要性出发，分析了三峡水库蓄水后，新水沙条件对洲滩发育及植物徙居的影响，从而提出了合理可行的洲滩的植被化守护技术的思路。

3.1.1 植物对河道的影响

河漫滩植被在河流生态系统的完整性中占有重要地位。河漫滩绿色植物的光合作用将自然环境中的无机物合成有机物质，同时把吸收的太阳能转化为化学能储存在有机物质中。绿色植物（生产者）被在河流廊道生存的动物（消费者）所利用，绿色植物所储存的能量沿着不同的线路逐级传递。绿色植物的死亡有机物（如树叶、枝条和腐烂根部）在土层内或落入河中。这些有机物被土壤和水体中的细菌、真菌与小型动物等微型消费者所分解，释放出碳、氨、磷等可被绿色植物重新利用的无机营养物。这样就形成了生态系统中物质的往复循环及能量的流动与耗散。河漫滩植被还具有河岸覆盖功能，对涵养水分和改善局部小气候都具有一定的作用。

对于河漫滩生态系统来说，其主要驱动力是短暂和随机发生的洪水。在汛期，洪水挟带着营养物质和泥沙涌入河漫滩，而在洪水消退时，水体挟带腐烂的枝叶残骸进入河道，完成一次高效的营养交换过程。大量的水生动物也随之在河道与河漫滩之间往复运动，找到适宜的产卵场和避难所。在洪水回落过程中，一些树种如柳树、枫杨的种子随水体沿河散布，在下游河段的浅滩淤泥中发芽生长，形成植被的自然格局。

亲水植物的繁盛对河流生境的重要意义不言而喻，其在水体的生态修复及水土保持方面具有重要作用，如美化环境、水体生态修复、水土保持等。从生态航道的建设角度出发，采用适生植被对滩体进行守护，对于改善局部环境具有重大意义。

植物对河道演变也有重要的影响。大量研究表明，植被对水流的水力学特性也有着显著的影响，主要表现为增加滩地水流阻力，减小漫滩上的平均流速，有助于冲泻质的落淤。图 3.1 为一组典型的沉水植被对水流时均流速影响的试验研究成果（庞翠超 等，2014）。垂线上纵向流速（u）曲线呈反 S 形，植被阻水作用一方面使该区的行水能力降低，另一方面略微加大了表层水的流速，使表层水体流速较无植被时变大，植物内部水体流速则变小，纵向流速在植被冠顶附近出现转折，较无植被工况的流速转折点位置要上移很多；在靠近水槽底部的位置出现次级流速最大值。

图 3.2 为相同条件下沉水植被对水流紊动强度的影响。由图 3.2 可知，紊动强度（k）由水面至植被基部呈先增后减趋势，转折点在植被冠顶附近。由于植被冠顶处切应力最大，植被随水流的摆动幅度最大、最激烈，所以其附近的紊动强度最强；水面处无水流

紊动的附加产生项，故紊动强度弱；植被基部被固定，也无水流紊动的附加产生项，并且植被固定不动的茎秆对由冠层摆动引发并传输下来的紊动具有明显的抑制作用，使得紊动耗散大幅加强，其紊动强度比无植被的本底强度还要小很多。近底层无植物斑块工况下紊动强度的平均值约为 $5.0\times10^{-4}\ m^2/s^2$，有植物斑块存在条件下减小到本底值的 14%～32%。图 3.1 与图 3.2 中不同的曲线代表不同的植株密度，1 代表 172 株/m^2，2 代表 86 株/m^2，3 代表 43 株/m^2，4 代表 0。

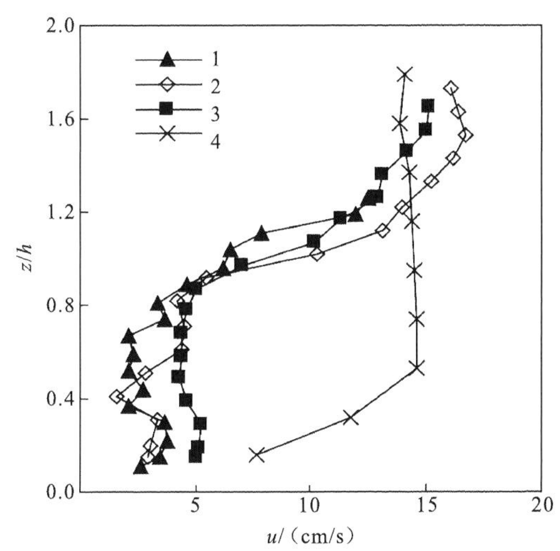

图 3.1 沉水植被（苦草）对水流时均流速的影响

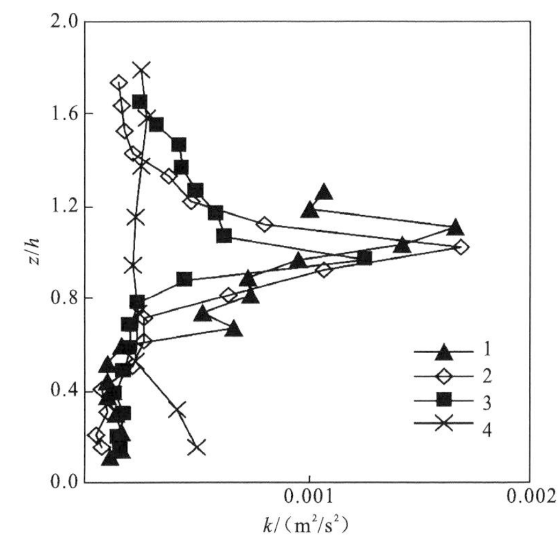

图 3.2 沉水植被（苦草）对水流紊动强度的影响

z 为垂向坐标；h 为植被高度

当来流含沙量大于当地水体的挟沙能力时，将发生淤积，反之，则发生冲刷。挟沙能力与水流条件、水的物理性质、泥沙的物理性质、边界条件有关。如果水深和泥沙的特性均确定，则流速越小，水流的挟沙能力越弱。若植物斑块内部的流速较来水流速小，挟沙能力也随之降低。若来水的含沙量大于本段水流的挟沙能力，水流中过剩的泥沙就会沉降，床面发生淤积。虽然植物斑块使上层水体的流速增大，同时增大了其挟沙能力；但悬沙在水流里的垂向分布不均匀，其中上层水体含沙量较小，而下层水体含沙量较大。因此，上层水体流速的增大对含沙量的影响并不大。

综合分析植被作用下的水沙运动特性可以看出，植被的存在能够减小近底水流流速，促进泥沙落淤，有助于河漫滩的稳定，同时落淤的泥沙也将有助于河漫滩的进一步发育。因此，一旦植被丰度达到一定规模，将能够有效增强河道内滩体的稳定性。

3.1.2 新水沙条件对洲滩发育及植物徙居的影响

三峡水库蓄水以后，来沙大幅度减少，洲滩易冲不易淤，且由于大量冲泻质淤积于库区，坝下游冲泻质大幅度减少，三峡水库蓄水以来落淤形成的滩体的组成物基本都是中细沙。

植物徙居于洲滩的重要前提是洲滩能提供必要的养分，中细沙组成的洲滩保水保肥能力差，植物徙居并增殖的难度大。倒口窑心滩目前高程较高，但在清水下泄的情况下其进一步淤高的难度较大。这是因为即使在洪水期漫滩，由于表层水流含沙量极低，粗砂落淤的可能性很小，较细泥沙落淤的可能性也几乎不存在。该滩体即使维持当前形态，也极难生长出成规模的植被，如图 3.3 所示。

图 3.3　倒口窑心滩滩面照片（2015 年 5 月）

实际上，有一部分植被的耐淹性极强，现场踏勘表明，即使是在枯水平台附近（淹没期一般超过 6 个月），局部缓流区（或静流区）在落淤了少量冲泻质后，也可见少量植被，如图 3.4 所示。可见，冲泻质的大幅度减少对植被的影响也是十分突出的。

图 3.4　钢丝石笼护坡表面冲泻质上的植被生长照片（2014 年 4 月）

3.1.3　洲滩的植被化守护技术思路的提出

1. 倒口窑心滩和藕池口心滩的差异

对于荆江河段不少关键洲滩，尽管滩体较为高大完整，但进一步淤积长大的可能性较小，且存在冲失、冲散的可能。这既与三峡水库蓄水后次饱和水流的作用有关，又与滩体上缺乏成规模的植被覆盖有关，藕池口水道的倒口窑心滩就是这种类型的典型代表。倒口窑心滩位于藕池口心滩左上侧，在 2005 年以后逐渐形成，虽然其高程目前已十分接近藕池口心滩（倒口窑心滩最高点为航基面上 9.7 m，藕池口心滩最高点为航基面上 10.0 m），且高于航基面上 7 m 的滩体面积超过 45 万 m^2，但目前滩面主要为沙粒，并无植被附着。而藕池口心滩至今不过十余年的历程，但航基面上 7 m 以上的滩面均有繁茂的植被覆盖，这一高程以下也有零星植被覆盖，已成为较为稳定的河漫滩，如图 3.5 所示。

图 3.5　倒口窑心滩与藕池口心滩现状对比照片

这两个相邻洲滩出现这么大的差别的原因主要在于：①滩体的组成物不同。藕池口心滩滩体为较细颗粒的泥沙。该较细颗粒的泥沙为藕池口心滩初期徙居植物提供了必要的营养物质，对亲水植物的定居、繁殖增长起到了十分关键的作用，反之由于植被的存在，滩面粗糙系数很大，水流流速很小，更有利于泥沙的淤积，促进滩体的淤积抬高。从 2006 年至 2015 年，藕池口心滩滩体边缘高程抬高了 2～3 m，高程超过 8 m 的滩面面积为 2.78 km^2（2006 年仅为 2.11 km^2）。②滩面的形态不同。藕池口心滩滩面是十分平坦的，由于滩体边缘植被的截留作用，藕池口心滩滩体边缘的高程会略高于腹地，从而形成自然堤，为后方滩体提供更好的掩护。这与倒口窑心滩的锥形滩面形态有比较大的差别。

2. 倒口窑心滩的水文情势

为了确定在倒口窑心滩上实施守护工程的可行性，首先对倒口窑心滩上的水文情势进行分析，以分析心滩的淹没情况为主。

1）试验区淹没深度

以石首站水位近似代表藕池口附近的水位，采用 2003 年三峡水库蓄水以来到 2011 年的水位资料计算分析工程区的淹没情况，包括最大淹没深度、平均淹没深度及淹没深度年内和年际变化等。

（1）最大淹没深度年际变化。

历年最大淹没深度为 0.7～4.3 m，最大淹没深度和汛期来水量关系密切，最大淹没深度的最大值为 4.3 m（2003 年），最大淹没深度的最小值为 0.7 m（2011 年）。最大淹没深度年际变化情况见图 3.6。

（2）平均淹没深度年际变化。

历年平均淹没深度为 0.2～1.6 m，平均淹没深度变化幅度较最大淹没深度小，但基本趋势大体一致，平均淹没深度最大值为 1.6 m（2003 年和 2007 年），最小值为 0.2 m（2011 年）。平均淹没深度年际变化见图 3.7。

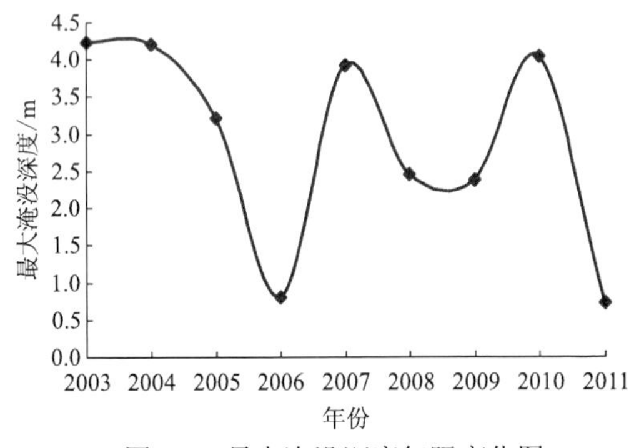

图 3.6　最大淹没深度年际变化图

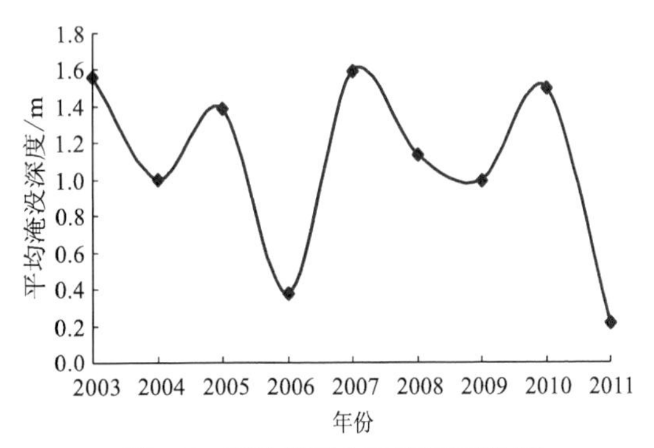

图 3.7　平均淹没深度年际变化图

（3）淹没深度年内变化。

统计出多年平均的各月淹没深度变化，心滩在淹没时段内的淹没深度变化趋势与淹没历时变化趋势大体一致，7 月中旬达到最大淹没深度约 1.2 m。7 月、8 月淹没深度均为 1 m 左右。淹没深度年内变化见图 3.8。

2）试验区淹没历时

（1）淹没历时年际变化。

统计出的多年平均的淹没天数为 61 天。最大淹没历时为 2010 年的 93 天，最小淹没历时为 2011 年的 4 天。淹没历时年际变化见图 3.9。

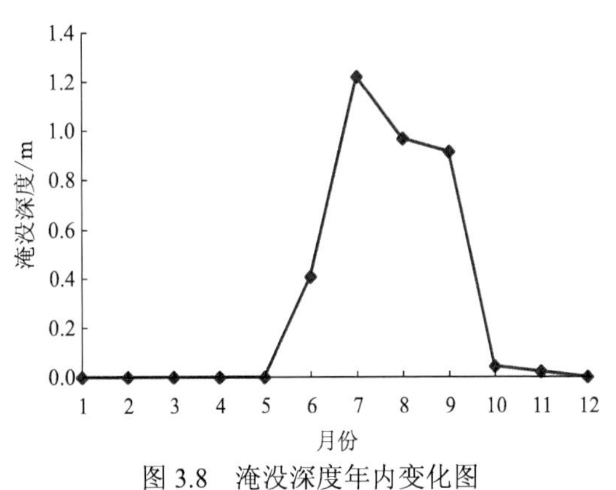

图 3.8　淹没深度年内变化图

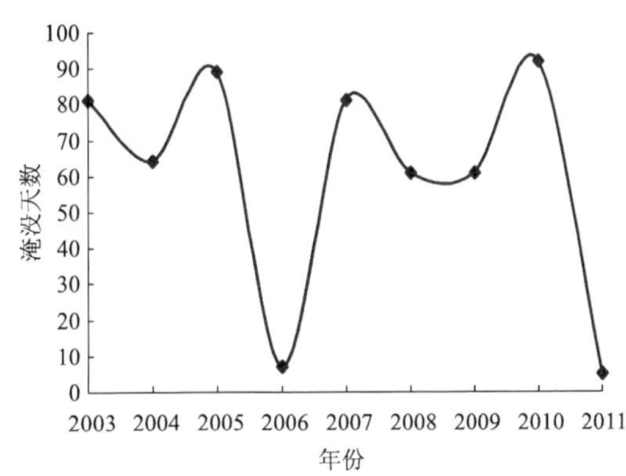

图 3.9　淹没历时年际变化图

（2）淹没历时年内变化。

统计出多年平均的各月淹没历时变化，心滩的淹没时段主要集中在汛期的 5～9 月，12 月～次年 4 月无淹没历时出现。从 5 月开始汛期到来，淹没历时逐月增加，7 月中旬到达顶点，7 月、8 月的平均淹没时间为 20 天左右。淹没历时年内变化情况见图 3.10。

3）特征流量下的淹没情况

藕池口水道水位流量关系多不稳定，水位流量关系并非单一线，而是随水力因素变化而异的非单一线。天然河道中，洪水涨落、断面冲淤、回水影响等，都会影响水位流量关系曲线的稳定性。不稳定的水位流量关系曲线，由于影响因素不同且受多种因素混合影响，一般采用连时序法进行确定。

利用石首站多年平均水位流量资料绘制关系曲线（图 3.11），从曲线中插值读取各级流量下的水位，从而统计特征流量下的淹没深度，结果见表 3.1。

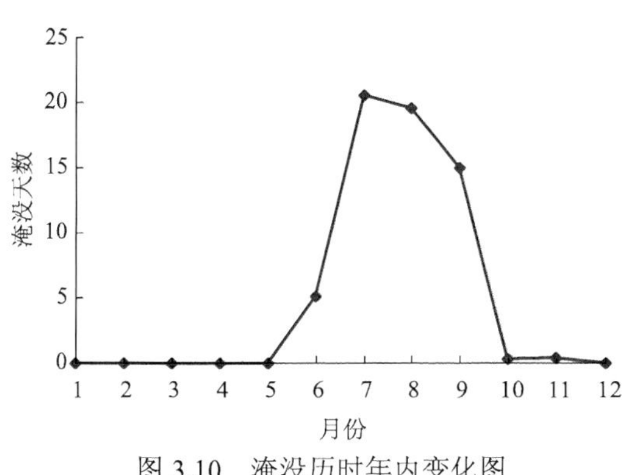

图 3.10　淹没历时年内变化图

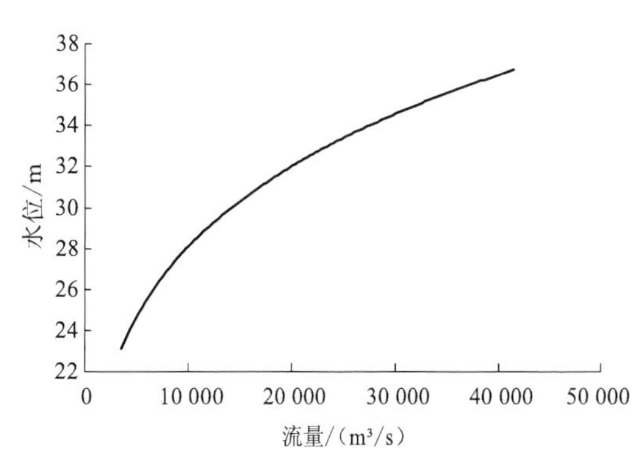

图 3.11　石首站水位流量关系曲线

表 3.1　特征流量下的淹没深度统计表

流量/（m^3/s）	石首站水位/m	工程区高程/m	淹没深度/m	备注
7 280	27.1	32.4	0.0	整治流量级
12 600	29.6		0.0	平均流量级
25 000	32.9		0.3	平滩流量级
40 350	36.4		3.0	洪水流量级

总结以上对淹没情况的分析可知，倒口窑心滩淹没时段主要集中在汛期的 5～9 月，12 月～次年 4 月无淹没历时出现，心滩年平均淹没历时为 61 天，一年内的最大淹没历时曾达到过 93 天。心滩的淹没深度和淹没历时与来水量关系紧密，历年出现的最大淹没深度为 4.3 m，平均淹没深度为 0.2～1.6 m，淹没深度及淹没历时均在 7 月达到最大值。从植被的生长期来看，倒口窑心滩上具备基本的出露条件。

3. 倒口窑心滩的植被化守护技术

植被在生态功能、净化能力、优化景观等方面有着重要的作用。因此，如何能在传统护滩工程的基础上，综合考虑地形、气候、水文条件等因素对植被生长的影响，提出施工简单、成本低的生态结构形式，为营造适合多种挺水植物繁育的生境创造条件，促进成规模植被的生长，是本章的核心任务。

对比倒口窑心滩与藕池口心滩的差异，结合工程河段水文情势及植被生长态势，研究认为：该植被化守护技术的思路具体表现为，通过引入客土，迁入生命力强的先锋植被，只要在先锋植被繁育至足够丰度之前进行临时性的辅助固土，即可达到利用植被进行洲滩守护的目的。

考虑到倒口窑心滩为季节性漫滩，雨季淹没，旱季出露，在植被物种的选择方面存在较大的难度；同时，该漫滩土壤质地疏松，营养匮乏，表层土壤容易被水流冲刷带走，植物根系难以固定。为此，需重点研究两方面的问题：①植被的选种和培育方案，确保选育植被具有较好的耐淹性，能够在心滩滩面存活；②土壤基质的固定技术，通过适当的措施，确保植被生长初期所需的土壤基质稳定，同时所选措施能够满足植物生长空间及环保可降解等方面的需要。

3.2 植被选种与培育

本节从人工植物群落构建的原则和滩地植被选择标准出发，依据代表工程河段适生植被调研结果，从大量的植物物种中筛选出了用于河流洲滩植被化守护技术的适生植被物种，并详细阐述了代表物种的管理和养护办法。

3.2.1 植被选育思路

1. 植物群落重建的一般思路

植物群落的重建就是通过人为设计，将拟恢复的植物群落根据环境条件和群落生长特性按一定比例在空间分布、时间分布方面进行安排，高效运行，达到恢复目标，即形成稳定、可持续利用的生态系统。人工植物群落的构建主要包括以下两个方面的内容：①水平空间配置，指在河流的不同区段配置不同的植物群落。②垂直空间配置，从河道断面方向看，坡岸上从高到低生长的植物有陆生植物、挺水植物、浮叶植物和沉水植物。就陆生植物而言，从垂直方向看，又有木本植物和草本植物。水生植物群落的生长和分布与水深有密切关系，有的植物群落只能分布在浅水区，如挺水植物、某些沉水植物群落（如菹草群落和竹叶眼子菜群落）等，有的植物群落常分布在较深水区，如苦草群落。因此，在进行植物群落配置时，按照不同的河水深度选择不同生活型或同一生活型不同生长型的水生植物，让它们占据不同的空间生态位，适应不同水深处的光照条件，以它们为建群物种形成群落。另外，还要考虑到底质因素，如底质是泥沙质还是淤泥质，根据不同植物对底质的喜好性在不同的底质上配置不同的植物群落。

一般而言，先锋物种的选择是指在对湿生植物生物学特性、耐污性及光补偿点进行研究的基础上，筛选出几种具有一定耐污性、能适应当地生态环境的物种作为恢复的先锋物种，同时为湿生植物群落的恢复提供建群物种。物种的选择主要基于以下几个原则：①适应性原则。所选物种应对该流域气候水文条件有好的适应能力。②本土性原则。优先考虑采用当地的原有物种，尽量避免引入外来物种，以减少可能存在的不可控因素。例如，荆江地处亚热带，位于长江中游，气候温暖多雨，在进行植被恢复时可以在水体中配置睡莲、红菱、菹草、苦草、狐尾藻等浮水、沉水植物；在水边配置菖蒲、千屈菜、宽叶香蒲、水葱、芦苇等挺水植物；在洲滩内考虑水土保持的要求，种植狗牙根草皮进行固土，并配置垂柳、水松等乔灌木。③强净化性原则。优先考虑对氮、磷营养物质有较强去除能力的植物。④可操作性原则。所选物种的繁殖、竞争能力较强，栽培管理容易，收获方便，又具有一定的经济利用价值。

2. 倒口窑心滩植被选择标准

具体到倒口窑心滩，根据心滩的具体特点，主要考虑以下原则：①由3.1.3小节倒口窑心滩淹没历时年际变化分析可知，倒口窑心滩处于季节性淹没环境中，每年有1～2个月的时间受水道水位影响，心滩部分或完全淹没在水下，因此，选择物种的一个重要标准是该物种具有较好的耐涝耐淹能力，适宜季节性的淹水环境，为此，湿生物种才是适宜该区域的植物物种，所选择的物种一定要能够在湿生环境中存活。②倒口窑心滩大部分时间出露在空气中，属于陆生生境，尤其是心滩坡面，一年中大部分时间处于干燥状态，因此，选择的物种需要能在干燥土壤中存活和生长，具有良好的耐旱能力。③由于基质贫瘠，需要物种有较强的生命力和适应贫瘠生境的能力；考虑到入侵种的生态危害，需要杜绝引入外来物种，由此，物种的选择范围必须局限在长江流域的土著物种，它们能够良好地适应当地的环境气候条件。④考虑到物种的四季更迭和景观层次，为使植被的生态功能正常发挥，物种的选择不能过于单一，需要考虑几个物种的搭配，确保物种在空间上有层次，在季节更迭上有变化。⑤在物种的选择上应偏好那些根系较为发达、耐冲刷、固土效果好、繁殖能力强、栽培成本低、水淹没后易于恢复、生态景观效果良好、不影响航运及行洪安全的物种。

从以上原则出发，遴选适宜倒口窑心滩的植物物种，其既能在干燥土壤中长期生存和繁育，具有正常生命代谢活性，又能耐受长时间的淹没和水涝，具备很好的耐受能力，同时还需要满足上述其他要求。初步选择物种的具体标准如下：①夏天耐受30～60天的淹没仍然保持生命活性；②注重生物多样性与生态安全，以土著物种为主；③注重人工植被的立体空间层次，确定不同物种的搭配；④注重植被的自然性状和生态功能，依据季节更迭选择不同的植被，确保每个季节均有一定的植被覆盖度，同时，选择根系发达、固土保土能力强的物种；⑤物种有一定的抗水流冲击能力，并且可以截留一定的泥沙，有利于洲滩进一步发育。

3.2.2　工程河段适生植被调研

长江中下游河滩面积约为63万hm^2，大部分处于冬陆夏水状态。植被以挺水植物群落或草本植物群落为主，主要种类有荻（*Triarrhena sacchariflora*）、芦苇（*Phragmites australis*）和耐水湿的莎草（*Cyperus* spp.）、苔草（*Carex* spp.）等。

选取的工程河段的草地生态系统在河堤和滩地广泛分布，适生植被以水生维管束植物和河滩的灌丛、灌草丛为主，白茅灌草丛、小白酒草灌草丛、狗牙根灌草丛常见。该区植物大多为世界广布种，分属16科27属27种，均为草本，无灌木出现；属于世界广布种的科约占调查总数的69%，分别为石竹科、蔷薇科、豆科、堇菜科、唇形科、玄参科、车前科、菊科、禾本科、莎草科、景天科。这些植物科的主要特征是适应范围广，繁殖能力强，有不少种对人类活动不敏感，人畜施加的破坏压力对种群影响不大。一年内频数最大的5种植物依次为狗牙根、狗尾草、卷耳、酢浆草和雀稗。从植物种类来看，一部分植物在夏季来临之前就已开花结实，逐渐衰亡，如卷耳、猪殃殃、蒲公英等。春季植物群落共有24种植物，隶属于15科24属，是所有季节中植物种类最多的。这可能与植物群落在不同季节受到的干扰强度不同有关。夏季狗牙根的优势种地位明显建立，其总株数远远超过其他植物，达10万株以上。此时，共出现22种植物，隶属于14科22属。在夏季，个体数最多的3种植物依次是狗牙根、牛鞭草、马唐。秋季共有16种植物，隶属于10科16属。部分在春夏季出现的种已死亡，如车前、一年蓬、马唐等。植物种数随季节变化而逐渐减少。

本工程所在的荆州市境内的各类水域分布有水生维管束植物32科86种，共收集到多年生植物14种，主要有狗牙根、牛鞭草、天名精、小蓟等，越年生植物3种，分别是一年蓬、异叶黄鹌菜、卷耳，一年生植物10种，主要有荔枝草、荠菜、鸡眼草等。

3.2.3　植被化守护技术中的植被选择

根据前述原则和标准，以及在工程河段适生植被的调研结果，从大量的植物物种中筛选出狗牙根、芦苇、白车轴草三种土著物种作为适生植被物种用于倒口窑心滩的植被恢复。选择上述三种植物的具体原因如下：狗牙根、白车轴草、芦苇三种物种具有空间上的层次，狗牙根匍匐在土壤表层，具有发达的根系，位于最下层，白车轴草介于狗牙根和芦苇之间，芦苇株高可达2 m以上，空间层次分明；另外，土壤表层的狗牙根和白车轴草也分布在不同空间上，狗牙根有良好的耐淹能力，一般位于水分充裕、地势较低的区域，白车轴草有一定的耐旱能力，位于水分较少、地势较高的区域。同时，狗牙根和芦苇具有发达的根系，对洲滩土壤有良好的固定作用，尤其是处于地势较低区域的狗牙根，耐水淹，具备良好的抗水流冲击和泥沙截留能力；白车轴草有一定的土壤改良作用，可以改善土壤肥力。芦苇以其固土整沼、开发荒地、保持生态平衡等多方面的优势，成为具有综合经济用途的资源植物，发挥着巨大的经济和生态作用。此外，三者存在一定的季节更迭，三者混交种植，有助于洲滩植被的稳固，可以促进未来植被盖度的提高。

以下逐一介绍这些物种的基本情况。

1）狗牙根

狗牙根别名百慕大草、绊根草（上海市）、爬根草（南京市），禾本科狗牙根属，拉丁名为 *Cynodon dactylon*，是广泛分布于欧洲、亚洲的热带及亚热带温暖半干旱地区的多年生草本，我国黄河流域以南各地均有野生种，新疆维吾尔自治区伊犁哈萨克自治州、喀什地区、和田地区也有野生种。极耐热和抗旱，不抗寒也不耐阴；较耐淹，水淹下生长变慢；耐盐性也较好。适应的土壤范围广，黏土上的生长状况好于轻沙壤土，最适合生长在排水较好、肥沃、较细的土壤上。狗牙根要求土壤 pH 为 5.5～7.5。

狗牙根为多年生低矮草本植物，直径为 1～1.5 mm，株高为 10～30 cm。具根状茎和匍匐枝，须根和秆细而坚韧，秆壁厚，光滑无毛，有时两侧略压扁；匍匐茎平铺地面或埋入土中，长 10～110 cm， 光滑坚硬，节上常向下生不定根（图 3.12）。匍匐茎扩展能力极强，长可达 1～2 m，每茎节着地生根，可繁殖成新株；其根茎蔓延力很强，广铺地面，为良好的固堤保土植物。叶鞘微具脊，无毛或有疏柔毛，鞘口常具柔毛；叶舌仅为一轮纤毛；叶片线形，叶色浓绿，长 1～12 cm，宽 1～3 mm，前端渐尖，边缘有细齿，通常两面无毛。穗状花序（2～）3～5（～6）枚，呈指状排列于茎顶，长 2～5（～6）cm；小穗灰绿色或带紫色，排列于穗轴一侧，有时略带紫色，长 2～2.5 mm，仅含 1 小花；颖长 1.5～2 mm，第二颖稍长，均具 1 脉，背部成脊而边缘膜质；外稃舟形，具 3 脉，背部明显成脊，脊上被柔毛；内稃与外稃近等长，具 2 脉。鳞被上缘近截平；花药淡紫色；子房无毛，柱头紫红色；颖果长圆柱形，长 1.5 mm，千粒重 0.23～0.28 g，成熟易脱落，种子可自播；花果期为 5～10 月。

图 3.12　狗牙根实物照片

狗牙根性喜温暖湿润气候，生长温度为 20～32 ℃，在 6～9 ℃时几乎停止生长，开始变黄；当日均温度为 2～3 ℃时，其茎叶死亡，以其根状茎和匍匐茎越冬，次年则靠越冬部分休眠芽萌发生长。在华中地区的绿期为 240 天左右。据测定，在旺长季节里，茎日生长高度平均达 0.91 cm，高的达 1.4 cm；匍匐茎的节向下生不定根，节上腋芽向上发育成地上枝，茎部形成分蘖节，节上分生侧枝（平均 4 个），分蘖节上产生新的走茎，走茎的节上又分生侧枝与新的走茎；新老匍匐茎在地面上互相穿插，交织成网，短时间内即成坪，形成占绝对优势的植物群落。繁殖能力强，具很强的生命力，但种子不易采收，多采用分根茎法繁殖。

对狗牙根在不同生长期的株高、根长、根系分叉数、根面积、植物地上部分和地下部分生物量进行调查的结果见表 3.2。

表 3.2　狗牙根生长基本参数表

月份	株高平均值±SE/mm	根长平均值±SE/mm	根系分叉数平均值±SE	根面积平均值±SE/cm^2	根系生物量平均值±SE/g
3	202.10±12.794b	110.924±7.221a	212.47±18.362c	31.388±2.884a	0.026±0.003c
6	298.15±15.097a	162.711±10.978b	463.13±37.194a	96.001±22.441a	0.093±0.005b
9	318.26±20.153a	113.883±4.194a	320.33±24.861b	84.313±8.358a	0.130±0.015a
12	342.79±22.265a	119.001±5.836a	463.50±32.382a	60.216±4.600ab	0.104±0.006ab
F 值	11.727	10.516	11.703	3.161	14.242
P 值	0.000**	0.000**	0.000**	0.028*	0.000**

注：SE 为标准误差；F 值是用于比较两个或更多样本之间方差差异的统计量；P 值是用于评估统计检验结果显著性的指标；*表示差异显著水平在 0.05 以内；**表示差异显著水平在 0.01 以内；同列数据后小写英文字母不同表示差异显著。

狗牙根株高在不同月份间存在极其显著的差异（$P<0.01$），随着生长时间的增加，狗牙根植株逐渐增长，12 月的株高是 3 月的 1.70 倍。狗牙根根长、根系分叉数和根面积在不同月份间存在显著差异，6 月狗牙根根长及根面积较其他月份高。狗牙根根系生物量 9 月最大。

狗牙根根系的抗拉强度与根系生物量随时间的变化情况见表 3.3。

表 3.3　狗牙根根系的抗拉强度与根系生物量随时间的变化表

月份	根系抗拉强度平均值±SE/MPa	根系生物量平均值±SE/g
3	65.366±3.249a	0.026±0.027c
6	72.212±6.511a	0.098±0.081b
9	86.464±5.276a	0.107±0.193b
12	91.223±3.799a	0.127±0.011a
F 值	24.074	18.390
P 值	0.000**	0.000**

注：**表示差异显著水平在 0.01 以内；同列数据后小写英文字母不同表示差异显著。

狗牙根根系具有显著的时间差异（$P<0.01$），随着时间逐渐增加，12 月根系生物量是 3 月的 4.88 倍；根系抗拉强度也具有显著的时间差异（$P<0.01$），12 月的根系抗拉强度是 3 月的 1.40 倍。从表 3.3 还可以看出，根系抗拉强度与根系生物量间存在一定的关系，根系生物量表现为根系生长状况，时间越长，根系生长越旺盛，相应的根系抗拉强度也随之增加，具体关系见图 3.13。

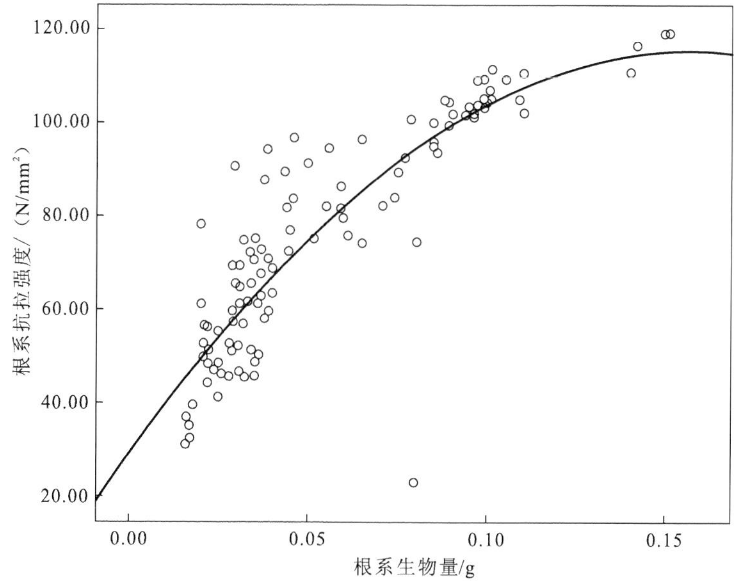

图 3.13　狗牙根根系抗拉强度与根系生物量的相关性分析

随着时间的增加，狗牙根根系对土壤的抗冲性逐渐增强，12 月抗冲性增强值是 3 月的 2.11 倍，具体见表 3.4。

表 3.4　狗牙根根系的抗冲性增强值与根系生物量随时间的变化表

月份	根系抗冲性增强值±SE	根系生物量±SE/g
3	2.7±0.7b	0.124±0.026c
6	3.1±0.3b	0.217±0.037c
9	4.2±1.4a	0.519±0.039b
12	5.7±1.8a	0.941±0.1.8a
F 值	1.835	1.648
P 值	0.027*	0.018*

注：*表示差异显著水平在 0.05 以内；同列数据后小写英文字母不同表示差异显著。

2）芦苇

多年水生或湿生的高大禾草，生长在灌溉沟渠旁、河堤沼泽地等，世界各地均有生长，芦苇是湿地环境中生长的主要植物之一。芦苇茎秆直立，植株高大，迎风摇曳，野趣横生。

芦苇的植株在地下有发达的匍匐根状茎。秆直立，秆高 1～3 m，直径 1～4 cm，具 20 多节，基部和上部的节间较短，最长节间位于下部第 4～6 节，长 20～25（40）cm，节下常生白粉。叶鞘下部者短于上部者，长于其节间，圆筒形，无毛或有细毛。叶舌边缘密生一圈长约 1 mm 的短纤毛，两侧缘毛长 3～5 mm，易脱落；叶片长线形或长披针形，排列成两行，叶长 15～45 cm，宽 1～3.5 cm，无毛，顶端长渐尖成丝形（图 3.14）。夏秋开花，圆锥花序，顶生，疏散，多呈白色，圆锥花序分枝稠密，向斜伸展，花序长 10～40 cm，宽约 10 cm，稍下垂，小穗含 4～7 朵花，雌雄同株，颖有 3 脉，一颖短小，二颖略长；花序长 15～25 cm，小穗长 1.4 cm，为白绿色或褐色，花序最下方的小穗为雄，其余均雌雄同花，第二外桴先端长渐尖，基盘的长丝状柔毛长 6～12 mm；内稃长约 4 mm，脊上粗糙；花期为 8～12 月。芦苇的果实为颖果，披针形，顶端有宿存花柱。芦苇与五节芒相似，区别是芦苇的茎是中空的，而五节芒不是，另外，五节芒到处可见，芦苇是傍水而生。生在浅水中或低湿地，新垦麦田或其他水田、旱田易受害。芦苇具有横走的长且粗壮的匍匐根状茎，在自然生境中以根状茎繁殖为主，根状茎纵横交错形成网状，甚至在水面上形成较厚的根状茎层，人畜可以在上面行走。根状茎具有很强的生命力，能较长时间埋在地下，1 m 甚至 1 m 以上的根状茎，一旦条件适宜，仍可发育成新枝。芦苇也能以种子繁殖，种子可随风传播。

图 3.14　芦苇实物照片

大多数芦苇长花，少数芦苇长棒，棒呈黄褐色，棒面毛茸茸，约一元硬币粗细，十多厘米长，棒刚摘下来是硬的，然后越来越软，点燃的芦苇棒会有烟，可驱蚊，无毒。

除森林生境不生长外，各种有水源的空旷地带，常以其迅速扩展的繁殖能力，形成连片的芦苇群落。对水分的适应幅度很宽，从土壤湿润到长年积水，从水深几厘米到 1 m 以上，都能形成芦苇群落。在水深为 20～50 cm，流速缓慢的河、湖，可形成高大的禾草群落，素有“禾草森林”之称。由于芦苇的叶、叶鞘、茎、根状茎和不定根都具有通气组织，所以它在净化污水中起到了重要的作用。芦苇茎秆坚韧，纤维含量高，是造纸工业中不可多得的原材料；芦叶、芦花、芦茎、芦根、芦笋均可入药；经过加工的芦茎还可做成工艺品；古人用芦苇制作扫把。

芦苇可以抵御波浪、台风和风暴的冲击力，防止对岸线造成侵蚀，同时芦苇的根系可以固定、稳定堤岸和洲滩。芦苇和其有机残体又有阻滞水流，从而降低流速，减小水流挟沙能力，使泥沙沉积，增加土层厚度和土壤养分含量，促进芦苇的生长发育，减弱流水侵蚀的作用。例如，1985 年盘锦市特大洪水挟带了大量泥沙，经过芦苇湿地的阻流和沉降，减少了入海的泥沙量，防止了海域的淤积，在苇田中泥沙淤积厚度在 30 cm。同时，芦苇湿地可以有效地防止风害，经测算，光板地面风速为 2.97 m/s，而芦苇湿地地面风速为 0.11 m/s；光板地面蒸发量为 1.05 mm/h，而芦苇湿地地面蒸发量为 0.2 mm/h。

利用芦苇净化污水可充分利用污水中的氮、磷等营养物质，供芦苇生长发育，使之提高产量，增加造纸原料的供应，同时使污水得到资源化利用，改善生态环境。例如，每 100 g 鲜活的芦苇能在 24 h 内将 8 mg 酚代谢分解为 CO_2 和水。芦苇对重金属也有较强的去除作用。经过芦苇 11 天的处理后，水溶液中铅的去除率为 34.76%，镉为 52.63%，铜为 27.10%，汞为 58.3%，铬为 72%。研究结果还表明，芦苇湿地系统对城市污水中 NH_4^+-N 的净化率为 80.1%，对 TP 的净化率为 74.9%，对 5 天生物化学需氧量的净化率为 90.5%；对采油污水中石油类的净化率为 74.8%，对挥发酚的净化率为 96.5%；对化肥污水中 NH_4^+-N 的净化率为 98.83%，对化学需氧量（chemical oxygen demand，COD）的净化率为 58.1%；对造纸污水中 COD 的净化率为 71.53%，对 5 天生物化学需氧量的净化率为 74.66%，对挥发酚的净化率为 70.59%。

3）白车轴草

白车轴草是多年生草本植物，一般只有三片小叶子，叶形呈心形状，叶心较深色的部分也是心形（图 3.15）。生长期达 5 年，高 10～30 cm。主根短，侧根和须根发达。茎匍匐蔓生，上部稍上升，节上生根，全株无毛。掌状三出复叶；托叶卵状披针形，膜质，基部抱茎成鞘状，离生部分锐尖；叶柄较长，长 10～30 cm；小叶倒卵形至近圆形，长 8～20（～30）mm，宽 8～16（～25）mm，先端凹头至钝圆，基部楔形渐窄至小叶柄，中脉在下面隆起，侧脉约 13 对，与中脉成 50° 角展开，两面均隆起，近叶边分叉并伸达锯齿齿尖；小叶柄长 1.5 mm，微被柔毛。花序球形，顶生，直径 15～40 mm；总花梗甚长，比叶柄长近 1 倍，具花 20～50 （～80）朵，密集；无总苞；苞片披针形，膜质，锥尖；花长 7～12 mm；花梗比花萼稍长或等长，开花立即下垂；萼钟形，具脉纹 10 条，萼齿 5 个，披针形，稍不等长，短于萼筒，萼喉开张，无毛；花冠白色、乳黄色或淡红色，具香气。旗瓣椭圆形，比翼瓣和龙骨瓣长近 1 倍，龙骨瓣比翼瓣稍短；子房线状长圆形，花柱比子房略长，胚珠 3～4 粒。荚果长圆形；种子通常 3 粒。种子阔卵形。花果期为 5～10 月。

白车轴草为优良牧草，含丰富的蛋白质和矿物质，抗寒耐热，在酸性和碱性土壤上均能适应，是本属植物中在我国很有推广前途的种。可作为绿肥、堤岸防护草种、草坪装饰，以及蜜源和药材等。

图 3.15　白车轴草实物照片

白车轴草对土壤要求不严，可适应各种土壤类型，由于其有固氮能力，对肥料要求不高，在偏酸性土壤上生长良好。喜温暖、向阳、排水良好的环境条件。喜水，干旱情况下生长缓慢，高温季节有部分枯死现象。耐修剪、耐践踏，再生能力强，修剪后 10 天内可长出更新小叶。高强度践踏或碾压后，3～5 天即可恢复。在强遮阴的情况下易徒长，造成生长不良。抗有害气体污染和抗病虫害能力强。白车轴草耐寒性强，气温降至 0℃时部分老叶枯黄，主根上小叶紧贴地面，停止生长，但仍保持绿色。常用于斜坡绿化，具有保持水土的作用。白车轴草植株低矮，高度仅 30～40 cm，所以一般不需要割草。但其又耐刈割，刈割后能很快恢复覆盖的效果。

白车轴草的生态功能主要有：

（1）改良土壤，增加土壤有机质，有利于培肥地力。白车轴草生长量大，白车轴草生物产量高，一般亩[①]产 3 000 kg 左右，夏季自然枯死或刈割后翻入土壤中，对于提高新建土壤肥力和增加土壤有机质起到显著作用。

（2）覆盖土壤，降低夏季土壤温度。果树根系在地温达到 35 ℃时，吸收能力明显下降，当白车轴草生长良好时，夏季可以降低地面温度 6～8 ℃，有利于果树根系的正常生长。

（3）抗旱保墒，稳定空气湿度。利于夏季果树生长，有效促进果实正常膨大，减产裂果和落果，实现果树的优质高产。

（4）防止冲刷，保持良好的土壤结构。由于白车轴草良好的覆盖作用，可以有效避免雨水对土壤的冲刷和沉积作用，保持土壤结构良好，有利于土壤微生物的活动和果树根系的新陈代谢；有利于各种肥料的分解和有害物质的降解。

3.2.4 植被培育方案

1. 土壤基质改良

倒口窑心滩表层的主要淤积物为砂质粗颗粒，粒径大，营养贫瘠，黏性和稳定性差，

① 1 亩≈666.67 m^2。

易于在外力作用下移动，不利于植被定植生长与成活。针对倒口窑心滩土壤基质的现状和存在的问题，需要对该处土壤基质进行改良。基质改良技术在设计参数上主要考虑土壤团聚体的稳定性、土壤养分与保墒能力。

土壤团聚体的稳定性指标包括粒径级配、团聚体体积质量或团聚体密度等。植被生长良好的土壤基质需要满足的具体指标要求：黏粒（粒径<0.002 mm）占全部团聚体颗粒的比例不低于 25%，粉粒（0.05 mm>粒径>0.002 mm）所占比例不低于 65%；团聚体的体积质量为 1.2～1.8 g/m^3，或者团聚体密度>2.0 g/m^3。基于上述要求，结合经济成本，土壤改良拟就地取材，从附近的农田、林地等选择黏土作为回填的土壤基质，通过测定土壤的粒径级配，按照上述要求计算不同土壤的混合比例，将土壤基质人工或机械搅拌均匀后敷设到研究区中。

土壤养分方面的主要指标有有机质、全氮、速效氮、速效磷、速效钾等。植被生长良好的土壤需要满足：有机质质量分数>20 g/kg、碳酸盐质量分数>85 g/kg、全氮质量分数>0.8 g/kg、速效氮质量分数>60 mg/kg、速效磷质量分数>30 mg/kg、速效钾质量分数>100 mg/kg。对按适宜比例混合的土壤基质测定肥力指标，通过定期施农家有机肥以满足植物的养分需要，同时可缓慢改变土壤质地。

保墒能力方面的要求为土壤质量含水量不低于 15 g/kg，按照上述设计要求敷设的土壤基质，如果土壤含水量不够，需要定期浇水，以弥补不足，保障植物生长的充足水分供应。

基于以上要求制订的改良倒口窑心滩土壤基质的具体设计方案如下。

（1）采集黏土，运输到施工区；测定级配后计算不同土壤的适宜搭配比例，按照该比例混合均匀后进行敷设。

（2）黏土按比例植入，植入土尽量夯实。

（3）植入土土层厚度为 50 cm。

（4）植入土表层使用农家有机肥进行养分改良，确保农家有机肥均匀分布在植入土表面；施肥标准以有利于植被适度生长为宜。

（5）接种和培育土壤藻类，将藻种接种到土壤基质表面，每天洒水保持表层土壤湿润，确保土壤藻类的活性和作用发挥。

黏土就地取材，农家有机肥需要从当地采购，土壤藻类需要联系专业部门采购并接种，确保活性与效果。

2. 适生植被的苗种繁育和植株插播、定植方法

1）三种植物的繁育方法

（1）狗牙根。

种植前将施工区内土壤基质中的石块、碎砖瓦片等废弃物及各种杂草和枯枝落叶清理干净，以有机肥料如腐熟的鸡粪、人尿粪为主施足基肥，然后整地。整地含粗整和细整两道工序，耕翻深度为 20～25 cm，平整坪床面，疏松耕作层，并用轻型镇压滚（150～

200 kg）镇压 1 次，以保证狗牙根的生长发育良好。

播种和根茎繁殖：选纯净度高、杂质少、发芽率高的种子，播种量为 5～8 g/m^2。播种后立即撒上粉粒覆土镇压，使种子与土壤充分接触，覆土厚度为 2～4 mm。播种后采用雾化管浇水灌溉，并覆盖一层秸秆或无纺布，减少水分蒸发，以利于幼苗生长发育。春夏期间进行根茎繁殖以弥补播种的不足，挖起草茎，冲洗掉根部泥土，将匍匐茎切成 3～5 cm 的小段，将切好的草茎均匀撒于已整好的土壤上，然后覆一薄层粉粒细土并压实，浇透水，保持土壤湿润，20 天左右即可滋生匍匐茎，此时增施氮肥，同时配合人工修剪整理，匍匐枝迅速向外蔓延伸长，节间生根扩大形成狗牙根植被。

（2）芦苇。

在 4 月下旬～5 月上旬气温达到 5 ℃以上时，从田间挖取芦苇根状茎，截取 30 cm 的小段，运往施工区进行栽植，每平方米栽植 1～2 根，当苗高达 30 cm 以上时，进行浅水灌溉；根据芦苇需水规律和生长速度，不定期施肥；以氮肥为主，施肥量控制在 150～300 kg/hm^2。5 月中旬检查生长情况，通过播种的方式弥补无性繁殖的不足：播种前，育苗田灌水泡田，2 天后排干，使土壤处于湿润状态，然后均匀播种，将种子拍入土中，播种量为 75 kg/hm^2。

（3）白车轴草。

播种前进行种子发芽试验，掌握种子的发芽率和发芽势。白车轴草种子的发芽率为 75%～85%，其发芽势很强，播种后 2～3 天即可全部发芽，4～5 天可全部出苗。播种前用白车轴草根瘤菌拌种，拌种的方法是取白车轴草根瘤捣碎，加水稀释拌种，以湿透种子为准。

播种：在 3 月下旬或 9 月中旬播种，保证表土湿润或用覆盖物覆盖遮阴。白车轴草建坪的播种量以 8～10 g/m^2 为宜。每克白车轴草有 1 400～2 000 粒种子。播种时，按地块面积和确定的播种量等分种子，将种子与干土混匀，人工撒播。播种深度为 1～1.5 cm，种子撒入坪床后，可用草坪耙将种子耙入土中，也可用沃土或基质覆盖 1 cm。

2）植被苗种获取方法

由于水位变化，心滩上的植被构建与普通植树造林不同，植物栽种时间紧迫，而且不同植物对气候、温度和光照的需求不同，栽种的具体时间有所不同，应依据物种的生物特性适时栽种；还应根据植物种源易得程度及植物生活习性，确保植物种植后有较长的环境适应时间和生长时间，提高成活率。基于成活率和预期目标，苗种采用两种方式获取：一方面，采用原位分根法自行繁育；另一方面，采用定向采购的方式获取苗种，确保苗种的数量、质量和成活率。两种方式互为补充，确保施工区的植被成活率和具体效果。

选择的三种植物物种在空间上具有一定的层次，狗牙根在最下层，是贴地生长的，白车轴草在中间，芦苇挺立在地面上，各自的株高差异明显，具有空间上的错落美感；同时，芦苇花期最长，白车轴草花期短，显得有季节更迭；这些物种的根系发达，具有很好的固土作用。

在植株插播方式上，贴地生长的狗牙根覆盖全部施工区，在施工区表层 10 cm 土壤中用原位分根法繁育狗牙根，将匍匐茎切成 3～5 cm 的小段，密度为 50～80 段/m^2；芦苇按照 8～12 段/m^2 的栽种密度、白车轴草按照 200 g/m^2 的播种密度进行撒播。

鉴于狗牙根、白车轴草和芦苇生长对光照、雨露与水分等的需要存在差异，尤其是白车轴草和狗牙根存在一定的空间竞争（主要是对光照的竞争），因此，在空间上，按照地势高低将试验区一分为二，地势低洼部分（占试验区 2/3 的面积）撒播狗牙根，地势较高的空间（占试验区 1/3 的面积）撒播白车轴草；考虑到先锋植被拓殖的能力及当前的主要任务是防冲，因此，生命力最顽强的狗牙根占据的空间为白车轴草的两倍，实施中基于具体条件，两种植物将占据不同的空间，鉴于本试验的目的是恢复植被，因此不需要对两种植物的种群进行人工干预。至于芦苇，由于它与其他物种在空间上不重叠，以不遮挡贴地生长的狗牙根和白车轴草对光的需求为基本原则，确定其栽种密度为 8～12 段/m^2，将 8～12 段芦苇块茎均匀栽种到 1 m^2 的空间内即可。考虑到植物种植初期可能面临的水流冲刷等外部干扰，基于植入型生态护滩的技术设计，需要给予试验区一定的防冲设施（草绳植入结构）以确保植被的定植生根。

植株定植方式：为减小水流冲击力，在植物种植的初期，构建必要的防浪缓冲设施，将植物尽量种植在草绳构成的格子内，通过植入性的草绳结构减少水流对植株的冲击；同时，采用打木桩、压石块、编织竹篱笆等方式固定植株，以免植株倒伏，确保其成活率。

植物对土壤抗侵蚀能力的增强具有显著作用，特别是植物的地下根系，更有着其他部分无法比拟的增强效果。有研究表明：草本植物根系主要集中在土壤表层 30 cm 内，根系对土壤抗侵蚀的强化作用在表层 30 cm 土壤中表现得最为显著，且随土层加深而急剧减小，此特征与根系在土层中的分布密切相关；植物根系的活细胞提供胞外分泌物，死细胞提供有机质并作为土壤团粒的胶结剂，配合根系的穿插、挤压和缠绕，使得土壤中的有机质和大粒径水稳定性团聚体增加，从而改善土壤理化性状。另外，水流冲刷对土壤的侵蚀作用主要从土壤表层开始，且主要作用在土壤表层，一旦根系增加了土壤表层 30 cm 的抗侵蚀能力，植物对土壤的固定能力就显而易见了。科学家将单位土壤中根系的总表面积，也就是根表面积密度（root surface area density, RSAD）作为表征土壤抗侵蚀能力的最好参数，也有人将根重密度（root weight density, RWD）即单位体积土壤中的根系生物量，作为表征根系抗侵蚀能力的参数。按照本方案，试验区的 RSAD 将在一年内从零增加到 80 mm^2/cm^3 以上，30 cm 表层土壤中的 RWD 可达到 670～1 500 g/m^3，将具有良好的抗侵蚀性。本章选择的物种为多年生草本，生长周期以年计算，每年 RWD 可增加 20%～40%，预测试验区 3～5 年后可被植物完全覆盖。

3. 植被的养护管理

种植后的管理相当重要，不加管理或管理过于粗放，常会前功尽弃。鼠、虫、鸟类对不覆土的种子或刚出土的幼苗会造成伤害，事先用农药拌种会有很好的防护作用。此外，以下养护管理工作是非常重要的：

（1）定期浇水，适当施肥，确保施工区表层土壤湿润，有充足的肥力；

（2）其他植物的种子容易落地生根，快速生长增殖，对这些植物适当给予保护和管理，确保植物多样性；

（3）防范人畜干扰，依据季节适当开展植物修剪；

（4）注意病虫害防治；

（5）做好管理记录，了解不同植物的生长特性。

具体而言，针对不同植物需要不同的管理养护方法，分别介绍如下。

1）狗牙根的养护管理措施

狗牙根的养护管理措施主要包括修剪、灌溉、施肥和病虫害防治。

修剪是养护管理中最基本、最重要的一项作业。修剪可控制生长高度，保持平整美观，增加密度。同时，还可抑制因枝叶过密而引起的病害。修剪频率主要取决于狗牙根的生长速度，不同时期的修剪频率不同，修剪高度要遵循 1/3 原则，狗牙根作为优良的固土植物一般每年修剪 2～3 次。

灌溉是保证适时、适量地满足生长发育所需水分的主要手段之一，也是养护管理的一项重要措施。干旱时应及时灌溉，一次性灌透，不可出现拦腰水，使根系向表层分布，降低其抗旱能力；灌水量和灌溉次数依具体情况而定。

通过施肥可以为狗牙根提供所需的营养物质，施肥是影响抗逆性和狗牙根质量的主要因素之一。在春季多施氮肥；夏季、秋季多施磷肥和钾肥，其施肥量为 250～300 kg/hm^2。施肥后应及时浇水灌溉，使肥料充分溶解渗入土壤，供狗牙根吸收利用，提高肥料利用率。

病虫害防治：狗牙根可能发生的病害是褐斑病、币斑病、锈病等，可用一些广谱的杀菌剂进行防治，如托布津、多菌灵、百菌清等；可能发生的虫害有蛴螬、螨类、介壳虫和线虫等，可及时喷一些菊酯类杀虫农药进行有效控制。及时修剪，改善通风透光性能，可减轻病虫害的发生；同时，将剪掉的碎草及时移出。在狗牙根不同生长时期科学、合理施肥，以提高狗牙根抗病虫害的能力。对已发生病虫害的草坪要及时喷施杀菌剂和杀虫剂，防止其扩展蔓延，对无病虫害的草坪可提前进行预防。

2）芦苇的针对性管理

出苗后要加强灌水管理，灌水深度不能淹没芦苇幼苗，当幼苗高度达到 5 cm 时进行间苗，苗间距为 2 cm，随幼苗生长，及时间苗和除草，并加强灌水和施肥，到苗高为 20 cm 时，苗间距达 6 cm。在 7～8 月芦苇出现分蘖后可进行移栽，移栽时，对移栽田灌水保持土壤湿润状态，将芦苇苗（发芽前）从育苗田中起出，按株行距为 1 m×1 m 进行栽植，每穴 3～5 株，当苗高达到 30 cm 后，加强灌水，水层保持 5 cm，随生长加深水层，最深不超过 50 cm，当年高度可达到 1.5～2.0 m。

根据芦苇生育特性、田间地势、地貌等情况，开展有效的水分管理，实时浇水，保证土壤湿度。在芦苇灌溉中要落实“春浅、夏深、秋落干”的灌溉制度，即在春季芦苇发芽前灌浅水，加速土壤解冻，提高地温，促进芦苇发芽，土壤解冻后排水，保持土壤湿润，芦苇发芽和生长后，灌浅水 5 cm。5 月中旬以后，芦苇进入生长盛期，生长速度加快，需水量增加，水层保持在 30～50 cm。8 月中旬以后，芦苇进入生殖生长期，需水量降低，进行土壤排水，保持土壤湿润，促进芦苇成熟和秋芽发育。

在芦苇进入生长盛期的 5 月中下旬进行施肥，施肥品种以氮肥为主，配合磷钾肥，施肥量一般在 300～375 kg/hm^2。

在施肥时应注意以下事项：一是施肥重点应是中低产苇田，因为中低产苇田增产潜力大，肥料容易发挥作用；二是苇田施肥和农田施肥具有很大的不同，因此必须考虑苇田的性质，配备良好的工程设施和最佳的灌溉制度，使水肥融合后被芦苇吸收；三是对于土壤盐碱重、草害多的地块，应首先降低土壤含盐量和除草害，避免肥料损失；四是在施肥前，应对施肥地块土壤进行分析，对不能满足芦苇生长所需养分的种类应重点施用，并配合其他肥料品种，保持土壤营养平衡，即采取缺什么补什么的方法，也就是采取测土施肥的办法，以减少肥料的浪费。

病虫草害防治。芦苇虫害主要是蚜虫，一般严重发生季节在 6～7 月，在严重发生年份用 40%氧化乐果 800～1 500 倍液喷杀。但在防治中，采取点片防治和重点防治的原则，避免大面积防治造成人员和药物的浪费。草害主要有达氏蒲草、狭叶蒲草、苔草等，应根据不同的草类品种及其生物学特性进行科学防除。一是可采取生物防除和化学防除相结合的方法，其中对于蒲草，可在春季喷洒 2, 4-D 丁酯，并配合灌溉以达到消灭的效果。二是对草害发生情况要进行调查，对草害重点发生地块要进行点片防治。三是在农药喷洒时要注意防止对周围的植物和芦苇产生药害。

3）白车轴草的针对性管理

白车轴草苗期生长缓慢，管理至关重要。种子播入坪床后，每天早晨或傍晚进行喷灌，始终使坪床表面保持湿润直至出苗。出苗后可减少喷水次数，但仍需精心管理。苗期管理 30～50 天，其间除注意浇水使坪床保持湿润外，还要随时清除杂草，主要是人工拔除，防止杂草危害。一般情况下，播种后 4～5 天子叶出土，8～10 天第一片真叶长出，为单叶，13～15 天第二片真叶长出，为掌状三出复叶，20 天后长出第三片真叶，苗高达 5 cm 左右，30～50 天可覆盖地面，形成草坪。

3.2.5　小结

（1）长江中下游河滩面积约为 63 万 hm^2，大部分处于冬陆夏水状态。植被以挺水植物群落或草本植物群落为主。本工程所在的荆州市境内的各类水域分布有水生维管束植物 32 科 86 种，收集到多年生植物 14 种。

（2）依据工程目标、水文情势及植被现状，倒口窑心滩植被的选择原则如下：所选植被应既能在干燥土壤中长期生存和繁育，又能耐受长时间的淹没和水涝；植被以土著物种为主，确保生物多样性与生态安全；植被需存在一定的立体空间层次，在不同空间选取不同的物种搭配；植被需具有较为理想的自然性状和生态功能，确保每个季节均有一定的植被覆盖度；植被需根系发达，固土保土能力强，以保障植物的抗水流冲击能力，并可以截留一定的泥沙，促进洲滩进一步发育。

（3）根据前述原则和标准，以及在工程河段适生植被的调研结果，从大量的植物物种中筛选出狗牙根、芦苇、白车轴草三种土著物种作为适生植被物种用于倒口窑心滩的植被恢复。其中，白车轴草生长速度快、固氮能力强，能够起到在植被生长初期改良土壤的作用；芦苇和狗牙根空间错落、耐淹性强、根系发达，达到一定丰度后能够起到较为理想的守护作用。

（4）倒口窑心滩表层的主要淤积物为砂质粗颗粒，粒径大，营养贫瘠，黏性和稳定性差，易于在外力作用下移动，不利于植被定植生长与成活。需引入客土对土壤基质进行改良，为植物生长提供必要的基质。在植物生长过程中，需加强养护管理，确保植物正常生长。

3.3 土壤基质固定

茂盛的植被不仅能有效地保护土壤基质，还能从水体中截留泥沙，促进滩体的淤高。但在滩面植被具备足够的丰度之前，必须采取临时性的工程措施对迁入的客土进行必要的保护。对此，本节设计了以绳网为主的临时防冲结构，同时设计了相应的试验装置及试验方案对临时防冲结构的效果进行了检验。

3.3.1 临时防冲结构试验设计

1. 试验设计思路

从倒口窑心滩的水文情况分析结果可知，三峡水库修建以后，来沙变化主要表现为大量推移质及悬移质中的较粗部分拦在库内，排往库外的主要是悬移质中的较细部分，下泄水流挟沙将长期处于次饱和状态。考虑到倒口窑心滩上本身就缺乏适合水生植物扎根的软泥，加上三峡水库蓄水后在次饱和水流作用下，泥沙颗粒难以停留和堆积，因此需要设计基于天然原材料且成本较低的临时防冲结构，在防止护滩工程回填土冲刷的同时，也不会对挺水植物的生长发育产生影响。等到适生挺水植物发育起来，可以有效地起到防冲固滩的作用时，临时防冲结构则不必发挥作用。

拟开展水槽试验，研究临时防冲结构不同布置方式的防冲效果，以及相应的各种挺水植物的生长发育情况、固土抗冲作用等，通过对不同方案的可操作性、构筑物稳定性、实施效果等方面进行评价，对比分析各方案的优缺点，提出一套经济有效的河流洲滩的植被化守护技术。

开展临时防冲结构试验的目的是验证和评价临时防冲结构的抗冲刷效果，为了尽可能地反映倒口窑心滩上临时防冲结构的实际情况，包括结构体本身的强度、土壤颗粒间的黏聚力等，水槽试验拟模拟倒口窑心滩上的实际水流条件（主要是滩地近底流速），临时防冲结构本身采用接近天然植物的材料，回填土也应采用合适的土料。

根据相关计算结果，在平滩流量级至洪水流量级范围内，工程部位的流速是 0.7～1.6 m/s。出于防冲刷和植被繁育的需要，工程区回填土拟采用黏性土。黏性土的起动不同于散粒体泥沙和一般淤泥的起动，由于其黏性较强，需克服团粒间较强的黏聚力才能起动，因此一般情况下都具有较强的起动临界条件。考虑到用来进行冲刷模型试验的普通开敞式无压水槽的流速条件不能满足黏性土试验的要求，另外土体颗粒的黏聚性也很难通过模型模拟，因此拟在管道内开展临时防冲结构作用下的土体冲刷试验，以观测分析临时防冲结构的防冲效果。在试验管道内模拟现场试验区的近底流速条件，可视为 1∶1 的模型比尺，流速和土体及临时防冲结构均与现场实际情况相同。

2. 试验装置

试验在矩形有机玻璃管道中开展，试验装置示意图见图 3.16。

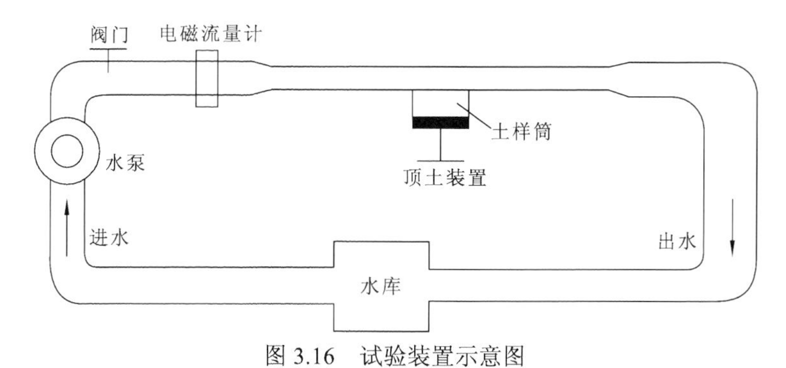

图 3.16　试验装置示意图

整个试验装置为封闭管道循环系统，包括进水管道、水泵、阀门、电磁流量计、试验管段、顶土装置、出水管道、水库等几部分。其中，试验管段为封闭矩形管道，采用有机玻璃加工而成，内部断面尺寸为 50 cm×20 cm，长度为 3 m。试验土样放在与进出口等距离处，以保证水流条件的稳定；水泵功率为 4.8 kW，最大流量可达 150 m^3/h，矩形管道有效段最大流速可达 2.08 m/s。

为了使试验过程中土样表面的水流条件基本一致，考虑在矩形有机玻璃管道底部安装土样升降装置（顶土装置），采用电动机及减速装置控制其升降速度。在试验过程中，当土样在水流中的冲刷逐渐降低时，适时调整土样高度使其表面与矩形管道底部齐平。试验装置及土样照片见图 3.17 和图 3.18。

试验是在封闭压力管道中进行的，与明渠中的无压条件有所不同。依据相关研究成果（洪大林，2005），在有压管道中进行冲刷试验，其压力变化对土样冲刷的影响基本可以忽略，试验结果基本可以代表土样在一般开敞水槽中的结果。

主要测量内容如下：

（1）流量采用电磁流量计测量。

（2）冲刷形态采用高清相机拍摄，结合测尺测量冲刷深度。

图 3.17　试验装置照片

图 3.18　临时防冲结构及试验土样

3. 试验土体

工程区回填土的来源主要为附近农田和荒地的黏土，在回填土源区内采集了两种代表性土样开展试验。对以上两种土样进行颗粒分析试验，主要分析土样粒径、相对密度、孔隙率等。

1）土样粒径分析

天然土是由大小不同的颗粒组成的，土粒的大小称为粒度，土颗粒的大小相差悬殊，从大于几十厘米的漂石到小于几微米的胶粒都有分布。由于土粒的形状往往是不规则的，很难直接测量其大小，只能用间接的方法来测量土粒的大小及各种颗粒的相对含量。颗粒大小和矿物成分的不同，可以使土具有不同的性质。例如，颗粒粗大的卵石、砾石和砂，大多数为浑圆或棱角状的石英颗粒，具有较大的透水性，不具有黏性。颗粒细小的黏粒，则是针状或片状的黏土矿物，具有黏性且透水性较低。为了描述方便，也为了在实际工程应用中更加科学和简便，一般采用表 3.5 进行粒组划分工作。

表 3.5　粒组划分标准

粒组名称	粒组范围/mm
漂石（块石）粒组	粒径>200
卵石（碎石）粒组	20<粒径≤200
砾石粒组	2<粒径≤20
砂粒粒组	0.075<粒径≤2
粉粒粒组	0.005<粒径≤0.075
黏粒粒组	粒径≤0.005

实际上土体常常是多种粒组的混合物，较笼统地说，以砾石和砂粒为主要成分的土称为粗粒土，也称为无黏性土。以粉粒、黏粒和胶粒为主的土称为细粒土，也称为黏性土。显然，土的性质取决于各不同粒组的相对含量。黏性土一般按黏粒（粒径≤0.005 mm）含量来进行分类，对于黏性土，其黏聚力项比重力项大得多，可以认为黏聚力的影响因素就是黏性土的影响因素，而黏聚力的大小一方面与土质结构、矿物组成等土体内部组成结构有关，另一方面与固结历时、固结环境等外部淤积条件有关。土粒干容重可以综合反映外部淤积条件的影响，黏粒含量则是土体内部构成中对黏聚力最重要的影响因素。因此，为确定回填土冲刷的难易程度，须对其土样进行分析，确定土样内的黏粒含量，以此来设计冲刷试验。

颗粒分析试验的方法分为筛分法和沉降分析法（或称为比重计法），粗粒土应采用筛分法，而细粒土则应当使用沉降分析法。

两种土样的颗粒级配曲线见图 3.19 和图 3.20。从两种土样的颗粒级配曲线可知，土样 1 的中值粒径约为 0.009 mm，土样中黏粒含量较多，约为 20%，团粒间黏聚力作用较大，对起动及冲刷条件的要求更强，因而更难冲刷。土样 2 的中值粒径约为 0.026 mm，土样中粉粒含量较多，较土样 1 颗粒更粗，团粒间黏聚力更小，更容易起动和冲刷。蒋磊和谈广鸣（2013）、吕平等（2008）关于黏粒含量对起动流速影响的研究也证明了这一点。

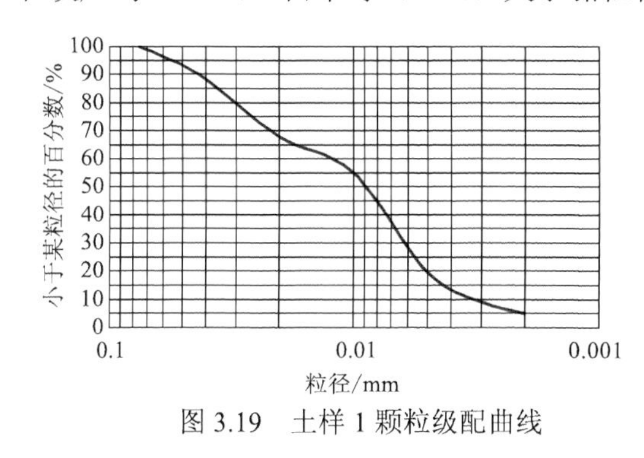

图 3.19　土样 1 颗粒级配曲线

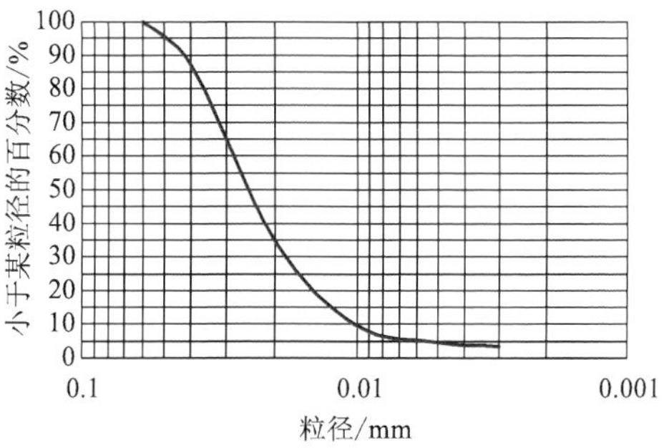

图 3.20　土样 2 颗粒级配曲线

洪大林（2005）对黏性土中值粒径、不均匀系数 C_u 和黏性土百分含量的分析表明，它们并不是起动的影响因素，而是通过影响其内部结构来间接影响起动，这在一定程度上从侧面反映了影响黏性土起动因素的复杂性。通过本次冲刷试验，也可以进一步探讨黏性土黏粒含量对其冲刷影响的趋势。

不均匀系数 C_u 的计算公式为

$$C_u = d_{75} / d_{25} \tag{3.1}$$

其中，d_{75} 表示小于该粒径的土颗粒的质量占土颗粒总质量的 75%，d_{25} 表示小于该粒径的土颗粒的质量占土颗粒总质量的 25%。

2）土样特征值测定

用环刀法测定两种土样的密度 ρ 与干密度 ρ_d，并根据式（3.2）来推算两种土样的含水率，得到两种土样的特征值，见表 3.6。测得土样 1 和土样 2 的密度分别为 2.163 g/cm^3 和 1.899 g/cm^3，说明土样 1 的密度较大，黏粒含量也较多。土样 1 和土样 2 的孔隙率分别为 0.28 和 0.34，说明土样 1 相对更加密实。

$$\rho_d = \frac{\rho}{1+\omega} \tag{3.2}$$

表 3.6　土样特征值对比表

土样号	密度 ρ/（g/cm^3）	干密度 ρ_d/（g/cm^3）	天然含水率 ω /%	相对密度	孔隙率 n	中值粒径 /mm	黏粒含量 /%
1	2.163	1.796	20.43	2.51	0.28	0.009	20
2	1.899	1.547	22.75	2.35	0.34	0.026	5

3.3.2　临时防冲结构设计及试验优化

1. 临时防冲结构设计思路

临时防冲结构必须具备两个条件：一是具备较强的防冲能力，在植被根系未充分发育、不具备固滩能力的时段能够承受住水流的冲刷；二是作为临时结构，成本应较低。根据这两个原则，将可降解的草绳铺设成网状进行滩面的辅助保护，草绳采用木条打桩进行固定。

草绳结网的临时防冲结构模型示意图见图 3.21。

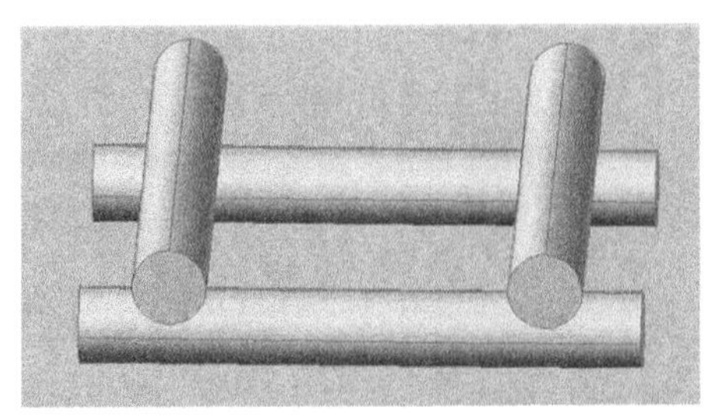

图 3.21　临时防冲结构模型示意图

2. 临时防冲结构试验方案

采用草绳结网的临时防冲结构时，设计方案上的变化主要考虑草绳的粗细和绳间距。本次试验选用了两组直径 d 分别为 0.5 cm 和 1.0 cm 的草绳，绳间距 l 为 10 cm 和 5 cm，共形成四组临时防冲结构形式，草绳防冲框架实物见图 3.22～图 3.25。

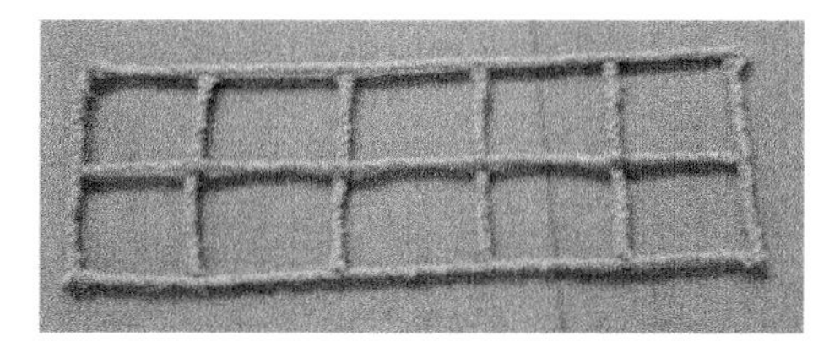

图 3.22　临时防冲结构 1
（框架 1，d 为 0.5 cm，l 为 10 cm）

图 3.23　临时防冲结构 2
（框架 2，d 为 1.0 cm，l 为 10 cm）

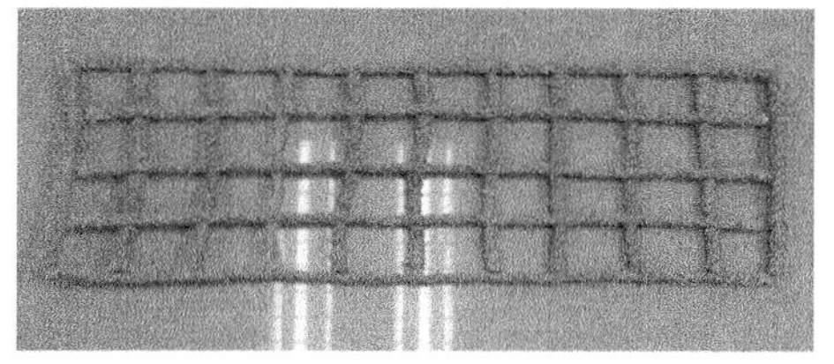

图 3.24　临时防冲结构 3
（框架 3，d 为 0.5 cm，l 为 5 cm）

图 3.25　临时防冲结构 4
（框架 4，d 为 1.0 cm，l 为 5 cm）

在平滩流量级至洪水流量级范围内，工程部位的最大流速为 0.7～1.6 m/s。参考该成果，冲刷试验采用了 6 组流速条件，分别为 0.56 m/s、0.69 m/s、0.97 m/s、1.25 m/s、1.53 m/s、1.81 m/s，在两种土样下分别开展正交试验，共形成 60 组工况组合，具体工况见表 3.7。

表 3.7　临时防冲结构冲刷试验工况一览表

工况编号	临时防冲结构方案	土样	流量/(m^3/h)	平均流速/(m/s)	工况编号	临时防冲结构方案	土样	流量/(m^3/h)	平均流速/(m/s)
a-1	无框架	1	40	0.56	b-4	框架 1	1	90	1.25
a-2	无框架	1	50	0.69	b-5	框架 1	1	110	1.53
a-3	无框架	1	70	0.97	b-6	框架 1	1	130	1.81
a-4	无框架	1	90	1.25	c-1	框架 2	1	40	0.56
a-5	无框架	1	110	1.53	c-2	框架 2	1	50	0.69
a-6	无框架	1	130	1.81	c-3	框架 2	1	70	0.97
b-1	框架 1	1	40	0.56	c-4	框架 2	1	90	1.25
b-2	框架 1	1	50	0.69	c-5	框架 2	1	110	1.53
b-3	框架 1	1	70	0.97	c-6	框架 2	1	130	1.81

续表

工况编号	临时防冲结构方案	土样	流量/(m^3/h)	平均流速/(m/s)	工况编号	临时防冲结构方案	土样	流量/(m^3/h)	平均流速/(m/s)
d-1	框架 3	1	40	0.56	B-4	框架 1	2	90	1.25
d-2	框架 3	1	50	0.69	B-5	框架 1	2	110	1.53
d-3	框架 3	1	70	0.97	B-6	框架 1	2	130	1.81
d-4	框架 3	1	90	1.25	C-1	框架 2	2	40	0.56
d-5	框架 3	1	110	1.53	C-2	框架 2	2	50	0.69
d-6	框架 3	1	130	1.81	C-3	框架 2	2	70	0.97
e-1	框架 4	1	40	0.56	C-4	框架 2	2	90	1.25
e-2	框架 4	1	50	0.69	C-5	框架 2	2	110	1.53
e-3	框架 4	1	70	0.97	C-6	框架 2	2	130	1.81
e-4	框架 4	1	90	1.25	D-1	框架 3	2	40	0.56
e-5	框架 4	1	110	1.53	D-2	框架 3	2	50	0.69
e-6	框架 4	1	130	1.81	D-3	框架 3	2	70	0.97
A-1	无框架	2	40	0.56	D-4	框架 3	2	90	1.25
A-2	无框架	2	50	0.69	D-5	框架 3	2	110	1.53
A-3	无框架	2	70	0.97	D-6	框架 3	2	130	1.81
A-4	无框架	2	90	1.25	E-1	框架 4	2	40	0.56
A-5	无框架	2	110	1.53	E-2	框架 4	2	50	0.69
A-6	无框架	2	130	1.81	E-3	框架 4	2	70	0.97
B-1	框架 1	2	40	0.56	E-4	框架 4	2	90	1.25
B-2	框架 1	2	50	0.69	E-5	框架 4	2	110	1.53
B-3	框架 1	2	70	0.97	E-6	框架 4	2	130	1.81

3. 临时防冲结构试验成果分析

黏性土的抗冲性能可用临界起动条件来表示，一般取起动切应力或起动流速。黏性土的起动不同于散粒体泥沙和一般淤泥的起动，由于其黏性较强，需克服团粒间较强的黏聚力才能起动，因此一般情况下都具有较强的临界起动条件。目前国内外学者主要从黏性土颗粒微团受力的角度，对黏性泥沙在床面上的起动条件进行研究。基于泥沙颗粒在床面的起动规律，考虑了土颗粒微团起动时所受到的各种作用力，并以此建立统一的起动流速公式。

也有研究认为，黏性土的冲刷破坏属结构性破坏，其起动条件与土体黏聚力等强度指标及容重、液塑限、含水率等物理指标存在明显的相关关系。通过他们的研究，建立了黏性土起动的临界指标和土的物理力学指标之间的关系，其物理力学指标包括塑性指数、十字板抗剪强度、分散度、摩擦角、干容重、粒径，为进一步研究黏性土的起动冲刷奠定了基础。但由于所采用的试验土样取自不同的地区，甚至不同的国家，其土质特性和成因差别很大，所得到的公式差别也很大，采用这些公式计算得到的结果也存在很大差别。

本次试验的目的主要是对比分析临时防冲结构的防冲效果，因此这里以起动流速和防冲率为指标进行分析。根据表 3.7 所示的工况进行冲刷试验，观察泥沙的起动情况，并记录两种土样在 10 min 内的冲刷深度，结果见表 3.8。

表 3.8　土样冲刷深度

流速/（m/s）	土样 1 冲刷深度/cm					土样 2 冲刷深度/cm				
	无框架	框架 1	框架 2	框架 3	框架 4	无框架	框架 1	框架 2	框架 3	框架 4
0.56						0.65	0.55			
0.69						1.25	0.9	0.5		
0.97	0.7					2.05	1	1.6	1.5	1.35
1.25	1.9	0.7	0.5	0.65	0.3	2.4	1.9	1.7	1.6	1.7
1.53	2.2	1.5	1.2	1.1	0.95	4.9	2.8	2.75	2.75	1.75
1.81	2.8	1.7	1.3	1.3	1.2	—	—	—	—	—

1）同种土样横向对比分析

根据表 3.8 绘制土样 1 和土样 2 分别在各种工况下的冲刷深度柱状图，见图 3.26 和图 3.27。

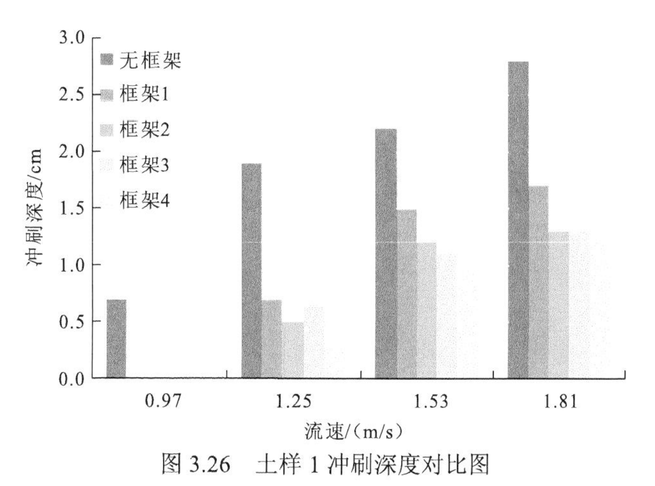

图 3.26　土样 1 冲刷深度对比图

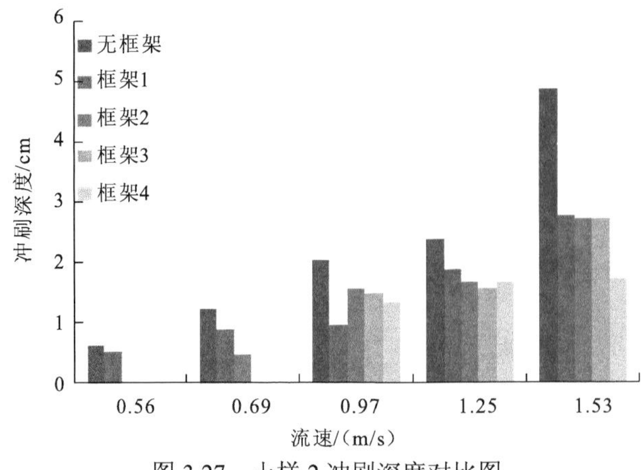

图 3.27 土样 2 冲刷深度对比图

由图 3.26、图 3.27、表 3.8 可知，两种土样在框架作用后的起动流速均有所增加。土样 1 在无框架情况下，当流速增大到 0.97 m/s 时开始冲刷，而几种框架作用下均无冲刷。当流速增加到 1.25 m/s 后，冲刷深度随着临时防冲结构空隙的减小而减小，即无框架下冲刷深度最大，框架 1（d=0.5 cm，l=10 cm）次之，框架 4（d=1.0 cm，l=5 cm）冲刷深度最小。土样 2 在无框架情况下流速为 0.56 m/s 时已经有所冲刷，而框架 2、3、4 下，该流速下均没有冲刷。冲刷深度也是随着临时防冲结构空隙的减小而减小。四种框架下冲刷深度相差不大，但有框架时相对于无框架时冲刷深度明显减小，说明框架在防冲刷方面作用很明显。

2）不同土质对比分析

根据表 3.8 绘制不同临时防冲结构冲刷深度随流速的变化图，见图 3.28～图 3.32。

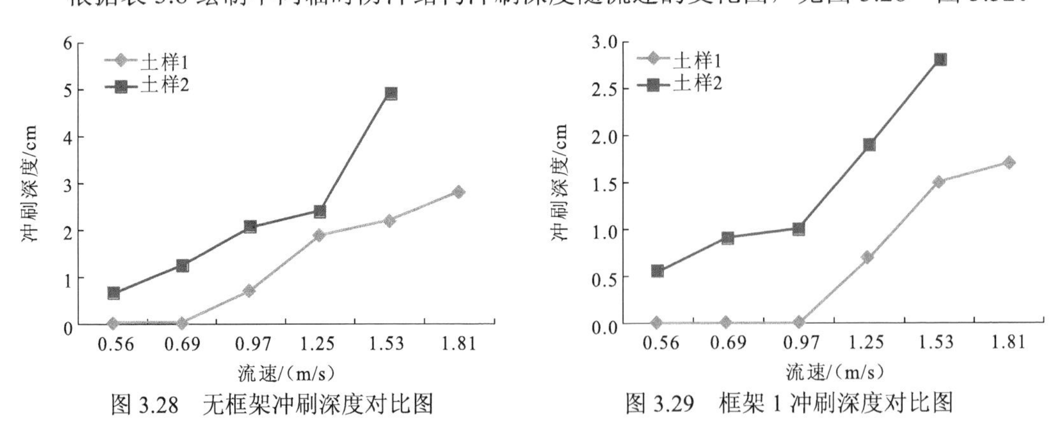

图 3.28 无框架冲刷深度对比图

图 3.29 框架 1 冲刷深度对比图

由图 3.28~图 3.32 可知，无论是在无框架还是在有框架的情况下，随着流速的增大，两种土样的冲刷深度呈整体递增趋势。在流速较小时，土样 2 较土样 1 更容易起动；土样 1 的冲刷深度在同等流速下均小于土样 2 的冲刷深度，密实度大的土体的防冲刷能力明显优于密实度小的土体，且随着框架空隙的增加，两种土样间的冲刷深度的差距逐渐变大。

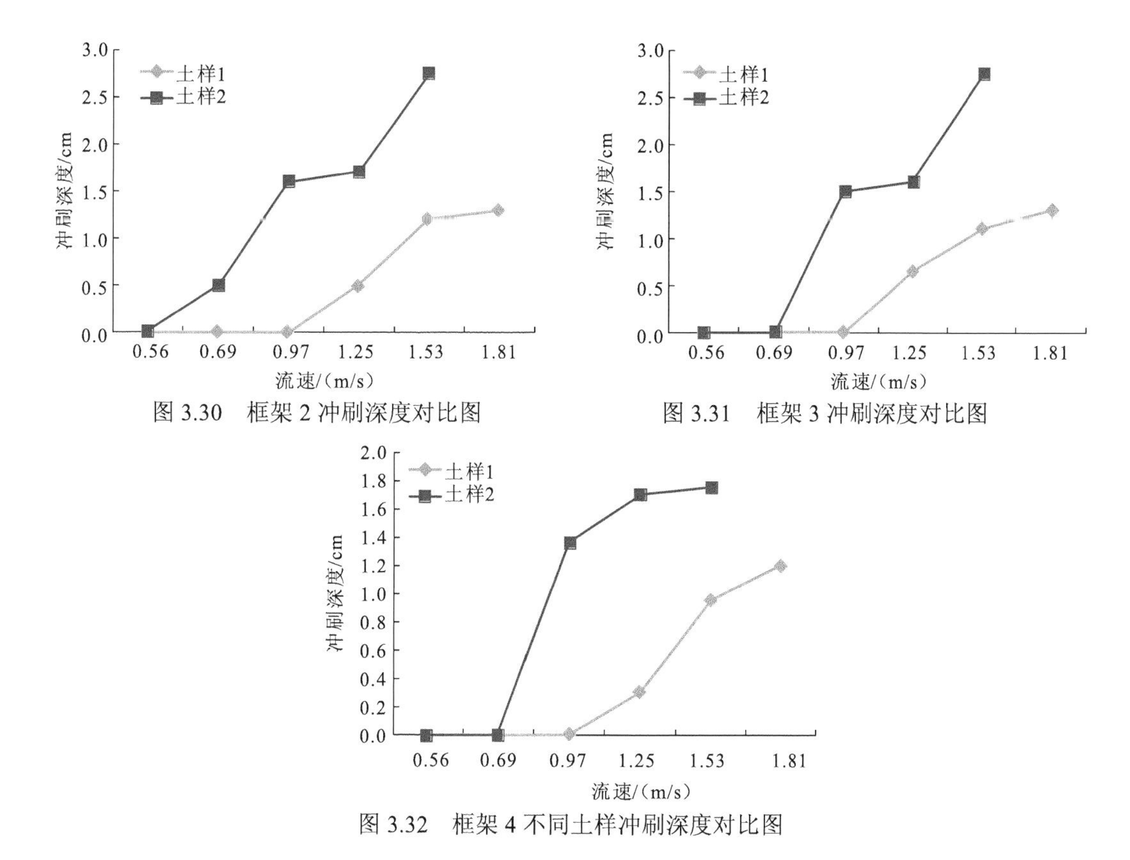

图 3.30　框架 2 冲刷深度对比图

图 3.31　框架 3 冲刷深度对比图

图 3.32　框架 4 不同土样冲刷深度对比图

3）各种临时防冲结构下防冲能力的对比分析

绘制土样 1、2 在各种临时防冲结构下的防冲率 P，见图 3.33 和图 3.34。防冲率计算公式如下：

$$P = \frac{|h - h_t|}{h_t} \tag{3.3}$$

式中：h_t 为无框架情况下的原始冲刷深度；h 为相应流速下的冲刷深度。

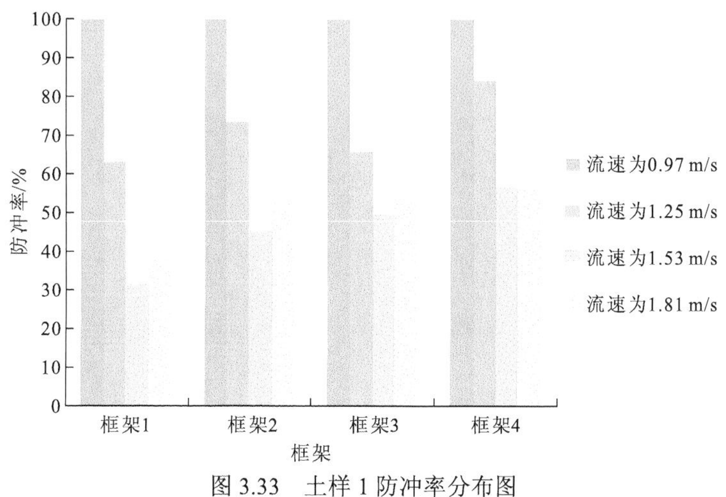

图 3.33　土样 1 防冲率分布图

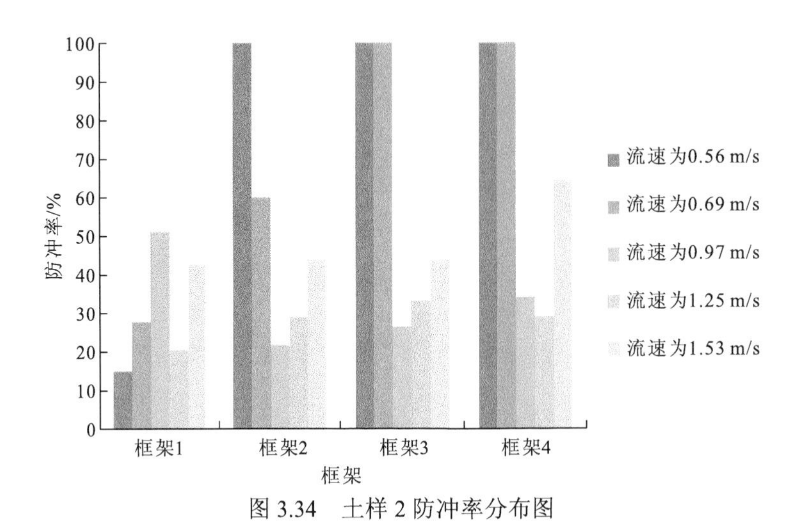

图 3.34　土样 2 防冲率分布图

由图 3.33、图 3.34 可以看出，土样 1 中，防冲率均在 30%以上，且框架 4 时的平均防冲率最大，防冲效果最好。在临时防冲结构一定的情况下，流速越大，防冲率随流速的变化越不明显。土样 2 中，防冲率基本在 20%以上，且框架 4 时的平均防冲率最大，防冲效果最好。两种土样中，随着流速的增大，四种框架结构下，防冲率基本呈先减小后增大的趋势。土样 1 防冲率的最大变化幅度与平均变化幅度均较土样 2 小，同种框架结构下，土样 1 的防冲率基本上大于土样 2。

4. 临时防冲结构设计选型

结合试验结果可知，草绳防冲框架结构在减弱冲刷方面有着明显的作用，且对土样 1 的作用更加明显。土样 2 中粉粒含量较多，土体间孔隙较大，吸水能力更强，随流速变化所受到的扰动更大。不同的临时防冲结构防冲能力不同，同等条件下，结构的空隙越大，防冲作用越小。土体中黏性颗粒的含量对起动流速的影响较大。细颗粒含量比较多的土样 1，中值粒径比较小，黏性颗粒含量较多，颗粒间黏聚力比较大，需要更强的水流强度才能起动，故使其开始明显冲刷的流速更大，且其冲刷的深度在同等条件下较土样 2 小。

本次试验采用的回填土为新填土，没有经过淤积固结过程，相对冲刷深度较大。考虑工程区的实际情况，土体回填以后会有一定时间的固结过程，密实度会有所增加，因此土样 1 的成果更接近工程实际情况。对于土样 1 来说，理论上讲草绳铺设得越密，防冲效果越好。试验对比发现，四种临时防冲结构均有一定的防冲效果，起动流速有所增加。根据试验结果，临时防冲结构能有效地提高防护区的起动流速，从而提高回填土的防冲能力，为植被发育期提供顺利过渡条件。因此，临时防冲结构的选取应考虑到首先满足工程区的临时防冲需求，在此基础上考虑植株的生长空间需求、种植的可操作性及临时防冲结构的经济性和使用寿命。

水槽试验条件与工程现场的水沙条件有一定的差异，不能直接采用试验结果来计算工程区的冲刷深度。因此，这里采用类比法进行临时防冲结构选型，即根据试验得到的防冲率和工程区的实际冲刷情况来推算不同临时防冲结构下的防冲效果。工程区的最大冲刷流速取 1.53 m/s，以此作为设计选型的设计流速。根据工程河段的河床变形分析成果，倒口窑心滩上的冲淤变幅为 0.8～1.2 m，取原沙质床面上的最大冲刷深度为 1.2 m。以试验土样 1 代表回填土土体，将土样 2 作为原滩面土体。根据表 3.8 无框架作用下最大流速 1.53 m/s 条件下土样 2 的冲刷深度为土样 1 的 2.23 倍，可以推算出在无框架下回填土冲刷深度为 0.54m。根据土样 1 在不同框架作用下的防冲率计算出各种框架的冲刷深度分别为 0.37 m、0.29 m、0.27 m、0.23 m。其他流速条件下的冲刷深度计算结果见表 3.9（原冲刷深度仍取 1.2 m）。

表 3.9　土样 1 在不同临时防冲结构作用下的冲刷深度

流速/（m/s）	冲刷深度/m			
	框架 1	框架 2	框架 3	框架 4
0.97	—	—	—	—
1.25	0.35	0.25	0.32	0.15
1.53	0.37	0.29	0.27	0.23

植物根系发育以后，临时防冲结构的替代作用就完成了。因此，可以根据植被根系的有效固土深度选择临时防冲结构。图 3.35 给出了芦苇毛细根 RWD 的垂向分布，可以看出，芦苇毛细根的最大分布深度可以达到 250 cm，0～30 cm 土壤内的根系最多，毛细根 RWD 在 2 kg/m^3 以上，30 cm 以下根系密度明显减小。狗牙根的相关研究表明，狗牙根的根系集中分布在 0～10 cm 土层，其根长密度和 RWD 随土层深度的增加而减小。因此，0～30 cm 可视为植被根系固土的最有效深度。

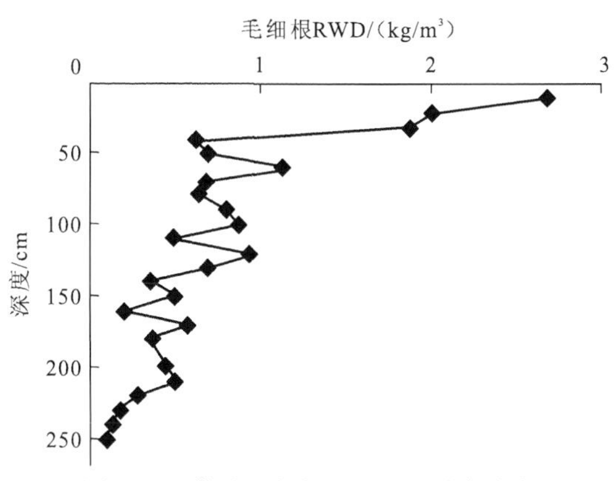

图 3.35　芦苇毛细根 RWD 的垂向分布

从临时防冲结构的作用来讲，临时防冲结构的冲刷深度宜控制在植被根系的有效深度范围内，以维持植被根系发育阶段所需的土体。从表 3.9 可知，土样 1 在框架 4 的作用下冲刷深度最小，理论上讲草绳铺设得越密，防冲效果越好，即框架 4 应为最佳方案。由于不同的植被对生长空间的需求存在差异，在设置临时防冲结构时，还需要考虑到该结构的空间占用情况及其对植物的影响，由于狗牙根是匍匐生长的，白车轴草的生长也是贴近地表的，临时防冲结构对它们的影响不大，不需要考虑间距问题。芦苇的种植则需要考虑间距问题，一般芦苇的种植间距约为 30 cm，草绳过密则不方便进行栽植。综合考虑种植的可操作性及经济性，确定选用较粗的草绳，即第二种临时防冲结构（直径为 1.0 cm，绳间距为 10 cm）作为推荐方案。

需要说明的是，有压水槽试验采用的流速为断面平均流速，该流速对应的工程区的流速应为近底流速。汛期工程区的水深平均流速为 0.7～1.6 m/s，近底流速要小于该流速范围。因此，综合考虑以上因素，从临时防冲结构的试验成果和植被根系的固土能力来看，推荐的临时防冲结构方案是可以起到临时守护效果的。

3.3.3 小结

倒口窑心滩汛期淹没，在植被具备足够的丰度之前，水流对适合水生植物扎根的迁入客土（软泥）的冲刷作用不容忽视，将影响植物生长发育，必须采取临时性的工程措施对迁入客土进行必要的保护。本节设计了以绳网为主的临时防冲结构，同时设计了相应的试验装置及试验方案对临时防冲结构的效果进行检验。

（1）开展水槽试验，研究临时防冲结构不同布置形式的防冲效果。试验土体采用不同类型的土体，控制土体的表面流速与实际流速一致，将可降解的草绳铺设成网状进行滩面的辅助保护，对比分析不同间距及粗细的草绳网格作用下土体的冲刷幅度。

（2）试验结果表明，草绳编制的网格结构在减弱冲刷方面有着一定的作用，覆盖后土体起动流速增加，冲刷率下降。对于含砂粒、粉粒较多的土体，同种框架的防冲作用更加明显。同等条件下，临时防冲结构的空隙越大，防冲作用越小。

（3）综合考虑防冲效果及植物生长空间（草绳过密则不方便进行栽植）等要素，选取较粗的草绳（直径为 1.0 cm，绳间距为 10 cm）作为临时防冲结构的推荐方案。

3.4 技术应用

依据固滩植被培育方案及土壤基质防冲技术的研究成果，拟选取倒口窑心滩守护工程的局部区域实施固滩工程，以验证在洪水期处于淹没状态的滩体上绿化、环保及保滩促淤的效果。

3.4.1 工程施工情况

倒口窑心滩守护工程由一纵两横共 3 道护滩带组成，纵向护滩带上段为半椭圆形，下段为刀形，其中上段长度为 400 m，底宽为 660 m，下段长度为 1 810 m，宽度为 300 m；横向护滩带轴长分别为 500 m、640 m，宽度均为 180 m。护滩建筑物采用系混凝土块软体排，为减小护滩外侧的冲刷，边缘采用设置透水框架或增加抛石厚度的方式（边缘紧邻航道的情况下）进行防冲处理。对于头部椭圆形护滩带及横向护滩带与纵向护滩带衔接处的转角，进行平顺处理，共有 5 个圆弧处理区，自上游至下游分别为 A 区、B 区、C 区、D 区、E 区。试验的生态护滩结构设置在倒口窑心滩梳齿形护滩带圆弧处理区 D 区、E 区。平面位置见图 3.36。

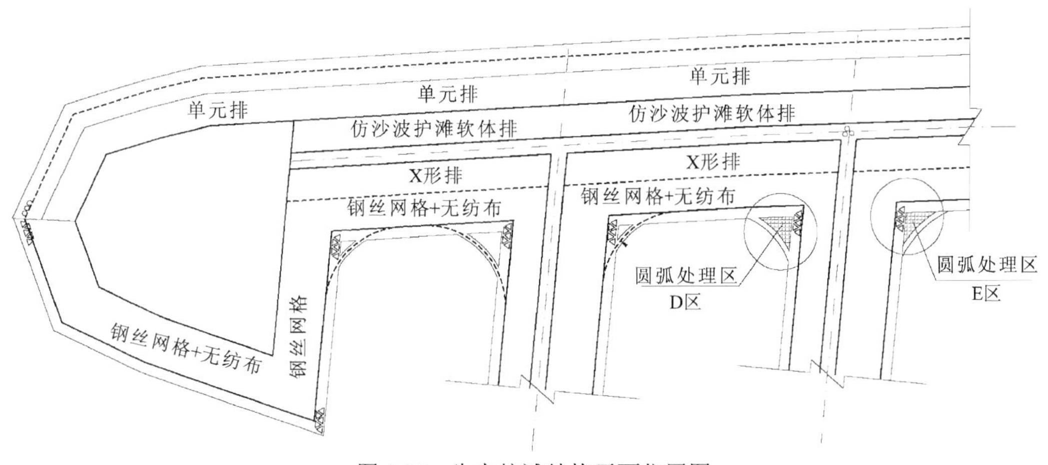

图 3.36　生态护滩结构平面位置图

生态护滩结构采用浆砌块石形成围墙，并充填土方，通过播撒植物种子的形式进行绿化，在播撒种子之后，在表面每隔 10 cm 铺设一根 1.8 cm 直径的草绳，草绳采用带钩头的ϕ10 mm 钢筋固定，钢筋总长为 2 m，间距为 3 m；在边缘设置透水框架，宽 10 m。生态护滩结构图见图 3.37。

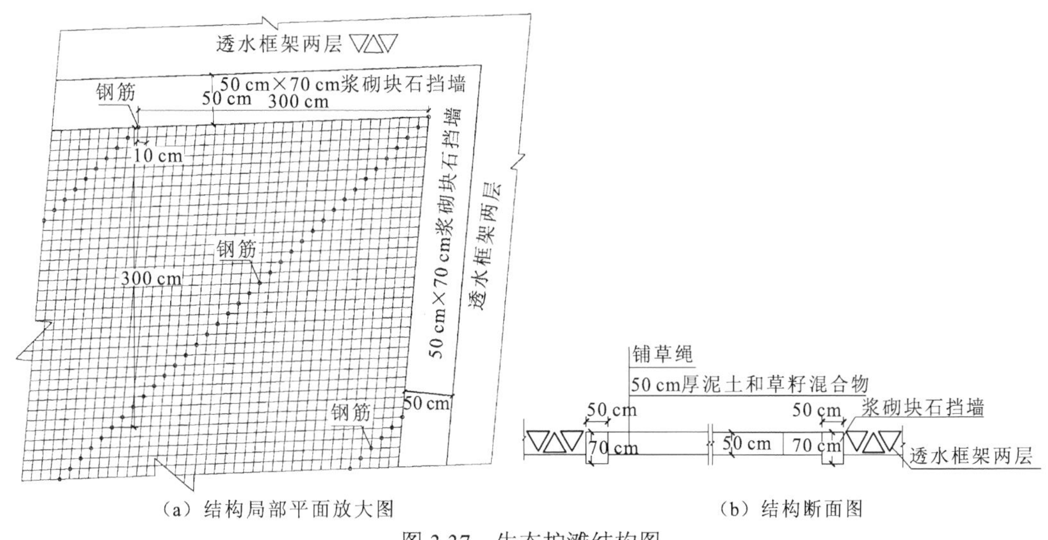

（a）结构局部平面放大图　　（b）结构断面图

图 3.37　生态护滩结构图

工程于 2014 年 7 月开工，2015 年初实施了生态护滩区域的回填土工作，至 2015 年 4 月，生态护滩结构及主体工程基本实施完成。

3.4.2 植被生长情况

施工区运行近 1 年的具体数据显示，基于施工区具体实际情况设计的土壤基质改良方法满足植被生长需要，达到了恢复目标的要求；临时防冲结构草绳表层有一定风化，但整体强度尚可，洪水期提供了一定的对基质稳定性的防护作用。土壤基质与临时防冲结构结合起来为河流洲滩的植被化守护技术提供了良好的基础条件和保障，确保了植被恢复的可能性。

种植的狗牙根、白车轴草和芦苇在春夏季显示出了强劲的长势，生长指标正常。春季，白车轴草生长茂盛，实现了对施工区的全覆盖，目测植被盖度达到 90%以上；狗牙根新芽发育，植株密度达到 30 株/m^2 以上；芦苇高度在 1.0～1.5 m，平均植株间距为 1.2 m。单位面积上的植物生物量达到 15.7 g 以上。夏季，白车轴草逐渐枯萎，为土壤提供了养分，狗牙根长势旺盛，植株密度达到 60 株/m^2 以上，目测植被盖度达到 80%以上；芦苇高度在 2.0 m 以上，平均植株间距为 0.8 m，芦苇密度显著增加。同时，施工区出现很多其他植物，物种多样性指数增加。单位面积上的植物生物量达到 40.3 g。秋季，狗牙根长势旺盛，植株密度达到 70 株/m^2 以上，目测植被盖度达到 92%以上；芦苇高度在 2.4 m 以上，平均植株间距为 0.7 m。单位面积上的植物生物量达到 46.7 g。

倒口窑心滩守护工程最初的设计目标是将施工区在 3～5 年从不毛之地变为绿洲，实现植被完全覆盖。2015 年工程区全年的植被生长情况显示，该工程在 1 年内就完成了预期目标，较设计方案提前 2 年；同时，由于植被盖度的增加及单位面积上植被生物量和生物多样性的增加，植被对土壤的改良作用可改变施工区的土壤质量，更好地促进植被的生长。

施工完成后对工程区的植被进行了跟踪监测，完工后植被生长情况如图 3.38～图 3.41 所示。图 3.42 为施工区白车轴草、狗牙根和芦苇的生长情况示意图。

图 3.38　工程区植被繁衍照片（2015 年 4 月 14 日）

施工区运行 1 年的具体数据显示，总体上，基于施工区具体实际情况设计的土壤基质改良方法满足植被生长需要，植入基质运行 1 年后，粉粒和黏粒占基质的 90%以上，团聚体密度达到 2.1 g/m^3，基质的密实度和稳定性满足要求。基质的植入方法合理，基质植入后具有良好的稳定性和保墒能力，尤其是表层基质良好的孔隙率确保了一定的通透性和物质交换能力，使得施工区的植被生长良好，实现了对施工区的全覆盖，植被的总体盖度达到了 95%以上。具体而言，河流洲滩的植被化守护技术的处置效果和生态效益表现在以下几个方面。

图 3.39　工程区植被繁衍照片（2015 年 5 月 22 日）

图 3.40　工程区植被繁衍照片（2015 年 11 月 6 日）

图 3.41　工程区植被繁衍照片（2015 年 12 月 7 日）

（1）洲滩稳定性得到保障。植入性生态护滩通过对洲滩进行基质和植物的人工植入，改变了洲滩表层之前全部为粗砂粒的外观面貌，使得施工区的土壤基质具有一定的黏度和密实度，加上临时防冲结构的辅助和协同作用，确保了洲滩的结构稳定。通过 1 年的运行实践发现，植入的基质全部保留在原位，没有被洪水冲走，表现出了良好的防冲能力和结构稳定性。从这个角度看，洪水不再对原来的洲滩发育表现为负面冲击，相反，洪水挟带的泥沙被生态洲滩的植被在原位实现了有效拦截，截留下来的泥沙挟带着一定的营养元素，其对洲滩具有滋养作用，有助于洲滩的稳定和正常发育，可以进一步改良洲滩的土壤，改变洲滩生态景观，目前施工区已经将洲滩由不毛之地变成了绿洲，对洲滩开展了有效的养护，达到了“滩体守护”的目的。

(a) 白车轴草　(b) 狗牙根

(c) 芦苇（一）　(d) 芦苇（二）

图 3.42　各种植被的生长情况

（2）洲滩土壤质量得到改善。施工前洲滩全部为粗砂砾石，施工区在基质和植物植入后，持续 1 年的运行改变了洲滩的景观，生长茂盛的植被实现了对施工区地表的有效覆盖，由此带来对洲滩土壤的全方位改变，具体改变如下：首先，由于基质和植物的植入，施工区的地表出现了四季更迭的植被演替，植物的死亡及其生物量的降解在一定程度上补充了土壤养分，增加了土壤有机质，改变了土壤的密实度和孔隙率，使得表层土壤更适合生物群落的拓殖和繁衍，从图 3.43 可见，施工区地表已经出现了大量的苔藓地衣，初步形成了有助于结构稳定的土壤结皮，这些结皮具有稳定表层土壤、保水固沙等生态作用，对于土壤的进一步发育具有促进作用。其次，洪水过后，洪水挟带的大量细小泥沙颗粒被植被阻截并在洲滩实现原位沉积，沉积下来的泥沙挟带着大量的营养元素，与洲滩已有的植被和基质一起，共同改变洲滩土壤的营养结构，增加了土壤的养分。此外，洲滩植物的腐烂分解可以促进土壤微生物在施工区的繁衍，有助于物质的转化，进一步改变土壤质地。通过检测，1 年来施工区的表层土壤有机质增加 11.6%，TN 增加 5.7%，TP 增加 2.6%。

（3）实现了植被全覆盖和四季更迭。狗牙根、芦苇、白车轴草作为先锋植被用于倒口窑心滩的植被恢复，工程实施后对滩面的跟踪调查结果显示：先锋植被全部有效存活，并表现出了旺盛的生长繁殖能力。倒口窑心滩植被整体生长情况良好，固滩工程实施前几乎没有植被覆盖的滩体，如今整个滩面几乎被植被覆盖。

图 3.43　基质表面分布情况

（4）有效改变了洲滩生物多样性，为其他生物种群的繁衍提供了栖息生境条件和迁徙的生态廊道，施工区 1 年的运行情况显示出了植入性生态护滩的良好生态效应，植被生长茂盛，实现了对施工区的全覆盖，土壤微生物种群增长快速，土壤结皮发育正常，非人工植入的植物逐渐开始在施工区定植生长，由于该区域成为植物生长的适宜微生境，未来会有更多的风媒种子在此落地生根，植物群落将更加繁茂。作为水陆交错的洲滩，一旦有了繁茂的植物群落，可以为其他生物的繁衍提供良好的栖息生境，并供应一定的饵料，一些穴居动物如田鼠等和涉水禽类如鸳鸯、野鸭等将逐渐在此定居，这些动植物的存在将极大地增加该区域的生物多样性。同时，施工区生境的改变不仅为留鸟提供了生存和繁衍空间，也为候鸟的短暂休憩提供了场所，有助于候鸟的迁徙。

倒口窑心滩 2014 年开工，2015 年初（汛期来临前）施工已基本完成，对工程区 2015 年水文情势进行分析不难发现，2015 年来流量较小，较短的淹没期和较小的淹没深度为工程后播撒的先锋植被提供了较好的萌发条件，先锋植被达到了一定的丰度。但是考虑到年度滩体淹没历时较短对于滩面植物生长有不可忽视的促进作用，在后续跟踪分析过程中，仍应密切关注不利水文条件（尤其是大水年）下植被的生长及滩体守护情况。

3.4.3　适用条件分析

在长江航道治理中首次采用了河流洲滩的植被化守护技术，后续的跟踪监测显示倒口窑心滩滩面实现了植被覆盖，分析选定的植物的生长特性、试验条件及工程实施情况，初步确定洲滩的植被化守护技术的适用条件。

（1）河流洲滩的植被化守护技术适用的水流条件。

倒口窑心滩滩面平均淹没深度为 0.2～1.6 m，水流流速为 0.7～1.6 m/s。水槽试验过程中，重点控制水流流速相似，水流流速为 0.56 m/s、0.69 m/s、0.97 m/s、1.25 m/s、1.53 m/s、1.81 m/s。因此，研究所确定的临时防冲结构能够在 1.81 m/s 及以下流速状态下有效防止滩面冲刷，但对于 2 m/s 及以上流速而言，研究成果的适用性有待进一步观察。

（2）河流洲滩的植被化守护技术适用的地形条件。

研究所选取的倒口窑心滩属于较高大、完整的江心滩体，滩顶最大高程可达航基面上近 10 m，航基面上 7 m 以上区域范围较大，年内淹没时间为 70～80 天，大部分时间滩体出露，保障了植物在生长关键时期有足够的出露时间。从工程实际运用情况来看，2015 年来流量偏枯，滩面淹没历时近 10 天，植物成活率高，植被长势提前 2 年达到了预期效果。结合工程区域实际踏勘情况来看，即使是高滩守护工程枯水平台附近（航基面上 3 m 左右，淹没期一般超过 6 个月），仍可见少量植被。综合上述分析可以判断，对于较高大、完整，淹没历时低于 80 天的滩体，研究成果可取得较好的效果；对于航基面上 3～8 m 的滩体，研究成果仍可适用，但效果较差；对于航基面上 3 m 以下的区域，研究成果将难以适用。

（3）河流洲滩的植被化守护技术适用的气候、生态条件。

本期工程位于长江中游荆江河段，属亚热带季风气候，四季分明，冬季寒冷干燥，降雨偏少，冰冻期极短，无霜期长，夏季炎热，春、秋季雨量偏多。河道两岸植被覆盖密集，可选适生植被众多，植物育种难度较小，外来植物入侵风险较低。对于气候及生态条件类似于本次工程河段的区域，所提出的河流洲滩的植被化守护技术思路仍能够适用，但需结合区域生态情况进一步选择适生植被，但对于生态环境与本次工程河段存在明显差异的区域，研究成果的适用性有待进一步研究。

总体而言，本章研究直接针对倒口窑心滩守护工程，研究过程针对性及目的性较强，对于水文、地形特点，气候、生态条件与本期工程范围差异较大的河段，研究成果的适用性仍有待进一步研究。

第4章 鱼类生境的保护与修复技术

河流水域是孕育淡水鱼类的重要载体，是鱼类个体正常进行繁衍、生长的必要环境，为鱼类提供了生存所需的物质能量和栖息空间，这种栖息空间就叫作鱼类生境，是河流系统的重要组成部分。但由于人类活动的加剧，鱼类生境面积减少、栖息地环境恶化，给鱼类的正常生活造成了影响。据此，本章将介绍三种对河流系统中鱼类生境进行保护与修复的技术：①“仿自然鱼道空间水力多样化调控技术”针对不同鱼类对水流条件的需求，结合传统鱼道的结构和自然河道的形态及生境要素，构建平面分区、垂向分层的“水流空间多样化”的仿自然鱼道结构形式，适宜多目标鱼类种群上溯；②“三峡水库-葛洲坝水库运行对中华鲟产卵场的影响与水力调控优化技术”系统研究了三峡水库-葛洲坝水库运行对中华鲟产卵场水流条件的影响规律，创新性地提出在中华鲟产卵期加大三峡水库-葛洲坝水库梯级下泄流量，优化小流量条件下葛洲坝水库电厂机组运行方式；③“基于模糊逻辑的鱼类物理栖息地模拟技术”结合水生生物的水动力需求，在栖息地水流模型的基础上，提出了一种基于Mamdani 型模糊推理和自适应神经模糊系统的物理栖息地模拟技术，克服了已有物理栖息地模拟（physical habitat simulation，PHABSIM）模型仅能在具有较完善监测资料的河流使用的局限性。

4.1 仿自然鱼道空间水力多样化调控技术

由于修建闸坝分割河流的完整环境，隔断了洄游鱼类的天然通道和鱼类种群的交流，对鱼类资源和生态系统造成了不同程度的影响，鱼类上溯繁殖的阻隔问题是水电工程建设面临的主要问题之一。过鱼建筑物是沟通阻隔河段、恢复洄游鱼类种群交流的一种有效工程措施，目前鱼道研究和设计多以单一过鱼种类为主。但由于我国河流生境多样，有较多的珍稀、特有种类，鱼类的多样性较高，不同鱼类种群的生理特点、个体和适宜生境差别较大，同一鱼道需要满足多种鱼类种群的上溯需求，因此需要研究提出适宜多目标鱼类种群的鱼道结构形式。本节针对不同鱼类种群对不同水流条件的需求，提出了仿自然鱼道结构形式，利用建立的鱼道三维紊流数学模型模拟三维紊流，开展了仿自然鱼道水力特性和过鱼适宜性分析。

4.1.1 仿自然鱼道结构布置

1. 布置原则

1）总体布置

仿自然鱼道主体段应布置在具有蜿蜒曲折、滩潭相间、主急侧缓、有深有浅的水流条件的地方。

2）进鱼口布置

仿自然鱼道进鱼口宜布置在经常有水流下泄、鱼类经常集群的地方或鱼类洄游路线上，并尽可能靠近鱼类能上溯到达的最前沿；下泄水流应使鱼类易从各种水流中分辨出来。

3）出鱼口布置

仿自然鱼道出鱼口一般应傍岸布置，出鱼口外水流应平顺，流向明确，没有漩涡，以便鱼类能顺利上溯；出鱼口应远离枢纽过流区域。

2. 过鱼目标水力学条件

仿自然鱼道和鱼道的水力学指标主要包括池室间水位落差、通道流量和池室水深、紊流度等。池室间水位落差影响收缩段或隔板处的平均流速和流量，池室紊流度与鱼类的上溯紧密相关。

仿自然鱼道在实际运行过程中的水深是一个动态变化的过程，沿程水深随上下游水位的变化而发生改变。池室水深主要视过鱼对象的体高和习性而定。底层活动的鱼类和大个体成鱼，喜欢较深的水体和暗淡的光色，要求水深大一些；幼鱼一般喜欢在水表层活动，池室水深可小一些。根据《水电工程过鱼设施设计规范》（NB/T 35054—2015）及《水利水电工程鱼道设计导则》（SL 609—2013），参考联合国粮食及农业组织对鱼道池室尺寸的建议，池室水深不应小于最大过鱼目标体高的 5 倍或体长的 2.5 倍。考虑到小南海水电站的关键过鱼目标中底层鱼类较多，关键过鱼目标的体长多在 1 500 mm 以下，大部分个体体长不超过 1 000 mm，因此通道最小水深取为 2.5 m，设计水深取 3.0 m。

过鱼池中的水流湍流强度过大，会对鱼类在通道内的上溯游动产生不利影响。根据国外研究成果，水流湍流强度一般可用池室紊流度表示，将池室紊流度作为过鱼对象对通道适应程度的判断指标。池室紊流度的计算公式为

$$P_{\mathrm{v}} = \frac{\rho_{\mathrm{w}} g Q D_{\mathrm{h}}}{V} \tag{4.1}$$

式中：P_{v} 为单位水量消能量（$\mathrm{W/m^3}$）；ρ_{w} 为水的密度，取 1 000 $\mathrm{kg/m^3}$；g 为重力加速度，取 9.81 $\mathrm{m/s^2}$；Q 为通道流量（$\mathrm{m^3/s}$）；D_{h} 为池间水头差（m）；V 为单个鱼池的水量（$\mathrm{m^3}$）。

仿自然鱼道左右支通道池室紊流度为 4.5～61.9 $\mathrm{W/m^3}$，主支通道池室紊流度为 42.1～56.1 $\mathrm{W/m^3}$。参照国外研究成果，池室紊流度宜小于 150 $\mathrm{W/m^3}$，仿自然鱼道的水流条件基本满足鱼类的水流特性要求。由于小南海水电站仿自然鱼道具有过鱼种类多、鱼类习性差异明显等特点，对过鱼设施的要求更高，还需通过仿自然鱼道水动力学研究，并结合长江上游特有鱼类的克流试验成果，对仿自然鱼道的结构形式做进一步优化。

在满足水深条件的情况下，流速是过鱼通道需要考虑的关键水力学指标。在仿自然鱼道设计中，需针对过鱼对象的个体差异，设计进鱼口、池室收缩断面和出鱼口等过鱼断面，还需考虑形成多样化的流速分布，在保证大多数鱼类通过的同时，保证部分小个体鱼类通过，与此同时还应考虑设计过鱼通道内适宜的休息区。

1）进鱼口流速

过鱼设施进鱼口通常采用一个较大的流速以吸引鱼类，但进鱼口流速应在鱼类的耐受范围之内。为使进鱼口能够适应不同规格的各种鱼类的进入，仿自然鱼道进鱼口区域需形成适宜的流场，流场内应存在明显的小流速区和大流速区，供游泳能力不同的鱼类感应并上溯，形成“小鱼走小流速区、大鱼走大流速区”的状态；并根据实际运行情况，通过补水系统向进鱼口区域增补流量，从而调整进鱼口流速。

根据鱼类克流试验测试结果，以圆口铜鱼类群为代表的特有鱼类的幼鱼和亚成鱼的游泳能力较弱，其临界速度为 0.70～1.50 m/s，感应流速为 0.12～0.20 m/s。

为保证过鱼效果，进鱼口最小流速应大于鱼类的平均感应流速，最大流速应小于鱼类的平均临界速度，因此仿自然鱼道进鱼口设计流速范围取为 0.20～1.50 m/s。

2）池室收缩断面流速

仿自然鱼道的设计流速需要综合考虑不同种鱼类的游泳能力确定，通常按鱼类的临界速度并考虑幼鱼的猝发游泳速度来综合确定收缩断面的流速设计值。

仿自然鱼道收缩断面的最大流速主要取决于过鱼对象的最大游泳速度。测试鱼类的临界速度为 0.70 m/s，幼鱼的猝发游泳速度为 0.48～1.65 m/s。根据对鱼类游泳能力的分

析，收缩断面流速采用最大设计流速，取值范围为 0.50～1.50 m/s，可保证各种规格的大部分鱼类能够通过。

3）出鱼口流速

仿自然鱼道出鱼口应保持一定的流速，当出鱼口位于静水区域时，鱼类无法感应到流速，容易迷失方向；当出鱼口流速超过鱼类临界速度时，鱼类容易被泄水带回下游。仿自然鱼道出鱼口流速应大于鱼的感应流速，小于或等于持续游泳速度。按照《水利水电工程鱼道设计导则》（SL 609—2013）的要求，出鱼口流速不宜大于 0.5 m/s。

由于测试鱼类的感应流速为 0.12～0.20 m/s，临界速度为 0.70～1.50 m/s，综合确定仿自然鱼道出鱼口的流速应控制在 0.20～0.50 m/s。

3. 布置形式

根据不同鱼类种群对水动力和水流结构的需求，引入传统鱼道结构形式和自然河道的形态与生境等要素，构建了平面分区、垂向分层的“水流空间多样化”的仿自然鱼道结构形式。仿自然鱼道池室的基本结构为宽 7 m、高 4.5 m 的矩形断面，纵向底坡为 1%，底边和两侧采用等腰梯形断面，梯形断面底宽为 5 m，顶宽为 6.4 m，高为 3.5 m，两侧边坡坡度均为 3.5∶0.7。池室内顺水流方向依次布置高度逐渐降低的大、中、小三种横向隔墩，底部为以横向为主的往返通道，宽×高=0.8 m×0.6 m，具体结构布置如图 4.1 所示。

4.1.2 仿自然鱼道三维紊流数学模型

针对仿自然鱼道典型区段采用了三维紊流数学模型模拟水流特性。

1. 控制方程及求解方法

采用 N-S 方程，建立三维 k-ε 紊流数学模型。控制方程包括连续性方程、动量方程、紊动能 k 方程、紊动能耗散率 ε 方程。

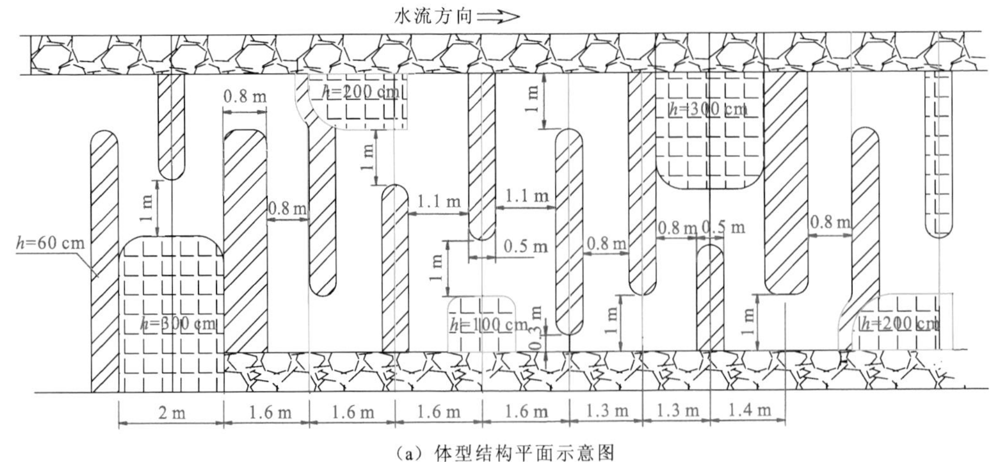

（a）体型结构平面示意图

h 为结构高度

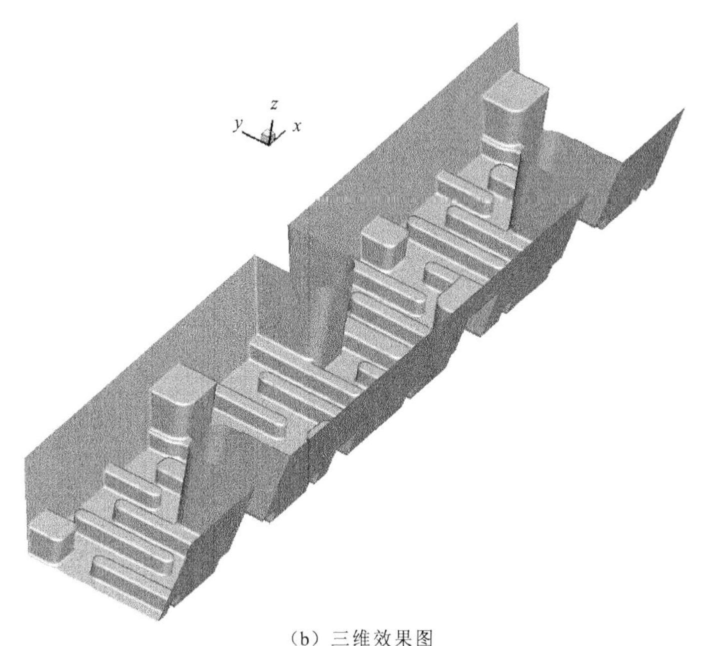

（b）三维效果图

图 4.1　仿自然鱼道体型结构示意图

1）连续性方程

$$\frac{\partial \rho}{\partial t}+\frac{\partial \rho u_i}{\partial x_i}=0 \tag{4.2}$$

式中：ρ 为混合流体的密度；t 为时间；u_i 为 i 方向的时均流速分量；x_i 为 i 方向的坐标分量。

2）动量方程

$$\frac{\partial \rho u_i}{\partial t}+\frac{\partial}{\partial x_j}(\rho u_i u_j)=-\frac{\partial p}{\partial x_i}+\frac{\partial}{\partial x_j}\left[(\mu+\mu_{\mathrm{t}})\left(\frac{\partial u_i}{\partial x_j}+\frac{\partial u_j}{\partial x_i}\right)\right]-g_i \tag{4.3}$$

式中：p 为压力；μ 为黏性系数；μ_{t} 为紊动黏性系数，$\mu_{\mathrm{t}}=\rho C_\mu k^2/\varepsilon$，$C_\mu$ 为经验常数；g_i 为 i 方向的重力加速度分量。

3）紊动能 k 方程

$$\frac{\partial \rho k}{\partial t}+\frac{\partial \rho u_i k}{\partial x_i}=\frac{\partial}{\partial x_i}\left[\left(\mu+\frac{\mu_{\mathrm{t}}}{\sigma_k}\right)\frac{\partial k}{\partial x_i}\right]+G-\rho\varepsilon \tag{4.4}$$

式中：k 为紊动能；ε 为紊动能耗散率；σ_k 为紊流常数，取为 1.0；G 为紊动能产生项，$G=\mu_{\mathrm{t}}(\partial u_i/\partial x_j+\partial u_j/\partial x_i)\partial u_i/\partial x_j$。

4）紊动能耗散率 ε 方程

$$\frac{\partial \rho \varepsilon}{\partial t}+\frac{\partial \rho u_i \varepsilon}{\partial x_i}=\frac{\partial}{\partial x_i}\left[\left(\mu+\frac{\mu_{\mathrm{t}}}{\sigma_\varepsilon}\right)\frac{\partial \varepsilon}{\partial x_i}\right]+C_{\varepsilon 1}\frac{\varepsilon}{k}G-C_{\varepsilon 2}\rho\frac{\varepsilon^2}{k} \tag{4.5}$$

其中，$C_\mu=0.09$，$\sigma_\varepsilon=1.3$，$C_{\varepsilon 1}=1.44$，$C_{\varepsilon 2}=1.92$。

采用流体体积（volume of fluid，VOF）法处理自由水面，采用流体体积分数 α_q（水相为 α_w，气相为 α_a）描述水和气自由表面的各种变化，水气界面的跟踪即通过求解连续性方程式（4.2）来完成，第 q 相流体输运控制方程为

$$\frac{\partial \alpha_q}{\partial t} + u_i \frac{\partial \alpha_q}{\partial x_i} = 0 \tag{4.6}$$

在每个控制体内，水和气的体积分数之和满足 $\alpha_w + \alpha_a = 1$。

引入 VOF 法后，混合流体的密度可表示为

$$\rho = \alpha_w \rho_w + (1 - \alpha_w) \rho_a \tag{4.7}$$

混合流体的黏性系数可表示为

$$\mu = \alpha_w \mu_w + (1 - \alpha_w) \mu_a \tag{4.8}$$

式中：ρ_w 为水的密度；ρ_a 为气的密度；μ_w 为水的分子黏性系数；μ_a 为气的分子黏性系数。

采用控制体积法对方程组进行离散，采用压力的隐式算子分裂（pressure implicit with splitting of operators，PISO）算法耦合速度压力。

2. 边界条件

1）上游进口断面

采用总压力边界条件，紊动能 k 和紊动能耗散率 ε 由经验公式得出：

$$k = 0.00375 u^2 \tag{4.9}$$

$$\varepsilon = C_\mu^{3/4} k^{3/2} / l \tag{4.10}$$

其中，紊流尺度 $l = 0.07L$（L 表示特征尺度），u 为 x 方向流速分量。

2）下游出口边界

采用压力边界条件，控制出口水深；假定流动为充分发展。

$$\frac{\partial v}{\partial x} = \frac{\partial k}{\partial x} = \frac{\partial \varepsilon}{\partial x} = 0 \tag{4.11}$$

式中：v 为 y 方向流速分量。

3）顶面大气进口

采用大气压力进口边界条件。

4）固壁边界

壁面采用无滑移边界条件，对黏性底层采用壁函数法来处理。

4.1.3 仿自然鱼道水力多样化调控效果分析

1. 水深 3 m 计算工况（工况一）

1）过流能力

在鱼道池室平均水深为 3 m 的情况下，计算得出该布置方案的总流量为 9.88 m³/s。

2）流态

图 4.2 给出了池室不同深度的平面流线图。从图 4.2 中可知：上层（距底 2.7 m）池室上下游收缩断面之间主流较为平顺，在大隔墩上下游侧边角处分别形成一小一大的回流区；中层（距底 1.5 m）流线分布与上层基本相似，在中隔墩导流作用下，主流流线稍有弯曲；底层（距底 0.3 m）大隔墩两侧通道处流线较为平顺，但中隔墩附近的小范围区域流线较为复杂，且与通道方向相反。

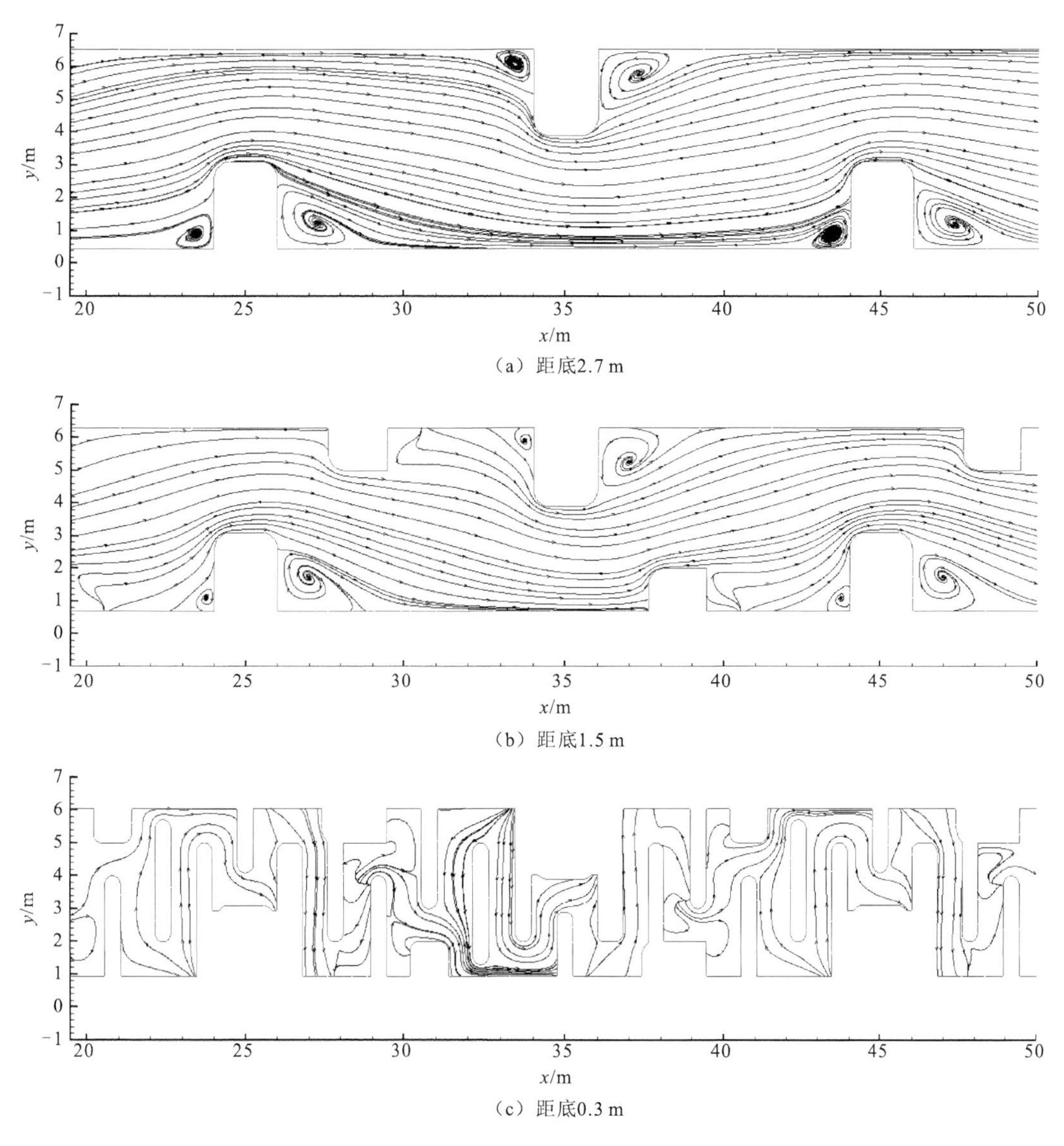

（a）距底2.7 m

（b）距底1.5 m

（c）距底0.3 m

图 4.2　工况一池室不同深度的平面流线图

图 4.3 给出了池室纵剖面流线图。从图 4.3 中可知：池室中心剖面无横向隔墩的直接影响，底部通道以上水流较为平顺，底部各通道均有环流现象；在大隔墩中心剖面，大

隔墩迎水面和背水面分别出现水流下潜与上升现象，在中隔墩迎水面略有下潜，但中隔墩至大隔墩为较大回流区。

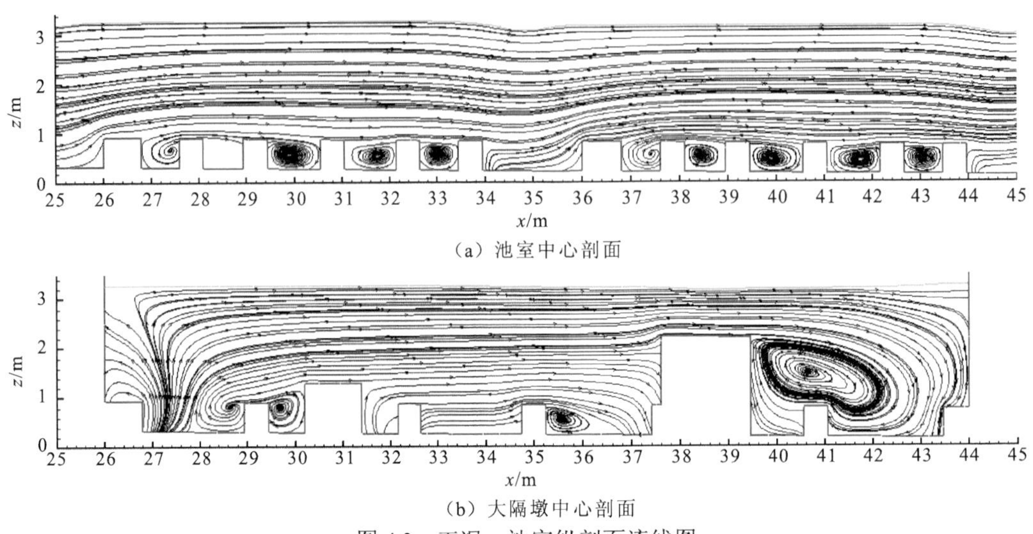

图 4.3　工况一池室纵剖面流线图

3）池室内水位变化特性

图 4.4 为仿自然鱼道水位等值线三维效果图，从图 4.4 中可以看出：相邻池室中心的水位差基本在 0.10 m；在大隔墩迎水面水位有所壅高，相比于池室中心水位壅高约 0.08 m，墩头附近水位明显跌落，相比于池室中心水位跌落达 0.21 m。

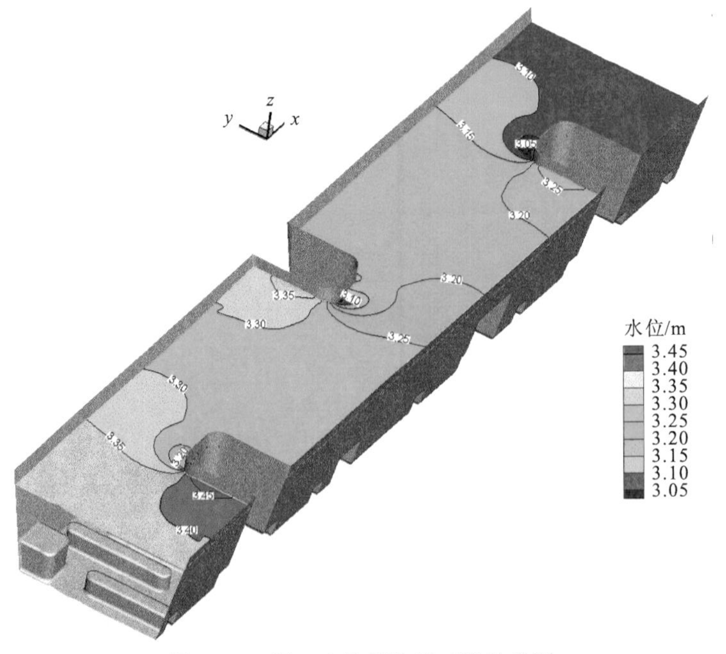

图 4.4　工况一水位等值线三维效果图

4）不同深度和断面流速分布特性

图 4.5 和图 4.6 分别为不同深度平面流速等值线图和平面流场图，从图 4.5、图 4.6 中可以看出：在上层，大隔墩收缩段流速在 1.0～1.9 m/s，最大流速均在墩头附近，约为 1.9 m/s；1.0～1.5 m/s 流速区域占收缩断面宽度的一半，大隔墩迎水面和背水面均表现为低流速区；在中层，大隔墩与中隔墩之间的收缩段为横向连片的大流速区，流速大小在 1.4～1.5 m/s，池室中部主流流速在 1.0 m/s 左右；在底层，大隔墩上下游两侧的通道流速最大，上游侧最大流速均接近 0.5 m/s，下游侧最大流速均接近 0.7 m/s，中隔墩附近两条底部通道流速较小，在 0.1 m/s 以下。

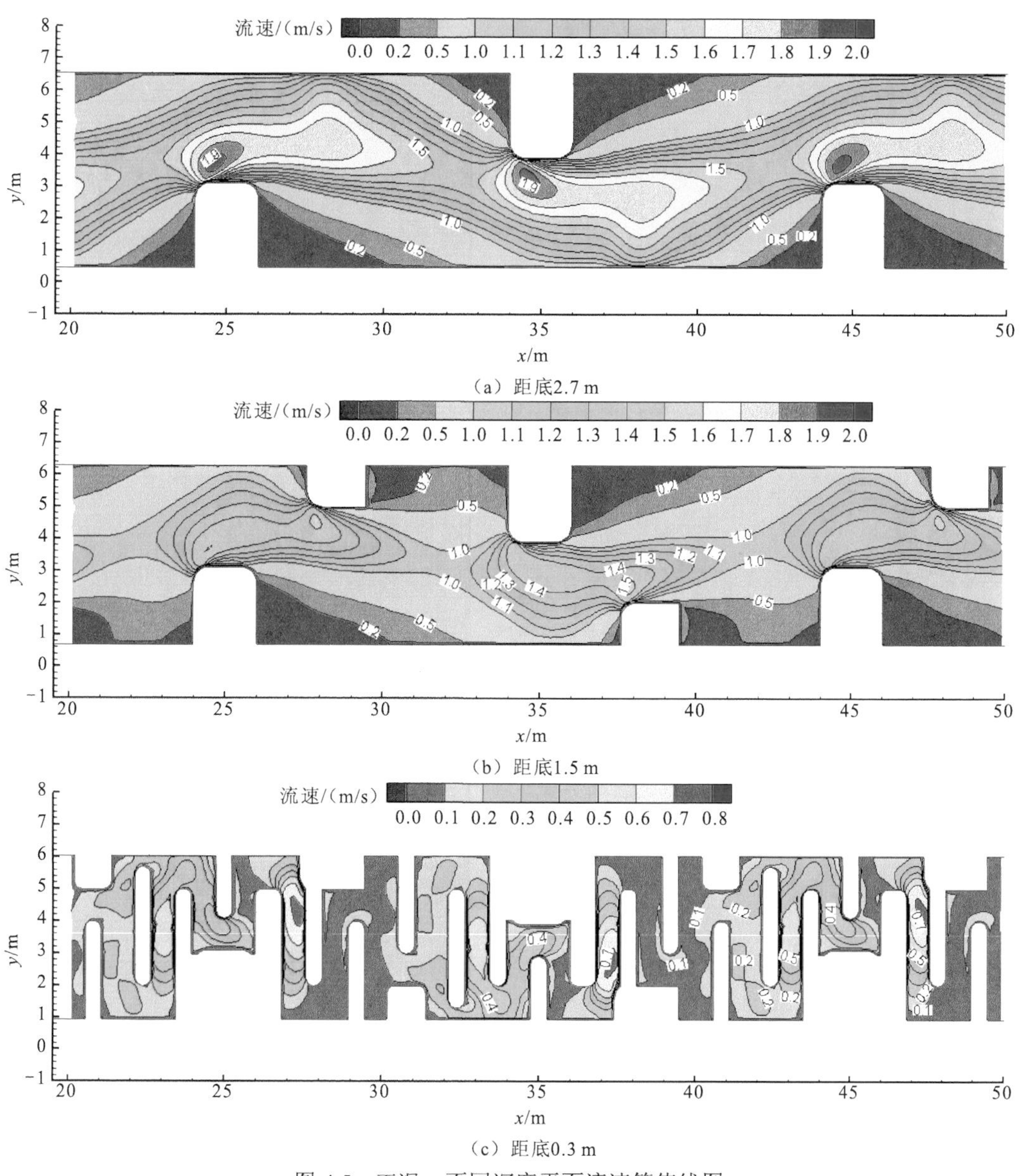

图 4.5　工况一不同深度平面流速等值线图

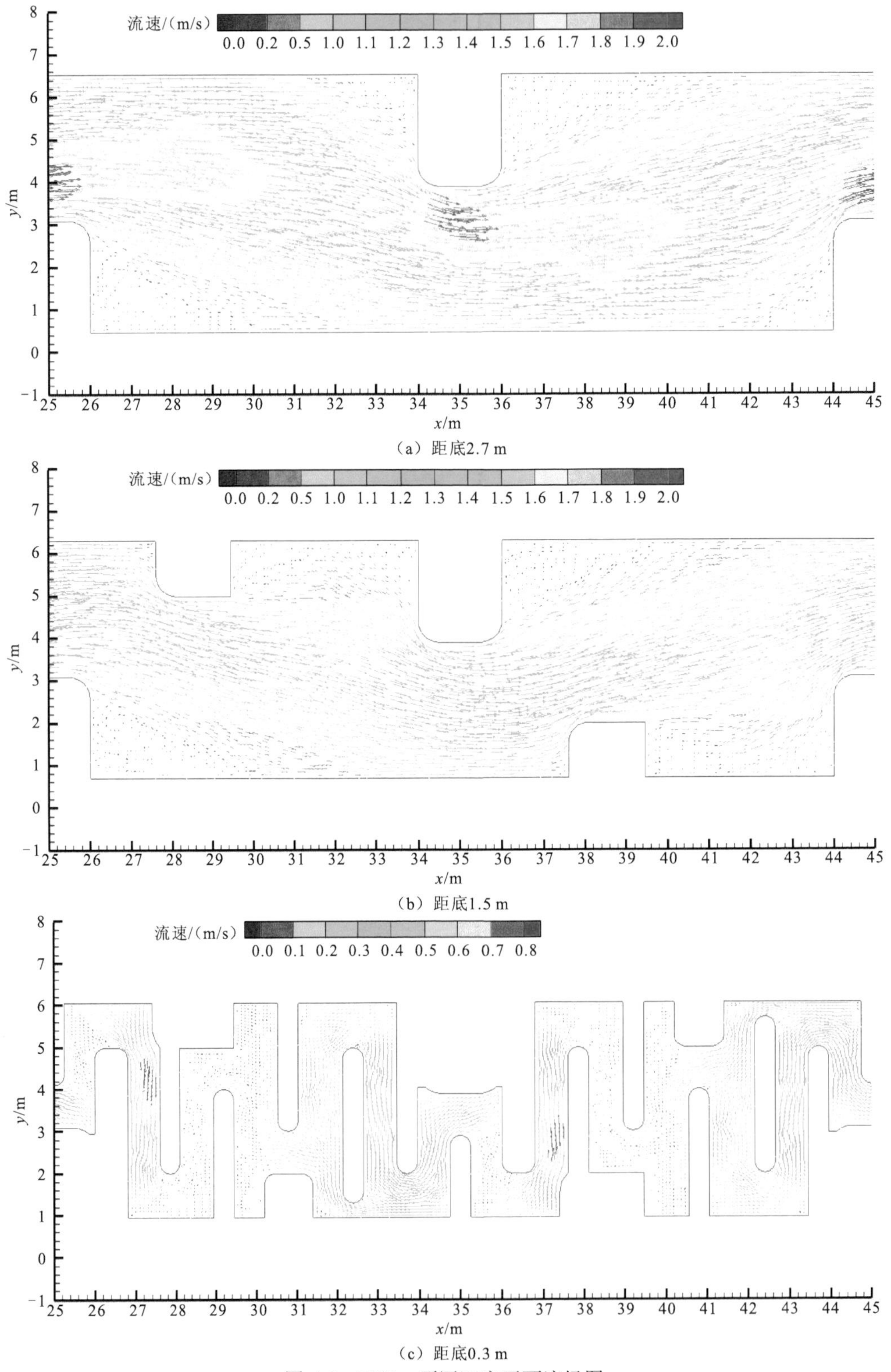

（a）距底2.7 m

（b）距底1.5 m

（c）距底0.3 m

图 4.6　工况一不同深度平面流场图

图 4.7 和图 4.8 分别为不同位置纵剖面和横剖面流速等值线图，从图 4.7、图 4.8 中可以看出：大流速区主要分布在收缩段大隔墩附近的中上部位和中隔墩顶面上层；池室

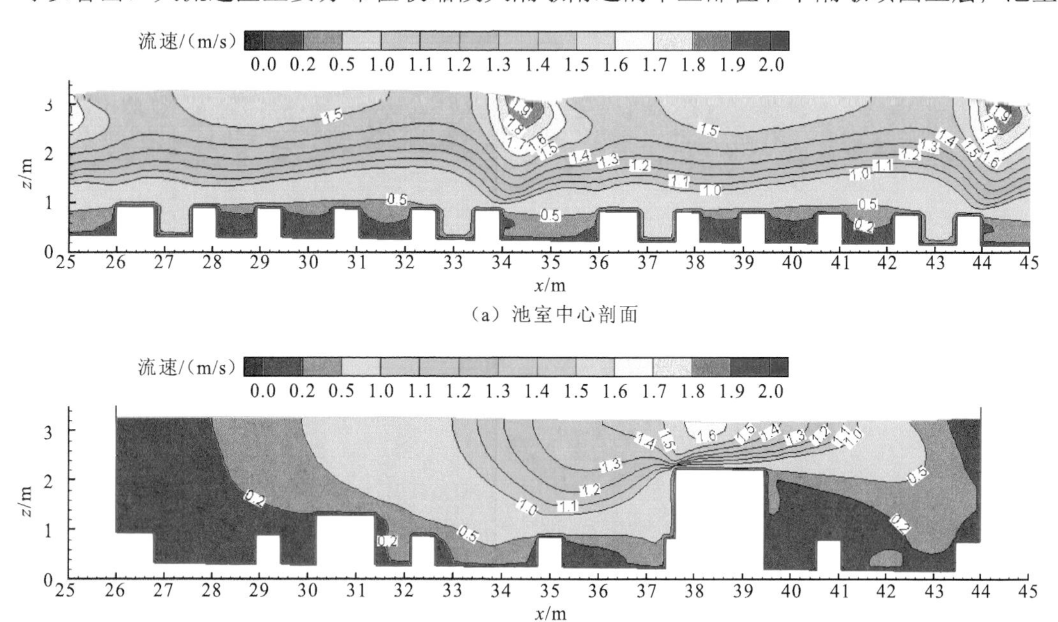

（a）池室中心剖面

（b）大隔墩中心剖面

图 4.7　工况一纵剖面流速等值线图

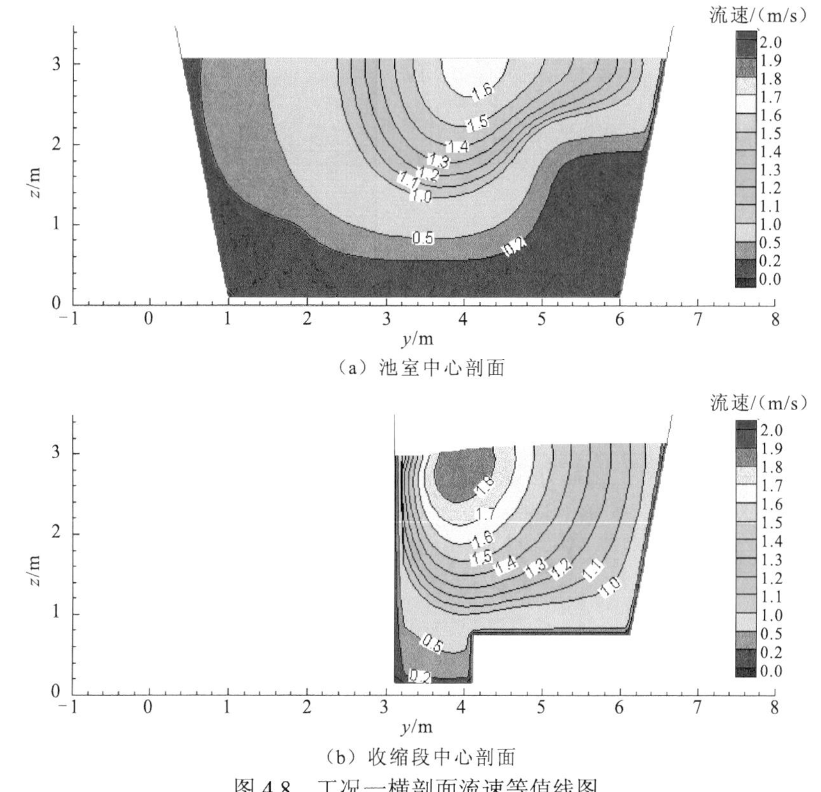

（a）池室中心剖面

（b）收缩段中心剖面

图 4.8　工况一横剖面流速等值线图

内中层以下范围流速在 1.0 m/s 以内，底部通道流速基本都在 0.5 m/s 以内；收缩段中心横剖面流速为 1.0～1.5 m/s 的区域占断面面积的 2/3 以上，在底部通道以上和侧壁附近有 0.2～0.4 m 宽的 0.5～1.0 m/s 流速带状区，断面底部通道流速在 0.5 m/s 以内。

5）紊动能

图 4.9～图 4.11 分别给出了不同深度平面、纵剖面和横剖面紊动能等值线图，从对图 4.9～图 4.11 的分析可知：大隔墩、中隔墩墩头附近紊动能最大，在 0.4～0.5 m^2/s^2；底部通道以上主流区紊动能较小，基本在 0.2～0.3 m^2/s^2；底部通道和隔墩边角处紊动能最小。

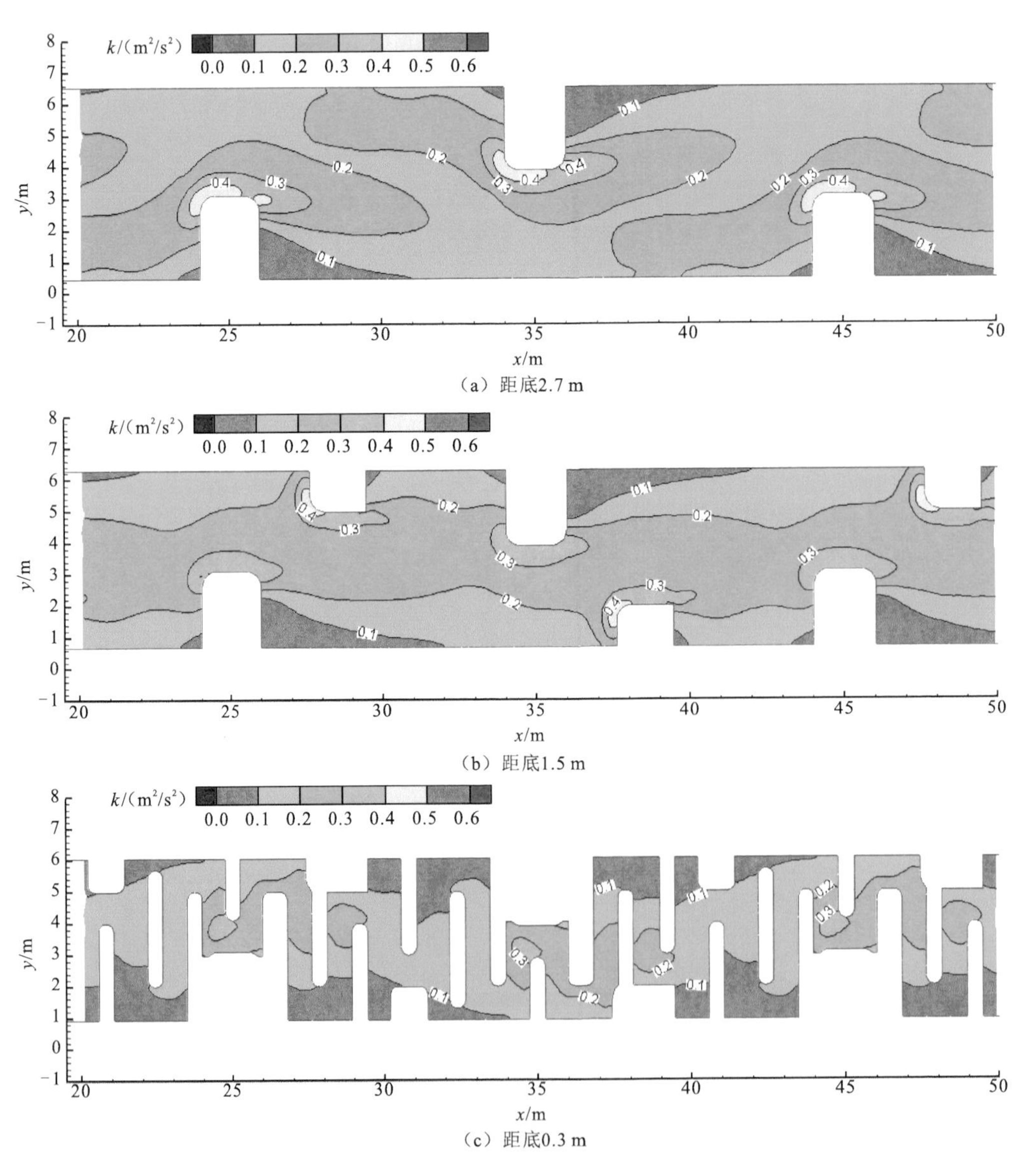

（a）距底2.7 m

（b）距底1.5 m

（c）距底0.3 m

图 4.9　工况一不同深度平面紊动能等值线图

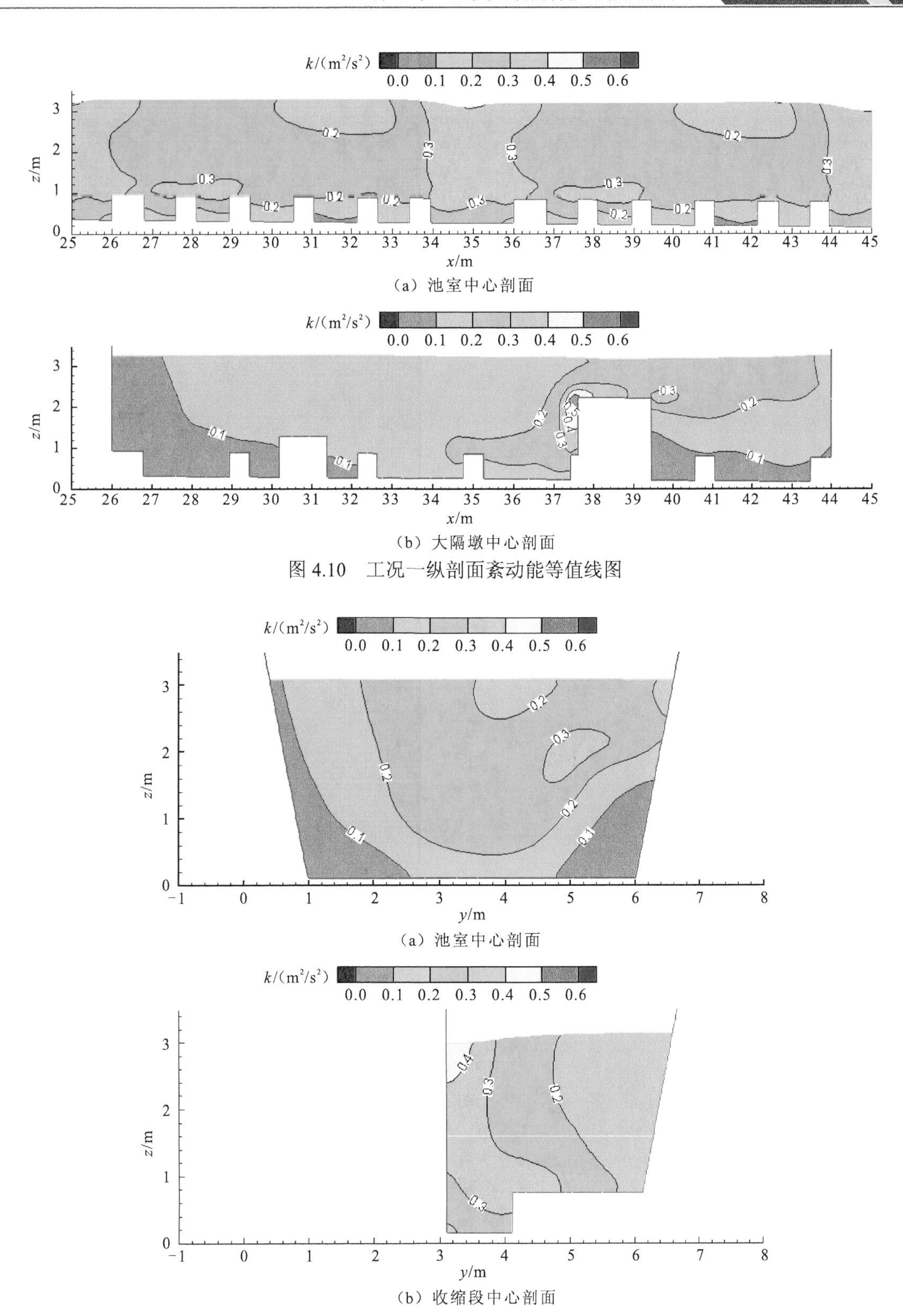

(a) 池室中心剖面

(b) 大隔墩中心剖面

图 4.10　工况一纵剖面紊动能等值线图

(a) 池室中心剖面

(b) 收缩段中心剖面

图 4.11　工况一横剖面紊动能等值线图

6）涡量

图 4.12 给出了不同深度平面涡量等值线图，分析可知：隔墩墩头附近、大隔墩对岸侧壁附近涡量最大，基本都在 1.0 s^{-1} 以上；中层主流区和底部通道部分区段涡量为 0.5～1.0 s^{-1}，其余区域涡量较小。

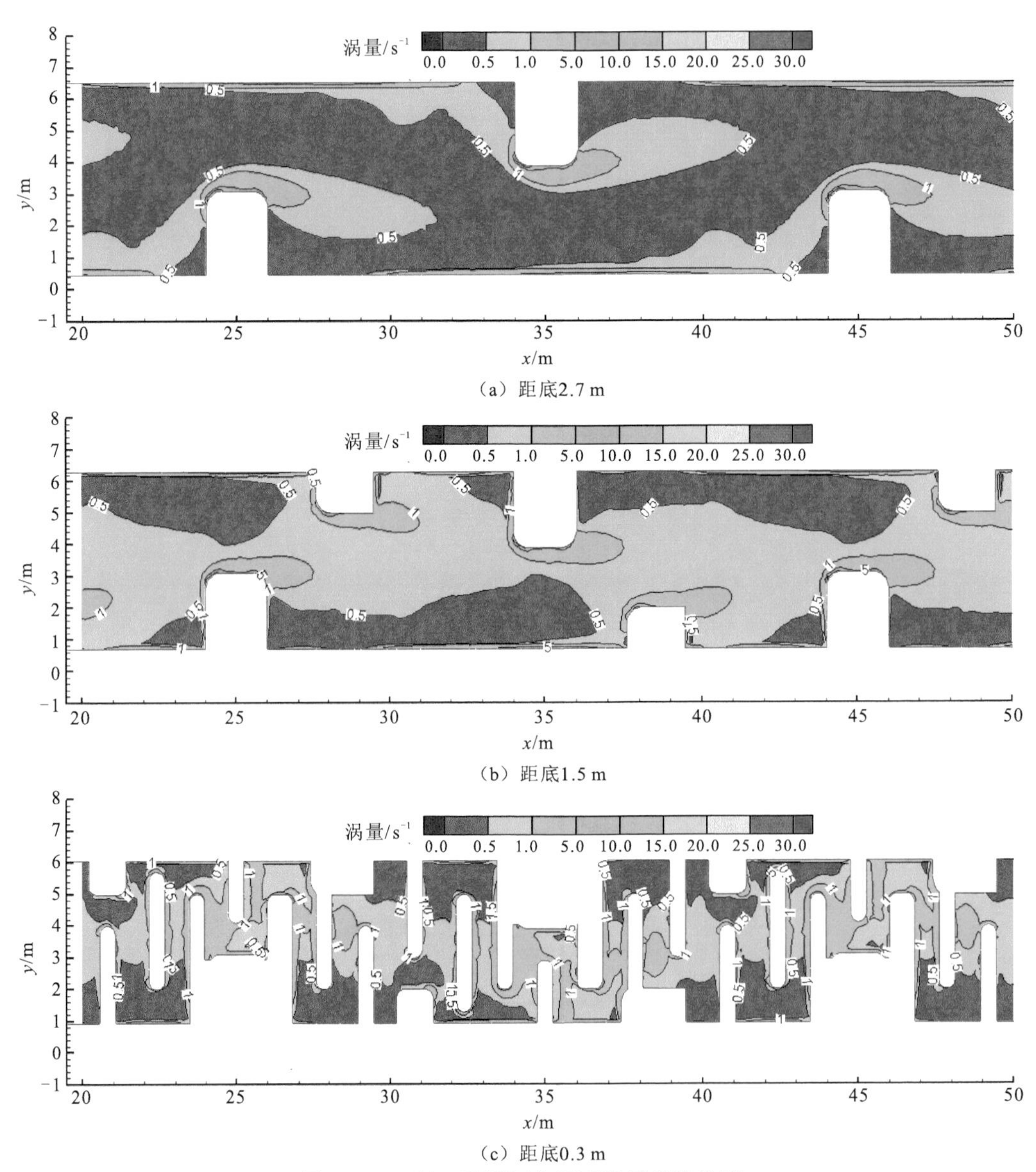

图 4.12　工况一不同深度平面涡量等值线图

2. 水深 2.5 m 计算工况（工况二）

1）过流能力

在鱼道池室平均水深为 2.5 m 的情况下，计算得出该布置方案的总流量为 6.80 m^3/s。

2）池室内水位变化特性

图 4.13 为仿自然鱼道水位等值线三维效果图，从图 4.13 中可以看出：相邻池室中心的水位差基本在 0.10 m；在大隔墩迎水面水位有所壅高，相比于池室中心水位壅高约 0.05 m，墩头附近水位明显跌落，相比于池室中心水位跌落达 0.18 m；中隔墩迎水面和顶部分别有壅高与跌落现象，此处最大水位差约为 0.05 m。与正常水深 3.0 m 计算工况相比，大隔墩迎水面水位壅高和墩头附近水位跌落有所减缓。

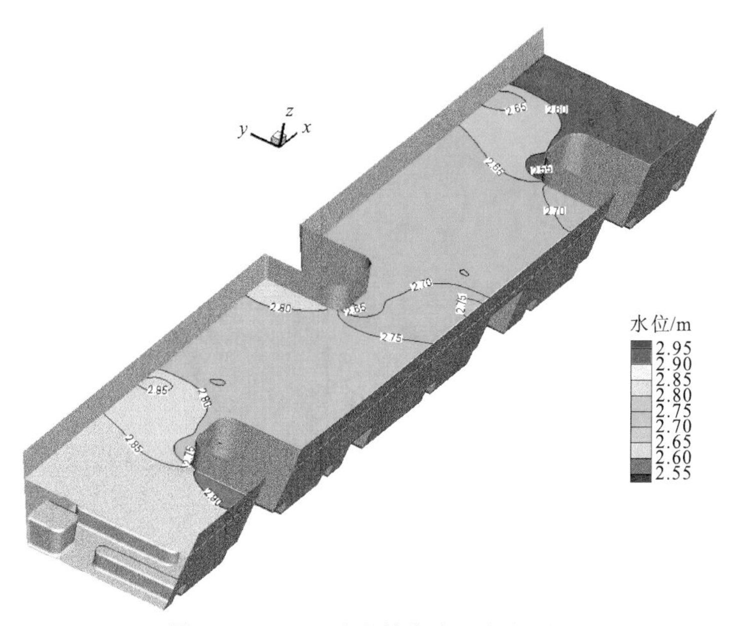

图 4.13　工况二水位等值线三维效果图

3）不同深度和断面流速分布特性

图 4.14 给出了不同深度平面流速等值线图，从图 4.14 中可以看出：在上层（距底 2.0 m），大隔墩与中隔墩之间的收缩段为大流速区，流速大小在 1.5～1.6 m/s，最大流速在中隔墩墩头，池室中部主流流速在 1.0 m/s 以上；在中层（距底 1.0 m），大流速主要在大隔墩和中隔墩墩头，流速大小在 1.0～1.2 m/s，两隔墩之间的收缩段为流速大小

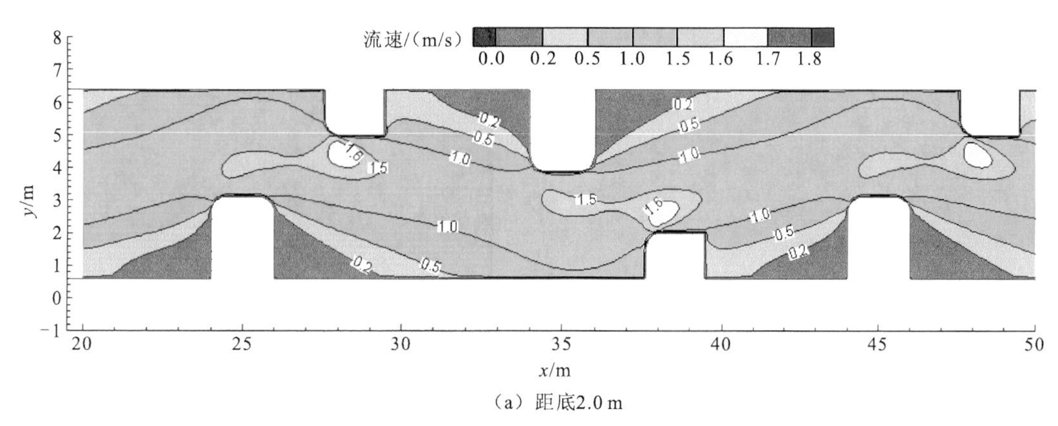

（a）距底2.0 m

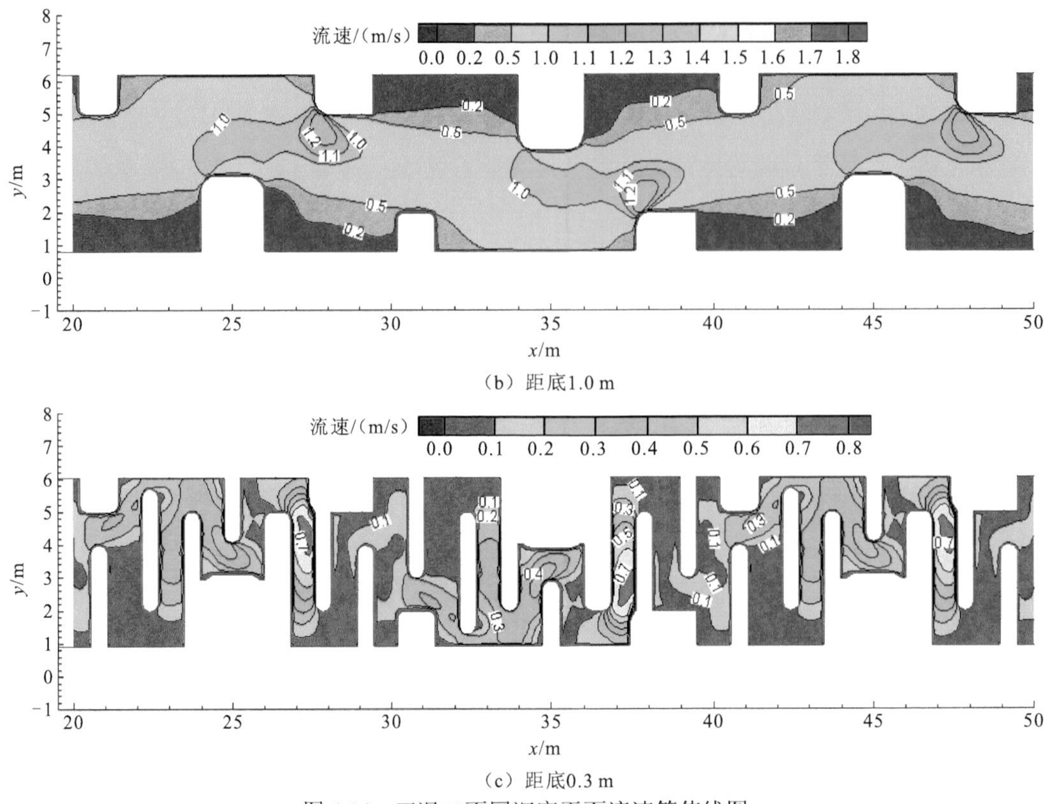

（b）距底1.0 m

（c）距底0.3 m

图 4.14　工况二不同深度平面流速等值线图

在 1.0～1.2 m/s 的连片区，池室主流流速在 0.5～1.0 m/s，隔墩之间的纵向区域为低流速区，一般在 0.5 m/s 以内；在底层（距底 0.3 m），大隔墩上下游两侧的通道流速最大，上游侧最大流速均接近 0.5 m/s，下游侧最大流速均接近 0.7 m/s，中隔墩附近两条底部通道流速较小，在 0.1 m/s 以下。

图 4.15 给出了不同位置横剖面流速等值线图，从图 4.15 中可以看出：收缩段中心横剖面流速基本在 1.5 m/s 以下，在底部通道以上和侧壁附近有 0.3～0.5 m 宽的 0.5～1.0 m/s 流速带状区，断面底部通道流速在 0.5 m/s 以内。

3. 研究结果分析

池室内顺水流方向依次布置高度逐渐降低的大、中、小三种横向隔墩，底部为以横向为主的往返通道。上层收缩段有一半宽度流速在 1.0～1.5 m/s，可供游泳能力较强的鱼类通过；中层收缩段流速在 1.4～1.5 m/s，也可供游泳能力较强的鱼类通过；底层通道最大流速在 0.7 m/s 以下，可供游泳能力较弱的鱼类通过；各层中均有一定范围的低流速区可供鱼类休息。

研究成果表明：仿自然鱼道具有明显的平面分区、垂向分层的“水力多样化”水流结构，适宜多目标鱼类种群上溯。

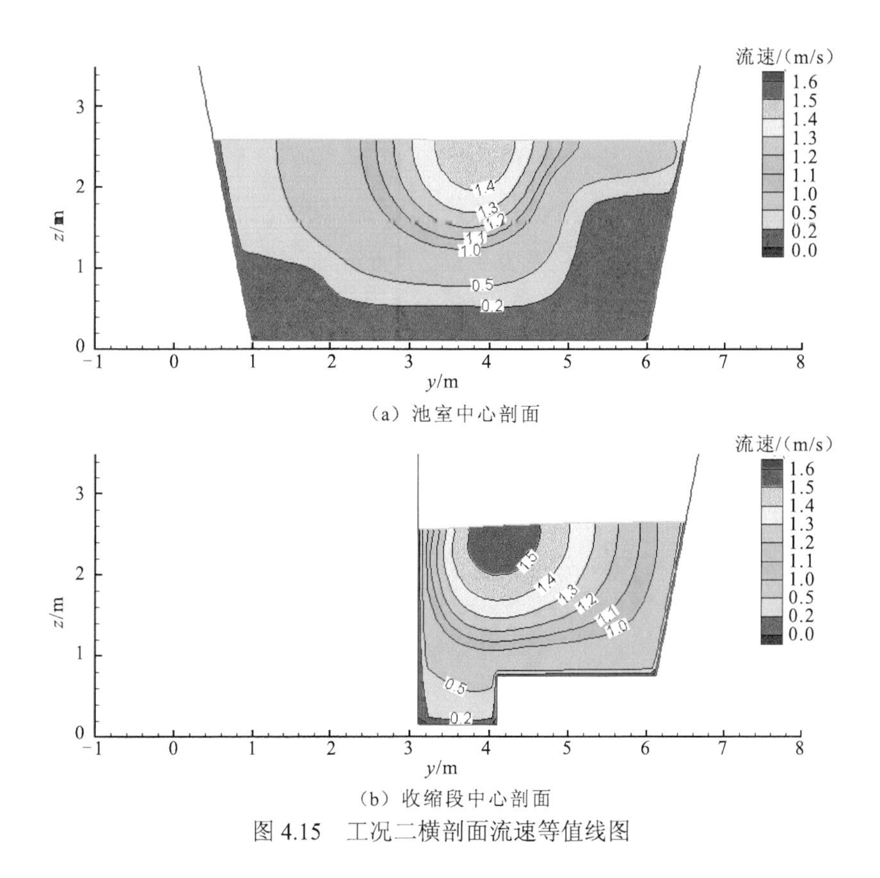

(a) 池室中心剖面

(b) 收缩段中心剖面

图 4.15　工况二横剖面流速等值线图

4.2　三峡水库-葛洲坝水库运行对中华鲟产卵场的影响与水力调控优化技术

中华鲟是我国一级保护动物，也是一种典型的溯河产卵洄游鱼类。葛洲坝水库工程截流后，中华鲟产卵群体被阻隔在葛洲坝水库下游宜昌江段，这也是目前已知的唯一的长江中华鲟产卵场。三峡水库蓄水后中华鲟产卵场固定在坝下至庙嘴之间约 4 km 的江段。三峡水库一般于每年 9～10 月开始蓄水，蓄水期间长江中下游水量减少，葛洲坝水库下游江段中华鲟所需的产卵条件如流量、流速、水位和河床质的组成等会进一步受到影响。中华鲟产卵繁殖是产卵场环境及水文条件共同作用的结果。根据中华鲟产卵水文水动力条件研究中华鲟产卵场微观水流条件改善措施，对指导中华鲟产卵场条件改善具有重要意义。

在考虑中华鲟产卵期调度原则的基础上，本节采用三维水流数学模型模拟不同特征流量下中华鲟产卵场水深、近底层流速两者叠加的水流适宜范围，分析三峡水库-葛洲坝水库梯级下泄流量变化对中华鲟产卵场水流条件的影响，提出改善中华鲟产卵场水流条件的水力调控优化措施。

4.2.1 中华鲟产卵场水动力指标

在葛洲坝水库工程截流前，我国科技工作者对中华鲟产卵场进行了系统调查，证实中华鲟产卵场的分布范围至少在长江的合江至金沙江的屏山江段，调查还对产卵场的河流形态、河床质和产卵条件进行了描述（四川省长江水产资源调查组，1988），认为中华鲟产卵场所需具备的条件是："上有深水急滩，下为宽阔石砾或卵石碛坝浅滩，中有深洼的洄水沱，底质必须具备岩石或卵石；必须具有使河流转向的峡谷、巨石或矶头石梁延伸于河中，产卵场必在河流转弯或转向的外侧，使产出的卵能散布在下段的岩石上或宽广的碛坝上。"并且，认为"秋退水"之后，水温、水位、流速、含沙量均达到一定程度后中华鲟开始产卵，而各种因子有一种或两种未达到一定程度，产卵推迟或停止产卵，并强调了水位的重要作用。胡德高等（1985）和余志堂等（1986）也描述了葛洲坝水库中华鲟产卵场有与长江上游产卵场相似的特征。常剑波（1999）、常剑波和曹文宣（1999）认为刺激中华鲟产卵的外界因素不是水文条件的变化，而是河床的底质状况。危起伟（2003）通过研究发现，水流在中华鲟自然繁殖过程中的作用主要表现在三个方面：刺激中华鲟亲鲟的性腺发育和产卵排精行为的发生；促进受精卵的散播和清理产卵场环境，从而有利于受精卵的黏附；维持水体较高的溶氧水平和较好的孵化环境。同时，认为各种水文、水力条件均有阈值范围，只有在这些阈值范围之内，中华鲟的自然繁殖才能顺利进行。而关于影响中华鲟自然繁殖的水文、水力要素阈值范围的研究也取得了一些阶段性成果。

1. 流速

研究表明（Billard and Lecointre，2001），流速是与鲟类自然繁殖活动密切相关的一个重要的非生物因素，多数鲟类的自然活动对流速均有特殊要求。中华鲟通常选择具有较粗糙的河床底质并有一定流速的位置进行产卵，这是中华鲟长期进化的结果。然而，受流速观测仪器的限制，对中华鲟自然繁殖流速场的原型观测研究始终停留在较有限的水平上（危起伟，2003；四川省长江水产资源调查组，1988）。

1996～1999 年葛洲坝水库坝下流速测量结果显示（杨德国 等，2007；危起伟，2003），中华鲟产卵场各测量点表层流速的平均值变化较大，在 1.37～2.98 m/s，而底层流速的平均值变动幅度要小得多，在 1.07～1.65 m/s。2004～2006 年中华鲟产卵当日下产卵区内底层流速范围为 108.74～129.30 cm/s（张辉，2009）。

杨宇（2007）结合中华鲟实际探测资料及数值模拟的手段得出，中华鲟一般会出现在流速为 0.7～2.1 m/s 的区域内。其偏好流速为 1.1～1.7 m/s，最偏好流速为 1.3～1.5 m/s，极限克流能力为 2.1 m/s。

张辉（2009）研究发现，各批次中华鲟产卵流速的变化幅度较大，适宜的产卵流速为 72.99～175.23 cm/s。从中华鲟每年都可以在葛洲坝水库坝下自然繁殖成功的事实可以看出，这一江段的流速还是可以满足中华鲟产卵需求的，这也可能是因为中华鲟对流速场的变化具有一定的适应性。

2. 流量

适宜中华鲟产卵的不同水深和流速特性对应着不同的水文流量过程。陈永柏（2007）根据宜宾和屏山 1961～1980 年中华鲟产卵期的流量资料，对中华鲟天然产卵场的水文要素进行了分析，得出：屏山产卵期特征流量为 3 500～6 700 m^3/s，上阈值流量为 16 800 m^3/s，下阈值流量为 1 990 m^3/s；宜宾产卵期特征流量为 3 700～7 050 m^3/s，上阈值流量为 17 600 m^3/s，下阈值流量为 2 100 m^3/s。

杨德国等（2007）根据 1983～2004 年葛洲坝水库坝下 37 次产卵记录的流量数据得出，中华鲟产卵时宜昌江段日平均流量为 13 908 m^3/s，众数为 14 100 m^3/s，变化幅度为 7 170～26 000 m^3/s。一年产卵 2 次时的流量数据统计结果为：第一次产卵的平均流量为 16 507 m^3/s，众数为 16 087 m^3/s，变化幅度为 10 125～26 000 m^3/s，差值达 15 875 m^3/s；第二次产卵的平均流量为 11 811 m^3/s，众数为 12 300 m^3/s，变化幅度为 7 170～18 100 m^3/s，差值为 10 930 m^3/s。

中国长江三峡集团有限公司中华鲟研究所通过近几年的现场调研发现，2005～2010 年，中华鲟每年只有 1 次产卵，产卵时流量为 5 774～9 390 m^3/s，特别是最近两年，产卵时流量均在 6 000 m^3/s 左右，相对于三峡水库运行之前，中华鲟产卵时流量大幅度减小，产卵规模也不断缩减。

3. 水深

水深是一定的水位与河道地形叠加的结果，不同鱼类对水深有不同的选择。通常水深主要在两方面影响鱼类：一方面是为底栖型鱼类提供适当的活动空间；另一方面是为沉性卵提供适当的孵化环境（杨宇，2007）。1983～2002 年，在中华鲟自然产卵当日，长江宜昌江段的水位变动在 40.69～47.32 m，产卵最高水位和最低水位相差 6.63 m，水位的平均值为 44.01 m，中值为 44.00 m，众数为 44.24 m（杨德国 等，2007）。研究资料表明，作为底栖型鱼类的中华鲟在葛洲坝水库下游产卵场的主要水深分布范围为 8～14 m，从未发现中华鲟在超过 19 m 水深的河床上活动（常剑波，1999）。

陈永柏（2007）研究发现，中华鲟产卵时选择在水深为 6.10～15.00 m、流速为 0.62～1.16 m/s 的区域交配。危起伟（2003）调查中华鲟产卵时所处的水深发现，无论雌雄，其在 8～12 m 水深范围出现的频率都较高。杨宇（2007）结合中华鲟实际探测资料及数值模拟的手段得出，中华鲟对水深的选择范围为 6～24 m，其偏好水深为 6～15 m，最偏好水深为 9～12 m。

4. 含沙量

一般情况下，江水含沙量的变化与流量和水位相关联，而在葛洲坝水库坝下中华鲟自然繁殖期间，葛洲坝水库的泄洪、冲沙对江水含沙量的瞬间影响也是该江段含沙量变化的重要原因。

据统计，在 1983～2000 年共发生多次中华鲟产卵，其江水含沙量的平均值为

0.46 kg/m^3，变化范围为 0.10～1.32 kg/m^3，中值为 0.33 kg/m^3，众数为 0.28 kg/m^3。结果还显示，江水含沙量在 0.2～0.3 kg/m^3 时，发生中华鲟产卵的概率较高，占了记录总数的 42%。

根据观察，江水含沙量的变化与中华鲟自然产卵的发生有较密切的关系。一般在每次中华鲟产卵前，江水含沙量均有较明显的下降过程，而且亲鲟的产卵基本都在江水含沙量较为稳定时才能正常进行。水体含沙量的急剧上升对中华鲟的产卵有抑制作用。

5. 指标选择

国内外已开展的中华鲟产卵场相关研究的成果表明：中华鲟产卵期选择在流速范围为 0.7～2.1 m/s 的水体中活动，其偏好流速为 1.1～1.7 m/s，最偏好流速为 1.3～1.5 m/s，极限克流能力为 2.1 m/s；选择在水深范围为 6～24 m 的水体中活动，其偏好水深为 6～15 m，最偏好水深为 9～12 m。

综合参考目前中华鲟产卵场的流速和水深等研究成果，初步选择 1.1～1.7 m/s 流速范围作为适宜中华鲟产卵的流速指标，将 6～15 m 水深范围作为适宜中华鲟产卵的水深指标，以此评价中华鲟产卵场的水流特性。

4.2.2 中华鲟产卵场三维水流数学模型

针对中华鲟主要在河流底层或中下水层活动的特点和三峡水库蓄水后中华鲟产卵场的位置，建立三维水流数学模型，分析葛洲坝水库下游近坝段（坝下至庙嘴约 4 km 的江段）中华鲟产卵场近底（相对水深为 0.8）水流特性。所建三维水流数学模型适用于大部分河道的水流数值模拟，其水流流动具有的特点主要包括：有自由水面；重力为水流流动的主要驱动力，水流内部及水流与固体边界的摩阻力为水流能量的主要耗散力；水压力接近静压分布；等等。该数学模型能模拟江河湖库等水体的三维非恒定流运动，并可通过曲线坐标变换适应复杂边界形状。

1. 控制方程

三维水流数学模型采用目前在大气和海洋中广泛应用的 2.5 阶的 Mellor-Yamada 模型（Blumberg and Mellor，1987）。由于实际河流地形变化复杂，水体的运动受地形影响明显，为了更好地反映水底地形的起伏，模型在垂直方向采用 σ 坐标系，具体方程如下。

σ 坐标系下的连续性方程：

$$\frac{\partial UD}{\partial x}+\frac{\partial VD}{\partial y}+\frac{\partial \omega}{\partial \sigma}+\frac{\partial \eta}{\partial t}=0 \tag{4.12}$$

σ 坐标系下 x 方向守恒形式的动量方程：

$$\begin{aligned}&\frac{\partial UD}{\partial t}+\frac{\partial U^2D}{\partial x}+\frac{\partial UVD}{\partial y}+\frac{\partial U\omega}{\partial \sigma}-fVD\\&=-gD\frac{\partial \eta}{\partial x}+\frac{\partial}{\partial x}\left(2A_{\mathrm{M}}D\frac{\partial U}{\partial x}\right)+\frac{\partial}{\partial y}\left[A_{\mathrm{M}}D\left(\frac{\partial U}{\partial y}+\frac{\partial V}{\partial x}\right)\right]+\frac{\partial}{\partial \sigma}\left(\frac{K_{\mathrm{M}}}{D}\frac{\partial U}{\partial \sigma}\right)\end{aligned} \tag{4.13}$$

σ坐标系下 y 方向守恒形式的动量方程：

$$\begin{aligned}&\frac{\partial VD}{\partial t}+\frac{\partial UVD}{\partial x}+\frac{\partial V^2D}{\partial y}+\frac{\partial V\omega}{\partial \sigma}+fUD\\&=-gD\frac{\partial \eta}{\partial y}+\frac{\partial}{\partial y}\left(2A_{\mathrm{M}}D\frac{\partial V}{\partial y}\right)+\frac{\partial}{\partial x}\left[A_{\mathrm{M}}D\left(\frac{\partial U}{\partial y}+\frac{\partial V}{\partial x}\right)\right]+\frac{\partial}{\partial \sigma}\left(\frac{K_{\mathrm{M}}}{D}\frac{\partial V}{\partial \sigma}\right)\end{aligned} \tag{4.14}$$

式中：t 为时间；η 为自由表面相对于静水深表面的位置；U、V、ω 分别为 x、y、σ 三个方向的速度分量；D 为全水深，$D=h+\eta$，h 为静水深；f 为科里奥利力参数；A_{M}、K_{M} 分别为水平和垂向的紊动黏性系数；g 为重力加速度。水平紊动黏性系数 A_{M} 采用类似普朗特（Prandtl）混合长的 Smagorinsky 方案，即

$$A_{\mathrm{M}}=C\Delta x\Delta y\frac{1}{2}|\nabla V+(\nabla V)^{\mathrm{T}}| \tag{4.15}$$

$$\frac{1}{2}|\nabla V+(\nabla V)^{\mathrm{T}}|=\left[\left(\frac{\partial U}{\partial x}\right)^2+\left(\frac{\partial V}{\partial y}\right)^2+\left(\frac{\partial U}{\partial y}+\frac{\partial V}{\partial x}\right)^2\Big/2\right]^{1/2} \tag{4.16}$$

其中，C 一般介于 0.10 和 0.20 之间，∇ 为二维哈密顿算子。

考虑到河道型水库岸边水深较小，这里引入了浅水修正形式：

$$\begin{aligned}&\frac{\partial q^2D}{\partial t}+\frac{\partial q^2UD}{\partial x}+\frac{\partial q^2VD}{\partial y}+\frac{\partial q^2\omega}{\partial \sigma}\\&=\frac{\partial}{\partial \sigma}\left(\frac{K_q}{D}\frac{\partial q^2}{\partial \sigma}\right)+\frac{2K_{\mathrm{M}}}{D}\left[\left(\frac{\partial U}{\partial \sigma}\right)^2+\left(\frac{\partial V}{\partial \sigma}\right)^2\right]\\&\quad-\frac{2Dq^3}{B_1l}+\frac{\partial}{\partial x}\left(DA_{\mathrm{H}}\frac{\partial q^2}{\partial x}\right)+\frac{\partial}{\partial y}\left(DA_{\mathrm{H}}\frac{\partial q^2}{\partial y}\right)\end{aligned} \tag{4.17}$$

$$\begin{aligned}&\frac{\partial q^2lD}{\partial t}+\frac{\partial q^2lUD}{\partial x}+\frac{\partial q^2lVD}{\partial y}+\frac{\partial q^2l\omega}{\partial \sigma}\\&=\frac{\partial}{\partial \sigma}\left(\frac{K_q}{D}\frac{\partial q^2l}{\partial \sigma}\right)+E_1l\frac{K_{\mathrm{M}}}{D}\left[\left(\frac{\partial U}{\partial \sigma}\right)^2+\left(\frac{\partial V}{\partial \sigma}\right)^2\right]\\&\quad-\frac{Dq^3}{B_1}\tilde{W}+\frac{\partial}{\partial x}\left(DA_{\mathrm{H}}\frac{\partial ql^2}{\partial x}\right)+\frac{\partial}{\partial y}\left(DA_{\mathrm{H}}\frac{\partial ql^2}{\partial y}\right)\end{aligned} \tag{4.18}$$

式中：q^2 为 2 倍的紊动能；l 为混合长；$K_{\mathrm{M}}=S_{\mathrm{M}}ql$；$A_{\mathrm{H}}$ 为湍流水平扩散系数；K_q 为湍流动能的垂直扩散系数，K_q=0.2ql；$\dfrac{2Dq^3}{B_1l}$ 为湍流动能消耗率；$\tilde{W}$ 为墙近似函数；B_1、E_1 为与湍流特征和结构有关的参数。S_{M} 为稳定性函数，定义为

$$S_{\mathrm{M}}=\frac{0.4275-3.354G_{\mathrm{H}}}{(1-34.676G_{\mathrm{H}})(1-6.127G_{\mathrm{H}})} \tag{4.19}$$

$$G_{\mathrm{H}}=-\frac{l^2}{q^2}\frac{g}{\rho_0}\frac{1}{v_{\mathrm{s}}^2}\frac{\partial p}{\partial z} \tag{4.20}$$

式中：ρ_0 为水体密度；v_{s} 为声速；p 为压强。

湍流闭合模型中的水平扩散系数 A_H 可近似取为动量方程中的水平紊动黏性系数 A_M 的 20%，即 $A_H = 20\% A_M$。

2. 求解方法

本模型采用了算子分裂算法对控制方程进行离散求解。该算法根据控制方程中物理过程的特点分裂求解。对时间步长要求比较苛刻的快过程（表面压强梯度力对水体的作用、垂向扩散过程）采用隐格式求解，而对时间步长要求较为宽松的慢过程（水平扩散过程、平流过程等）采用显格式求解。这种算子分裂算法协调了不同物理过程模拟的时间步长，提高了计算效率。

3. 建模区域和地形条件

根据三峡水库蓄水后中华鲟产卵场的位置，选取葛洲坝水库坝下至宜昌站约 7 km 的江段作为建模区域，采用 2008 年 10 月葛洲坝水库下游实测水下地形资料，模拟范围和水下地形见图 4.16。

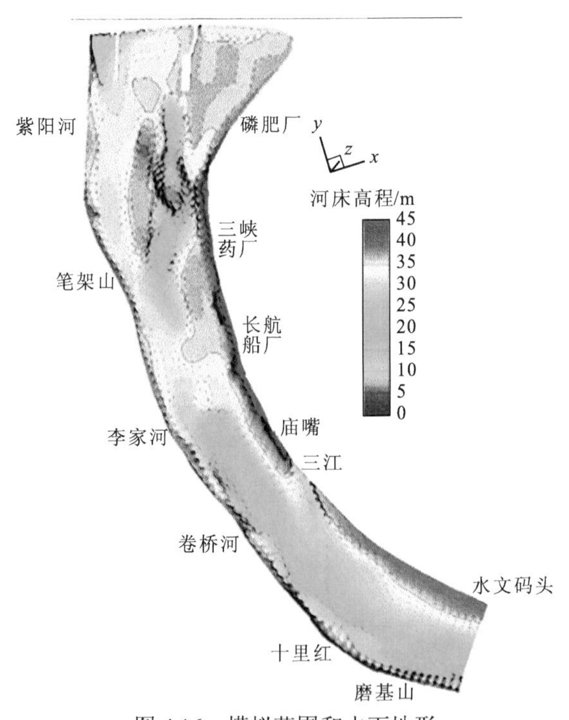

图 4.16 模拟范围和水下地形

4. 边界条件

1）自由表面边界条件

在自由表面 $\sigma = 0$，满足：

$$\rho_0 \frac{K_{\mathrm{M}}}{D}\left(\frac{\partial U}{\partial \sigma},\frac{\partial V}{\partial \sigma}\right)=(\tau_{sx},\tau_{sy}) \tag{4.21}$$

$$q^2 = B_1^{\frac{2}{3}} U_{\tau_s}^2 \tag{4.22}$$

$$q^2 l - 0 \tag{4.23}$$

$$w = 0 \tag{4.24}$$

其中，$\boldsymbol{\tau}_{\mathrm{s}}(\tau_{sx},\tau_{sy})$ 为表面风应力，U_{τ_s} 为与表面风应力有关的摩阻流速大小，w 为 z 方向上的流速分量。

2）底部边界条件

$$\rho_0 \frac{K_{\mathrm{M}}}{D}\left(\frac{\partial U}{\partial \sigma},\frac{\partial V}{\partial \sigma}\right)=(\tau_{\mathrm{b}x},\tau_{\mathrm{b}y}) \tag{4.25}$$

$$q^2 = B_1^{\frac{2}{3}} U_{\tau_{\mathrm{b}}}^2 \tag{4.26}$$

$$q^2 l = 0 \tag{4.27}$$

$$w = 0 \tag{4.28}$$

$$\boldsymbol{\tau}_{\mathrm{b}} = \rho_0 C_{\mathrm{D}} |\boldsymbol{U}_{\mathrm{b}}| \boldsymbol{U}_{\mathrm{b}} \tag{4.29}$$

其中，$\boldsymbol{\tau}_{\mathrm{b}}$ $(\tau_{\mathrm{b}x},\tau_{\mathrm{b}y})$ 为底部摩阻切应力，$U_{\tau_{\mathrm{b}}}$ 为与底部摩阻切应力有关的摩阻流速大小，C_{D} 为拖曳系数，$C_{\mathrm{D}} = \max\{\kappa^2 / \ln^2(z/z_0), 0.0025\}$，$\kappa$ 为卡门常数，取 $\kappa = 0.4$，z_0 为河底粗糙度，z 为近底层网格点与河底的距离，$\boldsymbol{U}_{\mathrm{b}}$ 为底部流速。

3）侧向闭边界条件

$\boldsymbol{U}_n = \boldsymbol{0}$，$\boldsymbol{U}_n$ 表示陆地侧边界的法向速度。

4）侧向开边界条件

上游开边界采用大江水电站和二江水电站下泄流量，下游开边界水位采用水位强迫边界条件，水位由宜昌站水位流量关系获取。

4.2.3　三峡水库-葛洲坝水库运行前后中华鲟自然繁殖情况调查与分析

1. 中华鲟自然繁殖现状监测和调查方法

1）水文监测

（1）水温。

调查期间每天 8:00～9:00 在葛洲坝水库坝下庙嘴趸船用深水温度计测量水下 2 m 深处的水温。

（2）流量。

调查点每日流量、水位数据由三峡水利枢纽梯级调度通信中心提供。

2）鱼卵和仔鱼采集

（1）采集网具。

采用改造的浮游生物网进行中华鲟鱼卵和仔鱼的采集，见图 4.17。底层弶网网口呈规则的半圆形，网口直径为 1.5 m，网口面积为 0.884 m^2。网具分前后两部分，前面网衣长 7 m，网目 20 目，后面囊网长 3 m，网目 60 目。表层弶网网口为 2 m×1.5 m 的长方形，网长 10 m，前边网衣网目 40 目，后边网箱长、宽、高分别为 1 m、0.8 m、0.6 m，网箱网目 40 目，弶网前边的锚绳为长 60 m 的钢丝绳。

底层弶网采样时，网具由锚固定，锚重 30 kg，锚后锚绳长约 60 m，与采集网具相连，网口铁架用尼龙绳与浮筒相连，采卵时绳长约 50 m，采苗时根据设定的采集水深控制绳长为 1～50 m，浮筒后再用 20～50 m 的尼龙绳连接浮标。连接绳为直径为 2 cm 的尼龙绳，浮筒为 25 kg 浮力定制铁皮桶，浮标为两个捆绑在一起的救生圈，上插红旗，以易于发现目标并提醒行船注意。

（a）底层弶网

（b）表层弶网

图 4.17　改造的浮游生物网

表层弶网采样时，网具由锚固定，锚重 150 kg，锚后锚绳长 60 m，与浮筒相连，后接采集网具，网口处上沿绑定一浮筒，使网具能漂浮在表层，网尾处连集苗网箱，网箱前后同样绑定浮筒以保持网箱的漂浮状态。

（2）采样点布设。

中华鲟自然繁殖监测调查采样点在葛洲坝水库坝下至庙嘴江段，以及葛洲坝水库下游红花套江段。

（3）调查船。

调查船为租用的两艘货船，一艘为 40 hp①，长 25 m，宽 4.9 m，另外一艘为 20 hp，长 28 m，宽 5.4 m，船上具有宽敞的前甲板，便于进行收放网操作。

① 1 hp=745.700 W。

（4）收放网过程。

底层弶网放网时，行驶到采样点，使船头朝向上游，网锚抛下后使船缓慢下行，锚固定后放网，放网时使用微力拉紧网与浮筒间的尼龙绳，使采样网口与水面保持 90° 下沉，待网撑开后再依次放下浮筒、浮标，放网完毕。收网时，首先捞取浮标，使船沿网绳缓慢上行，再依次捞取浮筒、网口，待网口拉出水面后顺网口拉起囊网，解开囊网尾部扎口，将收集的鱼卵或鱼苗置于清洁水盆中，分拣并计数。

表层弶网放网时，行驶到采样点，使船头朝向上游，抛锚，待锚固定后将网顺水流放入江中，同时将集苗网箱放入水中，待水流将网撑开后，观察网具无扭结即可。平时收网时，将集苗网箱拉出水面，将收集的所有物体清出放入塑料盆中，分拣并数卵苗数量，见图 4.18 和图 4.19。

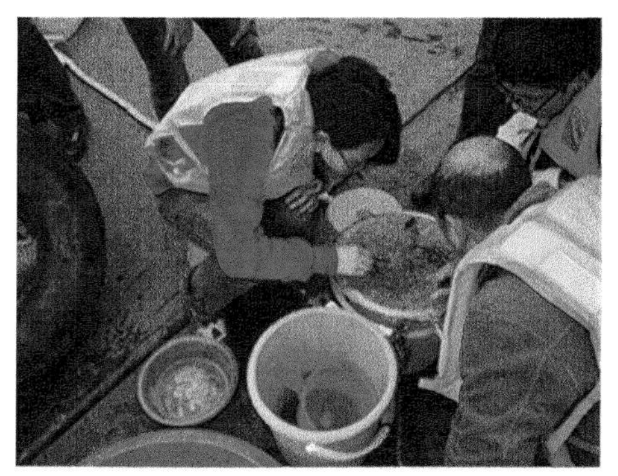

图 4.18　分拣中华鲟鱼卵过程

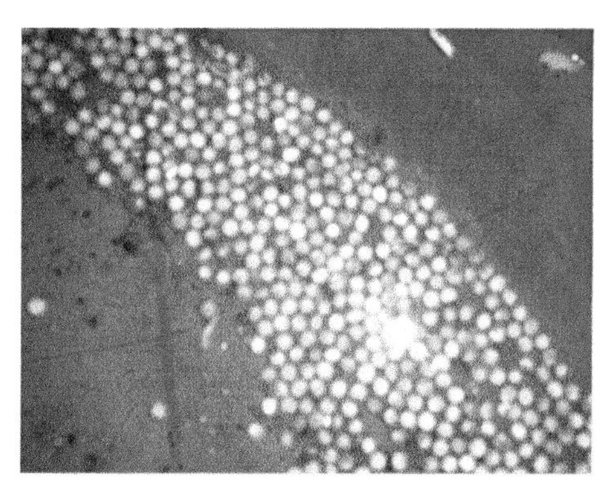

图 4.19　分拣出的中华鲟鱼卵

3）食卵鱼调查

在葛洲坝水库坝下至庙嘴江段租用 3 艘渔船进行食卵鱼调查，1 艘为三层流刺网船，网目大小为 4～6 cm，2 艘为饵钓船，所用为 10 号鱼钩。所租用渔船每天捕捞，将全部渔获物进行种类鉴定、常规生物学测量（包括体长、全长、体重），再逐尾解剖，观察其肠胃中是否食有中华鲟鱼卵，如有食卵现象，记录所食鱼卵数量及消化状况，同时记录肠胃充塞度等。

2. 中华鲟自然繁殖时间、频次及产卵水温分析

1）葛洲坝水库蓄水前中华鲟繁殖情况

在葛洲坝水库修建以前，中华鲟的产卵场分布在牛栏江以下的金沙江下游江段和重庆市以上的长江上游江段，约 800 km（危起伟，2003）。1963～1975 年中华鲟的产卵频次、产卵时间、产卵地点及产卵水温的详细情况见表 4.1、图 4.20 和图 4.21。

表 4.1　葛洲坝水库修建前中华鲟的产卵情况表

年份	产卵频次	产卵时间	产卵地点	产卵水温/℃
1963	1	①10 月 26 日	①金堆子产卵场	17.4
1964	2	①10 月 18 日 ②10 月 23 日	①偏岩子产卵场 ②偏岩子产卵场	19.7 19.7
1965	2	①11 月 1 日 ②11 月 18 日	①偏岩子产卵场 ②偏岩子产卵场	17.4 15.2
1970	2	①10 月 12 日 ②10 月 25 日	①金堆子产卵场、偏岩子产卵场 ②金堆子产卵场	18.1 18.6
1971	2	①10 月 16 日 ②10 月 27 日	①金堆子产卵场 ②三块石产卵场	18.7 17.3
1972	2	①10 月 14 日 ②10 月 31 日	①三块石产卵场 ②三块石产卵场	18.8 17.8
1973	2	①10 月 14 日 ②10 月 31 日	①三块石产卵场 ②三块石产卵场	20.1 17.7
1974	4	①10 月 11 日 ②10 月 24 日 ③10 月 27 日 ④11 月 14 日	①铁炉滩产卵场 ②三块石产卵场 ③三块石产卵场 ④铁炉滩产卵场	— 18.7 17.0 —
1975	4	①10 月 12 日 ②10 月 17 日 ③10 月 19 日 ④10 月 25 日	①三块石产卵场 ②铁炉滩产卵场 ③望龙碛产卵场 ④望龙碛产卵场	— — 19.3 —

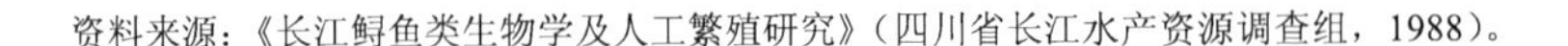

资料来源：《长江鲟鱼类生物学及人工繁殖研究》（四川省长江水产资源调查组，1988）。

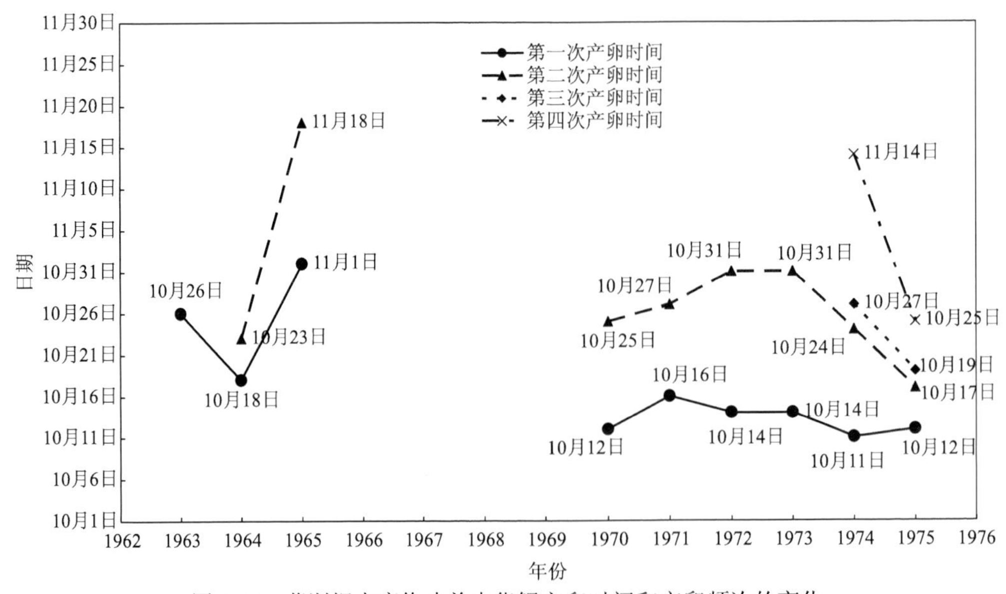

图 4.20　葛洲坝水库修建前中华鲟产卵时间和产卵频次的变化

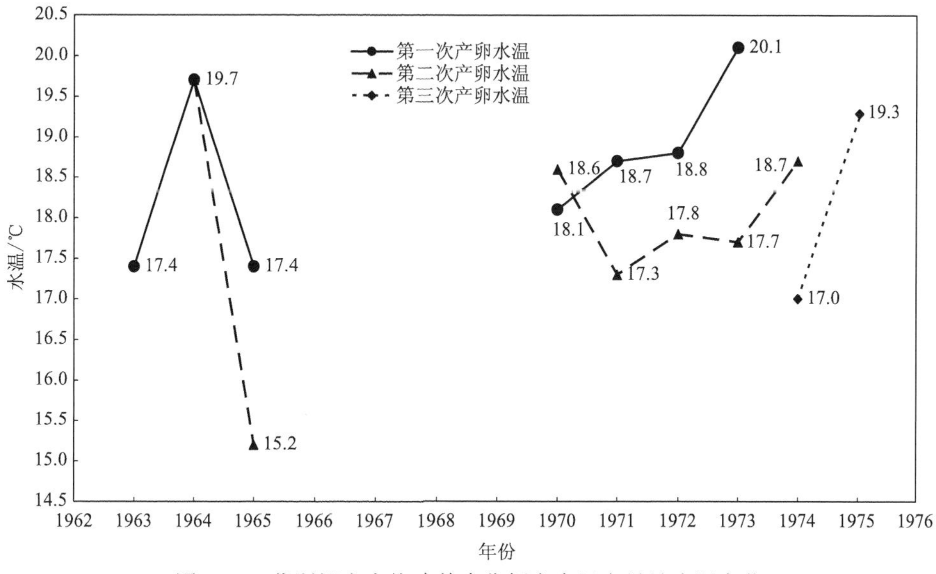

图 4.21　葛洲坝水库修建前中华鲟产卵日宜昌站水温变化

从产卵频次上分析：在 1963～1975 年中华鲟自然繁殖期间，有 1 个年份是单次繁殖，6 个年份中华鲟是分 2 次产卵繁殖，2 个年份是分 4 次产卵繁殖。

从产卵时间上分析：葛洲坝水库建成以前，在有记录的 21 次产卵中，18 次发生在 10 月，占 85.7%，而发生在 11 月的产卵行为仅有 3 次，占 14.3%。产卵绝大部分发生在 10 月，少量发生在 11 月。

从产卵水温上分析：中华鲟在金沙江的产卵适宜水温范围为 15.2～20.1 ℃。而在分 2 次产卵繁殖的年份中，第一次产卵时的水温在 17.4～20.1 ℃，平均值约为 18.8 ℃；而第二次产卵时的水温在 15.2～19.7 ℃，平均值约为 17.7 ℃。第二次产卵时的水温平均下降 1.1 ℃。另外，仅有 1 次规模很小的产卵在水温为 15.2 ℃时发生。

2）三峡水库蓄水前中华鲟繁殖情况

葛洲坝水库修建后，中华鲟产卵位置仅局限在葛洲坝水库坝下至古老背长约 30 km 的江段，并且每年都有自然繁殖活动发生的区域仅限于葛洲坝水库坝下至庙嘴长约 4 km 的江段，生存空间被进一步压缩。在 1983～2002 年，中华鲟的产卵时间、产卵水温及产卵频次的详细情况见表 4.2、图 4.22 和图 4.23。

从产卵时间上分析（表 4.2）：葛洲坝水库工程截流后至三峡水库蓄水前，中华鲟第一次产卵活动主要发生在 10 月中下旬，最早的产卵发生在 1985 年和 1988 年的 10 月 13 日，第二次产卵主要发生在 10 月底及 11 月中上旬，最迟的产卵发生在 1997 年的 11 月 18 日，产卵时间比较稳定，年际变化不大。1983～2002 年在葛洲坝水库坝下共监测到 35 次中华鲟产卵活动，其中 10 月产卵的有 24 次（中旬 10 次，下旬 14 次），占 68.6%；11 月产卵的有 11 次（上旬 7 次，中旬 4 次），占 31.4%。中华鲟产卵活动主要集中于 10 月中下旬，但与葛洲坝水库工程截流前相比，10 月产卵比重下降了 17.1%。危起伟（2003）等的研究表明，中华鲟的自然产卵没有明显的昼夜选择性，无论白天或黑夜均可自然产卵，但总体而言，其产卵繁殖的最适宜时间是晚上或凌晨。

表 4.2　1983～2002 年中华鲟的自然繁殖情况

年份	产卵时间	产卵水温/℃	产卵频次
1983	11 月 7 日	18.0	1
1984	10 月 16 日	19.0	2
	11 月 13 日	17.5	
1985	10 月 13 日	20.0	2
	11 月 7 日	17.5	
1986	10 月 21 日	18.0	2
	10 月 23 日	17.0	
1987	10 月 31 日	18.2	2
	11 月 14 日	16.2	
1988	10 月 13 日	19.0	2
	11 月 3 日	18.5	
1989	10 月 27 日	18.5	1
1990	10 月 15 日	18.0	2
	10 月 31 日	17.5	
1991	10 月 23 日	—	1
1992	10 月 17 日	—	1
1993	10 月 17 日	—	2
	10 月 30 日	—	
1994	10 月 23 日	—	2
	10 月 27 日	—	
1995	10 月 19 日	—	2
	11 月 6 日	—	
1996	10 月 20 日	20.0	2
	10 月 27 日	20.0	
1997	10 月 22 日	17.5	2
	11 月 18 日	16.1	
1998	10 月 26 日	20.0	1
1999	10 月 27 日	19.0	2
	11 月 13 日	18.0	
2000	10 月 15 日	20.5	2
	11 月 1 日	18.0	
2001	10 月 20 日	19.3	2
	11 月 8 日	18.7	
2002	10 月 27 日	19.7	2
	11 月 9 日	18.3	

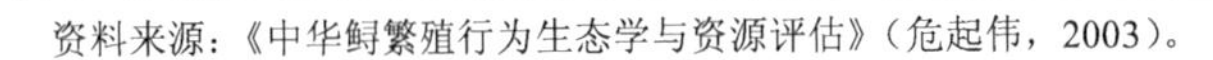
资料来源：《中华鲟繁殖行为生态学与资源评估》（危起伟，2003）。

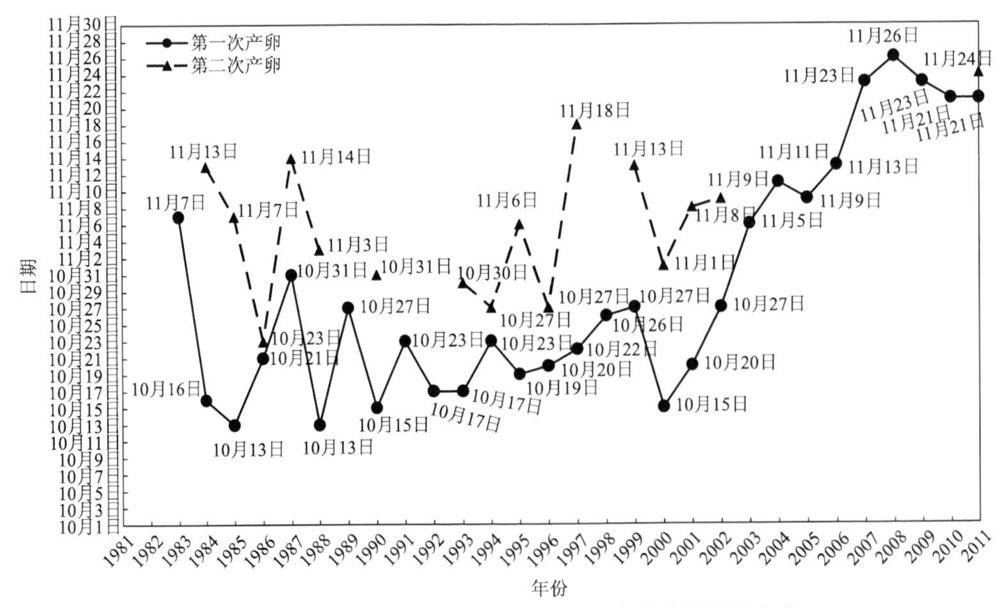

图 4.22　1983～2011 年中华鲟产卵时间和产卵频次的变化

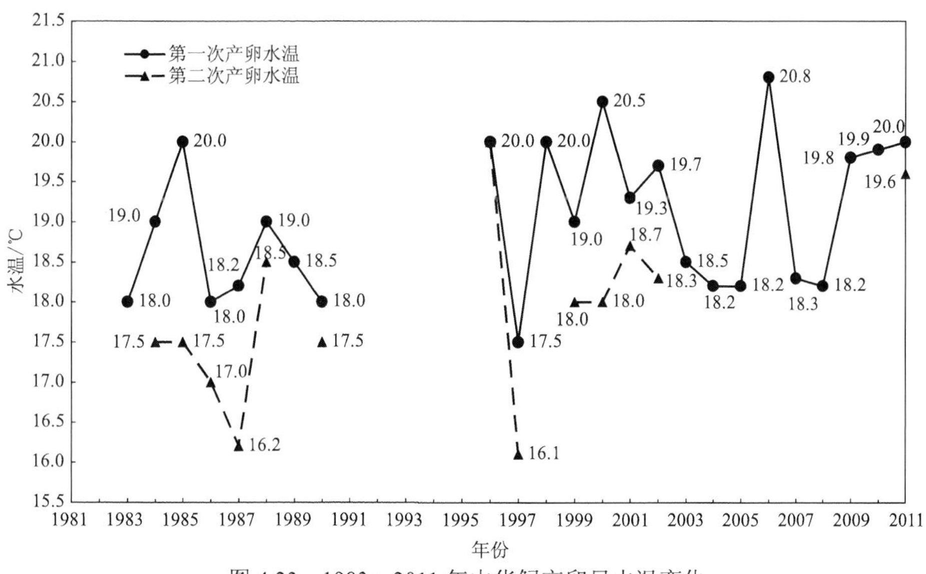

图 4.23　1983～2011 年中华鲟产卵日水温变化

从产卵水温上分析：在观测到的中华鲟的 35 个产卵批次中（表 4.2），产卵日水温在 16.1～20.6℃，平均产卵水温为 18.6℃，中位数为 18.8℃，众数为 18.0℃。在 35 次产卵中，共有 30 次产卵的水温在 17.0～20.0℃，而发生产卵时水温在 18.0～20.0℃的产卵次数达到了 24 次，另外有 3 次高于 20.0℃，2 次低于 17.0℃。在高于 20.0℃的 3 次产卵活动中，有 2 次产卵时的水温为 20.5℃，1 次为 20.6℃。除 1 次水温为 20.5℃时发生的产卵活动（2000 年 10 月 15 日）是葛洲坝水库泄洪引发的亲鲟流产外，其余 2 次较高水温时发生的产卵活动应属正常产卵，说明在此温度下中华鲟是可以正常产卵繁殖的（危起伟，2003）。而在水温低于 17.0℃时发生的 2 次中华鲟产卵活动产卵规模均较小。这 2 次产卵分别发生在虎牙滩江段和宜昌庙嘴江段，均属于中华鲟在该年份的第二次产卵。前者产卵时间是 1987 年 11 月 14 日，产卵水温为 16.2℃；后者产卵时间是 1997 年 11 月 18 日，产卵水温为 16.1℃。葛洲坝水库工程截流前后中华鲟自然产卵时的水温相当吻合，说明适宜中华鲟产卵的水温应在 17.0～20.0℃，尤其以 18.0～20.0℃为最佳。迄今为止，尚未发现中华鲟亲鲟在低于 15.0℃或高于 21.0℃水温情况下自然产卵的情况（危起伟，2003），说明中华鲟的自然繁殖需要一定的水温范围。另外，在中华鲟自然繁殖期间，当有 2 次产卵活动发生时，其第一次产卵时的水温明显高于第二次。其中，第一次产卵时的水温在 17.2～20.6℃，平均值为 19.3℃；而第二次产卵时的水温在 16.1～20.0℃，平均值为 17.9℃（危起伟，2003）。第二次产卵时的水温较第一次平均下降 1.4℃。

从产卵频次上分析（表 4.2）：1983～2002 年，中华鲟每年产卵的次数不尽相同，大部分年份 1 年产卵 2 次，有一部分年份只产卵 1 次。在 20 年中有 15 年是每年产卵 2 次，仅 5 年是每年产卵 1 次。因此，中华鲟每年的产卵批次以 2 次为主。

3）三峡水库蓄水后中华鲟繁殖情况

三峡水库蓄水后中华鲟的产卵频次、产卵时间及产卵水温的详细情况见表 4.3，其中

2003～2008 年产卵时间及产卵频次数据引自 2003～2008 年《长江三峡工程生态与环境监测公报》，2009～2011 年的产卵时间和产卵频次数据来自中国长江三峡集团有限公司中华鲟研究所的实际观测，产卵水温为对应产卵时间的宜昌站日均水温。

表 4.3　2003～2011 年中华鲟的自然繁殖情况

年份	产卵频次	产卵时间	产卵水温/℃	备注
2003	1	11 月 5 日午夜～6 日凌晨	18.5	数据引自 2003～2008 年《长江三峡工程生态与环境监测公报》
2004	1	11 月 11 日夜	18.2	
2005	1	11 月 9 日夜	18.2	
2006	1	11 月 13 日夜	20.8	
2007	1	11 月 23 日下午～24 日凌晨	18.3	
2008	1	11 月 26 日下午～27 日凌晨	18.2	
2009	1	11 月 23 日午夜～24 日凌晨	19.8	数据源自中国长江三峡集团有限公司中华鲟研究所现场调查成果
2010	1	11 月 21 日午夜～22 日凌晨	19.9	
2011	2	11 月 21 日午夜～22 日凌晨	20.0	
		11 月 24 日午夜～25 日凌晨	19.6	

从产卵频次上分析：三峡水库蓄水后的几年间，每年基本以单次产卵活动为主，但随着三峡水库逐渐进入正常运行期，产卵频次有增加趋势。例如，2011 年出现了 2 次产卵活动，尽管第二次繁殖规模较小。

从产卵时间上分析：中华鲟首次自然繁殖的时间有逐步推迟的趋势。通过比较 2003～2011 年中华鲟首次自然繁殖的时间与三峡水库蓄水情况可以看出，2003～2005 年中华鲟繁殖期间三峡水库在 139 m 水位运行，中华鲟首次自然繁殖的时间在 11 月上半个月；2006 年、2007 年中华鲟繁殖期间三峡水库在 156 m 水位运行，中华鲟首次自然繁殖的时间分别在 11 月上半个月和下半个月；2008～2009 年中华鲟繁殖期间三峡水库蓄水至 170～172 m，中华鲟首次自然繁殖的时间维持在 11 月下旬；2010～2011 年中华鲟繁殖期间三峡水库蓄水至 175m，中华鲟自然繁殖的时间为 11 月下旬。三峡水库蓄水后的 9 年中，中华鲟仍能在葛洲坝水库下游产卵，但随着葛洲坝水库水文情势的改变，中华鲟的产卵习性也发生了相应的变化，产卵时间在 11 月的占 100%，而且随着蓄水位的提高，产卵时间全部集中在 11 月下旬。中华鲟产卵的发生时间仍以晚上或凌晨为主，2003～2011 年有 8 次产卵从晚上或凌晨开始，只有 2 次产卵是从下午开始的，分别是 2007 年和 2008 年。因此，自三峡水库蓄水以来，中华鲟产卵的时间段没有明显的变化，基本为晚上或凌晨。

从产卵水温上分析：中华鲟产卵日水温在 18.2～20.8 ℃，平均产卵水温为 19.15 ℃，

2009～2011 年三峡水库正常运行后，产卵水温与葛洲坝水库工程截流前相比，有所增高，基本在适宜中华鲟产卵水温的上限运行，但总体仍处于产卵适宜水温范围内。

4）总结

三峡水库运行前后产卵时间变化（图 4.22）：葛洲坝水库建成前，产卵活动大部分发生在 10 月，在 21 次产卵中只有 3 次发生在 11 月。葛洲坝水库工程截流后至三峡水库蓄水前（1983～2002 年），中华鲟产卵时间比较稳定，第一次产卵活动主要发生在 10 月中下旬，第二次产卵主要发生在 10 月底及 11 月中上旬。与葛洲坝水库工程截流前相比，中华鲟在 11 月产卵的比重由 14.3%增加到 31.4%，增加了 17.1%，中华鲟产卵时间有向后延迟的趋势。三峡水库蓄水后的前 9 年，产卵均发生在 11 月。其中，2009～2011 年首次产卵时间集中在 11 月下旬。中华鲟产卵时间比三峡水库蓄水前有所推迟，但中华鲟产卵的时间段没有明显的变化，基本为晚上或凌晨。

三峡水库运行前后产卵频次变化（图 4.22）：葛洲坝水库建成前，在 1963～1975 年中华鲟自然繁殖期间，有 1 个年份是单次繁殖，6 个年份中华鲟是分 2 次产卵繁殖，2 个年份是分 4 次产卵繁殖，中华鲟每年以 2 次繁殖为主。葛洲坝水库工程截流后至三峡水库蓄水前（1983～2002 年），20 年间有 15 年是每年产卵 2 次，仅 5 年是每年产卵 1 次。与葛洲坝水库工程截流前相比，中华鲟产卵频次仍以 2 次为主，但未再出现过一年产卵 4 次的情形。三峡水库蓄水后，每年有 1 次产卵活动，中华鲟产卵的频次明显减少，但 2011 年出现了 2 次产卵活动，随着三峡水库逐渐进入正常运行期，产卵频次有增加趋势。

三峡水库运行前后产卵水温变化（图 4.23）：葛洲坝水库建成前，中华鲟在金沙江第一次产卵时的水温平均值为 18.8℃，第二次产卵时的水温平均值为 17.7℃。葛洲坝水库工程截流后至三峡水库蓄水前，35 个产卵批次中第一次产卵时的水温平均值为 19.3℃，较葛洲坝水库工程建成前升高了 0.5℃；第二次产卵时的水温平均值为 17.9℃，较葛洲坝水库工程建成前升高了 0.2℃。三峡水库蓄水后中华鲟产卵日平均产卵水温为 19.15℃。2009～2011 年产卵日水温分别为 19.8℃（2009 年）、19.9℃（2010 年）、20.0℃和 19.6℃（2011 年），明显高于三峡水库蓄水前的平均水温，产卵水温有一定的上升趋势，但总体仍处于产卵适宜水温范围内。

3. 中华鲟自然繁殖规模

根据文献资料及中国长江三峡集团有限公司中华鲟研究所的调查结果，列表比较了三峡水库蓄水前后中华鲟产卵时的水文条件和产卵情况，由表 4.4 和图 4.24 可见，所获中华鲟受精卵的受精率在 1996～2006 年总体呈下降趋势。其中，2003 年前，受精率均值基本维持在 83.5%，2003 年后，受精率下降，产卵量总体也呈下降趋势。

表 4.4　三峡水库蓄水前后中华鲟自然繁殖规模

年份	产卵时间	产卵水温/℃	所获受精卵的受精率/%	产卵量/（万粒）
1996	10月20日 10月27日	20.0 20.0	94.1	1 700
1997	10月22日 11月18日	17.5 16.1	63.5	3 548
1998	10月26日	20.0	77.2	1 742
1999	10月27日 11月13日	19.0 18.0	93.4	1 559
2000	10月15日 11月1日	20.5 18.0	90.2	749
2001	10月20日 11月8日	19.3 18.7	87.0	896
2002	10月27日 11月9日	19.7 18.3	79.3	499
2003	11月5日	18.5	23.8	216
2004	11月11日	18.2	28.1	603
2005	11月9日	18.2	32.3	606
2006	11月13日	20.8	34.5	197

资料来源：《中华鲟繁殖行为生态学与资源评估》（危起伟，2003）。

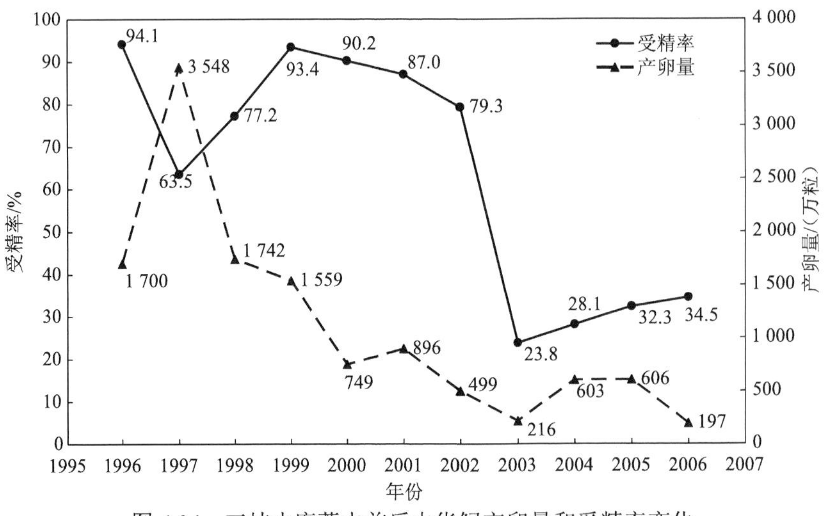

图 4.24　三峡水库蓄水前后中华鲟产卵量和受精率变化

图 4.25 分析了中华鲟产卵场中繁殖群体数量的变化趋势（数据来自《长江三峡工程生态与环境监测公报》）。采用食卵鱼类解剖法得到中华鲟卵数，进而得出参加产卵的中华鲟数量[图 4.25（a）]，自 1997 年至 2009 年，参加产卵的中华鲟数量总体呈下降趋势，以 1997 年数量最多，达 55 尾，而 2003 年、2006 年、2008 年数量最少，仅 3 尾。用鱼探仪声呐探测法获得中华鲟繁殖群体的数量[图 4.25（b）]，自 1998 年至 2010 年，中华

鲟繁殖群体数量总体略呈下降趋势，以 2001 年数量最多，达 524 尾，而 2010 年数量最少，仅 122 尾。

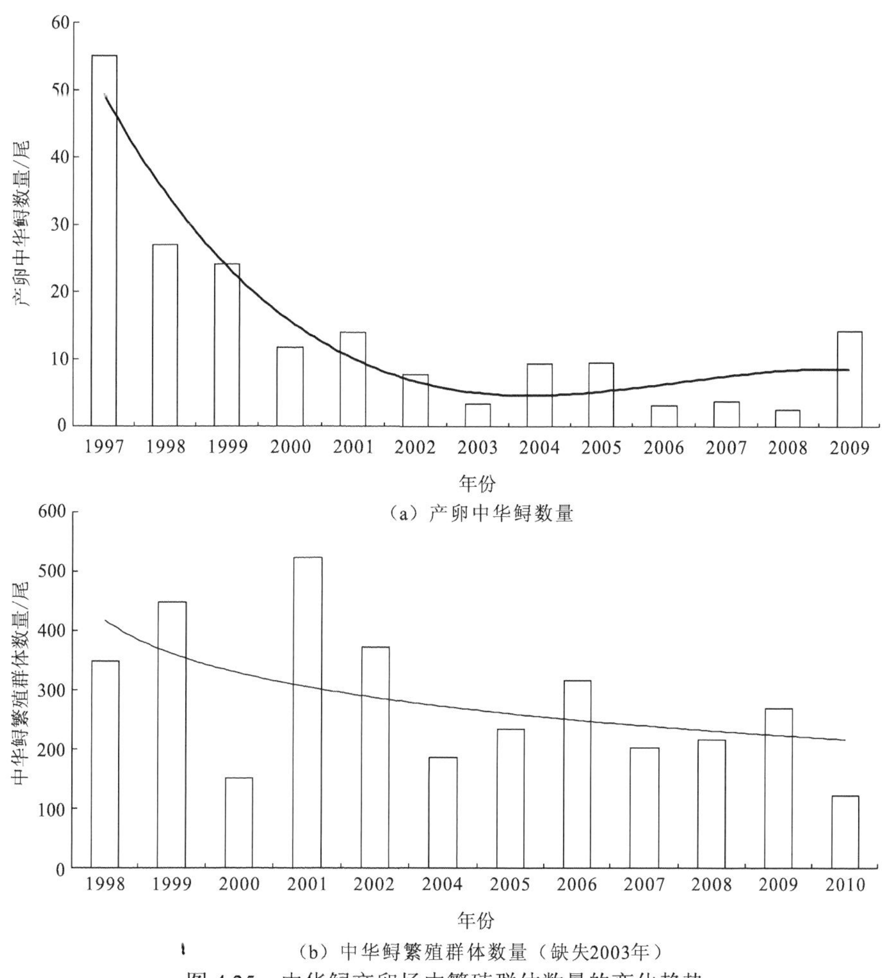

（a）产卵中华鲟数量

（b）中华鲟繁殖群体数量（缺失2003年）

图 4.25　中华鲟产卵场中繁殖群体数量的变化趋势

多年的比较显示，中华鲟产卵场中繁殖群体数量总体呈下降趋势，主要表现在以下两个方面：

（1）产卵量总体呈下降趋势[图 4.25（a）]。2000 年前中华鲟自然繁殖规模急剧下降，2000 年之后繁殖规模呈现出在低水平不断波动的变化趋势，由自然繁殖规模计算的参加产卵的中华鲟的数量也同样呈下降趋势。

（2）繁殖群体数量总体也略呈下降趋势[图 4.25（b）]。近几年的调查结果显示，繁殖群体数量维持在较低水平。

4. 中华鲟主要产卵场位置分布

1）葛洲坝水库修建之前主要产卵场分布

在葛洲坝水库修建以前，中华鲟的产卵场分布在牛栏江以下的金沙江下游江段和重庆市以上的长江上游江段，而其中主要的产卵场则集中分布在金沙江下游到长江上游的屏山至合江江段。根据《长江鲟鱼类生物学及人工繁殖研究》(四川省长江水产资源调查组，1988）的记载，已经查明确定的产卵场有 5 处，此外，渔民介绍的产卵场有 14 处。

2）葛洲坝水库修建后至三峡水库蓄水前的产卵场分布

葛洲坝水库工程截流后，被阻隔于坝下的中华鲟在坝下形成了新的产卵场，也是目前已知的唯一的中华鲟产卵场（危起伟，2003)。1983～1995 年，除 1986 年 10 月 23 日和 1987 年 11 月 14 日曾在距离大坝约 25 km 处的虎牙滩江段发现小规模的中华鲟产卵活动外，葛洲坝水库坝下江段中华鲟产卵场的位置主要集中在葛洲坝水库坝下至胭脂坝约 10 km 的江段内（危起伟，2003)。1995 年后，可以确定中华鲟产卵场的位置基本固定在坝下约 7 km 长的江段（危起伟，2003)。

为描述方便，将葛洲坝水库至庙嘴江段沿纵向依次分为 I、II、III、IV、V、VI 6 个江段，依河道宽度不同，从河道右岸至左岸分为 A、B、C、D 4 个大区或 A、B、C 3 个大区。每个大区从上游到下游分为 1、2、3，从右向左分为 a、b、c 共 9 个子小区，如图 4.26 所示（危起伟，2003)。

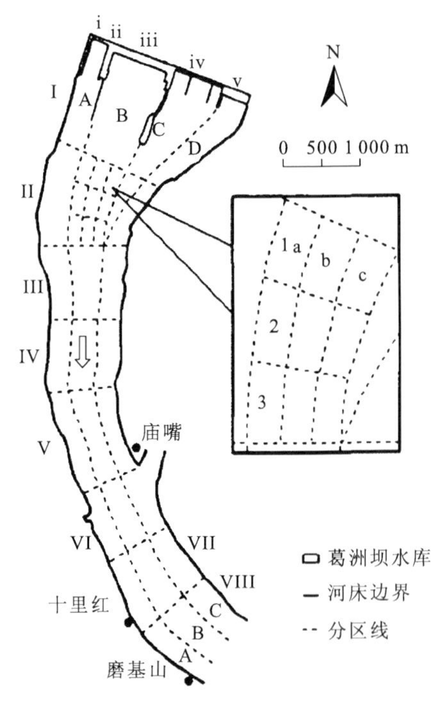

图 4.26 中华鲟产卵分区示意图

1996～2003 年，可以确定中华鲟产卵场的位置基本固定在坝下约 7 km 长的江段，其中主要产卵位置在 I～V 江段的 B 区，A 区和 C 区较少采到受精卵，如表 4.5 所示（危起伟，2003)。在 1996～2003 年，共发生了 14 次中华鲟产卵，对中华鲟的产卵位置进行统计，如图 4.27 所示，产卵主要集中在 III～IV 江段的 B 区，其中 III-B 区共发生了 6 次产卵，IV-B 区发生了 7 次产卵，其次是 I～II 江段的 B 区，共有 5 次中华鲟产卵，V-B 区只有 1 次大规模的中华鲟产卵，发生在 1998 年。

表 4.5 1996～2003 年中华鲟产卵位置

年份	产卵频次	产卵时间	产卵地点	产卵位置
1996	2	10 月 20 日 10 月 27 日	庙嘴 庙嘴	I-B IV-B
1997	2	10 月 22 日 11 月 18 日	消力池—长航船厂 庙嘴	III-B IV-B
1998	1	10 月 26 日	长航船厂—三峡药厂	IV-B，V-B
1999	2	10 月 27 日 11 月 13 日	坝下尾水区—镇江阁 坝下尾水区—镇江阁	I-B，III-B I-B，III-B
2000	2	10 月 15 日 11 月 1 日	庙嘴—磨基山 长航船厂对岸—将军岩	III-B IV-B
2001	2	10 月 20 日 11 月 8 日	坝下、长航船厂—庙嘴、江左深槽区 坝下、长航船厂—庙嘴、江左深槽区	II-B，IV-B II-B，IV-B
2002	2	10 月 27 日 11 月 9 日	坝下、长航船厂—庙嘴、江左深槽区 坝下、长航船厂—庙嘴、江左深槽区	III-B III-B
2003	1	11 月 5 日	鄂西船厂—油库	IV-B

资料来源：《中华鲟繁殖行为生态学与资源评估》（危起伟，2003）。

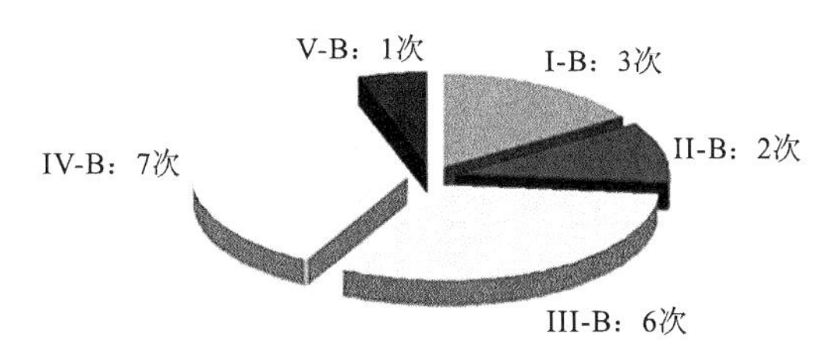

图 4.27 中华鲟各分区产卵统计图[引自危起伟（2003）]

目前有学者在对中华鲟进行研究时将产卵场划分为上下两个，其中 I-B 区至 II-B 区称为上产卵区，III-B 区至 V-B 区称为下产卵区。以此对中华鲟产卵场分布进行研究，在 14 次产卵活动中，仅在上产卵区产卵的有 1 次（1996 年），仅在下产卵区产卵的有 9 次，上产卵区和下产卵区同时发生产卵的有 4 次（1999 年和 2001 年）。以自然年划分中华鲟的产卵活动，在 1996～2003 年的 8 年中，每年均有中华鲟在下产卵区产卵，但仅有 3 年中华鲟在上产卵区产卵，分别是 1996 年、1999 年和 2001 年，有 5 年未在上产卵区监测到中华鲟的产卵活动。因此，可以得出结论：在三峡水库蓄水前，中华鲟的主产卵区位于 III-B 区至 V-B 区，即下产卵区。

3）三峡水库运行以后的产卵场分布

2003 年三峡水库开始蓄水，蓄水后中华鲟产卵场范围仍固定在坝下与庙嘴之间约 4 km 的江段，每年产卵场的具体位置见表 4.6（产卵时间、产卵地点数据源自《长江三峡工程生态与环境监测公报》和中国长江三峡集团有限公司中华鲟研究所的实际监测调查资料）。

表 4.6　2003～2011 年中华鲟产卵位置

年份	产卵频次	产卵时间	产卵地点	产卵位置	备注
2003	1	11 月 5 日午夜～6 日凌晨	鄂西船厂—油库	IV-B	数据源自 2003～2008 年《长江三峡工程生态与环境监测公报》
2004	1	11 月 11 日夜	坝下、长航船厂—庙嘴、江左深槽区	I-B，II-B，III～V	
2005	1	11 月 9 日夜	磷肥厂—庙嘴	I～II，III～V	
2006	1	11 月 13 日夜	左岸药厂对应江段	III-3，IV～V	
2007	1	11 月 23 日下午～24 日凌晨	左岸药厂对应江段	III-3，IV～V	
2008	1	11 月 26 日下午～27 日凌晨	磷肥厂—三峡药厂	I～II，III～IV，V-1	
2009	1	11 月 23 日午夜～24 日凌晨	坝下—导流墙尾	I-B	数据源自中国长江三峡集团有限公司中华鲟研究所
2010	1	11 月 21 日午夜～22 日凌晨	坝下—导流墙尾	I-B	
2011	2	11 月 21 日午夜～22 日凌晨	坝下—导流墙中部对应水域	I-B	
		11 月 24 日午夜～25 日凌晨	坝下—导流墙中部对应水域	I-B	

由表 4.6 可见，2003 年中华鲟的主产卵区位于 IV-B 区，2004 年中华鲟亲鱼主要集中于坝下、长航船厂—庙嘴及江左深槽区，2005 年中华鲟产卵位置主要集中于 I～V 江段。2006 年和 2007 年中华鲟主产卵区位置相似，均在 III-3 区和 IV～V 江段。2003～2007 年中华鲟的主产卵场以下产卵区为主，每年均有中华鲟在下产卵区产卵。下产卵区位置出现在 III～V 江段，其中 V 江段出现中华鲟产卵的频率加大，2005～2007 年均有中华鲟在 V 江段产卵。与三峡水库蓄水前相比，2003～2007 年中华鲟的主产卵场没有发生变化，但主产卵场的位置有向下游迁移的趋势。

2008 年，中华鲟产卵场位于葛洲坝水库下游磷肥厂—三峡药厂，其中主要产卵位置集中在隔流堤首左侧，即 I～II 江段、III～IV 江段、V-1 区。

2009 年，中国长江三峡集团有限公司中华鲟研究所根据不同地点采集网具内中华鲟鱼卵的数量推算，中华鲟产卵场范围为大江电厂对应江段葛洲坝水库坝下—导流墙尾（图 4.28），主产卵区位于 I-B 区。2009 年中华鲟鱼卵孵化场范围为葛洲坝水库坝下至庙嘴江段，在虎牙滩江段均未发现中华鲟产卵行为。

2010 年，中国长江三峡集团有限公司中华鲟研究所根据不同地点采集网具内中华鲟鱼卵的数量推算，中华鲟产卵场范围为大江电厂对应江段葛洲坝水库坝下—导流墙尾（图 4.29），主产卵区位于 I-B 区。2010 年孵化场范围为隔流堤中部对应水域，虎牙滩江段均未发现中华鲟产卵行为。

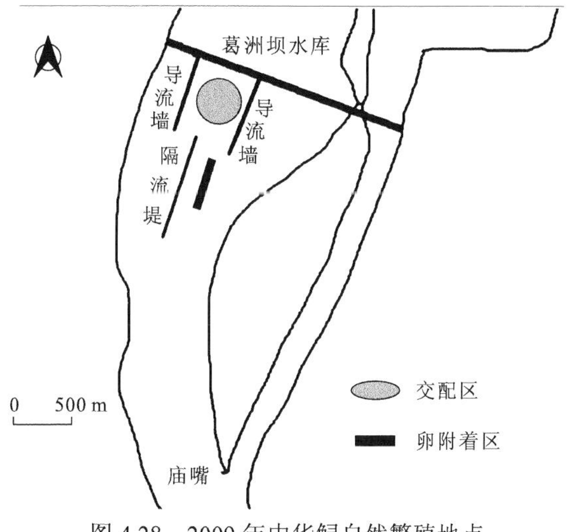

图 4.28　2009 年中华鲟自然繁殖地点

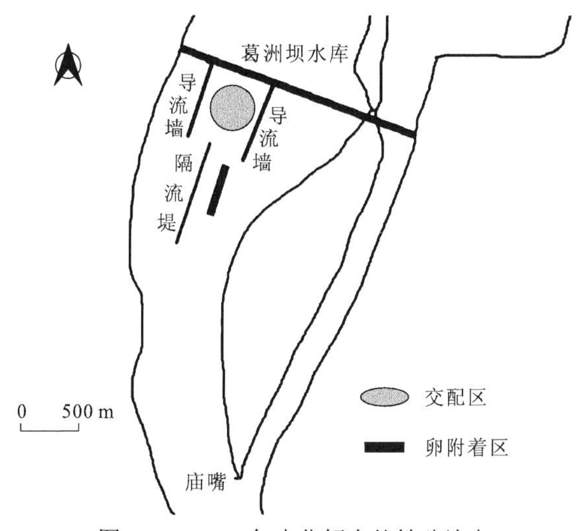

图 4.29　2010 年中华鲟自然繁殖地点

2011 年，中国长江三峡集团有限公司中华鲟研究所根据不同地点采集网具内中华鲟鱼卵的数量推算，中华鲟产卵场范围为大江电厂 8～18 号机组对应下游江段—葛洲坝水库下游隔流堤中部（图 4.30），2011 年中华鲟繁殖交配区在葛洲坝水库大江江段坝下—导流墙中部对应水域，主产卵区位于 I-B 区。主要孵化场延伸到下游隔流堤中部对应水域，孵化场由上游到下游呈不规则带状分布，水平宽度约为 300 m。2011 年在虎牙滩江段均未发现中华鲟产卵行为。

2011 年 11 月 23～24 日使用水下摄影设备进行中华鲟产卵场调查，调查区域为葛洲坝水库坝下大江电厂下游江段，发现中华鲟受精卵的分布区域为葛洲坝水库坝下 360～1 000 m 江段（图 4.30）。分析此次水下摄影调查数据发现，中华鲟鱼卵在葛洲坝水库坝下大江电厂 8～18 号机组下游 360～400 m 江段分布密度较大，尤以 13～15 号机组对应位置的下游分布密度最大，此处主要为大石头底质，在石头背水面一侧黏附的中华鲟鱼

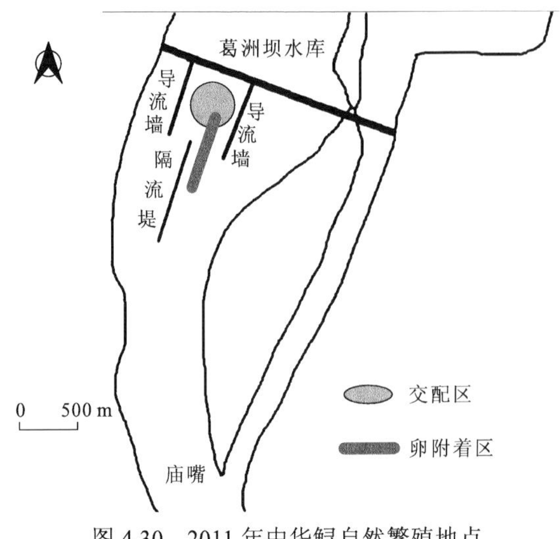

图 4.30　2011 年中华鲟自然繁殖地点

卵较多；之后，在下游距离大坝 500～700 m 处鱼卵密度急剧下降，分布较少，此处主要为小碎石底质，不利于中华鲟鱼卵的黏附；再向下游，在距离大坝 700～1 000 m 处，中华鲟鱼卵的密度增加，此处同样为大石头底质；距离大坝 1 000 m 的下游江段未发现附着的中华鲟鱼卵。

可见，2009～2011 年中华鲟产卵场的范围没有变化，均在葛洲坝水库坝下大江电厂新建隔流堤以上水域，主产卵区位于 I-B 区，下产卵区未发现中华鲟产卵。

总体而言，三峡水库蓄水以来中华鲟产卵场的分布变化以 2008 年为转折点，2008 年之前中华鲟产卵场延续了三峡水库蓄水前的分布特点，产卵以下产卵区为主，只是下产卵区的位置有略微的下移。2008 年中华鲟的产卵活动以上产卵区为主，下产卵区分布的受精卵较少。到 2009～2011 年中华鲟产卵活动基本稳定在上产卵区，下产卵区暂未发现中华鲟产卵。

4.2.4　三峡水库-葛洲坝水库运行对中华鲟产卵场水文水流条件的影响分析

1. 三峡水库-葛洲坝水库运行前后中华鲟产卵场水文条件变化分析

图 4.31 为葛洲坝水库建设前（1960～1969 年）、葛洲坝水库工程截流蓄水期（1982～1998 年）和三峡水库蓄水后（2003～2007 年）三个时期宜昌站断面多年月平均流量，其中 1982～1998 年的月平均流量为 1982～1987 年、1990 年和 1998 年的多年平均值。从图 4.31 中可以看出：葛洲坝水库工程截流后（1982～1998 年），在 10 月和 11 月宜昌站断面的流量比建设前（1960～1969 年）同时期减小，三峡水库蓄水后（2003～2007 年），10 月宜昌站断面的流量则进一步减少。

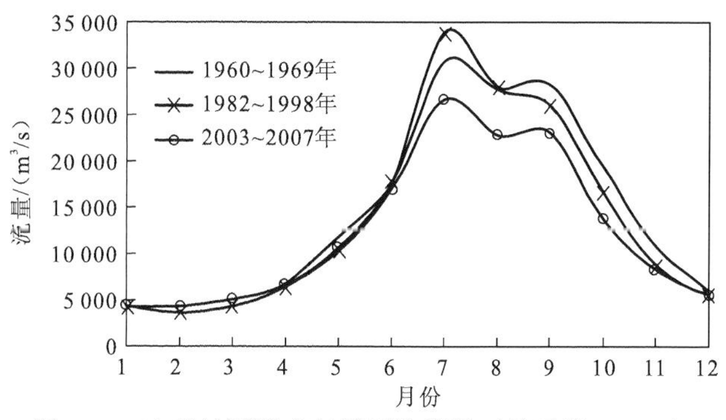

图 4.31　宜昌站断面多年月平均流量（易雨君，2008）

图 4.32 为三峡水库蓄水前后宜昌站断面 10～11 月多年日平均流量和水位过程，从图 4.32 中可以看出：三峡水库蓄水后，在 10 月和 11 月，宜昌站断面流量和水位总体继续保持下降趋势；与蓄水前相比，同期流量明显降低，其中 10 月同期降幅较大，最大降幅达 5 000 m^3/s，11 月同期降幅逐日减小。

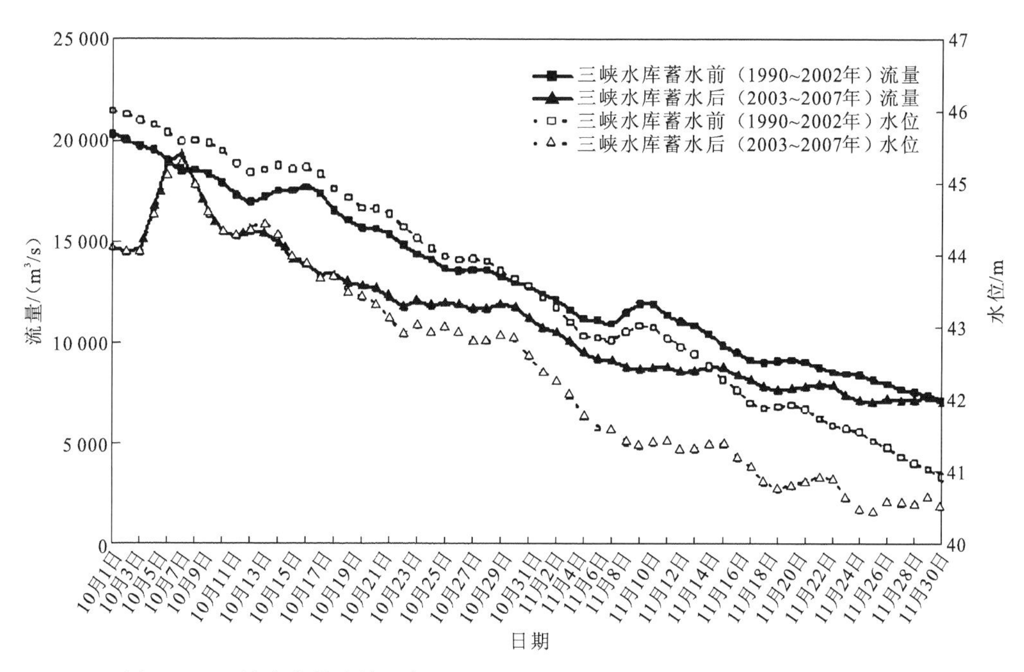

图 4.32　三峡水库蓄水前后宜昌站断面 10～11 月多年日平均流量和水位过程

图 4.33 为 1990～2010 年宜昌站断面 10～11 月水位、流量的日变化过程和每年中华鲟的产卵日期。图 4.33 显示：宜昌站断面历年 10～11 月水位、流量整体呈下降趋势，中间一般有 1～2 次较大的涨水过程。其中，三峡水库蓄水后的 2003～2005 年 10～11 月的流量为 6 020～23 575 m^3/s，变化幅度为 17 555 m^3/s，在 10 月上旬有一次较大的涨水过程；而 2006～2010 年（不含 2008 年）10～11 月的流量为 5 010～12 600 m^3/s，变化幅度为 7 590 m^3/s，这段时间涨水不明显。

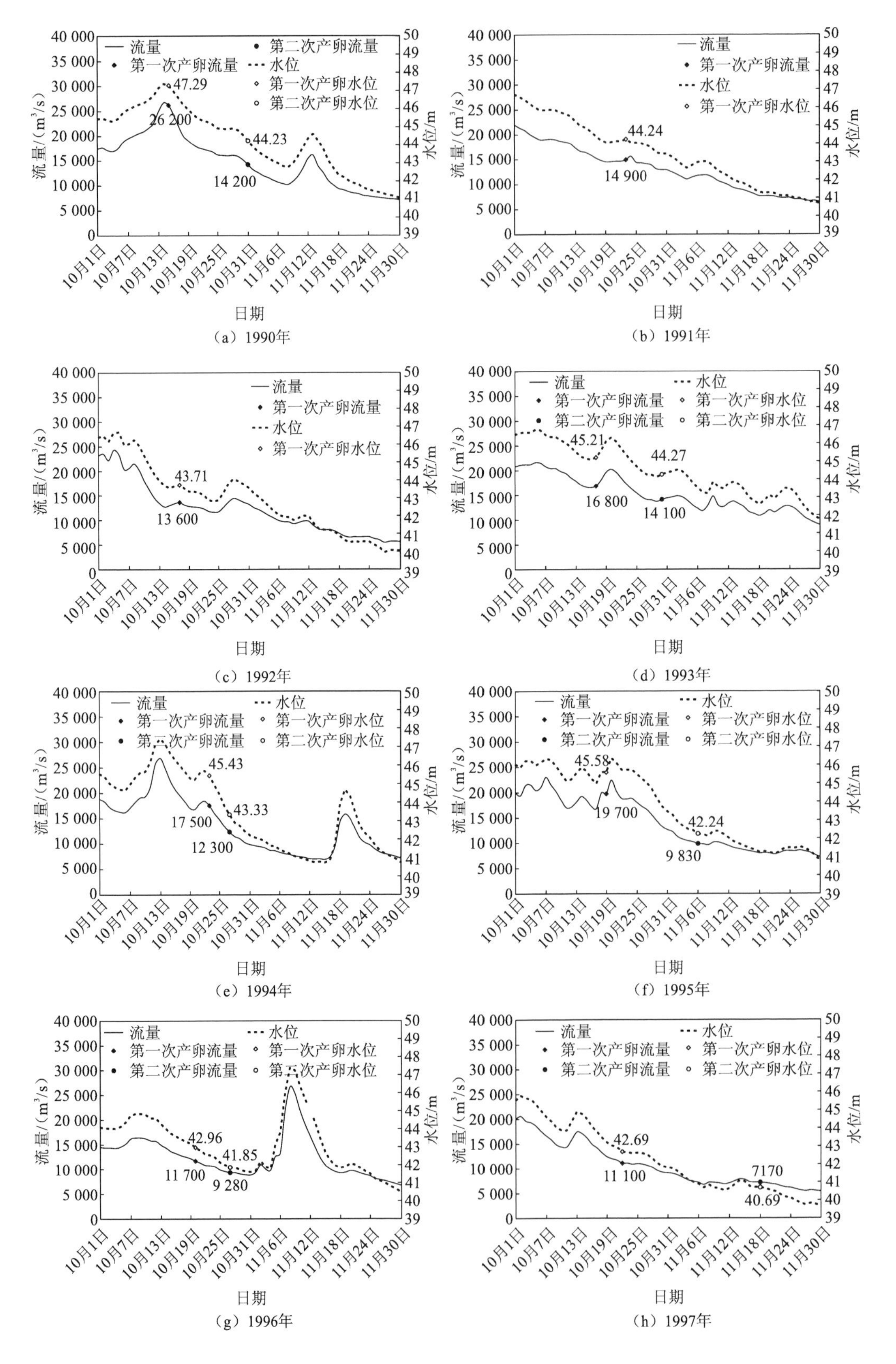

（a）1990年

（b）1991年

（c）1992年

（d）1993年

（e）1994年

（f）1995年

（g）1996年

（h）1997年

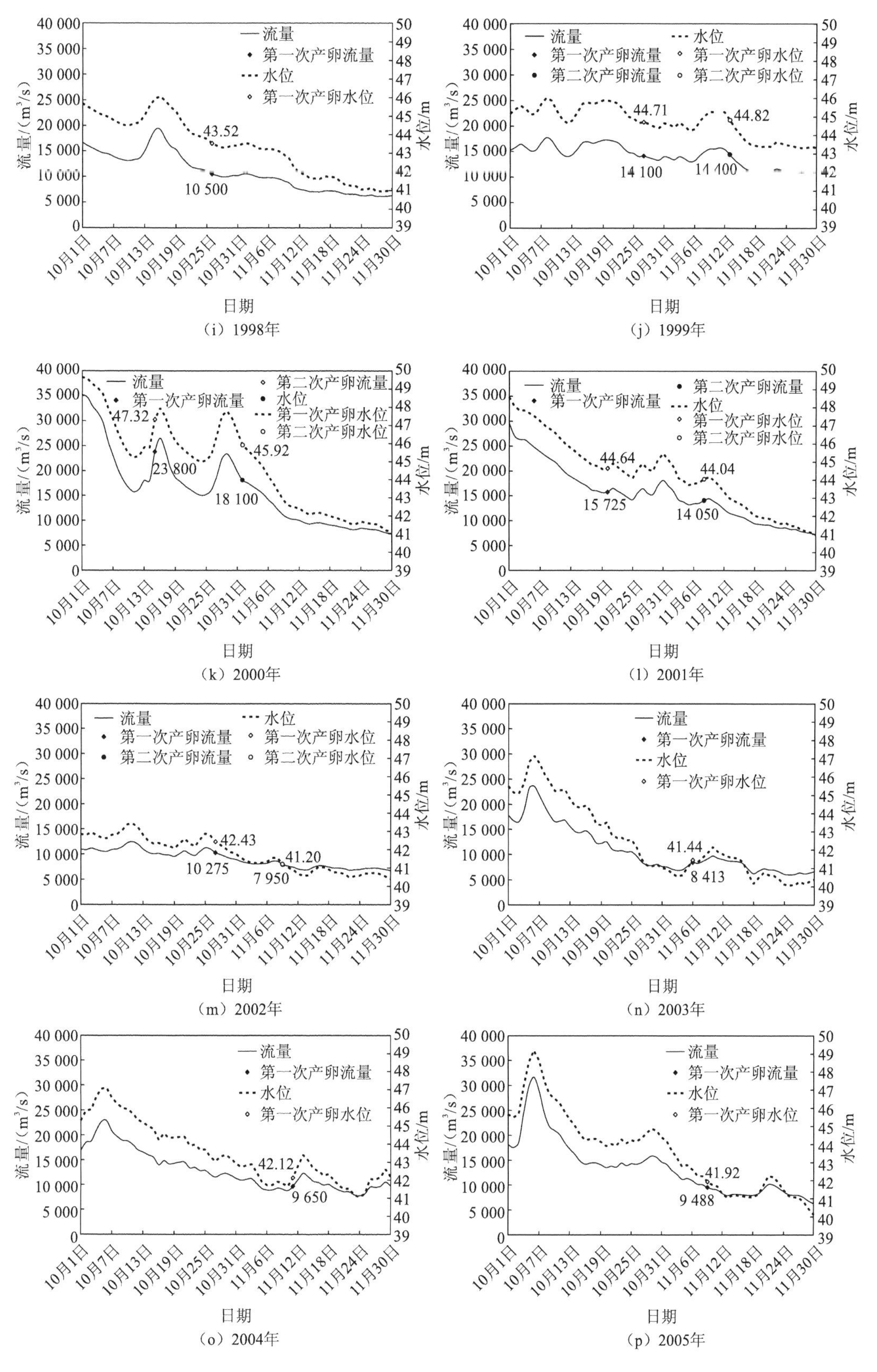

（i）1998年

（j）1999年

（k）2000年

（l）2001年

（m）2002年

（n）2003年

（o）2004年

（p）2005年

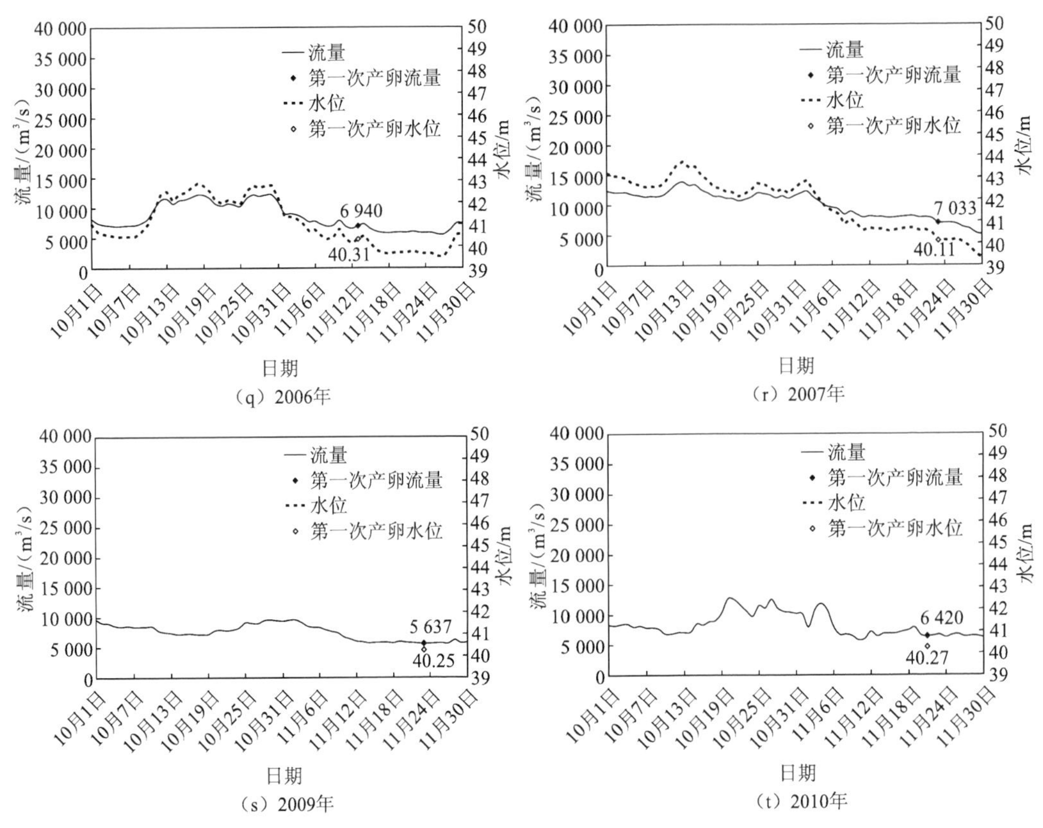

图 4.33　1990～2010 年宜昌站断面 10～11 月水位、流量的日变化过程和每年中华鲟的产卵日期（2008 年缺失资料）

图 4.34 和图 4.35 分别为 1981～2011 年中华鲟历年第一、二次产卵日均水位和流量变化曲线。图 4.34 和图 4.35 中数据显示：

（1）三峡水库蓄水前（1981～2002 年），中华鲟历年第一次产卵日均水位在 42.43～47.32 m 范围波动，平均水位为 44.72 m，日均流量波动范围为 9 250～26 200 m^3/s，平均流量为 15 872 m^3/s；第二次产卵日均水位在 40.69～45.92 m 范围波动，平均水位为 41.21 m，比第一次降低 3.51 m，日均流量变化范围为 7 170～18 100 m^3/s，平均流量为 11 811 m^3/s，比第一次减小约 4 000 m^3/s。

（2）三峡水库蓄水后（2003～2011 年），中华鲟历年第一次产卵日均水位在 40.11～42.12 m 范围波动，平均水位为 41.02 m，日均流量变化范围为 5 637～9 650 m^3/s，平均流量为 7 990 m^3/s，除 2011 年存在产卵时间、水位、流量与第一次产卵非常相近的第二次产卵外，均未发现第二次产卵；与三峡水库蓄水前相比，三峡水库蓄水后，中华鲟产卵日均流量、水位变化范围和平均值均有所减小。其中，水位平均值下降约 3.7 m，流量平均值减小 7 882 m^3/s。

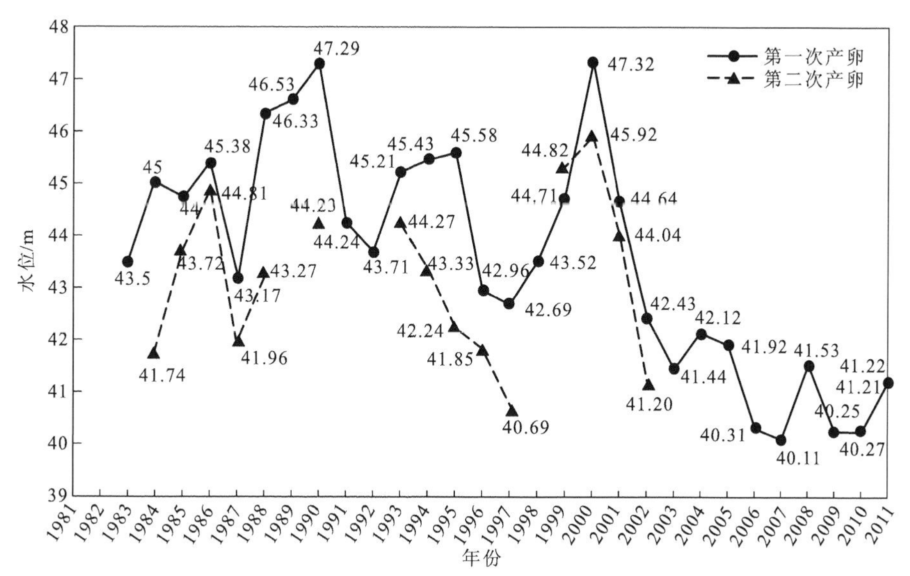

图 4.34　1981～2011 年中华鲟历年第一、二次产卵日均水位变化曲线

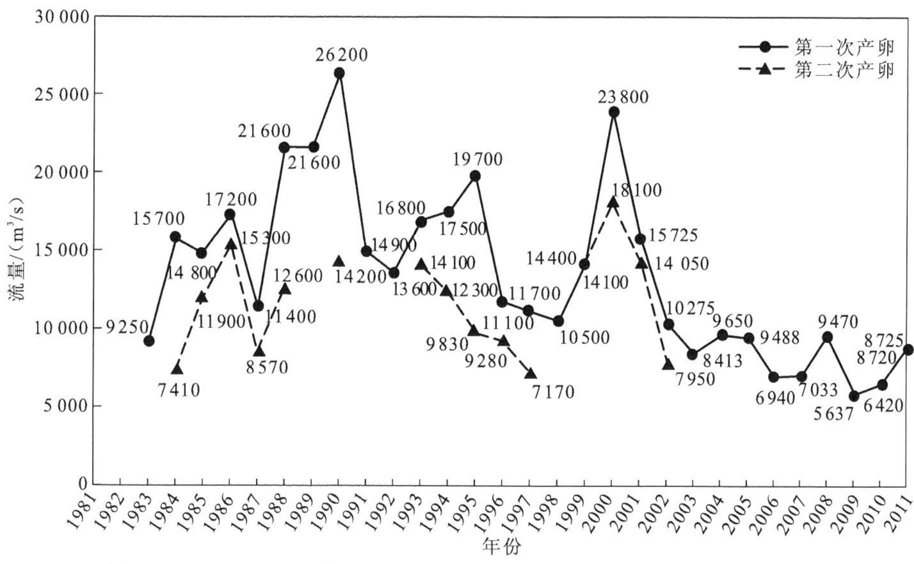

图 4.35　1981～2011 年中华鲟历年第一、二次产卵日均流量变化曲线

2. 三峡水库-葛洲坝水库梯级调度运行工况

根据中华鲟历史产卵日流量特征，选取三峡水库-葛洲坝水库梯级 15 000 m^3/s、10 000 m^3/s 和 6 000 m^3/s 三级下泄流量进行研究，其中 15 000 m^3/s 代表三峡水库蓄水前产卵日平均流量级，10 000 m^3/s 代表三峡水库蓄水前产卵日最小流量级和蓄水后最大流量级，6 000 m^3/s 代表三峡水库蓄水后产卵日最小流量级，按照三峡水库-葛洲坝水库梯级调度规程中葛洲坝水库的运行调度原则，下泄流量全部用于电厂发电。不同流量级与大江电厂、二江电厂机组开启方式及其流量分配组合形成中华鲟产卵日葛洲坝水库的不同调度运行工况，具体情况见表 4.7 和表 4.8。

表 4.7　不同下泄流量级条件下葛洲坝水库调度运行工况

序号	工况	下泄流量/(m^3/s)	宜昌站水位/m	电厂机组运行方式
1	工况一	15 000	44.16	全部机组开启；大江电厂、二江电厂的泄流量分别为 9 660 m^3/s 和 5 340 m^3/s
2	工况二	10 000	41.92	大江电厂开启中间 9 台机组，二江电厂开启中间 5 台机组；大江电厂、二江电厂的泄流量分别为 6 000 m^3/s 和 4 000 m^3/s
3	工况三	6 000	39.73	大江电厂开启中间 9 台机组，单机平均流量为 667 m^3/s

表 4.8　最小下泄流量级条件下葛洲坝水库调度运行工况

序号	工况	下泄流量/(m^3/s)	宜昌站水位/m	电厂机组运行方式
1	工况三（1）	6 000	39.73	大江电厂开启中间 9 台机组，单机平均流量为 667 m^3/s
2	工况三（2）	6 000	39.73	大江电厂开启中间 6 台机组，单机平均流量为 1 000 m^3/s
3	工况三（3）	6 000	39.73	大江电厂开启全部机组，单机平均流量为 428 m^3/s
4	工况三（4）	6 000	39.73	二江电厂开启全部机组
5	工况三（5）	6 000	39.73	大江电厂开启中间 4 台机组，二江电厂开启中间 4 台机组，泄流量均为 3 000 m^3/s

3. 三峡水库-葛洲坝水库梯级下泄流量对中华鲟产卵场水流条件的影响分析

图 4.36～图 4.38 给出了 15 000 m^3/s、10 000 m^3/s 和 6 000 m^3/s 三级三峡水库-葛洲坝水库梯级下泄流量条件下中华鲟产卵场的流速、水深和水流适宜区域，其中水流适宜区域为流速和水深适宜区域的叠加区域。图 4.39 给出了不同流量下中华鲟产卵场各分区水流适宜区域的面积。

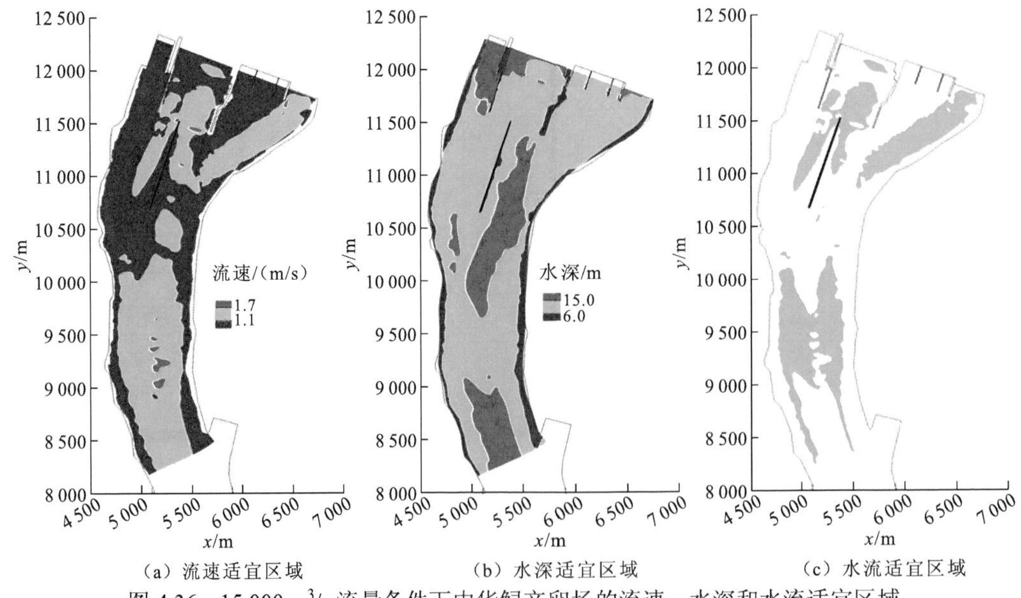

(a) 流速适宜区域　(b) 水深适宜区域　(c) 水流适宜区域

图 4.36　15 000 m^3/s 流量条件下中华鲟产卵场的流速、水深和水流适宜区域

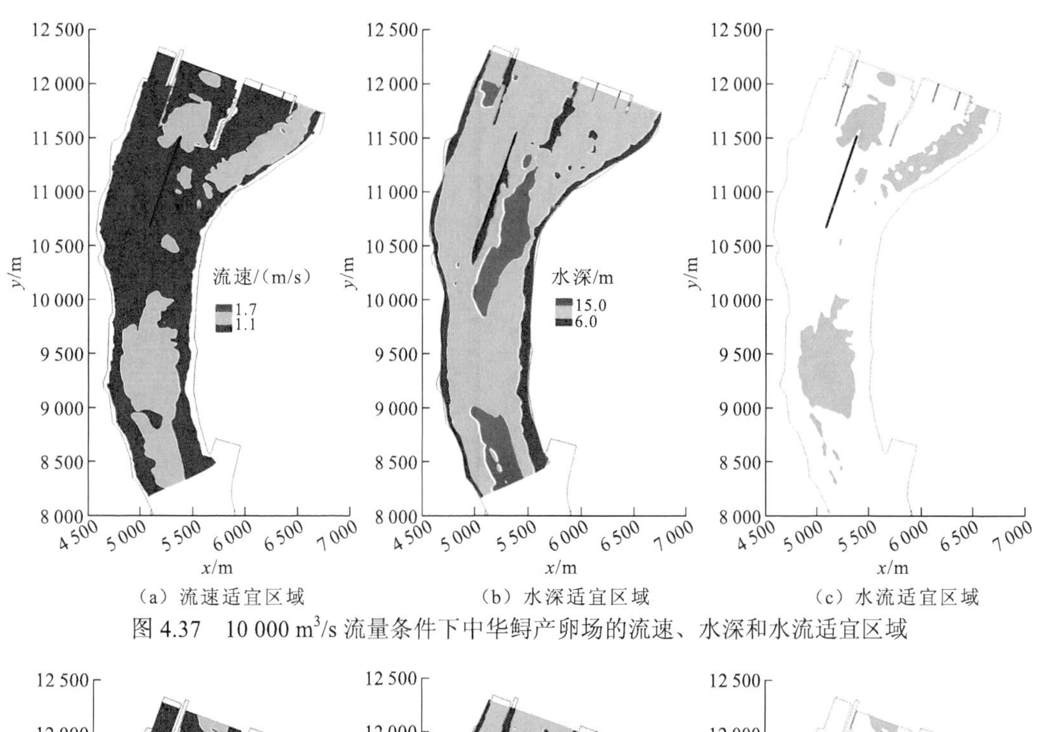

（a）流速适宜区域　（b）水深适宜区域　（c）水流适宜区域

图 4.37　10 000 m^3/s 流量条件下中华鲟产卵场的流速、水深和水流适宜区域

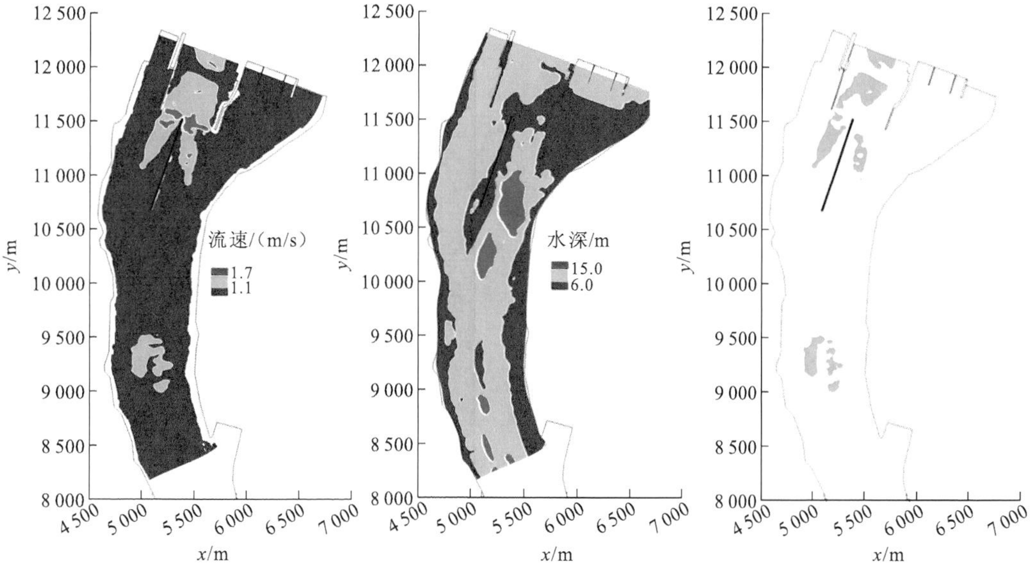

（a）流速适宜区域　（b）水深适宜区域　（c）水流适宜区域

图 4.38　6 000 m^3/s 流量条件下中华鲟产卵场的流速、水深和水流适宜区域

由此，可得：

（1）各级流量情况下，流速和水深适宜区域叠加得到的水流适宜区域（图中绿色区域）主要分布在大江电厂尾水区、二江电厂尾水区和长航船厂江段，其中 6 000 m^3/s 流量情况由于二江电厂未分配流量，二江电厂尾水区未出现适宜区域；在 15 000 m^3/s 和 10 000 m^3/s 流量情况下，除二江电厂深槽和长航船厂下游主河槽由于较大水深不适宜产卵的区域外，其他区域均为适宜区域，不适宜产卵的浅水区域主要出现在岸边非常小的

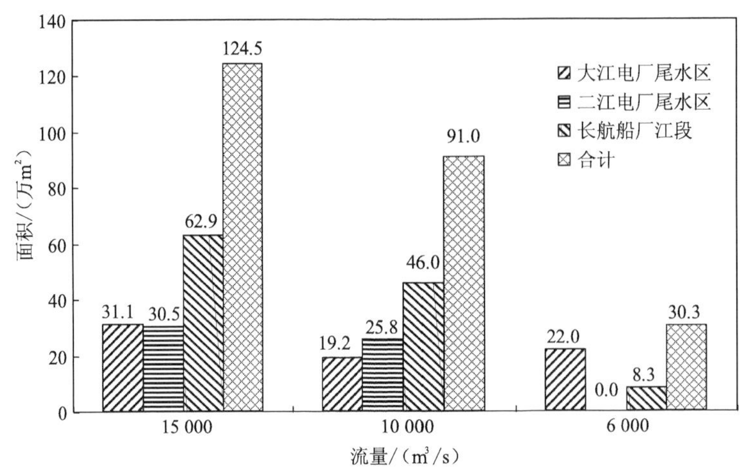

图 4.39　不同流量下中华鲟产卵场各分区水流适宜区域的面积

范围，但在 6 000 m^3/s 流量情况下，在二江电厂尾水区出现了较大范围的不适宜产卵的浅水区域；叠加得到的水流适宜区域的分布情况与流速分布情况较为相似，说明中华鲟产卵场水流适宜区域受流速适宜区域影响显著。

（2）随着三峡水库-葛洲坝水库梯级下泄流量的减小，中华鲟产卵场的流速和水流适宜区域相应缩小，其中 6 000 m^3/s 流量情况下水流适宜区域的总面积显著减小，并且各区域内分布片段化明显；水深适宜区域在 10 000 m^3/s 流量情况下比其他两个流量级大。

（3）从图 4.39 中可以看出，15 000 m^3/s、10 000 m^3/s 和 6 000 m^3/s 三级三峡水库-葛洲坝水库梯级下泄流量情况下，水流适宜区域的总面积分别为 124.5 万 m^2、91.0 万 m^2 和 30.3 万 m^2，随着下泄流量的减小，适宜中华鲟产卵的水流区域总体减小，其中 6 000 m^3/s 流量比 15 000 m^3/s 流量情况下的适宜面积减少约 76%；在水流适宜区域的各分区中，在 15 000 m^3/s 和 10 000 m^3/s 流量情况下，适宜产卵区域主要分布在长航船厂江段，且长航船厂江段水流适宜区域的面积随流量下降相应减少，而大江电厂尾水区水流适宜区域面积的变化则不明显，二江电厂尾水区在 15 000 m^3/s 和 10 000 m^3/s 流量情况下水流适宜区域的面积略有变化，但在 6 000 m^3/s 流量情况下无水流适宜区域。

综上所述：随着三峡水库-葛洲坝水库梯级下泄流量的减小，适宜中华鲟产卵的水流区域也相应减小，其中在代表三峡水库蓄水前产卵日平均流量的 15 000 m^3/s、代表三峡水库蓄水前产卵日最小流量和蓄水后产卵日最大流量的 10 000 m^3/s 的情况下，适宜中华鲟产卵的水流区域较大，而在代表三峡水库蓄水后产卵日最小流量的 6 000 m^3/s 的情况下，适宜产卵的水流区域显著减小；相比于前两个流量级，在 6 000 m^3/s 流量级情况下长航船厂江段适宜产卵的水流区域显著减小。实际监测和调查结果表明，三峡水库蓄水前的 1981～2002 年中华鲟历年第一次产卵日均流量波动范围为 9 250～26 200 m^3/s，产卵场规模和范围较大，三峡水库蓄水后的 2003～2011 年日均流量变化范围为 5 637～9 650 m^3/s，产卵场规模和范围减小，并且以上产卵区为主。三峡水库蓄水对中华鲟产卵场水流条件影响的研究结果与实际情况吻合。

4. 葛洲坝水库调度运行对中华鲟产卵场水流条件的影响分析

针对三峡水库蓄水后的最小流量级 6 000 m^3/s 的情况，研究分析葛洲坝水库不同调度运行方式对中华鲟产卵场水流适宜区域的影响，具体调度运行工况见表 4.8 中工况三（1）～工况三（5）。

图 4.40 和图 4.41 分别给出了 6 000 m^3/s 流量时葛洲坝水库不同调度运行方式下中华鲟产卵场的水流适宜区域和各分区水流适宜区域的面积。从图 4.40、图 4.41 中可知，在三峡水库-葛洲坝水库梯级下泄流量为 6 000 m^3/s 的情况下：

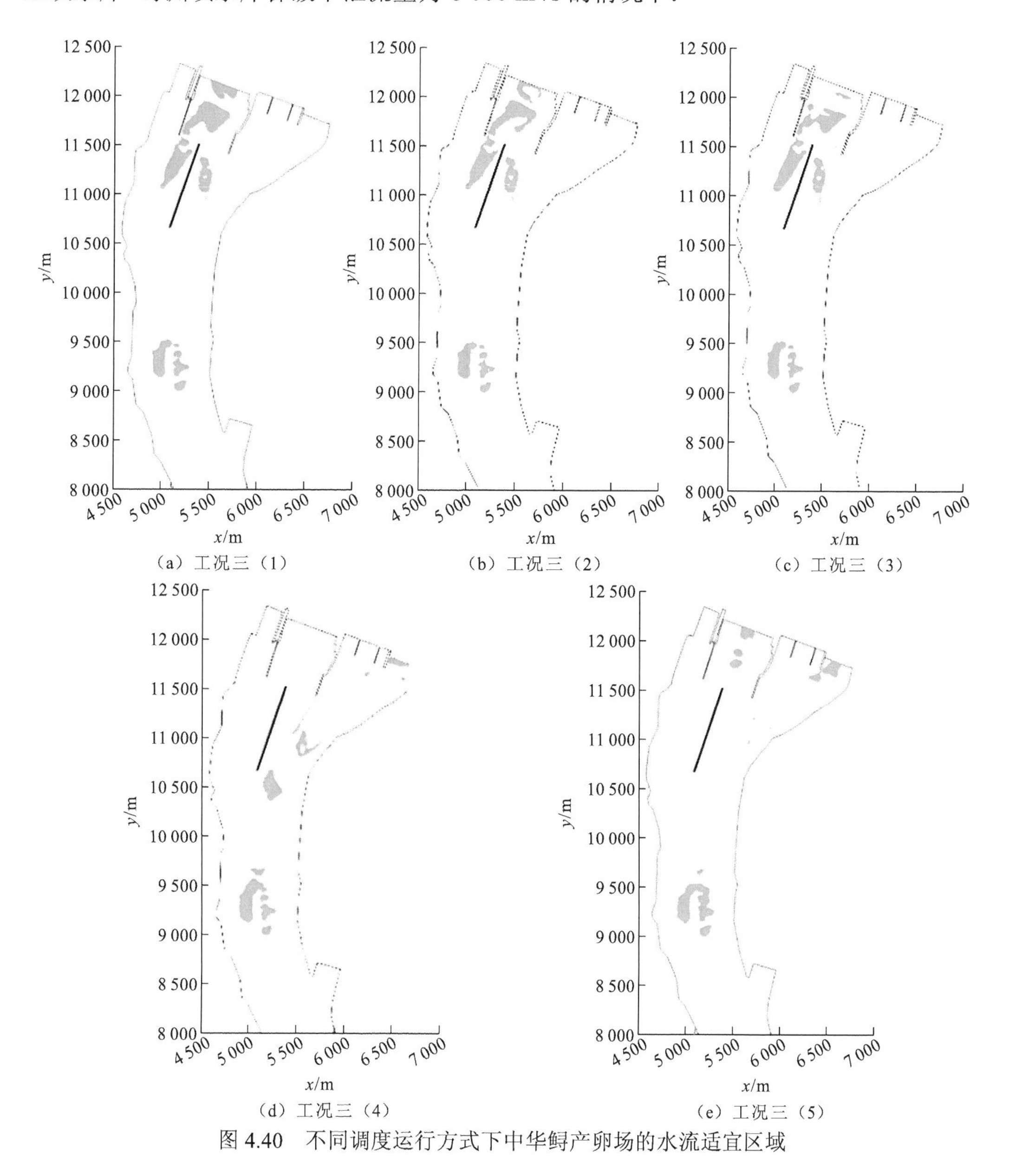

图 4.40　不同调度运行方式下中华鲟产卵场的水流适宜区域

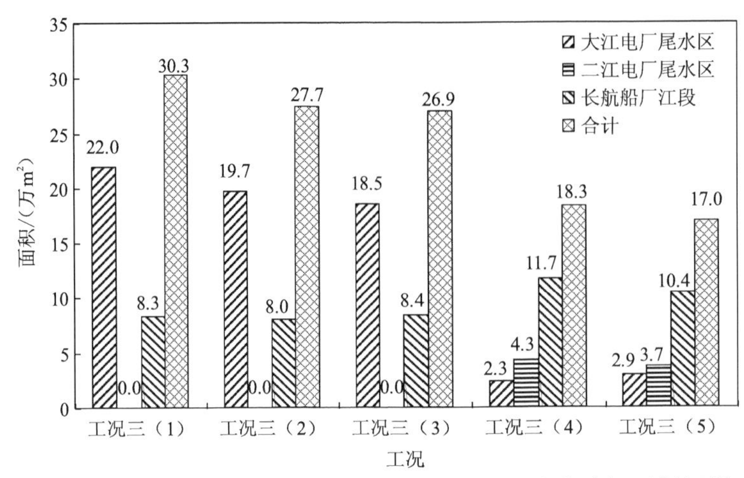

图 4.41　不同调度运行方式下中华鲟产卵场各分区水流适宜区域的面积

（1）全由大江电厂泄流情况[工况三（1）～工况三（3）]与全由二江电厂泄流[工况三（4）]和大江电厂、二江电厂各泄流 3 000 m^3/s[工况三（5）]两种情况相比，中华鲟产卵场水流适宜区域的总面积前者大于后两者，其中大江电厂尾水区的面积明显大于后两者，而长航船厂江段的面积则是后两者略大于前者；从水流适宜区域面积的角度分析，全由大江电厂泄流有利于大江电厂尾水区中华鲟产卵，全由二江电厂泄流或大江电厂、二江电厂各泄流 3 000 m^3/s 则有利于长航船厂江段中华鲟产卵。

（2）全由大江电厂泄流情况下，对于 1 000 m^3/s、667 m^3/s 和 428 m^3/s 几种单机平均下泄流量而言，667 m^3/s 情况适宜产卵的水流区域的面积较大，而下泄流量分配相对集中（1 000 m^3/s）和分散（428 m^3/s）的情况则由于局部底层流速偏大或偏小，适宜产卵的水流区域减小。

（3）在全由二江电厂泄流或大江电厂、二江电厂各泄流 3 000 m^3/s 的情况下，二江电厂尾水区和二江电厂深槽前后出现了零星的小范围水流适宜区域。

5. 水文水流条件变化对中华鲟产卵场的影响

1）水文条件变化对中华鲟产卵场的影响

图 4.33 中 1990～2007 年宜昌站断面 10～11 月水位、流量的日变化过程与每年中华鲟产卵日期的关系显示：中华鲟产卵多出现在每年的 10 月和 11 月，而在此期间三峡水库-葛洲坝水库梯级下泄流量总体呈逐渐减小趋势。三峡水库蓄水后，由于“滞温”效应，适宜中华鲟产卵的水温出现时间推迟，产卵时间主要为 11 月，特别是近几年产卵出现在 11 月中下旬，此时水位、流量已经处于较低水平。中华鲟自然产卵一般均在长江涨水后，水体流量和水位逐渐减小的过程中进行，即秋季江水“涨水”后的“退水”阶段，而在涨水过程中发生中华鲟产卵的情况一般不会出现。2000 年 10 月 15 日，曾发现一次中华鲟在涨水期间的产卵，危起伟（2003）观察认为：此次中华鲟产卵的规模非常小，明显

属于葛洲坝水库电厂泄洪冲沙产生的瞬间激烈刺激引发的亲鲟流产。

危起伟（2003）等的研究指出，受精率受诸多因素的影响，主要包括亲鲟性产物质量、性比和产卵环境适合度。根据对采获的受精卵受精率的统计，中华鲟自然繁殖卵具有较高的受精率。图 4.42 给出了 1995～2007 年中华鲟历年产卵受精率与产卵日流量变化过程，从图 4.42 中可以看出：三峡水库蓄水前的 1995～2002 年产卵日流量为 10 275～23 800 m^3/s 且变化幅度较大，产卵受精率为 63.5%～94.1%，受精率较高；而三峡水库蓄水后的 2003～2007 年产卵日流量在 6 940～9 650 m^3/s 波动且变化幅度变小，产卵受精率在 23.8%～34.5%，明显低于三峡水库蓄水前。由此推测三峡水库蓄水后产卵受精率降低可能与产卵日流量较低有关。

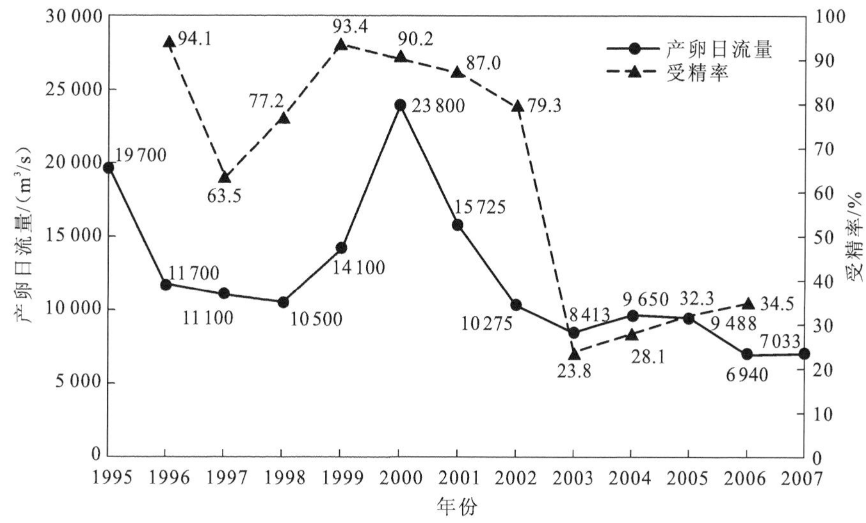

图 4.42　中华鲟产卵受精率与产卵日流量的关系

中华鲟产卵日流量和受精率数据来自文献班璇（2009）

图 4.43 为中华鲟产卵量与产卵日流量的关系，从图 4.43 中可以看出：在三峡水库蓄水前的 1995～2002 年产卵量在 499 万～3 548 万粒；三峡水库蓄水后的 2003～2007 年中华鲟产卵量在 197 万～606 万粒，总体较蓄水前显著减少；2000～2006 年的数据表明，近年来中华鲟产卵量维持在较低水平虽然与中华鲟参与产卵的群体数量有关，也有可能与产卵日流量较小有关。

2）水流条件变化对中华鲟产卵场的影响

三峡水库蓄水前，中华鲟产卵日葛洲坝水库的下泄流量在 9 250～26 200 m^3/s 范围波动。在三峡水库-葛洲坝水库梯级下泄流量级为 10 000 m^3/s 和 15 000 m^3/s 的情况下，适宜中华鲟产卵的水流区域分布在大江电厂尾水区、二江电厂尾水区、江心堤两侧和长航船厂江段，适宜产卵的区域范围较大。实际监测结果表明，中华鲟历年的产卵活动主要分布在大江电厂尾水区、江心堤两侧和长航船厂江段这些区域，而二江电厂尾水区可能由于地形结构与中华鲟产卵场条件不相似，所以未发现产卵活动。

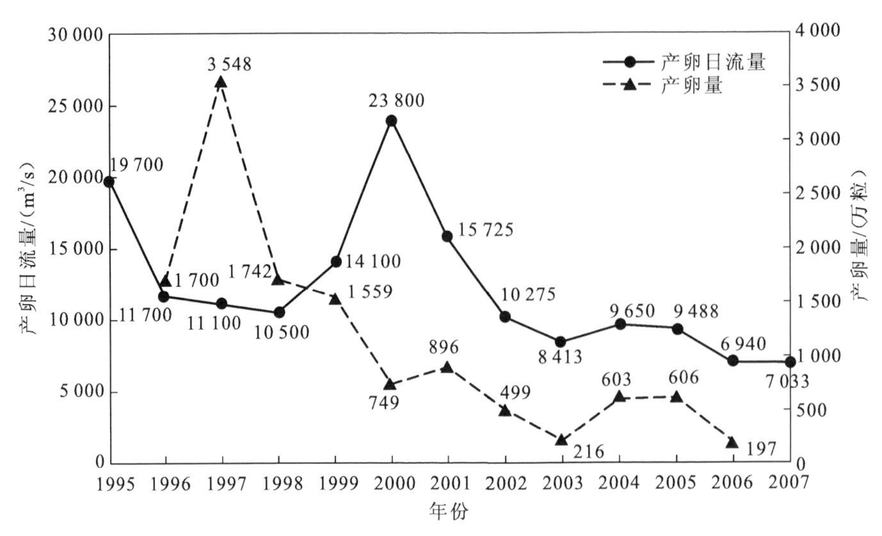

图 4.43 中华鲟产卵量与产卵日流量的关系

中华鲟产卵日流量和产卵量数据来自文献班璇（2009）

三峡水库蓄水后，特别是按 175 m 水位蓄水后，中华鲟产卵日葛洲坝水库的下泄流量及其变化范围减小，流量变化范围为 5 637～9 650 m^3/s，平均流量为 7 990 m^3/s。在三峡水库-葛洲坝水库梯级的下泄流量级为 6 000 m^3/s 的情况下，适宜中华鲟产卵的水流区域主要分布在大江电厂尾水区，且适宜区域明显减小。实际监测结果表明，2009～2011 年中华鲟产卵场位于坝下至导流墙区域，说明三峡水库蓄水后中华鲟产卵期葛洲坝水库下泄流量下降使适宜中华鲟产卵的水流区域变小，可能对中华鲟产卵场位置、规模造成一定的不利影响。

从葛洲坝水库的不同泄流方式看，在低流量（如 6 000 m^3/s）情况下，水库运行方式对适宜中华鲟产卵的水流区域范围和分布的影响较大，葛洲坝水库下泄流量全由大江电厂泄流且单机平均下泄流量为 667 m^3/s 时可维持大江电厂尾水区较大的适宜产卵的水流区域范围。

6. 中华鲟产卵对水文和水流条件的适应性

结合中华鲟产卵位置、规模和中华鲟适宜产卵的水流条件分析得出如下结论。

（1）三峡水库蓄水前，中华鲟产卵日流量为 9 250～26 200 m^3/s，相应的适宜中华鲟产卵的水流区域较大，说明三峡水库蓄水前这个范围的葛洲坝水库下泄流量存在较大范围的适宜中华鲟产卵的水流条件。

（2）三峡水库蓄水后，特别是按 175 m 水位蓄水后，中华鲟产卵日葛洲坝水库下泄流量及其变化范围减小，适宜中华鲟产卵的水深、流速区域明显变小，说明三峡水库蓄水后在 5 637～9 650 m^3/s 范围的葛洲坝水库下泄流量存在较小范围的适宜中华鲟产卵的水流条件。

（3）从水流条件看，葛洲坝水库河势调整工程的建设增强了在低流量情况下中华鲟产卵场在大江电厂尾水区和江心堤上半部分区域适宜产卵的水流条件。

（4）从葛洲坝水库不同的泄流方式看，在低流量情况下，全由大江电厂泄流且单机平均下泄流量为 667 m^3/s 时有助于提高中华鲟产卵场适宜产卵的水流条件范围。

4.2.5　改善中华鲟产卵场水文水流条件的水力调控优化措施

根据上述三峡水库-葛洲坝水库梯级不同下泄流量和葛洲坝水库不同调度运行方式下的研究成果，提出以下改善中华鲟产卵期中华鲟产卵场水文水流条件的水力调控优化措施。

1. 加大三峡水库-葛洲坝水库梯级下泄流量

在中华鲟产卵期，随着三峡水库-葛洲坝水库梯级下泄流量的减小，适宜中华鲟产卵的水流区域范围也相应减小。在三峡水库-葛洲坝水库梯级下泄流量为 15 000 m^3/s 和 10 000 m^3/s 的情况下，适宜中华鲟产卵的水流区域范围较大，而在流量为 6 000 m^3/s 时，适宜产卵的区域减小显著。因此，在中华鲟产卵期，加大三峡水库-葛洲坝水库梯级下泄流量至 10 000 m^3/s 以上范围，提高中华鲟产卵所需的水流适宜区域的范围，有助于改善产卵场的繁育条件。

2. 小流量条件下葛洲坝水库电厂机组运行优化方式

在三峡水库-葛洲坝水库梯级下泄最小流量级 6 000 m^3/s 的情况下，不同的机组开启方式对下游近坝段水流适宜区域的分布有一定的影响。若采用全由大江电厂泄流且单机平均下泄流量为 667 m^3/s 的运行方式，可增大大江电厂尾水区水流适宜区域的面积。因此，在枯水期（如来流低于 6 000 m^3/s），建议尽量采取全由大江电厂泄流且单机平均下泄流量为 667 m^3/s 的方式调度运行，以提高产卵场的适宜范围。

4.3　基于模糊逻辑的鱼类物理栖息地模拟技术

鱼类栖息地生态系统复杂程度高，呈现非线性，影响其适宜性的因素众多，这些因素对栖息地适宜性的影响机制难以掌握和精确描述。同时，由于监测成本高，不可能对影响栖息地的全部因素进行长时间的监测和考察，这样便给栖息地生态系统的描述带来了模糊性。为了更合理地实现各物理因素到栖息地适宜度的非线性映射，同时提高栖息地法在生态监测资料匮乏河流的适用性，本节将鱼类学和生态学专家的知识与经验融入 PHABSIM 模型中，运用模糊逻辑的相关理论进行栖息地模拟，并以中华鲟为例计算其产卵期的生态需水量。

4.3.1 PHABSIM 模型

据估计，世界范围内入海河流中有 2/3 的河流上都修筑有大坝，大坝改变了河流自然的水文过程，引起了河流生态系统结构、过程及相应生态环境的变化。为了评估天然河流能够被可持续开发利用的程度，减轻水利工程运行对河流生态环境的不利影响，河流生态需水量计算已成为河流生境保护的重要研究方向。现有生态需水量的计算方法主要分为四类：水文学方法、水力学方法、栖息地法和整体分析法。水文学方法在这四类计算方法中最为简单，仅根据历史水文数据进行计算，由于其简单易用，因此在早期研究中得到广泛应用。但是这类方法针对整个生态系统的需水量进行评估，缺乏对典型生物物种的针对性，以及明确的物理意义。水力学方法使用简单且所需数据量较少，但该类方法仅能给出最小生态基流量，并且无法考虑水温、底质等因素变化对水生物的影响。这两类方法所给出的最小流量一般不能对水生物及栖息地提供足够的保护，也无法对水利工程方案进行评价。而整体分析法适用性较差，计算过程过于烦琐。因此，生态需水量计算的研究重点逐渐转向了能够考虑水生物对生境物理特性需求的栖息地法。

在栖息地法中，最具有代表性的是河道内流量增量法（instream flow incremental methodology，IFIM），该方法主要通过 PHABSIM 模型和 River 2D 进行应用。IFIM 能够综合考虑水深、流速、河床底质及覆盖物等特定物理因素，量化目标物种对这些因素的喜好程度，建立河流流量与栖息地适宜度之间的定量关系，以此评价流量变化对栖息地的影响。该方法具有生物学依据，针对性强，物理意义明确。但是，这些模型在计算过程中存在两个问题：①在计算组合适宜度因子时，认为各物理栖息地变量之间相互独立，已有的四种方法即乘积法、几何平均法、加权平均法及最小值法均忽略了各变量之间可能存在的相互联系；②最终的计算结果对栖息地各物理变量的适宜度曲线较为敏感，若要确定较为准确的适宜度曲线，则需要对目标物种及栖息地进行较长时间的监测，获取资料的成本较高，当模型应用于栖息地监测资料较为匮乏的河流时，需要进行大量简化，易影响计算结果的准确性。

4.3.2 模糊逻辑理论

模糊逻辑以数学模型来描述语意式的模糊信息和对象。不同于布尔逻辑，模糊逻辑可用[0, 1]区间上的任意实数值描述命题的真实性，它能够使用模糊集合、语言变量和模糊规则进行模仿人脑思维方式的规则型推理，处理常规方法难以解决的模糊信息问题，其优点是具有较好的容错性，并且更适用于现实中的非线性系统。模糊逻辑推理分为以下三个步骤：①利用隶属函数将明确值输入模糊化；②运用模糊规则进行模糊逻辑推理；③将模糊输出去模糊化，得到明确值输出。

1. 模糊化

在模糊数学中，采用一个介于 0 与 1 之间的实数来反映元素从属于模糊集合的程度，称之为隶属度。通过隶属函数可以将普通集合转化为用隶属度描述的模糊集合。常见的隶属函数有三角形隶属函数、梯形隶属函数及高斯隶属函数。模糊化是通过隶属函数将明确值转化为具有一定隶属度的语言变量值，从而为模糊推理提供输出的过程。

2. 模糊逻辑推理

模糊逻辑推理是根据 IF-THEN 形式的模糊规则进行的一种近似性推理。“IF　A 是 x 且 B 是 y，THEN C 是 z”是模糊规则的常见形式，A、B、C 为语言变量，x、y、z 分别为与其对应的语言变量论域上的语言变量值，其中 x、y 为输入，z 为输出。模糊规则通常根据专家经验和已有研究结果来制定，运用其进行模糊推理，模糊输入被转化为模糊输出。本小节采用的推理方法为最大-最小值推理法，该方法利用模糊规则计算赋予输出变量的值（模糊集合），该值（模糊集合）是根据模糊规则中输入变量模糊子集的隶属度进行裁剪变换得到的。

3. 去模糊化

模糊逻辑推理的输出结果为模糊集合，无法在模型中使用，因此还需要通过去模糊化将其转化为明确值。去模糊化的方法有重心法、面积积分法、极大值法等，其中重心法最为常用，重心的计算方法如下：

$$V_{\text{cog}} = \int_{z_{\min}}^{z_{\max}} z\mu_c(z)\,\mathrm{d}z \Big/ \int_{z_{\min}}^{z_{\max}} \mu_c(z)\mathrm{d}z \tag{4.30}$$

式中：z 为语言变量的明确值；$z_{\min}$ 和 $z_{\max}$ 为 z 的最小值和最大值；$\mu_c(z)$ 为语言变量 c 的隶属函数；V_{cog} 为去模糊化后最终输出的明确值。

4. 栖息地适宜度推理计算

运用模糊逻辑推理计算栖息地适宜度的过程如图 4.44 所示。该推理考虑流速和水深对物理栖息地适宜度的影响，根据专家知识与经验及实测资料设定语言变量流速、水深及适宜度的语言变量值，并确定各语言变量值所对应的隶属函数，如图 4.44（a）～（c）所示。运用最大-最小值推理法进行模糊逻辑推理，根据第 1 条规则进行的推理过程如图 4.44（d）～（f）所示，根据第 2 条规则进行的推理过程如图 4.44（g）～（i）所示。将图 4.44（f）和（i）中红色部分取大合并，得到如图 4.44（j）所示的模糊输出，最后根据式（4.30）计算该图形的重心，得到最终的适宜度值。

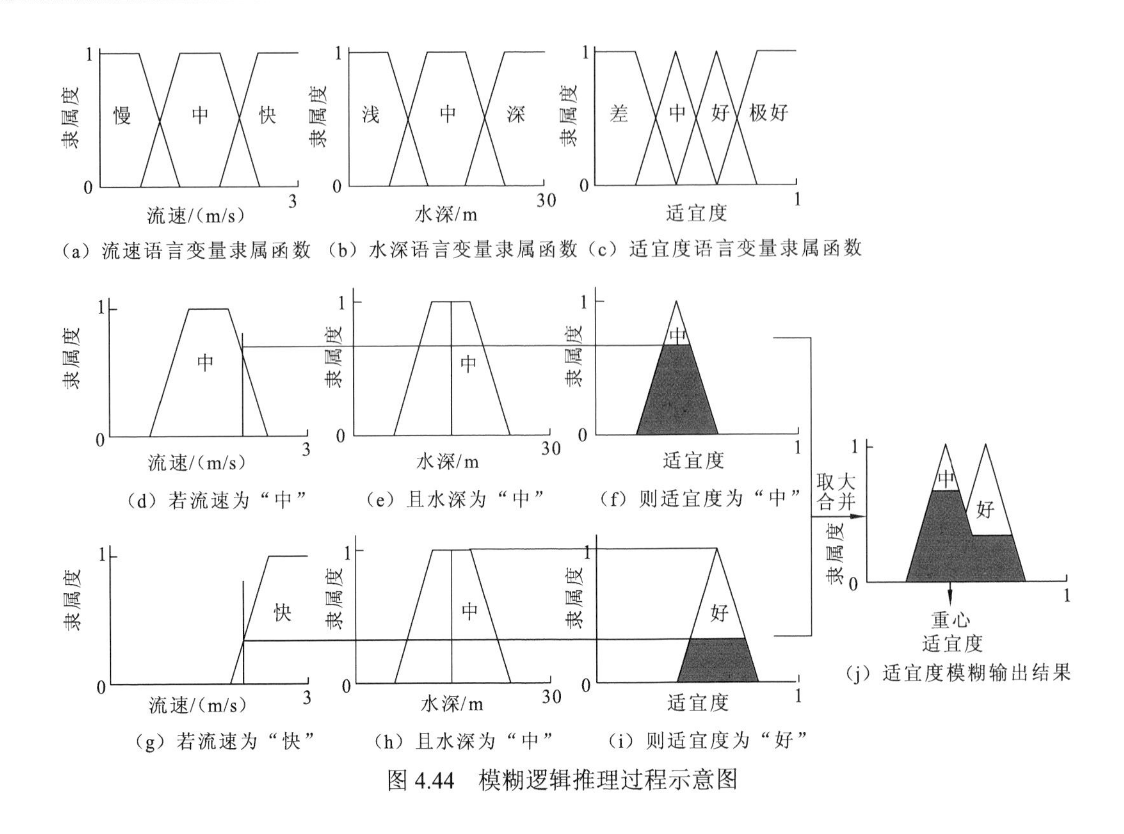

图 4.44　模糊逻辑推理过程示意图

4.3.3　基于模糊逻辑的中华鲟产卵栖息地模拟

物理栖息地模拟主要分为栖息地水流模拟和栖息地适宜度计算两部分。本小节以长江珍稀物种中华鲟为例，通过求解二维浅水方程进行水流模拟，计算各物理生境因子分布，用模糊逻辑推理代替适宜度标准曲线进行适宜度计算，分析不同流量下中华鲟产卵栖息地的适宜程度，计算中华鲟产卵期的生态需水量。

1. 研究区域概况

中华鲟是一种典型的溯河产卵洄游鱼类，产黏沉性卵，为中国独有，是世界现存鱼类中最原始的种类之一。葛洲坝水库工程截流后，中华鲟产卵群体被阻隔在葛洲坝水库下游宜昌江段，这也是目前已知的唯一的长江中华鲟产卵场，三峡水库蓄水后中华鲟产卵场固定在坝下与庙嘴之间约 4.0 km 的江段。2013～2015 年连续 3 年未监测到中华鲟产卵，2016 年在宜昌江段监测到中华鲟产卵，但数量非常少，其已被世界自然保护联盟（International Union for Conservation of Nature，IUCN）列为濒危物种，在我国被列为国家一级保护动物。以葛洲坝水库坝下至庙嘴江段为研究区域进行物理栖息地模拟，研究区域及断面如图 4.45 所示。

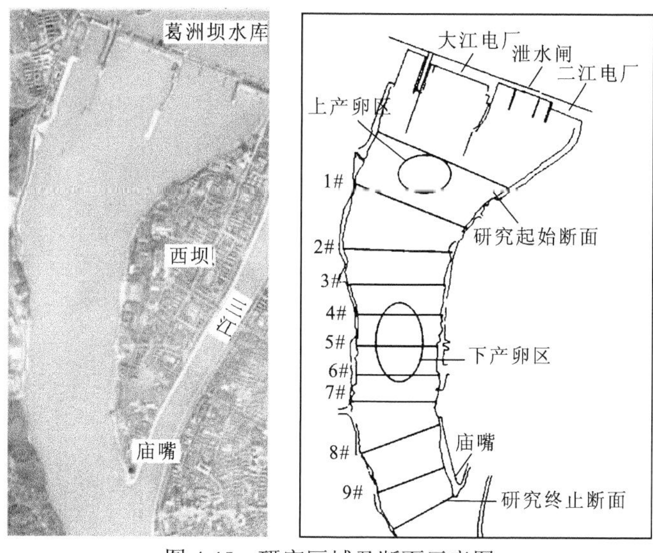

图 4.45　研究区域及断面示意图

2. 栖息地水流模拟

水流模拟是物理栖息地模拟的基础，其流场模拟的准确性直接关系到栖息地评价结果的可靠性。采用在三角形网格上求解二维浅水方程的有限体积戈杜诺夫格式进行流场模拟。其水流控制方程为

$$\frac{\partial \boldsymbol{U}}{\partial t}+\frac{\partial \boldsymbol{E}}{\partial x}+\frac{\partial \boldsymbol{G}}{\partial y}=\boldsymbol{S} \tag{4.31}$$

$$\boldsymbol{U}=\begin{bmatrix} h \\ hu \\ hv \end{bmatrix} \tag{4.32}$$

$$\boldsymbol{E}=\begin{bmatrix} hu \\ hu^2+1/2gh^2 \\ huv \end{bmatrix} \tag{4.33}$$

$$\boldsymbol{G}=\begin{bmatrix} hv \\ huv \\ hv^2+1/2gh^2 \end{bmatrix} \tag{4.34}$$

$$\boldsymbol{S}=\begin{bmatrix} 0 \\ gh(S_{0x}-S_{fx}) \\ gh(S_{0y}-S_{fy}) \end{bmatrix} \tag{4.35}$$

式中：h 为平均水深；u 和 v 分别为沿 x 和 y 方向的流速；g 为重力加速度；S_{0x} 和 S_{0y} 分别为 x 和 y 方向的底坡项；S_{fx} 与 S_{fy} 分别为 x 和 y 方向的河底阻力项。该模型使用三角形网格剖分计算域，运用具有时空二阶精度的 MUSCL-Hancock 预测校正法离散水流控制方程，使用 HLLC 格式近似黎曼算子计算对流通量；采用单元中心型底坡项近似，并

通过构造通量修正项，保证了格式的和谐性；采用改进的半隐式格式处理摩擦项，提高了模型的稳定性。

本小节采用葛洲坝水库坝下至庙嘴的实测地形数据进行研究，研究区域的面积约为 2.7 km^2。模型将研究区域划分为 21 222 个三角形网格，最小单元面积为 41.11 m^2，最大单元面积为 199.97 m^2，平均单元面积为 128.87 m^2。模型上边界为入口断面流量，下边界为庙嘴水位。利用葛洲坝水库坝下流量为 11 700 m^3/s 时，图 4.45 各断面的实测流速资料对模拟结果进行验证，图 4.46 为断面 4#与断面 6#上模拟流速与实测流速的对比图。测试算例的结果表明，该模型能够较准确地模拟复杂地形下的水流运动。

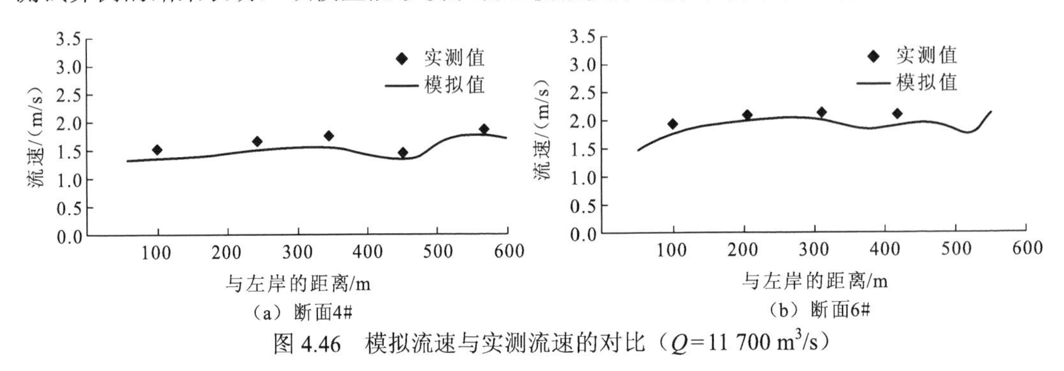

图 4.46　模拟流速与实测流速的对比（Q=11 700 m^3/s）

3. 栖息地适宜度计算

IFIM 和 PHABSIM 模型在进行栖息地模拟时通过适宜度标准将流速、水深、底质等物理因素转化为适宜度，再将各因素的适宜度组合计算，从而得到各个单元的组合适宜度。本小节在进行栖息地模拟时，采用 4.3.2 小节所述的模糊逻辑推理计算栖息地的适宜度。影响中华鲟产卵的主要因素为流速、水深、底质及水温，在进行物理栖息地模拟时通常只考虑流速、水深及底质。研究区域内河道底质由砂、砾石及不同粒径的卵石组成，中华鲟产卵的偏好底质为卵石或岩石，因此将研究区域的河道底质概化为满足中华鲟产卵需求的卵石，讨论分析流速和水深对栖息地的影响。

4.3.2 小节介绍了模糊逻辑推理计算栖息地适宜度的步骤。首先根据相关研究并结合专家知识，设定流速、水深、适宜度的语言变量值并确定相应的隶属函数。由于高斯隶属函数在计算中过于复杂，采用三角形和梯形隶属函数进行描述。流速的语言变量值有极慢（VL）、慢（L）、中（M）、快（H）、极快（VH）；水深的语言变量值有浅（L）、中（M）、深（H）、极深（VH）；适宜度的取值范围为 0～1，0 表示最不适宜，1 表示最适宜，其语言变量值为极差（VL）、差（L）、中（M）、好（H）、极好（VH）。由于中华鲟产卵对流速更为敏感，将流速设置了 5 个语言变量值，各语言变量值的隶属函数如图 4.47 所示。

各语言变量值的隶属函数确定后，根据鱼类及生态专家的知识与经验确定 IF-THEN 形式的模糊规则。结合已有研究成果，专家商讨后确定的模糊规则如表 4.9 所示。各语言变量值的隶属函数及模糊规则确定后，即可根据如图 4.44 所示的推理过程计算栖息地各单元的适宜度。

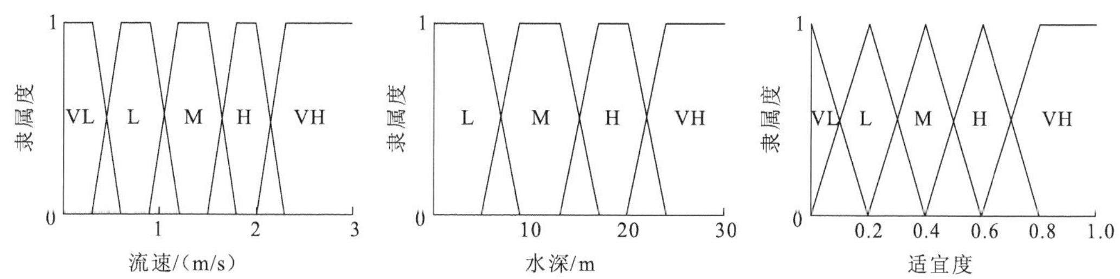

（a）流速各语言变量值的隶属函数 （b）水深各语言变量值的隶属函数 （c）适宜度各语言变量值的隶属函数

图 4.47 流速、水深、适宜度各语言变量值的隶属函数示意图

表 4.9 中华鲟产卵适宜度的模糊规则

流速	水深	适宜度	流速	水深	适宜度	流速	水深	适宜度	流速	水深	适宜度
VL	L	VL	VL	M	VL	VL	H	VL	VL	VH	VL
L	L	VL	L	M	L	L	H	L	L	VH	VL
M	L	VL	M	M	VH	M	H	H	M	VH	VL
H	L	VL	H	M	M	H	H	L	H	VH	VL
VH	L	VL	VH	M	VL	VH	H	VL	VH	VH	VL

IFIM 和 PHABSIM 模型假设加权可用面积 A_{WU} 与鱼类生物量呈正相关关系，采用 A_{WU} 评价栖息地的适宜度。除 A_{WU} 外，本小节采用高适宜度面积比例 P_{HS} 对不同流量下栖息地的适宜度进行评估。P_{HS} 被定义为适宜度大于 0.7 的单元面积之和占总面积的比例。A_{WU} 和 P_{HS} 的计算公式如下：

$$A_{WU} = \sum S_i A_i \tag{4.36}$$

$$P_{HS} = \sum A_{S_i>0.7} \Big/ \sum A_i \tag{4.37}$$

式中：S_i 为第 i 个单元的适宜度；A_i 为第 i 个单元的水表面面积；$A_{S_i>0.7}$ 为单元适宜度大于 0.7 的面积。

采用本小节所述方法计算不同流速、水深下栖息地单元的适宜度。分别以流速和水深为 x 轴、y 轴，以计算得到的适宜度为 z 轴绘制三维曲面图，如图 4.48 所示。可以看出，当流速和水深过大或过小时，栖息地的适宜度极差；当流速为 1.1～1.6 m/s，水深为 6～14 m 时，适宜度较高；当流速为 1.3～1.5 m/s，水深为 8～12 m 时，适宜度最高。

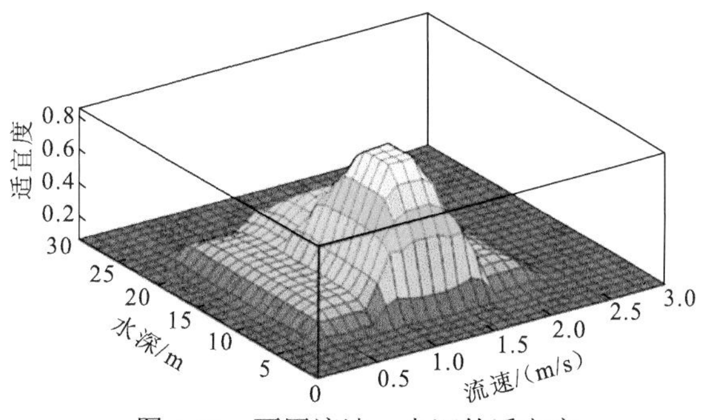

图 4.48 不同流速、水深的适宜度

以 5 300～28 000 m^3/s 范围内的不同流量为模型输入，模拟中华鲟产卵栖息地流速及水深的分布，结合应用模糊逻辑推理的物理栖息地模拟技术，计算得到不同流量下中华鲟产卵栖息地的 A_{WU} 和 P_{HS}，并绘制流量与 A_{WU} 和 P_{HS} 的关系图（图 4.49）。

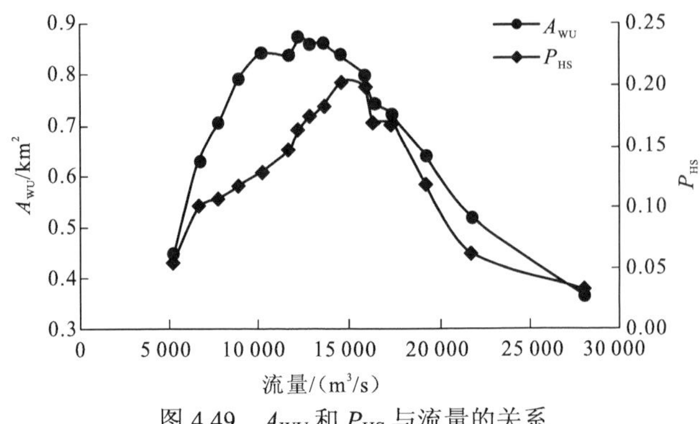

图 4.49　A_{WU} 和 P_{HS} 与流量的关系

流量在 10 000～16 000 m^3/s 内时，A_{WU} 处于较高水平，该流量范围内中华鲟产卵栖息地的水力环境能够较好地满足其产卵需求，当流量小于 10 000 m^3/s 或大于 16 000 m^3/s 时 A_{WU} 急剧下降。当流量在 12 000～17 000 m^3/s 内时，P_{HS} 较大，适宜度大于 0.7 的面积比例显著提高。由于两个指标确定的流量范围未能完全重合，将两个流量范围取并集作为适宜的生态需水量，取交集作为最适宜的生态需水量。因此，中华鲟产卵期适宜生态需水量为 10 000～17 000 m^3/s，最适宜的生态需水量为 12 000～16 000 m^3/s。

为了更直观地反映不同流量下栖息地的适宜度，绘制流量分别为 5 300 m^3/s、12 200 m^3/s、21 800 m^3/s 时栖息地适宜度的空间分布图，如图 4.50 所示。当流量为 12 200 m^3/s 时，适宜度较高的范围远大于流量为 5 300 m^3/s 和 21 800 m^3/s 时，该流量下的流场为中华鲟产卵提供了极为适宜的水力条件。当流量过小或过大时，栖息地处于适宜度较低水平，但仍有适宜度较高的部分，能够为中华鲟产卵提供一定的水力环境基础。葛洲坝水库坝下至庙嘴江段河道由宽变窄，河床结构复杂，大江电厂及二江电厂的水流冲击作用明显，与中华鲟历史产卵场的地形特征相似。从模拟结果来看，在较大流量范围内栖息地均存在适宜度较高的部分，其水力环境对中华鲟产卵较为适宜，加之河道底质以卵石为主，因此葛洲坝水库工程截流后，中华鲟选择该区域作为其产卵栖息地。

4. 研究结果分析

为了评价计算结果的合理性，将其与中华鲟产卵日的实测流量进行对比。图 4.51 为中华鲟产卵日分段流量频率图，中华鲟产卵多集中在 7 500～17 500 m^3/s 流量范围内，共产卵 33 次，约占总产卵次数的 80.5%，本小节计算的适宜生态需水量在这一范围之内。当流量为 10 000～12 500 m^3/s 和 12 500～15 000 m^3/s 时，均产卵 10 次，各占总产卵次数的 24.4%，该范围与本小节得到的最适宜生态需水量基本吻合。采用本小节研究方法求得的生态需水量能够较为准确地反映中华鲟的产卵要求，因此基于模糊逻辑的物理栖息地模拟技术是合理且可行的。

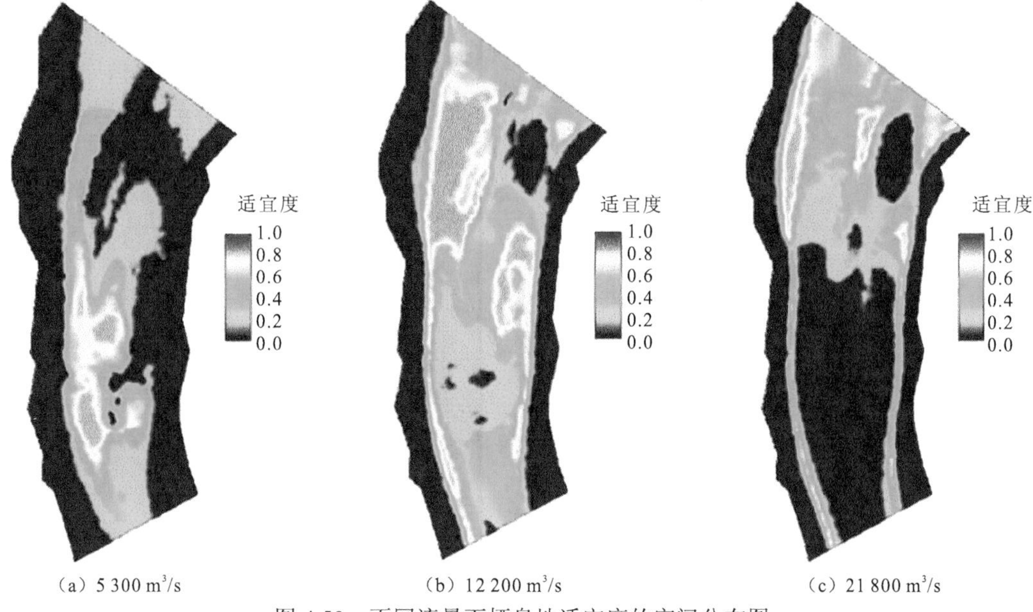

（a）5 300 m³/s （b）12 200 m³/s （c）21 800 m³/s

图 4.50 不同流量下栖息地适宜度的空间分布图

IFIM 和 PHABSIM 模型在进行物理栖息地模拟时，均采用栖息地适宜度标准量化目标物种对流速、水深等物理因素的喜好程度，再将各物理因素的适宜度组合计算得到组合适宜度，进而求得栖息地的 A_{WU}。以本小节的流场模拟结果为基础，利用该适宜度标准分别将流速和水深转化为适宜度，进而采用乘积法计算组合适宜度，最后计算得到研究区域的 A_{WU}。将该结果与本小节结果进行对比，如图 4.52 所示。

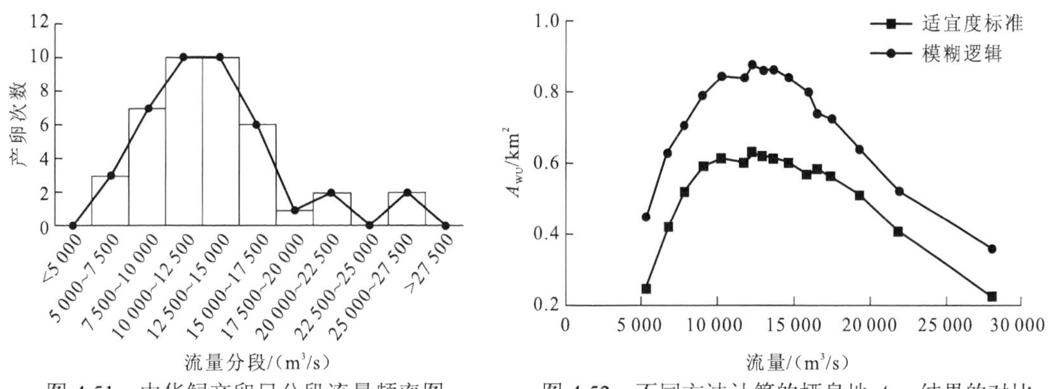

图 4.51 中华鲟产卵日分段流量频率图

图 4.52 不同方法计算的栖息地 A_{WU} 结果的对比

利用适宜度标准求得的栖息地 A_{WU} 曲线和利用模糊逻辑得到的 A_{WU} 曲线随流量的变化趋势基本一致，前者计算的适宜生态需水量为 10 000～15 000 m^3/s，与本小节计算结果基本吻合。但是利用适宜度标准进行计算需要以大量的监测数据为基础，否则只能简化适宜度标准，从而影响模拟结果的准确性，这便限制了该方法的应用。同时，由于影响栖息地的各物理变量并非相互独立，各变量的适宜度是否呈线性变化仍有待商榷，利用独立的线性适宜度标准将其量化再进行组合计算的理论依据尚不充分。而应用模糊逻辑推理的物理栖息地模拟技术能够将专家知识与经验融入模型计算中，当将其应用于缺乏实测数据的河流时，能够弥补监测资料不足带来的影响；由于模糊逻辑理论的运用，该方法在计算适宜度时更多地考虑到了各物理变量之间可能存在的联系；该方法适用性强，能够将更多物理变量纳入模型并应用于不同目标物种。但是，专家知识与模糊逻辑推理的使用也增加了模拟计算的主观性，因此在设定语言变量及相应的模糊规则时，应由多位生态学和鱼类学专家共同商讨制定。

第5章

生态调节坝调度技术

本章将对三峡水库蓄水以来小江回水区的水华形成机制及对应的“调度控藻”对策进行分析，在此基础上，建立小江水动力学与藻类生长动力学模型，并将其应用于小江流域的水体富营养化过程的模拟。并依托在建的小江水位调节坝，讨论可能的“调度控藻”技术方案，即改变现有的水动力条件，营造不利于藻类大量繁殖生长的水流条件和营养盐分布，分析水质水量“调度控藻”的可能性。

5.1 小江回水区水华形成机制与“调度控藻”对策

本节主要介绍近年来小江回水区的水华暴发情况，分析回水区水华形成机制并提出“调度控藻”的基本对策。

5.1.1 小江回水区水华现象

2007 年 5 月～2009 年 4 月，小江回水区（云阳江段）共发生水华 7 次，具体情况见表 5.1。

表 5.1 2007 年 5 月～2009 年 4 月水华发生的时间与基本信息

编号	起止时间	持续天数	优势藻	相对丰度/%
S1	2007 年 5 月中下旬	20	鱼腥藻	69.7±3.1
W1	2008 年 2 月中下旬	15	星杆藻	59.8±4.4
S2	2008 年 3 月下旬～4 月上旬	20	多甲藻	69.4±9.8
S3	2008 年 4 月中旬～6 月上旬	50	角甲藻	84.3±9.1
S4	2008 年 8 月中下旬	20	针杆藻（渠马渡口除外）	70.2±3.1
W2-1	2009 年 2 月～3 月上旬	35	小环藻（高阳平湖、双江大桥）	62.4±2.6
W2-2	2009 年 3 月	25	星杆藻（仅高阳平湖）	65.3±6.8
S5	2009 年 4 月～5 月上旬	35	鱼腥藻	87.2±2.3

注：优势藻相对丰度为各采样点均值，以生物量计。

5.1.2 小江回水区水华形成机制

为明确水体滞留时间与小江回水区（主要是云阳江段）水华形成的关系，以 2 年研究时期藻类生物量指标为基础，采用相关性分析方法，分析在藻类生长、非生长季节水体滞留时间、营养物丰度等主要要素与藻类生物量水平的相关关系，分析小江回水区水体滞留时间与水华形成的关联性。

图 5.1 提供了研究期间小江回水区两次采样间隔平均水体滞留时间（AveHRT）与藻类生物量、Chla 质量浓度的相关关系。结合局部加权回归（locally weighted regression，LOESS）拟合，研究发现小江回水区藻类生物量随两次采样间隔平均水体滞留时间的增加呈现波浪形的变化规律，而波浪形变化的特征以 AveHRT＝50 天、AveHRT＝100 天为界，大致呈现出先增加后下降再增加的总体变化特征。

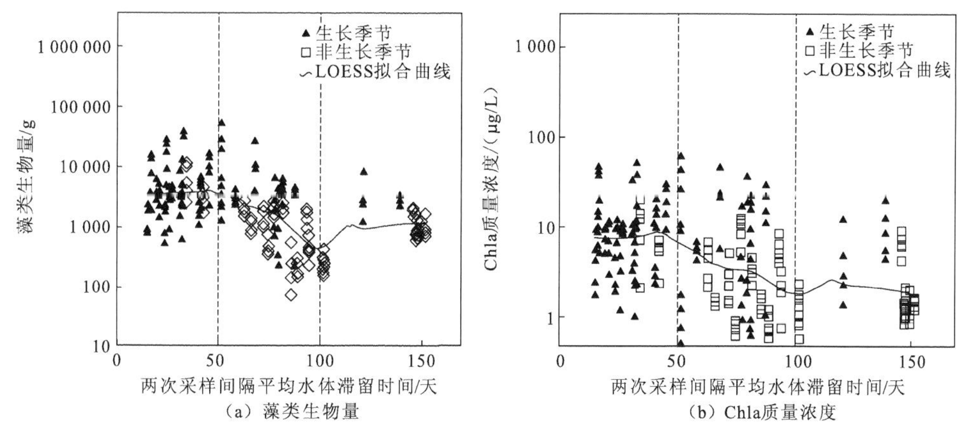

图 5.1 两次采样间隔平均水体滞留时间（AveHRT）与小江回水区各采样点藻类生物量、Chla 质量浓度的相关关系

为进一步剖析水体滞留时间改变与小江回水区水华形成的关联性，以 2 月下旬（开始出现硅藻“疯长”现象）和 9 月下旬（藻类群落丰度开始呈下降趋势）为节点，将小江回水区藻类生长划分为两个状态：生长季节（2 月下旬～9 月中旬）和非生长季节（9 月下旬～次年 2 月中旬）。藻类生长季节时值低水位运行的汛期，水体滞留时间的改变使关键生源要素的输移、赋存形态发生很大变化，故根据生长季节 AveHRT 的变化特点进一步将生长季节划分为两种状态：AveHRT≥50 天（两次采样间隔平均水体滞留时间不低于 50 天）和 AveHRT＜50 天（两次采样间隔平均水体滞留时间低于 50 天）。在上述三种生长状态下，藻类生物量、Chla 质量浓度与环境要素的相关系数见表 5.2，藻类丰度、氮磷营养物质量浓度的相对关系见图 5.2。

表 5.2 不同生长状态下藻类生物量、Chla 质量浓度与环境要素的相关系数

环境要素	非生长季节（n=100）		生长季节 AveHRT＜50 天（n=80）		生长季节 AveHRT≥50 天（n=55）	
	BioM	Chla 质量浓度	BioM	Chla 质量浓度	BioM	Chla 质量浓度
TN	-0.317^{**}	-0.352^{**}	—	—	0.471^{**}	0.346^{**}
TP	-0.255^{*}	-0.371^{**}	—	-0.145^{*}	—	—
TN/TP	—	0.305^{**}	—	—	—	—
SRP	-0.253^{*}	-0.381^{**}	—	—	—	—
DSi	0.301^{**}	—	-0.377^{**}	-0.461^{**}	—	—
NH_4^+-N	-0.451^{**}	-0.247^{*}	—	-0.277^{**}	—	—
NO_3^--N	—	-0.403^{**}	-0.271^{*}	-0.239^{**}	—	—
AveHRT	-0.414^{**}	-0.403^{**}	0.177^{**}	0.221^{**}	—	—
AveCap	—	-0.334^{**}	0.421^{**}	0.393^{**}	—	—
AveQ	0.537^{**}	0.439^{**}	—	—	—	—
AveRain	0.544^{**}	0.339^{**}	—	-0.229^{**}	—	—

注：**表示显著性检验水平为 0.01；*表示显著性检验水平为 0.05；—表示无显著相关性。n 为采样数量；TP 为总磷，TN 为总氮，TN/TP 为氮磷比，SRP 为溶解性正磷酸盐，DSi 为溶解性硅酸盐，NH_4^+-N 为氨氮，NO_3^--N 为硝氮；AveHRT 为两次采样间隔平均水体滞留时间，AveCap 为两次采样间隔平均库容，AveQ 为两次采样间隔平均流量，AveRain 为两次采样间隔平均降雨量；BioM 为藻类生物量，Chla 为叶绿素 a。

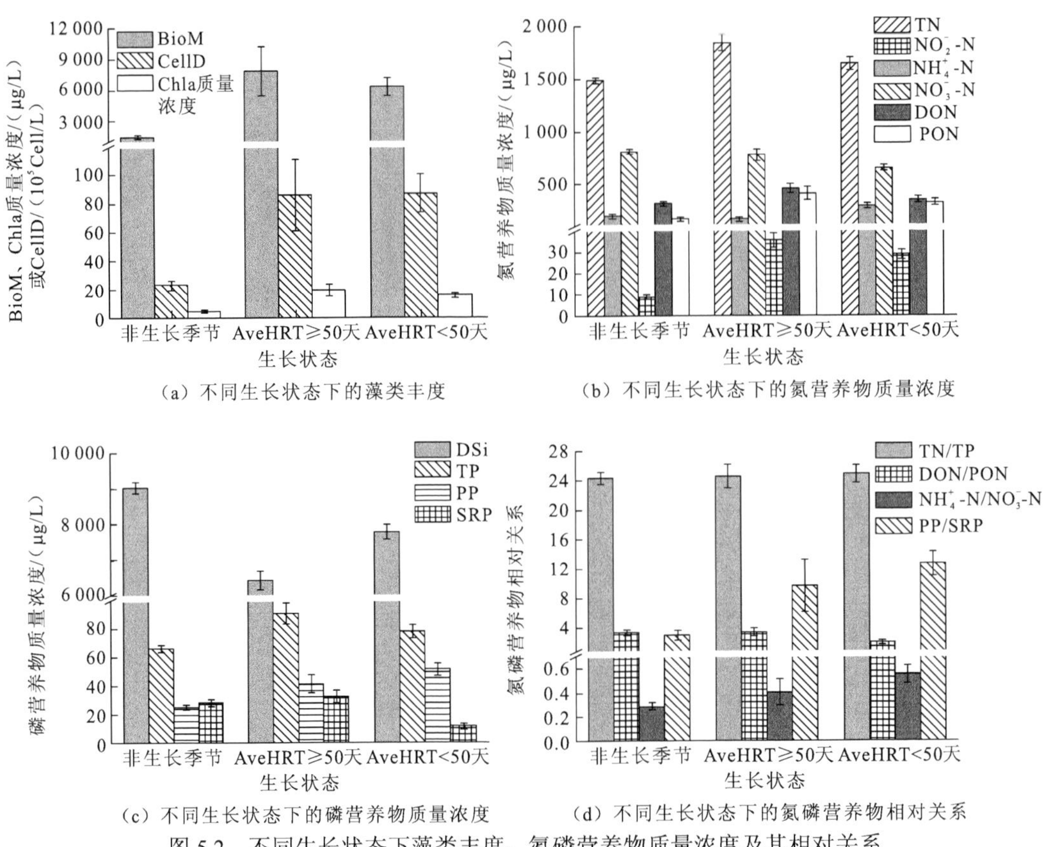

图 5.2 不同生长状态下藻类丰度、氮磷营养物质量浓度及其相对关系

CellD 为藻类细胞密度；NO_2^--N 为亚硝态氮；PP 为颗粒态磷

藻类的非生长季节与冬季蓄水期同期，水位升高、淹没区域的增加和水体滞留时间的延长在一定程度上促进了汛期颗粒态氮、磷营养物在回水区的沉淀，以及消落区（淹没区）底质氮、磷等营养物的释放，非生长季节小江回水区 TP、TN、NO_3^--N、SRP 与 AveHRT、AveCap 呈较显著的正相关关系（相关系数 $r_{\text{TP-AveHRT}}=0.461$，显著性值 Sig≤0.01），而与 AveQ、AveRain 呈显著的负相关关系（相关系数 $r_{\text{TP-AveQ}}=-0.360$，显著性值 Sig≤0.01），这使得以 NO_3^--N、SRP 为主要赋存形态的 TN、TP 在 2 年研究的冬季蓄水期间均呈现升高的趋势。但非生长季节藻类代谢活动随同期水温的降低而显著下降。TN、TP 在回水区的积累、形态转化等过程与藻类生命活动能力下降同期出现，因而在藻类非生长季节出现 TN、TP 与 BioM 呈弱显著负相关的结果。同期主要由泥沙颗粒溶出的 Dsi 与 BioM 呈显著正相关关系也进一步支持了上述在藻类非生长季节小江回水区营养物的汇积过程显著强于藻类生物利用过程的推断；该推断也间接而有力地说明在非生长季节藻类生长事实上受磷（或氮）的限制并不显著。

对非生长季节氮形态的分析发现，虽然非生长季节 NO_3^--N 显著高于生长季节而 NH_4^+-N 显著偏低，非生长季节水体总体呈现较好的氧化性环境，但由于 NH_4^+-N 是藻类首先利用的氮素营养物形式，非生长季节藻类对 NH_4^+-N 选择性摄取利用的过程仍比较明显。溶解性有机氮（dissolved organic nitrogen，DON）虽然在非生长季节仍较低，但溶解性有机氮磷比［DON/PON，其中 PON 为颗粒态有机氮（particulate organic nitrogen）］却显著高于生长季节，反映出非生长季节的氮循环强度可能显著低于生长季节，细菌活动能力在冬季高水位运行下进入静默状态可能是主要原因。

在藻类生长季节，AveHRT≥50 天状态下的藻类丰度显著高于 AveHRT＜50 天，但在上述两种状态下 TN/TP、TP 对藻类生长的影响并不显著（图 5.2）。由相关性分析发现，当 AveHRT＜50 天时，小江回水区 TN、TP 并未对 BioM、Chla 质量浓度产生较显著的影响，但 AveHRT、AveCap 等水动力条件的改变对 BioM 影响显著，虽然 AveHRT＜50 天时 TN、TP 与 AveHRT≥50 天时并无显著的统计差异，但该状态下不适合的水动力条件却可能在很大程度上限制藻类生长（水体紊动程度过大改变藻类稳定的受光环境）。当 AveHRT≥50 天时，TN 与 BioM 呈显著的正相关关系，虽然其 TN/TP（24.53±1.60）与 AveHRT＜50 天（24.85±1.17）无显著差异，结合同期易出现的固氮型蓝藻水华，研究认为在生长季节 AveHRT≥50 天为固氮型藻类生长提供了相对稳定的水动力条件，且较低水平的 TN/TP 和较高的 TN、TP 质量浓度为固氮型蓝藻生长创造了丰足的物质基础，生物固氮的发生使得该状态下 TN 与 BioM 显著正相关。根据 Reynolds（1998）的观点[当胞外可利用资源量超过了对藻类生理生长限制的临界阈值（绝对限制值）时，藻类生长都将不受到资源绝对限制，种间的资源竞争程度及其对藻种演替的调控作用将大幅弱化]，小江回水区 TP 质量浓度对藻类产生限制的评价结果仍值得商榷。

5.1.3　小江回水区“调度控藻”的基本对策分析

从 5.1.2 小节的分析可以看出，在三峡水库的调度运行下小江回水区藻类生长和水华形成与特定生境状态下的水动力特征密切相关。“调度控藻”的核心目标是通过小江上游开州区调节坝的启闭对小江回水区（主要是下游）进行流量调节，形成特定的水动力条件来抑制或限制藻类生长，避免水华的形成。根据 5.1.2 小节水体滞留特性与藻类生长的关联性分析和近几年的观测结果，研究认为在春末夏初、夏末秋初、冬末春初三个水华发生敏感时期实施“调度控藻”的策略主要如下。

1. 春末夏初、夏末秋初水华频繁暴发敏感时期的“调度控藻”策略

该时期是水华暴发的敏感时期，全年绝大多数水华均集中发生在该时期，藻类生物量持续位于较高的水平。根据历年的观测经验，该时期小江回水区（主要是云阳江段）水华的形成主要发源于云阳县养鹿镇水域，水华优势藻（鱼腥藻、角甲藻）在该水域最先形成优势，逐渐顺流而下至高阳平湖水域，在适宜的水动力条件下“疯长”并形成水华，进而对下游云阳县县城产生影响。为避免该时期水华的形成，实施“调度控藻”的策略可主要侧重于短时大流量的形成，通过“人造洪峰”，促进调节坝下游水体更新，

为藻类创造较不适宜的水动力条件，抑制藻类生长。

综合 5.1.2 小节 AveHRT 与藻类生物量、Chla 质量浓度的关联分析结果，藻类生长季节当 AveHRT<50 天时藻类生物量、Chla 质量浓度与 AveHRT 呈显著正相关关系，进一步地，通过概率分析可以发现，该时期当 AveHRT<30 天时有 84%的 Chla 质量浓度<15 μg/L，90%的藻类生物量低于 9 000 μg/L（图 5.3），故在该时期通过在短时间内促使小江回水区（主要是云阳江段）的水体滞留时间低于 30 天将可能实现较优的控藻效果。

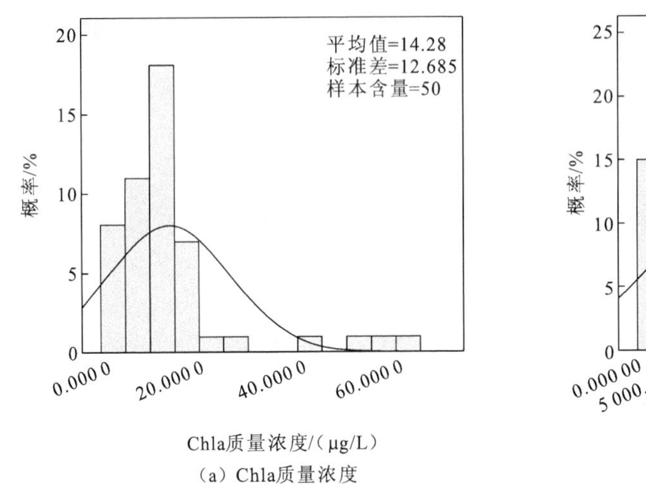

（a）Chla质量浓度

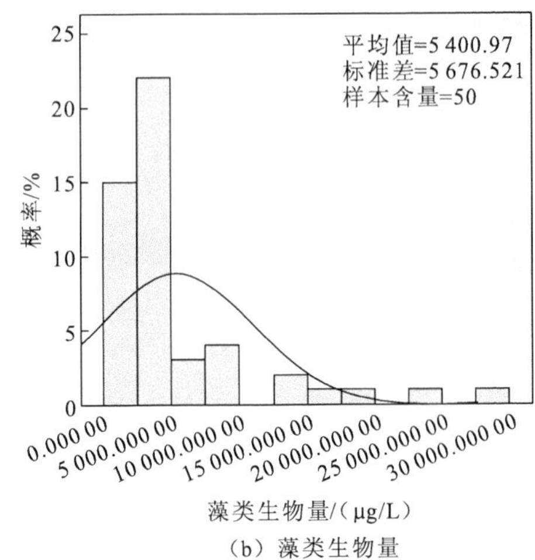

（b）藻类生物量

图 5.3　当水体滞留时间低于 30 天时小江回水区 Chla 质量浓度、藻类生物量的概率分布图

2. 冬末春初硅藻水华期间的“调度控藻”策略

结合 5.1.2 小节的分析推断，研究认为冬末春初小江回水区形成短期的硅藻水华（主要是美丽星杆藻、小环藻）是由于小江回水区独特的“暖冬”气候条件和相对稳定的生境特征。在生态上，其水华形成机制并非是在资源上竞争占优，而是在其他藻种无法大量生长的生境状态下提供了充足的生境资源促其形成优势，一旦某些 S 型或 CS 型生长策略藻种能够得到适宜的生境条件，硅藻水华随即消退。通常，水温改变或水位的进一步下降是打破上述平衡的关键。

由于该时期水库通常位于高水位运行，开州区调节坝上下游难以形成较大的水势以满足调节水体滞留时间的要求，故实施“调度控藻”难度较大。

5.2　生态动力学模型

5.2.1　建模范围

调节坝建成以后，将小江流域分成两部分。调节坝以上为调节坝库区，三峡水库水位在 168.5 m 以下时，受小江调节控制；三峡水库水位在 168.5 m 以上时，调节坝闸门开启，整个小江流域受三峡水库控制。调节坝以下至入江口（双江镇）70 余千米的河段属于三峡水库库湾，受到三峡水库水位和调节坝的共同作用，水流特性较为复杂，同时也具有可调节性。

模型范围如图 5.4 所示，同时根据水流特性差异，以小江水位调节坝为界，分调节坝上游和下游两个模型区域分别进行讨论，两模型区域所包括的具体范围见表 5.3。

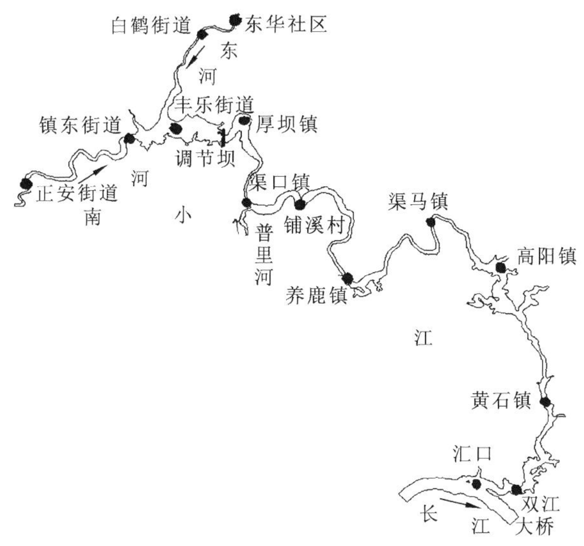

图 5.4　模型范围示意图

表 5.3　模型区域列表

模型区域	模型区域 I	模型区域 II
具体范围	普里河	东河段（东华社区到东南河汇口）
	小江水位调节坝到小江入江口	南河段（正安街道到东南河汇口）
	部分长江干流河段	东南河汇口至小江水位调节坝

5.2.2　水动力学模型

水动力学因子包括流量、水位、流速等，在水环境研究中起“骨架”作用，是水环境计算的载体，直接影响到水体中物质、能量的输移转化过程。流场模拟的准确程度直接影响到水环境计算的准确程度。

1. 水流运动方程

水流运动方程采用 σ 坐标系下的三维浅水方程。

连续性方程：

$$\frac{\partial h}{\partial t}+\frac{\partial hv}{\partial y'}+\frac{\partial hu}{\partial x'}+\frac{\partial hw}{\partial \sigma}=hS \tag{5.1}$$

σ 坐标系下，$x'=x$，$y'=y$，$\sigma=\dfrac{z-z_{\mathrm{b}}}{h}$，$0\leqslant\sigma\leqslant1$，$z_{\mathrm{b}}$ 为河底高程。

x、y 方向的动量方程：

$$\frac{\partial hu}{\partial t}+\frac{\partial hu^2}{\partial x'}+\frac{\partial huv}{\partial y'}+\frac{\partial hwu}{\partial\sigma}=fvh-gh\frac{\partial\eta}{\partial x}-\frac{h}{\rho_0}\frac{\partial p_{\mathrm{a}}}{\partial x}-\frac{hg}{\rho_0}\int_z^\eta\frac{\partial\rho}{\partial x}\mathrm{d}z$$
$$-\frac{1}{\rho_0 h}\left(\frac{\partial s_{xx}}{\partial x}+\frac{\partial s_{xy}}{\partial y}\right)+hF_u+\frac{\partial}{\partial\sigma}\left(\frac{v_{\mathrm{t}}}{h}\frac{\partial u}{\partial z}\right)+hu_S S \tag{5.2}$$

$$\frac{\partial hv}{\partial t}+\frac{\partial hv^2}{\partial y'}+\frac{\partial huv}{\partial x'}+\frac{\partial hvw}{\partial\sigma}=fuh-gh\frac{\partial\eta}{\partial y'}-\frac{h}{\rho_0}\frac{\partial p_{\mathrm{a}}}{\partial y'}-\frac{gh}{\rho_0}\int_z^\eta\frac{\partial\rho}{\partial y}\mathrm{d}z$$
$$-\frac{1}{\rho_0}\left(\frac{\partial s_{yx}}{\partial x}+\frac{\partial s_{yy}}{\partial y}\right)+hF_v+\frac{\partial}{\partial\sigma}\left(\frac{v_{\mathrm{t}}}{h}\frac{\partial v}{\partial z}\right)+hv_S S \tag{5.3}$$

垂向速度协变量：

$$\omega=\frac{1}{h}\left[w+u\frac{\partial d}{\partial x'}+v\frac{\partial d}{\partial y'}-\sigma\left(\frac{\partial h}{\partial t}+u\frac{\partial h}{\partial x'}+v\frac{\partial h}{\partial y'}\right)\right] \tag{5.4}$$

式中：u、v、w 分别为 x、y、z 三个方向的速度分量；水深 $h=\eta+d$，η 为水面高程，d 为相对于基准面的水深，即河底高程到基准面的差值乘以负号；f 为科里奥利力，由 $f=2\Omega\sin\varphi$（Ω 为地球旋转角速度，φ 为研究区域的经度）决定；g 为重力加速度，取 9.81 $\mathrm{m/s^2}$；ρ 为密度；ρ_0 为初始密度；s_{xx}、s_{xy}、s_{yx}、s_{yy} 为辐射应力张量的分量；p_{a} 为大气压强；S 为点源流量；u_S、v_S 分别为点源进入环境水体的流速分量；v_{t} 为垂向紊动黏度；F_u、F_v 分别为 x、y 方向的应力项。

2. 控制方程的数值格式

在空间上采用有限体积法对方程进行离散。有限体积法在计算流体力学界已得到广泛应用，又称为有限容积法，其以守恒性的方程为出发点，通过对流体运动有限子区域的积分离散来构造离散方程。在计算出通过每个控制体边界沿法向输入（出）的流量和通量后，对每个控制体分别进行水量和动量平衡计算，得到计算时段末各控制体的平均水深和流速。时间积分采用半隐半显格式；浅水方程采用空间积分格式，水平项采用一阶显式欧拉法进行积分，垂直项采用二阶隐式梯形法进行积分；输移方程的水平输移项和垂直扩散项采用一阶显式欧拉法进行计算，垂向紊动项采用二阶隐式梯形法进行计算。

本模型在水平方向采用非结构化网格，在垂直方向采用结构化网格。小江水位调节坝下游河段和长江干流河段水平方向上共划分了 53 419 个计算网格，网格尺度为 30 m。

3. 边界条件

各变量在陆地边界法向的通量均认为是 0，即在边界处 $\dfrac{\partial\Phi}{\partial n}=0$，$\Phi$ 为任一变量，n 为法向方向。浅水方程和对流扩散方程的开边界处均按第一类边界给出，即给定边界处具体的水位或流量。

5.2.3 藻类生长动力学模型

在对小江富营养化的研究中考虑浮游藻类的生长死亡、底泥营养盐的释放、光热和营养盐在垂向的传递与分层等过程，主要通过浮游植物碳（PC）、浮游植物氮（PN）、浮游植物磷（PnP）、叶绿素 a（Chla）、碎屑碳（DC）、碎屑氮（DN）、碎屑磷（DP）、无机氮（IN）、无机磷（IP）、溶解氧（DO）共 10 个状态变量的物理化学变化来反映小江的生态动力学过程。对于任一生态学变量随时间和空间的变化均可采用式（5.5）所示的迁移扩散方程来描述。

$$\frac{\partial hC}{\partial t}+\frac{\partial huC}{\partial x'}+\frac{\partial hvC}{\partial y'}+\frac{\partial hwC}{\partial \sigma}=hF_C+\frac{\partial}{\partial \sigma}\left(\frac{D_v}{h}\frac{\partial C}{\partial \sigma}\right)+hF(C)+hC_sS \tag{5.5}$$

其中，C 为某一生态学变量的浓度，F_C 为浓度的水平扩散项，D_v 为垂向扩散系数，$F(C)$ 为变量与水体生化反应产生的源项，C_s 为源项的浓度，等式左边第一项为时变项，后边三项为对流项，等式右边前两项分别为水平、竖直方向的扩散项，第三项为生化反应项，代表着各生态学变量在水体中进行的物理、化学、生物作用过程及各生态动力学过程中水质、水文气象、水动力因子之间的动态联系，这一项可认为是某一生态学变量浓度对于时间的全导数，即 $\frac{\mathrm{d}C}{\mathrm{d}t}$。

5.2.4 模型参数的率定和验证

1. 水动力学模型参数的率定及验证

水动力学模型的基本结构确定以后，模型中主要的调整参数为河道粗糙系数，水动力学模拟结果精确与否在很大程度上取决于粗糙系数的正确选取。而本节三维模型的关键参数是与粗糙系数相联系的粗糙高度。根据调查资料试算得到小江各段的粗糙系数在 0.02～0.04。经过多组数值试验，选定粗糙系数为 0.030 1。

由于模型区域内缺少可用验证点的实测水位流量资料，模型精度无法完全得到验证，但是可以通过回水区长度和研究较多区域的水深流速特征来对模型进行验证。选择特征水位（黄海高程 143.22 m、153.22 m、173.22 m）下的三种水流工况进行计算。根据小江丰水年、平水年、枯水年的水位流量关系分三种工况对调节坝坝址到下游的模型区域进行计算。工况设置见表 5.4。

表 5.4 验证工况设置

项目	工况		
	一	二	三
时段	7～9 月丰水期	4～5 月、10 月平水期	12 月～次年 3 月枯水期
流量/（m^3/s）	143.34	91.19	21.09
水位/m	143.22	153.22	173.22

图 5.5 为计算得到的三种特征水位下的水位沿程变化，图 5.6、图 5.7 分别展示了小江河口到高阳平湖段断面平均水深和流速的沿程变化。从图 5.5 中可见，143.22 m 水位下的回水长度约为 40 km，与 143.22 m 下的永久回水区长度相符；153.22 m 水位下的回水长度约为 64 km，回水范围延伸到渠口镇境内；173.22 m 水位下的回水范围则超过坝址（坝址到小江汇流口的距离为 70 多千米），这与小江受长江干流回水顶托影响的距离十分一致。

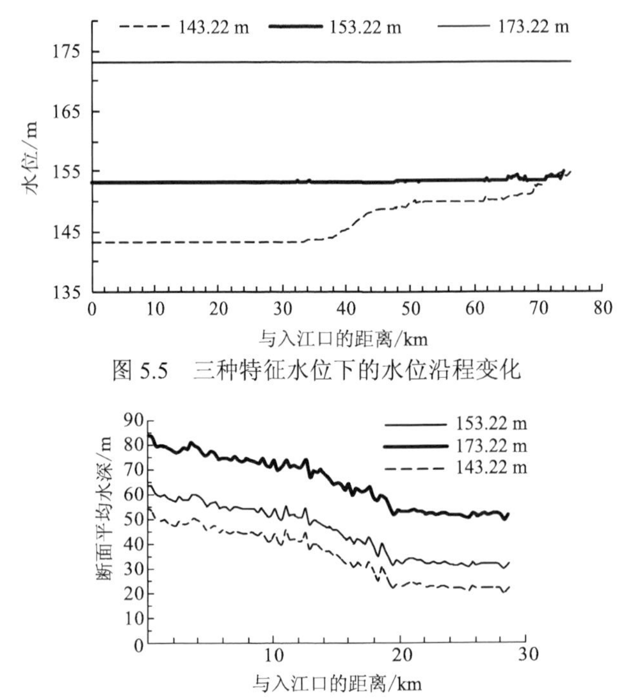

图 5.5　三种特征水位下的水位沿程变化

图 5.6　三种特征水位下小江河口到高阳平湖段断面平均水深的沿程变化

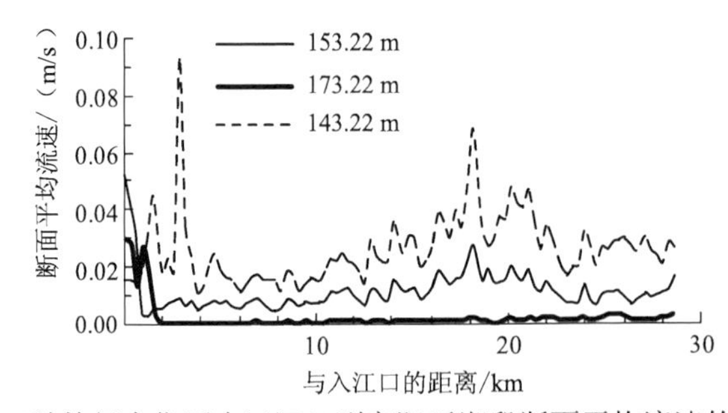

图 5.7　三种特征水位下小江河口到高阳平湖段断面平均流速的沿程变化

从图 5.6 中可以看出，在 153.22 m 水位时从小江河口到高阳平湖段的断面平均水深约为 40 m，这与冉祥滨等（2009）2007 年 4 月对小江河口上溯 30 km 水域的调查情况相符。图 5.7 显示即使在 143.22 m 的低水位下，小江回水区也有低流速区，与实际情况一致。

从以上分析可以验证水动力学模型能够反映小江的水流运动特征，可以用于小江富营养化生态动力学过程水流条件的模拟。

2. 生态动力学模型参数的率定和验证

1）生态动力学模型参数的率定

所建立的富营养化生态动力学模型共包含 10 个状态变量、49 个模型参数，通过这些状态变量来表现水体中的生态动力学过程，而这些模型参数则反映着污染物和生物之间所发生的十分复杂的物理、化学、生物转化过程。各个模型参数的影响因素十分复杂，一般随河道特征、水文条件和气象条件的不同而不同，对于不同的河道或同一河道的不同河段，模型参数通常变化较大。因此，如何有效确定富营养化生态动力学模型中的大量模型参数，使之较好地反映研究对象的特点和特征就成为建立富营养化生态动力学模型的关键。

对于富营养化生态动力学模型的参数，按其性质可分成受水域环境影响较小和较大的模型参数两大类。前者如温度影响系数、藻类吸收氮磷的半饱和浓度、藻类生长的饱和光强度等，对于不同的藻种存在较大的差异，但同一藻类的这些参数受地域影响较小，可以借鉴已有研究成果。后者如污染物的紊动扩散系数、水体综合消光系数、大气复氧系数等参数受水域环境影响较大，需要在已有研究成果的基础上修正或重新率定。

结合原型试验和现场观测结果，将率定的主要模型参数的结果列于表 5.5 中。

表 5.5 模型主要参数率定结果

参数	单位	取值	参数	单位	取值
藻类最大生长速率	d^{-1}	0.80	藻类吸收磷的半饱和浓度	g/m^3	0.026
藻类的死亡速率	d^{-1}	0.032	藻类体内最大含氮量	g N /g C	0.17
藻类生长的饱和光强度	$\mu mol/(m^2 \cdot s)$	23	藻类体内最小含氮量	g N/g C	0.07
背景消光系数	m^{-1}	0.35	藻类体内最大含磷量	g P/g C	0.028
浮游植物消光系数	m^{-1}	31	藻类体内最小含磷量	g P/g C	0.002
悬浮物消光系数	m^{-1}	0.226	浮游植物产氧系数	g O/g C	3.5
藻类吸收氮的半饱和浓度	g/m^3	0.03	藻类最佳生长温度	℃	25

2）生态动力学模型的验证

2007 年 5 月中下旬小江回水区暴发了水华，选取 2007 年 5 月（5 月 1～31 日）小江的富营养化状况对模型参数进行率定和验证。模型区域为调节坝坝址到下游。

图 5.8 为计算得到的 5 月高阳镇断面 Chla 质量浓度变化曲线与实测值的对比图。由于实测数据的采集频率为每月一次，而本次只针对 5 月的水华生消进行模拟，不能得到精细的对比，只能从现有测点及变化趋势上予以说明。从图 5.8 中可以看出，高阳镇断面 5 月 10 日 Chla 质量浓度的实测值为 0.036 mg/L，与此时段的计算值较为一致，另外小江 5 月的水华严重期为中下旬，22 日以后开始消退，从图 5.8 中看出，计算所得的中下旬 Chla 质量浓度的变化与此描述相符。由此看来，所建立的富营养化生态动力学模型能够反映小江的藻类增殖趋势。

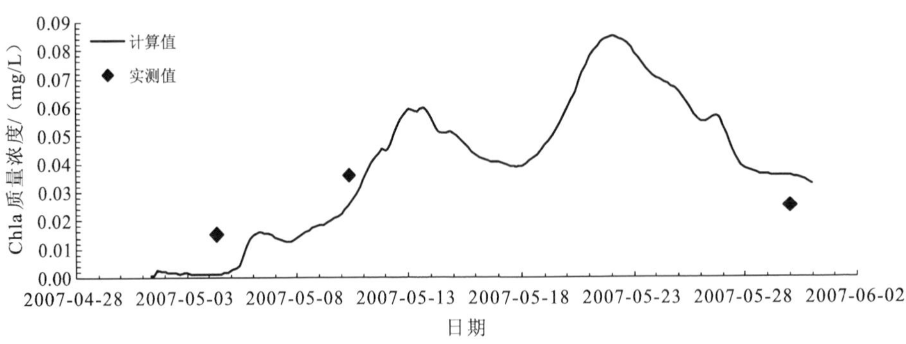

图 5.8　2007 年 5 月高阳镇断面 Chla 质量浓度计算值与实测值的对比

5.3　小江水位调节坝调度方案

5.3.1　三峡水库调度运行对小江回水区的影响

基于水动力学模型验证部分的计算结果进行三峡水库代表水位下小江回水区流速垂向分布的特性分析。选取了三组三峡水库特征水位进行计算，分别为 143.22 m、153.22 m、173.22 m，对应的吴淞高程为 145 m、155 m、175 m。

图 5.9 为三种工况下小江沿程断面平均流速的变化。从图 5.9 中可以明显地看出与月平均水位计算结果相同的流场特征，无论是在何种水位下小江入江口至高阳镇段的沿程断面平均流速一直处于较低水平，均小于 0.1 m/s，甚至达到毫米每秒级别，当模型出口水位大于 153.22 m 时，此段的流速更是低于 0.02 m/s，具有湖库水流特征。在 173.22 m 水位下沿程流速均低于 0.05 m/s，高阳镇至调节坝坝址段在 153.22 m 水位下的平均流速约为 0.1 m/s，此段在 143.22 m 水位下的平均流速在 0.5 m/s 左右。

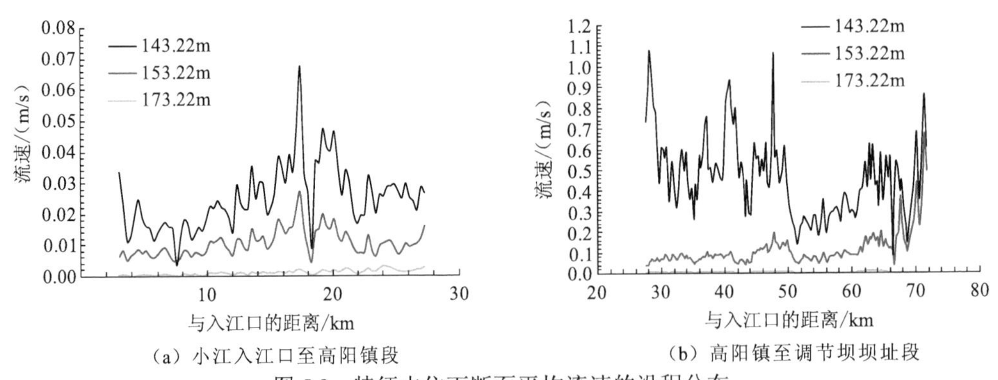

图 5.9　特征水位下断面平均流速的沿程分布

为明确在回水顶托作用下流速的垂向分布特征，对渠马镇、高阳镇、黄石镇、双江大桥四个在 143.22 m 水位永久回水区内的断面在不同特征水位下的垂向流速分布进行分析（图 5.10～图 5.12）。

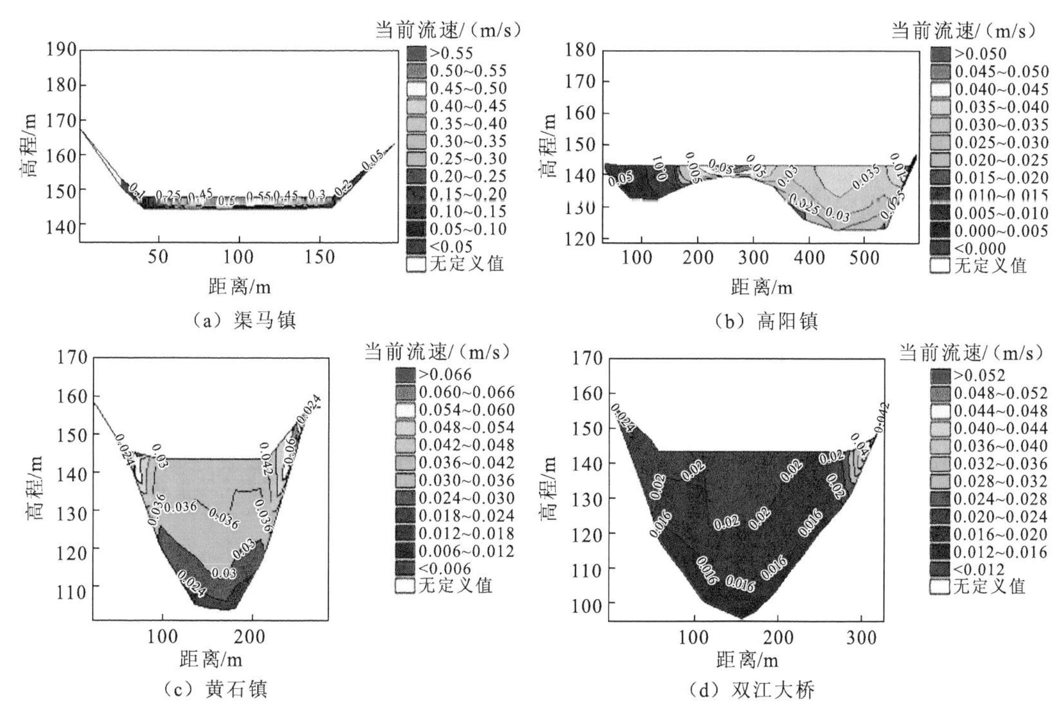

图 5.10　143.22 m 水位下渠马镇、高阳镇、黄石镇、双江大桥断面的流速分布

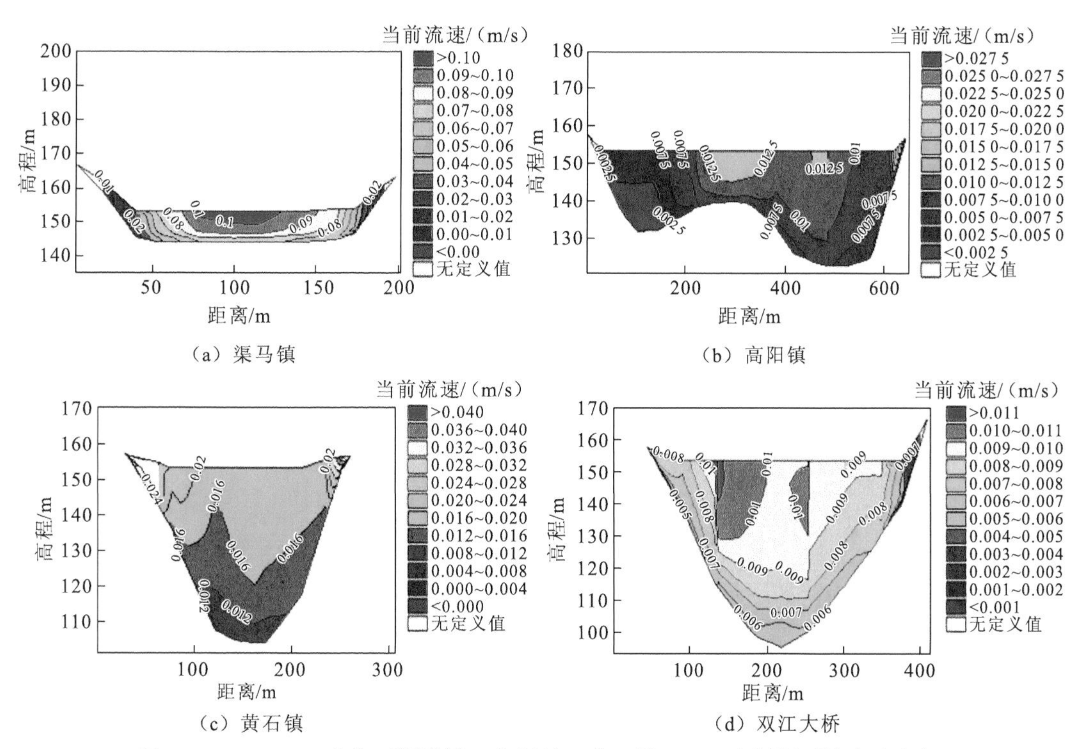

图 5.11　153.22 m 水位下渠马镇、高阳镇、黄石镇、双江大桥断面的流速分布

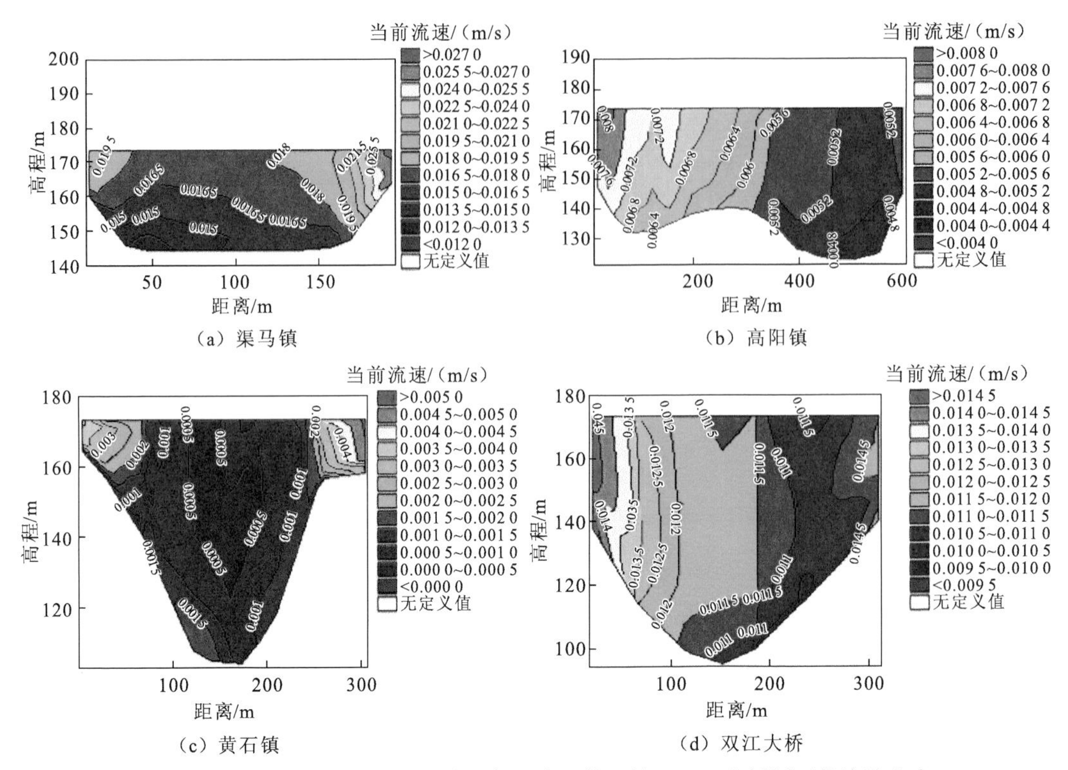

（a）渠马镇　（b）高阳镇　（c）黄石镇　（d）双江大桥

图 5.12　173.22 m 水位下渠马镇、高阳镇、黄石镇、双江大桥断面的流速分布

（1）143.22 m 水位下：渠马镇断面的表层流速为 0.45～0.55 m/s，底层流速约为 0.2 m/s；高阳镇断面在 143.22 m 水位下水面宽达 500 m 左右，主槽表层流速为 0.035～0.04 m/s，底层流速为 0.02～0.025 m/s；黄石镇断面河道束窄，约为高阳镇断面宽度的 1/5，但是由于其水深较大，表层流速增加有限，为 0.036～0.042 m/s，底层流速较高阳镇断面略有降低，为 0.018 m/s 左右；双江大桥断面距离干流较近，受回水顶托影响较严重，水深达 50 m，底层流速小于 0.1 m/s，主槽表层流速为 0.02 m/s 左右。

（2）153.22m 水位下：此水位下渠马镇断面的表层最大流速仅约为 0.1 m/s，几乎为 143.22 m 水位下的 18%，而底层流速为 0.06 m/s，其水面宽度变化不大，水深则增加近一倍；高阳镇断面表层流速为 0.012 5～0.015 m/s，底层流速为 0.0075 m/s 左右，已经显示出其“平湖”的水流特征；黄石镇断面水深约为 47 m，表层流速为 0.016～0.02 m/s，底层流速为 0.008 m/s，略高于高阳镇断面；双江大桥断面水深达 57 m，较 143.22 m 水位下高出 7 m，表层流速为 0.02～0.025 m/s，底层流速为 0.01 m/s 左右。由此看来，在 153.22 m 水位下四个断面的表层流速均小于公认的准静止流速 0.1 m/s，渠马镇至小江河口段水流极具湖泊型水库的水流特征，为水华的暴发提供了适宜的水动力条件。

（3）173.22 m 水位下：此水位下渠马镇断面的主槽表层流速为 0.016 5～0.018 m/s，底层流速为 0.012 m/s 左右，较 153.22 m 水位下有大幅度的下降；高阳镇断面主槽表层流速约为 0.006 m/s，底层流速约为 0.004 2 m/s；图 5.12（c）、（d）显示黄石镇、双江大桥断面的横向流速分布梯度明显，说明在 173.22 m 水位下两个断面的水流以横向运动为主。

5.3.2　调节坝可调节性分析

1. 可调节水量

小江水位调节坝采用水闸及溢流堰泄洪，水闸底板高程为 156.5 m，溢流堰堰顶高程为 168.5 m，库容见表 5.6。

表 5.6　调节坝库容表

水位/m	161	163.27	165	168.5	170	175
库容/（万 m^3）	868	1 834	2 569	5 591	6 886	13 620

结合小江水位调节坝的水位库容关系与泄水闸的运行方式，分别拟定不同库水位时的泄水方式，水位降幅为 1～3 m，相应的泄水量和泄水时间统计结果如表 5.7 所示。库水位下降 3 m 后库容为 2 900 万 m^3，接近 168.5 m 时库容的 50%，考虑到库水位的下降对库区景观及水库用水等的影响，不再加大库水位的降幅。

表 5.7　可调节水量列表

项目	值				
库水位/m	168.5	167.5	166.5	166	165.5
库容/（万 m^3）	5 591	4 850	3 800	3 300	2 900
水位降幅/m	0	1	2	2.5	3
泄水量/（万 m^3）		741			
			1 791		
				2 291	
					2 691
拟放水流量（方案一）/（m^3/s）		610	610	610	610
放水持续时间（方案一）/h		3.37	8.16	10.43	12.25
拟放水流量（方案二）/（m^3/s）		1 200	1 200	1 200	1 200
放水持续时间（方案二）/h		1.72	4.42	5.3	6.23
拟放水流量（方案三）/（m^3/s）		2 450	2 450	2 450	2 450
放水持续时间（方案三）/h		0.84	2.03	2.6	3.05

2. 坝下游流场变化特征

流场变化特征以不同泄流量下的流速增幅为目标进行分析。以平水期 4～5 月和 10 月为代表时段进行分析，考察在此时段水库均匀泄水对下游流场的影响。此时段三峡水库水位一般在 153.22 m 左右，故模型出口水位设置为 153.22 m。并以同期平均流量下的水流恒定状态为初始条件及对比工况。分别取各方案的泄水时间为计算时间，取泄水时刻末的计算结果展示于图 5.13～图 5.15 中。原平均状态下调节坝的泄流量为上游自然平均来流 91.2 m^3/s，调度后小江水位调节坝的泄流量分别为 610 m^3/s、1 200 m^3/s、2 450 m^3/s。

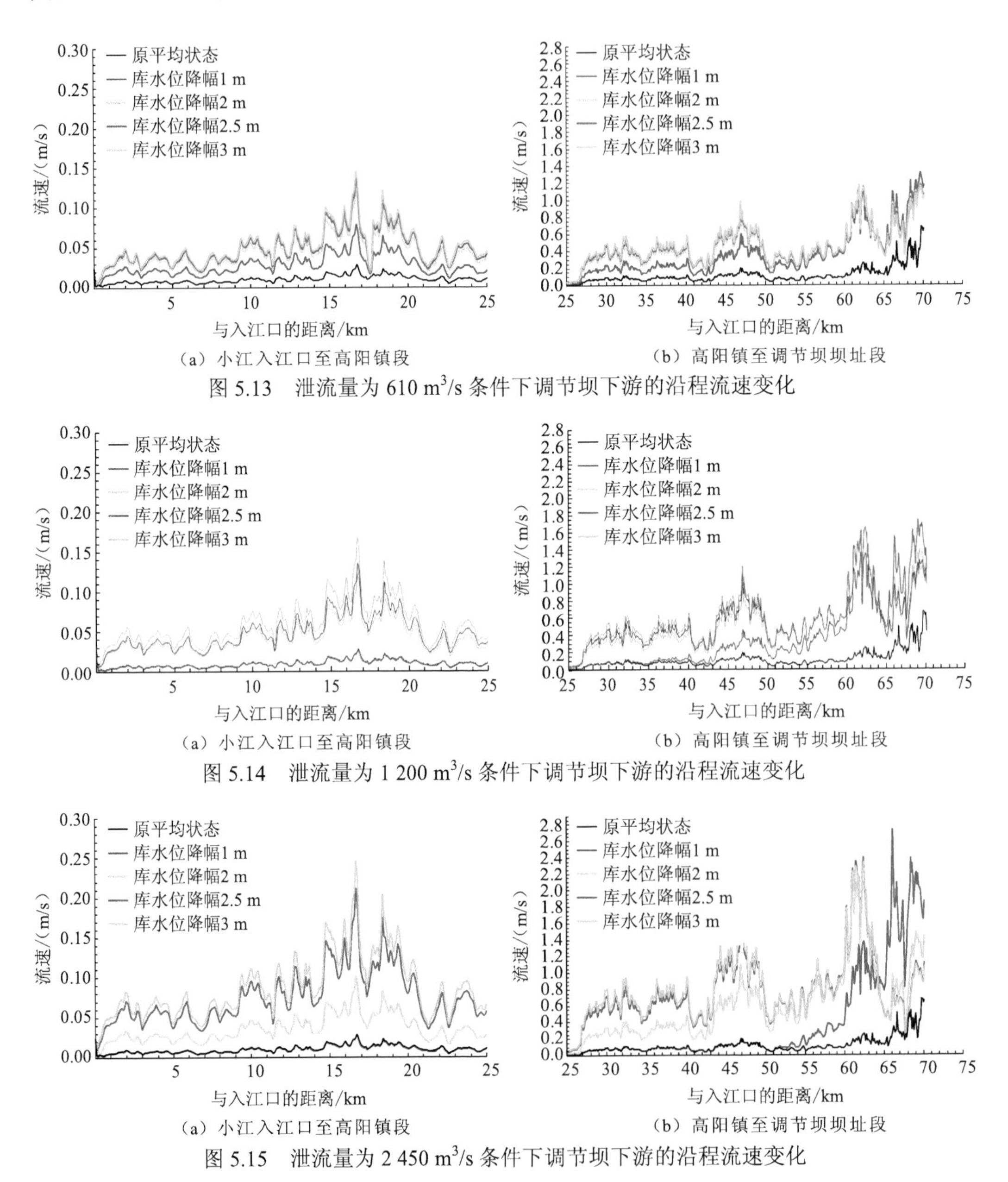

（a）小江入江口至高阳镇段　（b）高阳镇至调节坝坝址段

图 5.13　泄流量为 610 m^3/s 条件下调节坝下游的沿程流速变化

（a）小江入江口至高阳镇段　（b）高阳镇至调节坝坝址段

图 5.14　泄流量为 1 200 m^3/s 条件下调节坝下游的沿程流速变化

（a）小江入江口至高阳镇段　（b）高阳镇至调节坝坝址段

图 5.15　泄流量为 2 450 m^3/s 条件下调节坝下游的沿程流速变化

从流速变化图可以看出，小江入江口至高阳镇段（约 27 km）流速增大的幅度较高阳镇上游段小得多，上游来流对坝下游流场的影响是一个渐变的过程，在泄水历时较短时大流量的影响不能很快传递到下游，尤其是在云阳县至小江入江口段流速变化幅度较小，所以对一定流量下泄水历时的把握是很关键的。

由于河道形状弯曲多变，沿程流速分布差异较大，现将不同泄流量下小江沿程分段平均流速统计于表 5.8 中。

表 5.8 小江沿程分段平均流速统计

河段	自然流量 91.2 m^3/s 下的平均流速/（m/s）	泄流量/（m^3/s）	不同库水位降幅对应的平均流速/（m/s）			
			1 m	2 m	2.5 m	3 m
小江入江口至黄石镇段	<0.01	610	0.02	0.035	0.035	0.035
		1 200	<0.01	0.04	0.04	0.04
		2 450	<0.01	0.025	0.05	0.05
黄石镇至高阳镇段	0.014	610	0.03	0.05	0.05	0.05
		1 200	0.01	0.08	0.08	0.08
		2 450	0.01	0.05	0.14	0.15
高阳平湖段	<0.01	610	0.025	0.04	0.04	0.04
		1 200	<0.01	0.045	0.045	0.045
		2 450	<0.01	0.025	0.075	0.075
高阳镇至养鹿镇段	0.07	610	0.2	0.35	0.4	0.4
		1 200	0.1	0.35	0.38	0.42
		2 450	0.08	0.3	0.6	0.62
养鹿镇至渠口镇段	0.09	610	0.3	0.45	0.45	0.45
		1 200	0.25	0.5	0.55	0.6
		2 450	0.125	0.6	0.8	0.8
渠口镇至调节坝段	0.17	610	0.7	0.7	0.7	0.7
		1 200	1.0	1.0	1.0	1.0
		2 450	1.4	1.4	1.4	1.4

从表 5.8 的统计数据来看，小江入江口至养鹿镇段的平均流速在泄流时间和流量的双重影响下并未随着流量的增大呈现出单一增大的趋势。调节坝水位下降 1 m 时，小江入江口至渠口镇段在以 610 m^3/s 的流量下泄时，各段的平均流速均高于以两个较高流量下泄的情况，这是由于泄水历时有限，较大流量的泄水历时较短，对流场影响不明显。当调节坝库水位下降 2 m 时，小江入江口至养鹿镇段流量为 1 200 m^3/s 时的平均流速不小于流量为 610 m^3/s 和 2 450 m^3/s 时，其中小江入江口至黄石镇段平均流速为 0.04 m/s，高于 610 m^3/s 下的 0.035 m/s 及 2 450 m^3/s 下的 0.025 m/s; 黄石镇至高阳镇段的平均流速约为 0.08 m/s，而 610 m^3/s 和 2 450 m^3/s 流量下均为 0.05 m/s；在高阳平湖段，1 200 m^3/s 流量下的平均流速 0.045 m/s 也高于 610 m^3/s 流量下的 0.04 m/s 和 2 450 m^3/s 流量下的

0.025 m/s。在库水位下降 2.5 m 的情况下，2 450 m^3/s 流量的优势才显现出来，在小江入江口至黄石镇段较 1 200 m^3/s 流量下的平均流速增加 0.01 m/s，增幅不大，但在黄石镇至高阳镇段较 1 200 m^3/s 流量下的平均流速则增加 0.06 m/s，在高阳平湖段较 1 200 m^3/s 流量下的平均流速 0.045 m/s 增加了 0.03 m/s，达到 0.075 m/s。在库水位下降 3 m 的情况下，各段的平均流速继续增大。

从不同下泄流量下各水位降幅对应的下游河道流速增加情况来看，水位下降 1 m、2 m 和 3 m 对应的最佳下泄流量分别为 610 m^3/s、1 200 m^3/s 和 2 450 m^3/s。

3. 水库水位恢复所需时间

泄水后水库水位恢复所需的时间也是判断选定方案是否可行的关键，即泄水后恢复库水位 168.5 m 需要多长时间。从宝塔窝站多年平均流量年内分配表（表 5.9）中可知，宝塔窝站 3 月、4 月、5 月的多年月平均流量为 31.1 m^3/s、69.4 m^3/s、105.1 m^3/s。3～5 月补充不同泄水总量所需的时间列于表 5.10 中。

表 5.9　宝塔窝站多年平均流量年内分配表

项目	1 月、2 月	3 月	4 月	5 月	6 月
月平均流量/（m^3/s）	10.5	31.1	69.4	105.1	135.0
2008 年月平均水位/m	152	151.26	151.09	146.89	144.26
2009 年月平均水位/m	166	160.52	158.77	153.61	145.00
普里河流量/（m^3/s）	8	10	10	12	12
长江上游流量/（m^3/s）	4 050	4 530	6 280	7 800	12 300

表 5.10　3～5 月补偿拟定方案的泄水总量所需时间计算表

项目		值			
水位降幅/m		1	2	2.5	3
泄水总量/（万 m^3）		741	1791	2291	2691
补偿时间/h	3 月	66（约 2.8 天）	160（约 6.7 天）	205（约 8.5 天）	240（10 天）
	4 月	30（约 1.3 天）	72（3 天）	92（约 3.8 天）	108（4.5 天）
	5 月	20（约 0.8 天）	47（约 2.0 天）	61（约 2.5 天）	71（约 3.0 天）

从表 5.10 中可以看出，在设定的泄水方案下，根据宝塔窝站 3 月多年月平均流量计算得到的恢复 168.5 m 水位所对应的库容所需的最长时间为 10 天，4 月、5 月所需的最长时间为 4.5 天。对应前面确定的初选方案，在库水位下降 2 m 时，3 月、4 月、5 月水量补偿时间分别约为 6.7 天、3 天、2.0 天。计算采用的流量是月平均流量，考虑月内来水量分布的不均匀性，补偿时间可能长一些，总体来说，库水位是能够及时恢复的。

4. 对坝上库区的影响

小江水位调节坝为生态调节坝，其主要功能是治理调节坝上游消落区，保持消落区的长期淹没。实施调水抑藻方案对原设计功能的主要影响是，水位下降可能使消落区再次露出水面。因此，本节主要分析水位降落对消落区面积变化的影响。

不同坝前水位下的淹没范围见图 5.16，统计出不同水位下的库区淹没面积见表 5.11，可以看出，水位下降 1 m、2 m、3 m 和 4 m 对应的水库淹没面积分别减小 17%、38%、48%和 59%，水位下降 3 m 以后，淹没面积减小原来的一半以上，对消落区的影响过大，因此水位降幅不宜过大，至少应该保持在 3 m 以内。

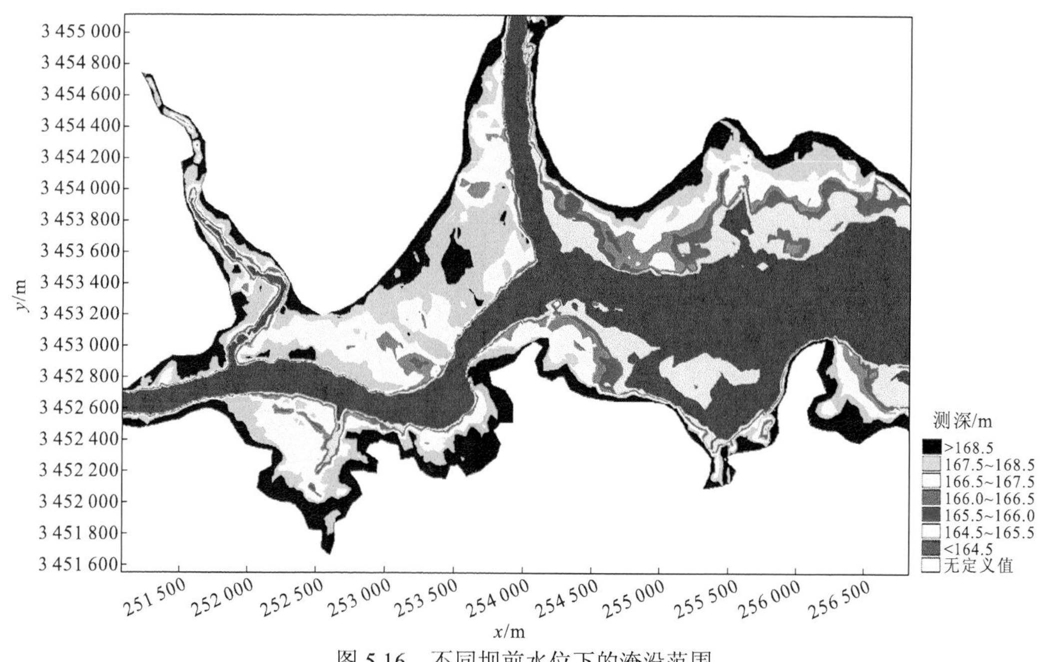

图 5.16　不同坝前水位下的淹没范围

表 5.11　坝上库区淹没面积统计表

项目	值				
坝前水位/m	168.5	167.5	166.5	165.5	164.5
库容/（万 m^3）	5 591	4 850	3 800	2 900	2 232
淹没面积/（万 m^2）	729	608	455	377	297

5.3.3　调度方案效果评估

1. 流速变化

图 5.17 给出了各调度方案下养鹿镇、渠马镇、高阳镇、黄石镇和双江大桥五个典型

断面上的流速变化过程。从图 5.17 中可以看出，每次调度泄水均带来了下游流速不同程度的增加。其中，高阳镇以上断面流速增幅较大，渠马镇和养鹿镇断面平均流速的增幅为 0.2～0.4 m/s，高阳镇以下断面流速增幅较小，高阳镇、黄石镇和双江大桥断面平均流速的增幅为 0.01～0.06 m/s。由于下泄水流在河道中有一个传播过程，下游河道各断面有明显增幅的历时比调节坝下泄历时（3～4.5 h）要长，约为 1 天。统计出各断面调度前后的流速变化，见表 5.12。

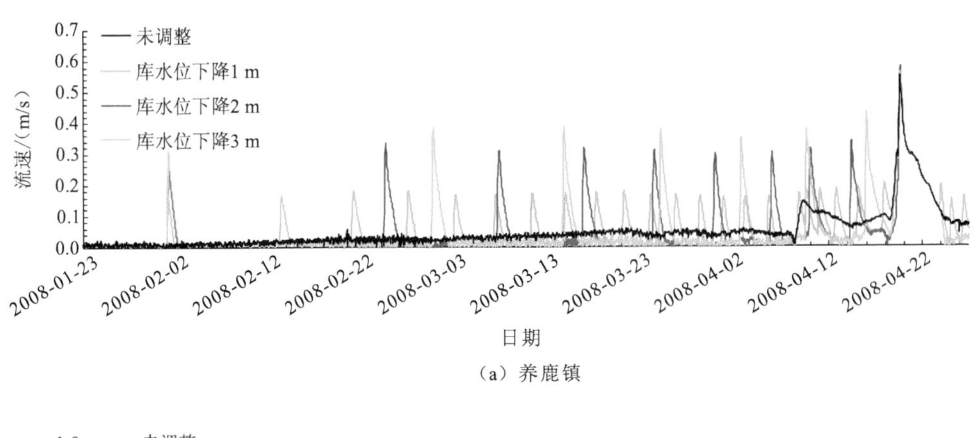

（a）养鹿镇

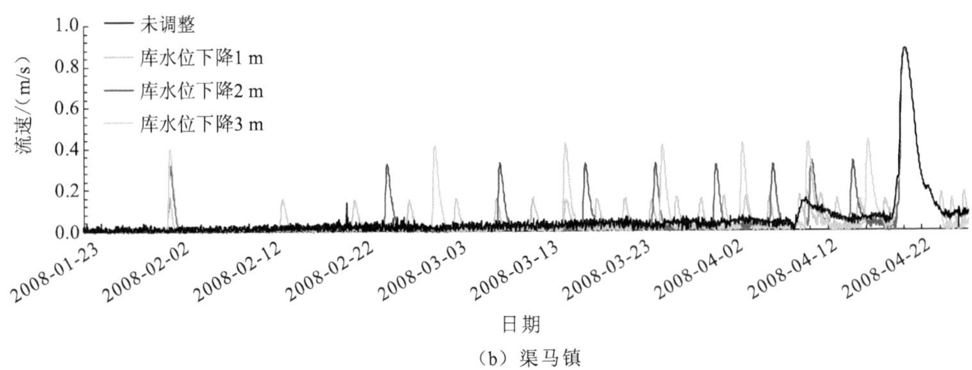

（b）渠马镇

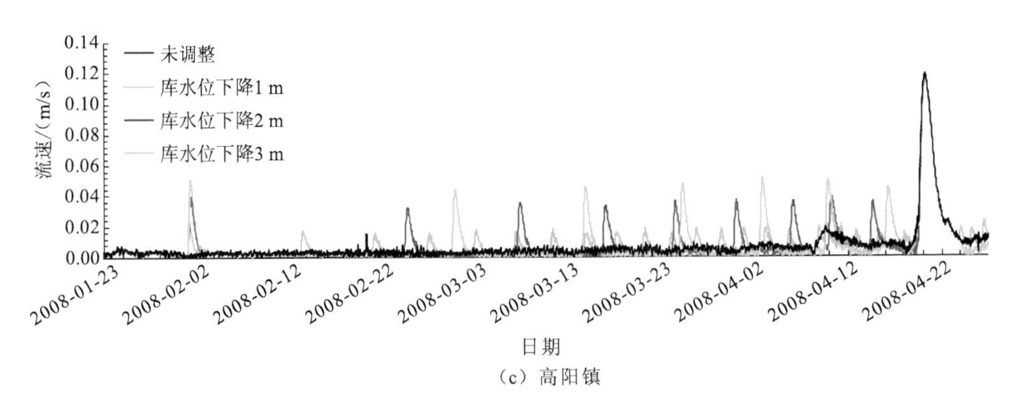

（c）高阳镇

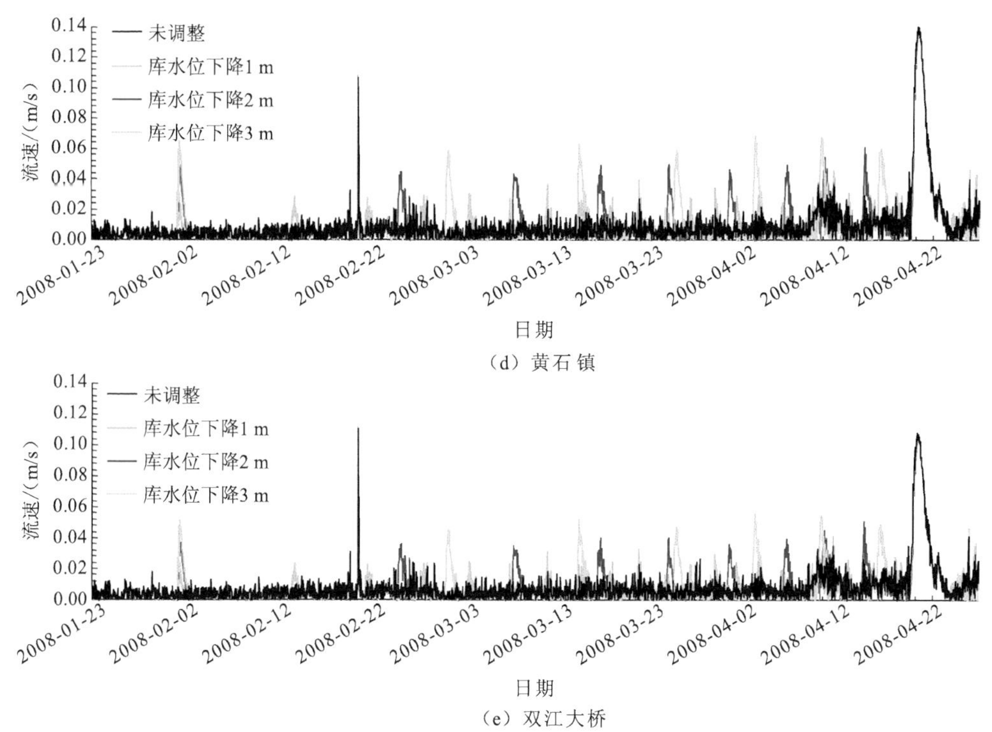

图 5.17　流速变化过程（养鹿镇、渠马镇、高阳镇、黄石镇和双江大桥断面）

表 5.12　断面流速变化统计表

流速变化		库水位下降值		
		1 m	2 m	3 m
养鹿镇	最大值/（m/s）	0.17	0.31	0.38
	历时/h	25	28	34
渠马镇	最大值/（m/s）	0.16	0.33	0.42
	历时/h	23	30	32
高阳镇	最大值/（m/s）	0.018	0.035	0.045
	历时/h	25	29	36
黄石镇	最大值/（m/s）	0.030	0.043	0.062
	历时/h	23	30	36
双江大桥	最大值/（m/s）	0.025	0.032	0.047
	历时/h	20	30	35

2. 藻类生物量变化

图 5.18 给出了典型时刻整个河段 Chla 质量浓度的分布图，图 5.19 给出了养鹿镇、渠马镇、高阳镇、黄石镇和双江大桥五个典型断面上 Chla 质量浓度的变化过程。

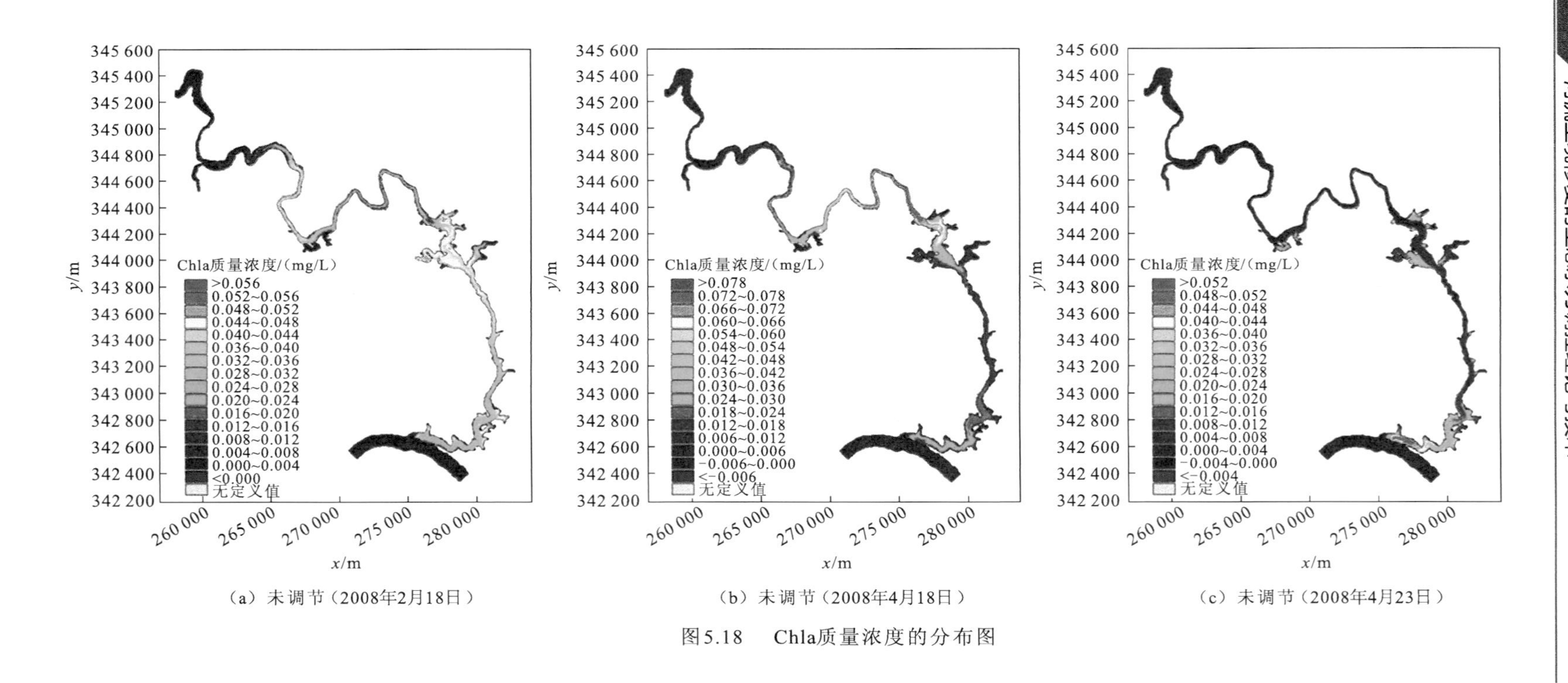

（a）未调节（2008年2月18日）

（b）未调节（2008年4月18日）

（c）未调节（2008年4月23日）

图5.18　Chla质量浓度的分布图

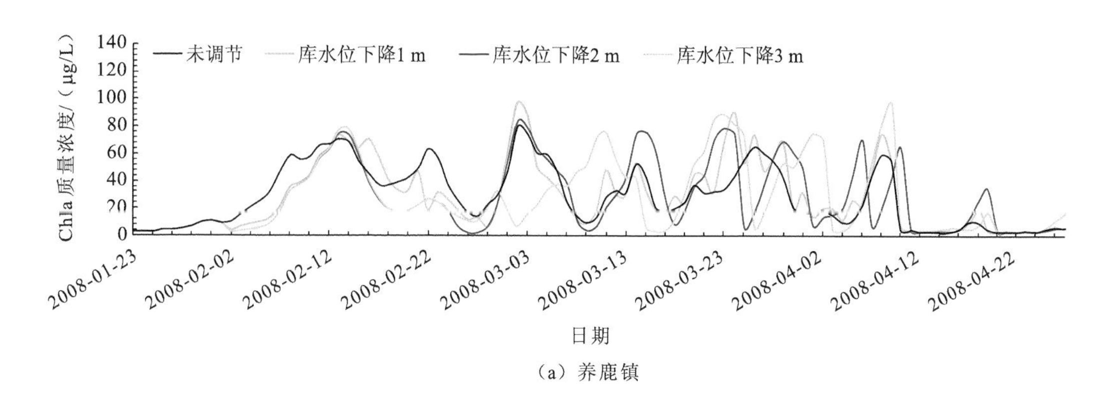

（a）养鹿镇

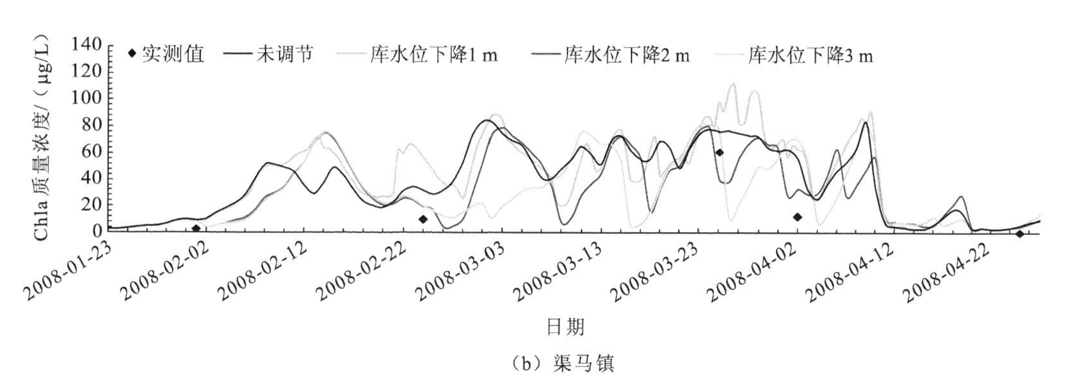

（b）渠马镇

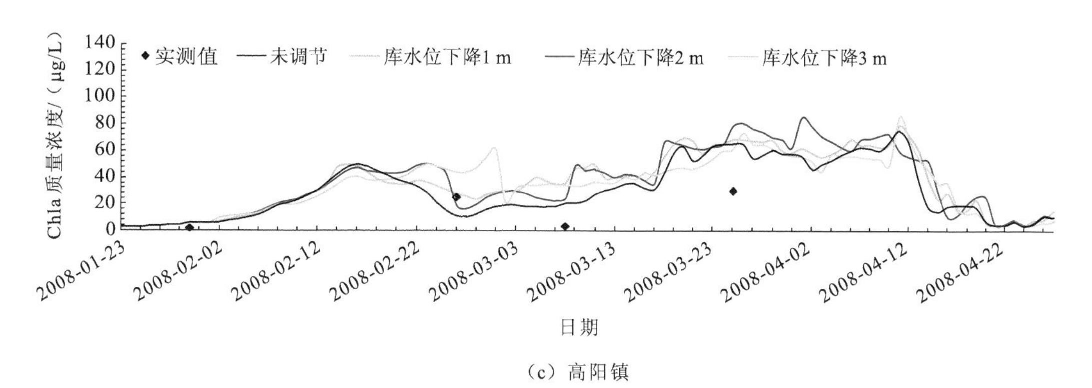

（c）高阳镇

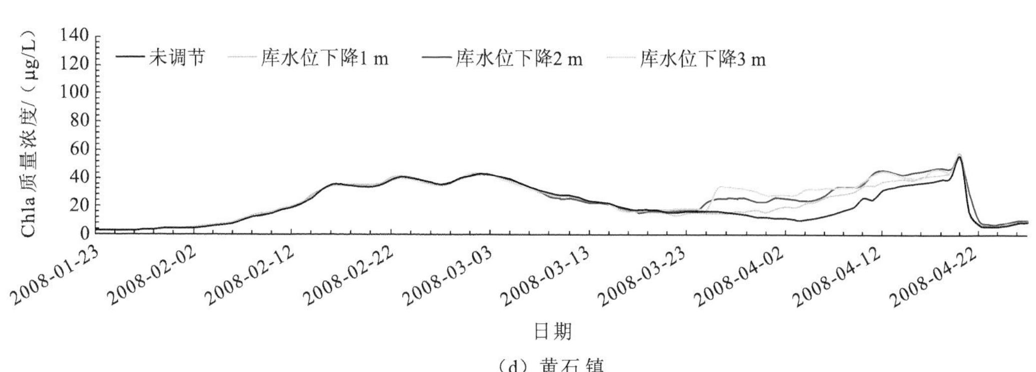

（d）黄石镇

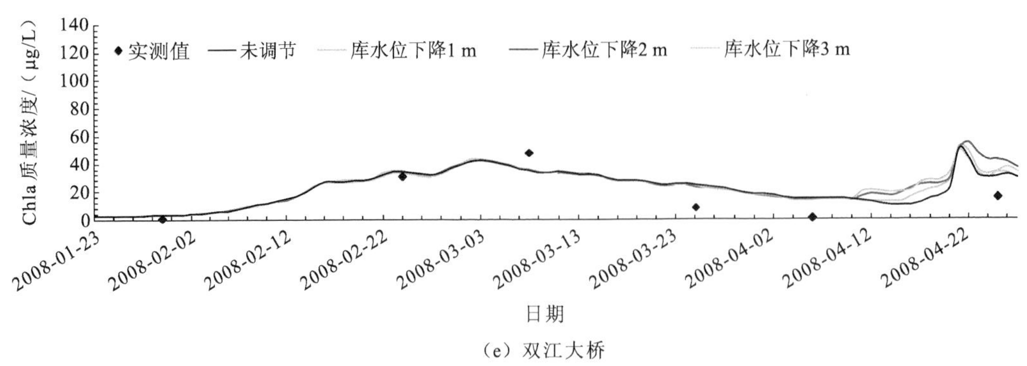

（e）双江大桥

图 5.19　Chla 质量浓度变化过程（养鹿镇、渠马镇、高阳镇、黄石镇和双江大桥断面）

（1）未实施调节方案情况下，在模拟时段内有明显的藻类增殖过程，Chla 质量浓度最高可达 84.1 μg/L，且整个河段均有发生。4 月中旬洪水发生以后，全河段（除双江大桥外）的 Chla 质量浓度普遍下降。据统计，4 月洪水过程历时 2 天，洪峰流量为 2 000 m^3/s，2 天累计水量为 11 650 万 m^3，相当于小江水位调节坝正常蓄水位 168.5 m 对应库容的两倍左右。把调节坝下游河段的藻类直接冲到三峡水库干流，控藻效果明显。而人造洪峰过程则无法达到这么大的水量，也就达不到这种抑藻效果。

（2）未实施调节方案情况下，高阳镇以上河段的 Chla 质量浓度变化幅度较大，出现多次 Chla 质量浓度峰值。在 2～4 月，养鹿镇断面最大 Chla 质量浓度为 79.7 μg/L，最小 Chla 质量浓度为 3.2 μg/L；渠马镇断面同期最大 Chla 质量浓度为 84.1 μg/L，最小 Chla 质量浓度为 3.2 μg/L；高阳镇以下河段 2～4 月的 Chla 质量浓度也呈现增高趋势，变化趋势较为单一，基本上在 2 月中下旬达到一个 Chla 质量浓度峰值，然后保持缓慢持续增长的趋势，在 4 月中旬达到峰值，4 月洪水以后，Chla 质量浓度迅速下降。

（3）调节方案实施以后，各个方案作用下的整体趋势变化表现在：高阳镇以上河段总体藻类生物量有下降趋势，高阳镇以下河段藻类生物量变化不明显，且部分时段有所增加。其主要原因是由于下泄水量有限，河段较长，且高阳镇以下河段的水深较大，下泄水量在该河段的影响很微弱，因此高阳镇以下河段的 Chla 质量浓度变化不大。

（4）以养鹿镇和渠马镇两个断面为代表统计各个方案下藻类生物量的变化规律，在 2008 年 2～4 月，养鹿镇断面上三个方案总体藻类生物量分别变化了−0.8%、−4.4%、−3.7%，渠马镇断面上三个方案总体藻类生物量分别变化了 7.1%、−16.6%、−22.6%。相对来说，下泄水量越大，控藻效果越明显。统计出两个断面在各个时段的 Chla 质量浓度变化，见表 5.13。

表 5.13　养鹿镇和渠马镇断面 Chla 质量浓度逐月统计表　（单位：μg/L）

Chla 质量浓度变化			库水位下降值			
			0	1 m	2 m	3 m
养鹿镇	2 月	最大值	70.8	74.0	74.7	78.4
		最小值	9.2	9.2	3.1	3.1
		平均值	40.7	32.9	25.8	30.0

续表

Chla 质量浓度变化			库水位下降值			
			0	1 m	2 m	3 m
养鹿镇	3 月	最大值	79.7	97.7	84.0	88.8
		最小值	9.6	8.6	3.6	3.0
		平均值	38.5	43.6	45.1	41.3
	4 月	最大值	59.3	74.7	64.1	74.9
		最小值	3.2	3.1	2.7	2.7
		平均值	12.6	14.4	16.3	19.7
渠马镇	2 月	最大值	74.3	70.5	75.2	75.8
		最小值	9.2	9.2	4.4	4.3
		平均值	33.7	42.1	27.8	28.1
	3 月	最大值	84.1	102.7	78.7	81.3
		最小值	40.6	19.7	7.1	5.9
		平均值	64.5	62.4	53.1	43.5
	4 月	最大值	82.9	81.6	62.5	64.0
		最小值	3.2	2.9	3.1	3.0
		平均值	22.9	25.8	20.1	23.0

（5）从养鹿镇和渠马镇两个断面 Chla 质量浓度的变化来看，每次下泄均带来 Chla 质量浓度的下降，最小 Chla 质量浓度不高于未调节的情况，但是调节过后藻类继续增殖，最大 Chla 质量浓度与未调节情况下基本相同，也有部分时段出现 Chla 质量浓度增加的情况。

（6）从敏感时段上分析，2 月控藻效果不明显，抑藻效果明显的时段为 3 月，以库水位下降 3 m 效果最为明显，渠马镇断面的月平均生物量降低 33%。

参考文献

班璇, 2009. 中华鲟产卵场的物理栖息地模型和生态需水量研究[D]. 武汉: 武汉大学.

曹巧丽, 黄钰玲, 陈明曦, 2008. 水动力条件下蓝藻水华生消的模拟实验研究与探讨[J]. 人民珠江(4): 8-10.

常剑波, 1999. 长江中华鲟繁殖群体结构特征和数量变动趋势研究[D]. 武汉: 中国科学院水生生物研究所.

常剑波, 曹文宣, 1999. 中华鲟物种保护的历史与前景[J]. 水生生物学报, 23(6): 712-720.

陈永柏, 2007. 三峡水库运行影响中华鲟繁殖的生态水文学机制及其保护对策研究[D]. 武汉: 中国科学院水生生物研究所.

付春平, 钟成华, 邓春光, 2005. 水体富营养化成因分析[J]. 重庆建筑大学学报, 27(1): 128-131.

高月香, 张毅敏, 张永春, 2007. 流速对太湖铜绿微囊藻生长的影响[J]. 生态与农村环境学报, 23(2): 57-60, 88.

洪大林, 2005. 粘性土起动及其在工程中的应用[M]. 南京: 河海大学出版社.

胡德高, 柯福恩, 张国良, 等, 1985. 葛洲坝下中华鲟产卵场的第二次调查[J]. 淡水渔业(3): 22-24, 33.

胡四一, 谭维炎, 1995. 无结构网格上二维浅水流动的数值模拟[J]. 水科学进展, 6(1): 1-9.

黄程, 钟成华, 邓春光, 等, 2006. 三峡水库蓄水初期大宁河回水区流速与藻类生长关系的初步研究[J]. 农业环境科学学报, 25(2): 453-457.

蒋磊, 谈广鸣, 2013. 粘性泥沙成团起动后状态转移规律试验[J]. 武汉大学学报(工学版), 46(1): 6-9.

蒋文清, 2009. 流速对水体富营养化的影响研究[D]. 重庆: 重庆交通大学.

焦世珺, 2007. 三峡库区低流速河段流速对藻类生长的影响[D]. 重庆: 西南大学.

李锦秀, 杜斌, 孙以三, 2005. 水动力条件对富营养化影响规律探讨[J]. 水利水电技术, 36(5): 15-18.

廖平安, 胡秀琳, 2005. 流速对藻类生长影响的试验研究[J]. 北京水利(2): 12-14.

刘信安, 张密芳, 2008. 重庆主城区三峡水域优势藻类的演替及其增殖行为研究[J]. 环境科学, 29(7): 1838-1843.

吕平, 谈广鸣, 王军, 2008. 粘性泥沙淤后起动流速试验研究[J]. 中国农村水利水电(2): 56-58.

蒙国湖, 龙天渝, 贺栋才, 等, 2009. 嘉陵江重庆磁器口段藻类生长模拟研究[J]. 工业安全与环保, 35(4): 23-25.

倪浩清, 沈永明, 陈惠泉, 1994. 深度平均的 k-ε 紊流全场模型及其验证[J]. 水利学报(11): 8-17.

庞翠超, 吴时强, 赖锡军, 等, 2014. 沉水植被降低水体浊度的机理研究[J]. 环境科学研究, 27(5): 498-504.

冉祥滨, 陈洪涛, 姚庆祯, 等, 2009. 三峡水库小江库湾水体混合过程中营养盐的行为研究[J]. 水生态学杂志, 2(2): 21-27.

四川省长江水产资源调查组, 1988. 长江鲟鱼类生物学及人工繁殖研究[M]. 成都: 四川科学技术出版社.

宋利祥, 2012. 溃坝洪水数学模型及水动力学特性研究[D]. 武汉: 华中科技大学.

谭维炎, 1998. 计算浅水动力学: 有限体积法的应用[M]. 北京: 清华大学出版社.

唐洪武, 闫静, 肖洋, 等, 2007. 含植物河道曼宁阻力系数的研究[J]. 水利学报, 38(11): 1347-1353.

王红萍, 夏军, 谢平, 等, 2004. 汉江水华水文因素作用机理: 基于藻类生长动力学的研究[J]. 长江流域资源与环境, 13(3): 282-285.

王利利, 2006. 水动力条件下藻类生长相关影响因素研究[D]. 重庆: 重庆大学.

王玲玲, 戴会超, 蔡庆华, 2009. 河道型水库支流库湾富营养化数值模拟研究[J]. 四川大学学报(工程科学版), 41(2): 18-23.

危起伟, 2003. 中华鲟繁殖行为生态学与资源评估[D]. 武汉: 中国科学院水生生物研究所.

薛宗璞, 黄明海, 2018. 突扩明渠分离流中红鲫鱼运动的特点[J]. 中国农村水利水电(2): 174-180, 185.

颜庆津, 2012. 数值分析[M]. 4 版. 北京: 北京航空航天大学出版社.

杨德国, 危起伟, 陈细华, 等, 2007. 葛洲坝下游中华鲟产卵场的水文状况及其与繁殖活动的关系[J]. 生态学报, 27(3): 862-869.

杨宇, 2007. 中华鲟葛洲坝栖息地水力特性研究[D]. 南京: 河海大学.

易雨君, 2008. 长江水沙环境变化对鱼类的影响及栖息地数值模拟[D]. 北京: 清华大学.

余志堂, 许蕴玕, 邓中粦, 等, 1986. 葛洲坝水利枢纽下游中华鲟繁殖生态的研究[C]// 中国鱼类学会. 鱼类学论文集(第五辑). 北京: 科学出版社.

张辉, 2009. 中华鲟自然繁殖的非生物环境[D]. 武汉: 华中农业大学.

张毅敏, 张永春, 张龙江, 等, 2007. 湖泊水动力对蓝藻生长的影响[J]. 中国环境科学, 27(5): 707-711.

郑川东, 白凤朋, 杨中华, 2017. 求解守恒形式的圣维南方程中处理不规则断面的一种改进方法[J]. 水电能源科学(12): 95-99.

AUDUSSE E, BOUCHUT F, BRISTEAU M O, et al., 2004. A fast and stable well-balanced scheme with hydrostatic reconstruction for shallow water flows[J]. Siam journal on scientific computing, 25(6): 2050-2065.

BEGNUDELLI L, VALIANI A, SANDERS B F, 2010. A balanced treatment of secondary currents, turbulence and dispersion in a depth-integrated hydrodynamic and bed deformation model for channel bends[J]. Advances in water resources, 33(1): 17-33.

BERMUDEZ A, VAZQUEZ M E, 1994. Upwind methods for hyperbolic conservation laws with source terms[J]. Computers & fluids, 23(8): 1049-1071.

BERTHON C, 2006. Why the MUSCL–Hancock Scheme is L^1-stable[J]. Numerische mathematik, 104(1): 27-46.

BHATNAGAR P L, GROSS E P, KROOK M, 1954. A model for collision processes in gases. I. Small amplitude processes in charged and neutral one-component systems[J]. Physical review, 94(3): 511.

BILLARD R, LECOINTRE G, 2001. Biology and conservation of sturgeon and paddlefish[J]. Reviews in fish biology and fisheries, 10: 355-392.

BLUMBERG A F, MELLOR G L, 1987. A description of a three-dimensional coastal ocean circulation model[J]. Three-dimensional coastal ocean models, 4: 1-16.

BOXALL J B, GUYMER I, 2003. Analysis and prediction of transverse mixing coefficients in natural channels[J]. Journal of hydraulic engineering, 129(2): 129-139.

BOXALL J B, GUYMER I, 2007. Longitudinal mixing in meandering channels: New experimental data set and verification of a predictive technique[J]. Water research, 41(2): 341-354.

CHATWIN P C, 1970. The approach to normality of the concentration distribution of a solute in a solvent flowing along a straight pipe[J]. Journal of fluid mechanics, 43(2): 321-352.

CHENG N S, NGUYEN H T, 2011. Hydraulic radius for evaluating resistance induced by simulated emergent vegetation in open-channel flows[J]. Journal of hydraulic engineering, 137(137): 995-1004.

CHIKWENDU S C, 1986. Calculation of longitudinal shear dispersivity using an N-zone model as N yields infinity[J]. Journal of fluid mechanics, 167: 19-30.

CUNGE J A, HOLLY F M, VERWEY A, 1980. Practical aspects computational river hydraulics[M]. Boston: Pitman Advanced Pub. Program.

DOU G R, 1996. Basic laws in mechanics of turbulent flows[J]. China ocean engineering, 10(1): 1-44.

FATHI-MOGHADAM M, KASHEFIPOUR M, EBRAHIMI N, et al., 2011. Physical and numerical modeling of submerged vegetation roughness in rivers and flood plains [J]. Journal of hydrologic engineering,16(11): 858-864.

FISCHER H B, LIST J E, KOH C R, et al., 1979. Mixing in inland and coastal waters[M]. New York: Academic Press.

FLOKSTRA C, 1977. The closure problem for depth-averaged two-dimensional flow[C]// Presented at the 17th Congress of the International Association for Hydraulic Research. Baden : [s. n.]: 15-19.

GHISALBERTI M, NEPF H, 2005. Mass transport in vegetated shear flows[J]. Environmental fluid mechanics, 5(6): 527-551.

GILL W N, 1967. A note on the solution of transient dispersion problems[J]. Mathematical and physical sciences, 298(1454): 335-339.

GODUNOV S K, 1959. A difference method for numerical calculation of discontinuous solutions of the equations of hydrodynamics[J]. Matematicheskii Sbornik, 47(89): 271-306.

GUO J, 2002. Logarithmic matching and its applications in computational hydraulics and sediment transport[J]. Journal of hydraulic research, 40(5): 555-565.

KOUWEN N, 1992. Modern approach to design of grassed channels[J]. Journal of irrigation and drainage engineering,118(5): 713-743.

KOUWEN N, LI R M, SIMONS D B, 1981. Flow resistance in vegetated waterways[J]. Transactions of the ASAE, 24(3): 684-698.

KOUWEN N, FATHI-MOGHADAM M, 2000. Friction factors for coniferous trees along rivers[J]. Journal of hydraulic engineering, 126(10): 732-740.

LEVEQUE R J, 2002. Finite volume methods for hyperbolic problems[M]. Cambridge: Cambridge University Press: 88-89.

LI S, SHI H, XIONG Z, et al., 2015. New formulation for the effective relative roughness height of open channel flows with submerged vegetation [J]. Advances in water resources, 86: 46-57.

LIANG Q, 2010. A well-balanced and nonnegative numerical scheme for solving the integrated shallow water and solute transport equations[J]. Communications in computational physics, 7(5): 1049-1075.

LIANG Q, 2011. A structured but non - uniform Cartesian grid - based model for the shallow water equations[J]. International journal for numerical methods in fluids, 66(5): 537-554.

LIANG Q, BORTHWICK A G L, 2009. Adaptive quadtree simulation of shallow flows with wet-dry fronts over complex topography[J]. Computers & fluids, 38(2): 221-234.

LIANG Q, MARCHE F, 2009. Numerical resolution of well-balanced shallow water equations with complex source terms[J]. Advances in water resources, 32(6): 873-884.

LIGHTBODY A F, NEPF H M, 2006. Prediction of velocity profiles and longitudinal dispersion in emergent salt marsh vegetation[J]. Limnology and oceanography, 51(1): 218-228.

LUO J, HUAI W X, GAO M, 2016. Contaminant transport in a three-zone wetland: Dispersion and ecological degradation[J]. Journal of hydrology, 534: 341-351.

LUO J, HUAI W X, GAO M, 2017. Indicators for environmental dispersion in a two-layer wetland flow with effect of wind[J]. Ecological indicators, 78: 421-436.

MOHAMAD A A, 2011. Lattice Boltzmann method: Fundamentals and engineering applications with computer codes[M]. New York: Springer Science & Business Media.

MURPHY E, GHISALBERTI M, NEPF H, 2007. Model and laboratory study of dispersion in flows with submerged vegetation[J]. Water resources research, 43(5): 1-12.

NEPF H M, GHISALBERTI M, WHITE B, et al., 2007. Retention time and dispersion associated with submerged aquatic canopies[J]. Water resources research, 43(4): 436-451.

NEZU I, 1993. Turbulence in open-channel flows[M]. Rotterdam: A. A. Balkema.

NIKORA V, GORING D, MCEWAN I, et al., 2001. Spatially averaged open-channel flow over rough bed[J]. Journal of hydraulic engineering, 127(2): 123-133.

PLEW D R, 2011. Depth-averaged drag coefficient for modeling flow through suspended canopies[J]. Journal of hydraulic engineering, 137(2): 234-247.

REYNOLDS C S, 1998. What factors influence the species composition of phytoplankton in lakes of different trophic status?[J]. Hydrobiologia, 369-370: 11-26.

ROGERS B, FUJIHARA M, BORTHWICK A G L, 2015. Adaptive Q - tree Godunov - type scheme for shallow water equations[J]. International journal for numerical methods in fluids, 35(3): 247-280.

SAINT-VENANT B D, 1871. Théorie du mouvement non-permanent des eaux avec application aux crues des rivières et à l'introduction des marées dans leur lit[J]. Comptes rendus hebdomadaires des séances de l'Académie des sciences, 73: 147-154.

SCHIPPA L, PAVAN S, 2009. Bed evolution numerical model for rapidly varying flow in natural streams[J]. Computers & geosciences, 35(2): 390-402.

STONE B M, SHEN H T, 2002. Hydraulic resistance of flow in channels with cylindrical roughness[J]. Journal of hydraulic engineering, 128(5): 500-506.

TAO J, 2009. Critical instability and friction scaling of fluid flows through pipes with rough inner surfaces[J]. Physical review letters, 103(26): 264502.

TAYLOR G, 1953. Dispersion of soluble matter in solvent flowing slowly through a tube[J]. Mathematical and physical sciences, 219(1137): 186-203.

TAYLOR G, 1954. The dispersion of matter in turbulent flow through a pipe[J]. Mathematical and physical sciences, 223(1155): 446-468.

TOMINAGA A, NEZU I, EZAKI K, et al., 1989. Three-dimensional turbulent structure in straight open channel flows[J]. Journal of hydraulic research, 27: 149-173.

TORO E F, 2001. Shock capturing methods for free-surface shallow flows[M]. Hoboken: John Wiley & Sons Inc.: 566-571.

TSUJIMOTO T, KITAMURA T, 1995. Lateral bed-load transport and sand-rigde formation near vegetation zone in an open channel[J]. Journal of hydroscience and hydraulic engineering, 13(1): 35-45.

WANG P, LI Z, HUAI W X, et al., 2014. Indicators for environmental dispersion in a three-layer wetland: Extension of Taylor's classical analysis[J]. Ecological indicators, 47: 254-269.

WILSON C, 2007. Flow resistance models for flexible submerged vegetation[J]. Journal of hydrology, 342(3): 213-222.

WU J, 1980. Wind-stress coefficients over sea surface near neutral conditions: A revisit[J]. Journal of physical oceanography, 10(10): 727-740.

WU Z, ZENG L, CHEN G Q, et al., 2012. Environmental dispersion in a tidal flow through a depth-dominated wetland[J]. Communications in nonlinear science and numerical simulation, 17(12): 5007-5025.

WYLIE E B, STREETER V L, 1993. Fluid transients in systems[M]. Englewood: Prentice Hall.

YANG F, HUAI W X, ZENG Y H, 2020. New dynamic two-layer model for predicting depth-averaged velocity in open channel flows with rigid submerged canopies of different densities[J]. Advances in water resources, 138: 103553.

YEN B C, 2002. Open channel flow resistance[J]. Journal of hydraulic engineering, 128(1): 20-29.

ZENG L, WU Y H, JI P, et al., 2012. Effect of wind on contaminant dispersion in a wetland flow dominated by free-surface effect[J]. Ecological modelling, 237: 101-108.

ZHA W, HUANG M H, ZENG Y H, 2019. Swimming behavior of crucian carp in an open channel with sudden expansion[J]. River research and applications, 35(9): 1499-1510.

ZHOU J G, 2004. Lattice Boltzmann methods for shallow water flows[M]. Berlin, Heidelberg: Springer.

ZIA A, BANIHASHEMI M A, 2008. Simple efficient algorithm (SEA) for shallow flows with shock wave on dry and irregular beds[J]. International journal for numerical methods in fluids, 56(11): 2021-2043.

ZONG L, NEPF H, 2010. Flow and deposition in and around a finite patch of vegetation[J]. Geomorphology, 116(3/4): 363-372.